JN013415

インフィニティ・パワー

INFINITE POWERS

宇宙の謎を解き明かす微積分

HOW CALCULUS REVEALS THE SECRETS OF THE UNIVERSE

S. ストロガッツ 著

徳田 功 訳

丸善出版

INFINITE POWERS

how calculus reveals the secrets of the universe

by

Steven Strogatz

目　次

序章

微分積分学（以下、微積分と呼ぶ）がなかったら、携帯電話、コンピュータ、電子レンジは存在していなかっただろう。テレビ、胎児のエコー検査、道に迷ったときのGPSナビゲーションも同様だ。私たちが、原子を分裂させ、ヒト・ゲノムを解読し、宇宙飛行士の月面着陸に成功することもなかったであろう。アメリカ合衆国は独立すらしていなかったかもしれない。

難解な数学の一分野によって世界が永遠に変えられたという出来事は、歴史的に見ても興味深い。元来は、ものの形に関する理論でしかなかった学問が、どうやって文明を再形成するまでに至ったのだろう？

その答えの本質は、物理学者のリチャード・ファインマンがマンハッタン計画について文学者のハーマン・ウォークと議論していた際に放った一言に込められている。ウォークは第二次世界大戦に関する執筆調査のため、カリフォルニア工科大学で原子爆弾の研究をしていた物理学者たちにインタビューを行い、そのうちの一人がファインマンであった。インタビュー後の別れ際に、ファインマンが微積分を知っているか尋ねたところ、ウォークは己の無知を認めた。「勉強した方がよい」とファインマンはいった。「神の話す言語だ」[1]

なぜか分からないが、宇宙の深淵は数学的だ[2]。おそらく神はそのように創造されたのだろう。あるいは、宇宙にはそれ以外に選択肢がなかったのかもしれない。もしも宇宙が数学的でなかったら、宇宙に疑問を抱くような知性を持った生き物に、住処を提供することができなかったのかもしれない。いずれにせよ、不思議かつ素晴らしいことに、宇宙の従う自然の法則は、微積分の言語で表される。この言語を構成する文章は、微分方程式と呼ばれる。微分方程式は、ある事柄に関する今現在とその直後（あるいは現在の位置と、そこから無限小に離れた位置）の違いを表す。自然のどの部分に着目するかによって詳細は異なるが、自然法則の構造自体は常に同じである。

このような宇宙の謎を最初に垣間見たのは、アイザック・ニュートンであった。彼は、惑星の軌道、潮の満ち干、砲弾の軌道などが、少数組の微分方程式ですべて記述でき、説明でき、予測できることを発見した。これらの方程式は、今日では、ニュートンの運動方程式と万有引力の法則と呼ばれる。ニュートン以来、宇宙の新しい側面が発見されるたびに、同様のパターンが成り立つことが分かってきた。古くから存在する四大元素（地、風、火、水）から、最新の電子、クォーク、ブラック・ホール、超弦理論に至るまで、すべての無生物体は微分方程式で表される法則に従う。ファインマンの意味する神の言語は、これであったに違いない。宇宙の謎と呼ばれるに価するものがあるならば、それは微積分だ。

人類が不意に発見したこの不思議な言語は、最初は幾何学の片隅の存在でしかなかったが、その後、宇宙の法則を表すまでになった。私たちは、その言語を流暢に話すことを学び、語彙やニュアンスを解読し、ついにはその予測能力を操るまでに至った。このようにして、人類は微積分で世界を作り変えた。

これが本書の中心となる論点である。

みんなのための微積分

ファインマンの言葉は、多くの深淵な疑問を投げかける。微積分とは何か？　どのようにして人類は、神が微積分の言語を話すことを知ったのか？　あるいは、なぜ宇宙は微積分に従うのか？　微分方程式とはいかなるもので、世界に何をもたらしたか？　そして、これらの物語や考え方を、いかに楽しくかつ知的に、ハーマン・ウォークのような善意の読者に伝えられるだろう？　ここでいう読者とは、高等数学の知識を持たないが、思慮深く、好奇心に溢れ、教養豊かな人たちを指す。

ウォークはファインマンと遭遇した逸話の終わりに、自分が14年にわたって数学を学ぼうとすらしなかったと記述している。彼の大作は、それぞれが１０００ページ余りにわたる二冊の本『戦争の嵐』、『戦争と記憶』に結実した。これらの仕事がようやく終わると、『分かりやすい微分積分』のようなテキストで独学を試みたが、うまくいかなかった。他の教科書も数冊突っついてみた。彼の言葉を借りると、「私のように数学について無学の人間に適したテキストを探した。大学時代の私は、文科系（文学、哲学）を専攻し、存在の意味といった青臭い探求に明け暮れていた。難解で退屈でわけの分からないものと聞いていた微積分が、神の話す言語だということを当時は知らなかった。」これらの教科書にどうにも入り込めないことが分かると、イスラエル人の数学教師を雇い、少しでも微積分を理解すると同時に、ヘブライ語の話し言葉も上達できればと思ったが、二つの目論見は頓挫した。失意の後、最後の手段で高校の微積分のクラスを聴講したが、遠く及ばないと感じ、数か月で諦めた。彼が教室を出て行くとき、生徒たちは拍手で見送った。落ちぶれた役者の演技に対する同情の拍手のようだったとウォークは振り返る。

私は、微積分の偉大なアイデアや逸話を万人に伝えたい思いで本書を執筆した。人類史に残るこの画期的な出来事を学ぶために、ハーマン・ウォークのような我慢をする必要はない。微積分は、人類の獲得した最も刺激的な成果の一つである。微積分の素晴らしさを知るのに、微積分の計算方法を学ぶ必要はない。ご馳走を楽しむのに、その調理法を学ぶ必要はないのと同じだ。必要なことはすべて、絵や比喩、逸話を用いながら説明してゆく。絵画展に行って、歴史的名画を見逃す手はないだろう。歴史上の最も美しい数式や証明についても紹介する。ハーマン・ウォークについていうと、本書の執筆時点で、彼は１０３歳である。微積分をすでに勉強したかは定かでないが、もしもまだならばウォークさん、この本はあなたのためのものですよ。

微積分を通して見た世界

私は応用数学者の立場で、微積分の物語やその意義について紹介しようと思う。数学史家や純粋数学者は、おそらく私とは違う表現の仕方[4]をするだろう。応用数学者としての私を魅了するのは、私たちを取り巻く現実の世界と、私たちの頭の中にある理想の世界の間を行き来する痛快さである。数学的な疑問は、実世界の現象に由来する。これに対して、私たちの想像の中の数学は、実世界で現実に起こることを予兆することがある。予兆が現実となったとき、その効果は計り知れない。

応用数学者であること[5]は、外に目を向けながら、雑多な知性を持つことである。私と同じ分野で研究する同志にとって、数学は美しいだけの存在ではなく、外から閉ざされた、密閉された定理や証明の世界[6]でもない。私たちは、哲学、政治、科学、歴史、医学など、あらゆる分野の問題に取り組む。これが私の伝えたい**微積分を通して見た世界**である。

本書では、通常よりもかなり幅広い観点から微積分を見ることにする。微積分の類縁やそこからスピンオフしたものも含むし、数学だけでなく、その隣接科学の話題も含む。このような大風呂敷の見方は型破りであるが、混乱しないように注意してほしい。例えば、微積分がなければ、コンピュータも携帯電話云々も存在していなかったと前節に記したが、微積分そのものがこれらの奇跡を作り出したといいたいのではない。それはとんでもない。科学と技術は欠くことのできない仲間であり、いうまでもなく、舞台の主役である。私がいいたいのは、今日の世界を形づくるのに、ときには補助的な立場も含め、微積分も決定的な役割を果たしたということである。

無線通信の話をしよう。技術の始まりは、マイケル・ファラデーやアンドレ＝マリ・アンペールらによる、電磁気の法則の発見であった。彼らの観測や試行錯誤がなければ、磁気、電流、それらの形成する目に見えない力の場は未知のままであっただろう。無線通信も実現できていなかったであろう。したがって、実験物理が必要不可欠であったのは明らかだ。

ただし、微積分もまた不可欠であった。１８６０年代、ジェームズ・クラーク・マクスウェルという名の、スコットランドの数理物理学者は、電磁気[7]の実験法則を記号形式に書き直し、微積分の胃袋に落とし込んだ。攪拌運動の後、胃袋は辻褄の合わない式を吐き出した。明らかに物理的な何かが欠けている。マクスウェルはアンペールの法則が犯人と踏んだ。彼は継当てとして、矛盾を解決するような仮想電流を新しい項として式に加え、再び胃袋に攪拌運動を強いた。今度は理にかなった結果が得られ、池の水面に広がる波紋を表すような、シンプルでエレガントな波動方程式[8]が出現した。ただし、マクスウェルの結果は、電気と磁気の場がパ・ド・ドゥ（訳注：バレエ作品において男女２人の踊り手によって展開される踊り）のようにペアで踊る、新しい波を予測していた。電場の変化は磁場の変化を引き起こし、翻ってそれが電場の変化を引き起こすということが繰り返され、各場は相手の場を前進させ、エネルギーの進行波のように伝搬する。そしてマクスウェルがこの波動の速度を計算したとき、歴史上でも類いまれな、「なるほど！」と思う瞬間が訪れた。彼が発見したのは、波動が光の速度で進むことだったのだ。つまり彼は、微積分を用いて、電磁波の存在を予測しただけでなく、太古からの謎であった「光の本質は何か？」という疑問についても解決したのだ。光とは電磁波だったのだ。

電磁波に関するマクスウェルの予測に刺激を受け、ハインリヒ・ヘルツは１８８７年に実験を行い、電磁波の存在を証明した。10年後、ニコラ・テスラは最初の無線通信装置を作り、その5年後にはグリエルモ・マルコーニが、大西洋横断無線通信に初めて成功した。直後にテレビが作られ、携帯電話、その他すべての技術が続いた。

もちろんこれらは、微積分単独では、なし得なかったことである。ただし等しく明らかなのは、微積分なくしては、これらの出来事も起こっていなかったことである。いや、もう少し厳密にいうと、起こっていたかもしれないが、そうだとしてもずっと後のことだったに違いない。

微積分は言語以上のもの

マクスウェルの話は、私たちがこれから繰り返し見る主題をなす。「数学は科学の言語」とよくいわれるが、これは間違いのない真実である。電磁波の発見の場合、マクスウェルの踏んだ最初のステップは、実験的に発見されていた法則を、微積分の言語を使って方程式に翻訳したことであった。

ただし、言語を用いたこの比喩にはまだ先がある。他の数学の形態と同様、微積分は言語以上のものである。推論としても、非常に強力な体系を持っているのである。ルールに則ったさまざまな記号演算を施すことによって、ある方程式を別の式に変換することができる。これらのルールとは、論理に根ざしており、記号をごちゃ混ぜにしているように見えるかもしれないが、実際には、長い鎖のような論理的推論を行っているのである。記号をごちゃ混ぜにすることは、表記を簡略化でき、頭で把握するには複雑すぎる議論を構築するのに便利なのである。

もしも十分な技術がありかつ幸運に恵まれれば、すなわち、方程式を正しく変換することができれば、その背後に隠れた意味を詳(つまび)らかにすることができる。数学者であれば、手に取るように分かるプロセスだ。たとえるならば、方程式を巧みに操り、リラックスするようにマッサージして、秘密を吐き出させる要領だ。彼らには心を開いて、私たちに話をしてほしいのだ。

創造力は必要だ。どの演算を施せばよいか分からないことも多々ある。マクスウェルの場合、式を変換する方法は無数に存在した。すべての変換が論理的には正しくても、科学的な知見をもたらすものはごく一部であった。マクスウェル自身が何を探求しているのかすら分かっていなかったことを考えると、彼の方程式からは支離滅裂で意味不明の結果しか得られない可能性も十分にあった。しかし幸運なことに、変換した式は秘密を明らかにしてくれた。正しいポイントを突くことによって、波動方程式が吐き出された。

ここからは、微積分の言語機能が再び仕事を引き継いだ。マクスウェルが抽象的な記号を翻訳し、現実に戻したとき、電気と磁気が目に見えないエネルギーの波として、光速で伝搬することを式は予測した。たかだか10年の間に、この式は世界を変えたのである。

理不尽なほどに有効

二つの領域の違いを考えると、微積分が自然をこれほどまでに模擬できるのは不気味なほどである。微積分は、記号と論理の仮想領域であるのに対して、自然界は、力や現象の実領域である。それにもかかわらず、現実を記号に巧妙に翻訳できれば、微積分の論理は、現実世界の真理からもう一つの真理を導くことができる。真理から真理を引き出すのである。経験的な真理から出発し、それを記号に形式化し（マクスウェルが電磁気の法則にしたように）、正しい論理的操作を施すことによって、もう一つの経験的な真理が現れる。それが新しい真理であり、宇宙に関するまだ誰も知らない事実である可能性もある（電磁波の存在のように）。このように微積分の力を借りると、未来を見透かし、未知の事柄を予測することができる。だから科学技術にとって強力な道具となるのだ。

しかしなぜ宇宙は、論理の働きを尊重するのであろう？　ましてや、私たちのような取るに足らない人類でも使えるような論理にである。このことについてはアインシュタインも驚き、「宇宙に関する永遠の謎は、その分かりやすさにある」[9]と記している。同様のことをユージン・ウィグナーも書いている。『自然科学における数学の理不尽なまでの有効性』[10]と題したエッセイでの記述だ。「物理法則を定式化するのに、数学という言語が適切であること。この奇跡は、私たちの理解を超え、私たちには分不相応な、素晴らしい贈り物である」

このような畏怖の念は、数学の歴史でも見られる。言い伝えによると、さかのぼること紀元前550年ころ、ピタゴラス[11]も同様の感慨を持ったとされる。音楽が整数の比率に支配されていることを、ピタゴラスとその弟子たちが発見したときである。例えば、ギターの弦を鳴らすことを想像してみよう。弦が振動すると、ある高さの音が放射される。では次に、弦の長さのちょうど半分の位置にあるフレットを指で押さえて、また鳴らしてみよう。こうすることによって、弦の振動部分は以前の半分になる。つまり1対2の比率である。前よりもちょうど1オクターブ（ドレミファソラシドで、ドから次のドまでの音程）高い音が鳴る。代わりに、もともとの長さの3分の2の長さの弦が振動すると、完全五度（ドとソの間の音程。スターウォーズのテーマ曲の最初の2音を考えればよい）の音が鳴る。さらに、4分の3の長さの弦が振動すると、完全四度（結婚式の入場曲で有名なHere Comes the Brideの最初の2音の間の音程）となる。古代ギリシャの音楽家たちは旋律のオクターブ、完全四度、完全五度について知っていたし、それらが美しいと考えていた。このように、音楽（現実世界のハーモニー）と数（仮想世界のハーモニー）の間の予想外のつながりを見いだしたことで、ピタゴラス学派[12]は「万物は数なり」とする神秘主義的な思想に至った。言い伝えによると、彼らは惑星ですら、その楕円軌道で音楽を奏でると信じた。

これ以来、歴代の数学者たちがピタゴラス熱に罹った。天体学者のヨハネス・ケプラーも取り憑かれ、物理学者のポール・ディラックもそうであった。ピタゴラス熱によって、彼らは宇宙のハーモニーを追求し、夢見、待望した。そしてついに彼らは独自の発見へと導かれ、その発見が世界を変えるに至った。

無限の原理

私たちの向かう先を理解しておくために、微積分とは何か、（比喩的にいうと）何を欲しているのか、そして、他の数学との違いはどこにあるのかについて少し述べておこう。ありがたいことに、一つの大きな考え方が、一貫した主題となっている。この考え方に一度気づくと、微積分の構造は、統一的な主題が多様に広がったものと捉えることができる。

なんとも残念なことに、ほとんどの微積分の教程では、定式、手順、計算トリックが雪崩のように押し寄せ、この主題が埋もれてしまっている。実際のところ、この主題について明確に説明しているものを見たためしがない。微積分の文化の一部であり、すべての専門家が暗黙のうちに知っていることであるにもかかわらずである。この主題を、**無限の原理**と呼ぼう。無限の原理が、概念的にも歴史的にも微積分の発展を先導したように、この主題は、本書を読み進む上でもよき案内役となる。いま、この主題について記述したいところだが、まだここではチンプンカンプンに聞こえるかもしれない。微積分が何を求めているのか、そしてどのようにそれを獲得するのかといった疑問を通して、もう少し核心に近づいてからの方が、そのありがたみが分かるだろう。

手短にいえば、微積分は難しい問題を単純化する。単純化することに執着している。微積分は複雑であるというもっぱらの評判を考えると、この事実は読者には驚きかもしれない。確かに一流の教科書はときに1000ページを超え、煉瓦（れんが）のように重いものもあることは否めない。でもそれだけで判断するのはよそう。微積分の見栄えについては、いかんともしがたいし、そのボリュームも避けようがない。微積分が複雑に見えるのは、複雑な問題に立ち向かうためなのである。事実、人類が対峙した最も難しく最も重要な問題にも挑み、それらを解決に導いている。

微積分の成功の秘訣は、複雑な問題を単純な部分に分割することにある。もちろんこれは、微積分に限った戦略ではない。困難な問題は、塊に切り分けると簡単になることは、問題解決能力に優れた人であればみな知っている。微積分の真に過激で、他と違うのは、この分割統治戦略を極限、すなわち無限にまで持っていった点にある。大きな問題を、少数の一口サイズの塊に切り分けるのではなく、考え得る最も細かい部位に粉々になるまで徹底的に切り続ける。こうすることによって、無限個の破片が残る。これを行った後は、ちっぽけな部分を解くことによって、もともとの問題を解く。最初の大きな問題を解くよりも、ちっぽけな部分を解く方が、はるかに容易となる。こうなると残された課題は、小さな正解をどうやって再びもとどおりに戻すかである。これは切り刻むよりも大変な作業になりがちだが、少なくとももとの問題ほどは難しくない。

以上のように微積分は、切り刻むステップと再構築するステップの二つで進む。数学用語でいうと、切り刻むステップでは、無限に細かい引き算を行い、微細な部分の間の差を計る。この前半のプロセスを微分法と呼ぶ。再構築のプロセスでは、無限回の足し算を行い、微細部分をもともとの全体に統合して戻す。この後半のプロセスを積分法と呼ぶ。

このような戦略は、無限に細かく切り刻めるものであれば、どのような対象にも適用できる。このように無限に細かく分割できるものを**連続体**と呼び、分割可能なものを「連続である」という。連続体の英語名〈コンティニュアム〉は、ラテン語で「一緒に」の意味を持つ〈コン〉と「保持する」の意味を持つ〈テネレ〉に由来し、「一緒の状態に保つ」、「連続して途切れない」を意味する。完全な形をした円の縁、吊り橋の鋼桁、キッチン・テーブルで冷めてゆく1杯のスープ、投げられた槍の描く放物線軌道、あるいは、私たちがこれまでに生きてきた時間について考えてみよう。形、物体、液体、運動、時間の長さなど、これらはすべて、微積分という名の粉砕器に掛ける対象なのだ。これらはみな連続、あるいはほぼ連続である。

ただしここでは、空想的な演技をしていることに気づいてほしい。スープや鋼は、実際には連続ではない。日々の生活の物差しでは連続に見えるが、原子や素粒子のレベルでは連続ではない。微積分では、原子や、他の切断不能な実体で生じる不具合については無視する。それらが存在しないからではなく、それらが存在しないように振る舞う方が便利だからだ。これから見ていくように、微積分では便利な創作〈フィクション〉が好まれる。

もう少し一般的にいうと、微積分では、考え得るほぼすべての実体を連続体として扱う。微積分はさまざまな問題に用いられてきた。どのようにボールは傾斜面を連続的に転がり落ちるか？　太陽光は水中をどのように連続的に伝搬するか？　翼の周辺を連続的に流れる空気流によって、ハチドリや飛行機はどのように上空を浮遊し続けられるか？　併用薬物治療を開始した日から，患者の血流で，ＨＩＶウイルス粒子の濃度はどのように連続的に落ちるか？　これらの問題を解く際にも，微積分のとる戦略は同じである。複雑ではあるが連続な問題を，無限に多くの単純な破片に分割し，それらを個別に解き，一緒にしてもとに戻す。

さあ，いよいよ核心のアイデアについて記述する準備が整った。

無限の原理　連続的な形，物体，運動，プロセス，現象を解明するために，それらが一見してどれだけ乱暴で複雑なものであっても，単純な部分が無限に集まったものとして捉え直し，それらの部分を解析し，得られた結果を合わせてもとに戻し，もともとの全体の意味を理解する。

無限のゴーレム

無限と上手につきあっていくには，現実との擦り合わせが肝要となる。これはいうのは簡単だが，実践するのは難しい。注意深く規制しながら無限を活用していくことが，微積分の秘訣であり，これが強力な予測能力を生み出す源となるが，同時に微積分の悩みの種でもある。フランケンシュタインの怪物や，ユダヤ教の伝承に登場するゴーレム（訳注：ヘブライ語で胎児の意味。作った主人の命令だけを忠実に実行する召し使いかロボットのような存在）のように，無限は主人の規制をすり抜けてしまいがちである。ヒュブリス（訳注：ギリシャ神話で傲慢の女神）の話にあるように，必ずといってよいほど，怪物はその創作者に謀反を起こす。

微積分の創造主は、この危険性に気づいていたが、それでも無限の持つ魅力には抗うことができなかった。怪物が目を覚まし、逆上して暴れ、ときには逆説や混乱、哲学的な破壊をもたらすこともあった。ただしこのようなことがあった後でも、数学者たちは、怪物を何とか鎮圧して、合理的な行動を促して仕事に戻した。いつも最後にはうまく治めてきた。創作者がなぜうまくいくのか理由を説明できないような場合でも、微積分は正解を提供した。無限を乗りこなし、その力を活用したいという欲望が、２５００年にわたる微積分の物語の底流を形成してきた。

通常、数学は厳密で、完璧に合理的と考えられているのに対して、これらの欲望や混乱は場違いに聞こえるかもしれない。数学は合理的であるが、必ずしも最初からそうだったわけではない。創造とは直観的なものであり、理由は後づけになることが多い。微積分の物語では、他の数学分野よりも、論理は直観に遅れをとってきた。これによって、私たちは微積分を人間的な身近なものに感じるし、微積分の天才たちにも親近感を抱くことができる。

曲線、運動、変化

微積分の物語は、無限の原理を軸に、方法論的なテーマごとに構成することができる。ただし微積分は、方法論で分類できる体系であるのと同時に、謎に関する体系でもある。とりわけ三つの謎がその発展に拍車をかけた。曲線の謎、運動の謎、変化の謎である。

これらの謎に対する純粋な好奇心が大いなる成果を導いたといってよい。一見すると、曲線、運動、変化の謎は重要なテーマではなく、ただし困難を極める問題のように思えるかもしれない。しかし、これらは概念の問題に深くかかわるものであった。数学は、宇宙の骨組みに深く織り込まれているため、これらの謎が解決されたことによって、文明の発展や、私たちの日々の生活に及ぶような遠大なインパクトがもたらされたのである。この先の章で見るように、これらの研究の恩恵で、私たちはスマートフォンで音楽を聴くこともできるし、レーザー式バーコード読み取り機を使えばスーパーの行列も苦にならないし、ＧＰＳ受信機を使って帰り道を即座に調べることもできるのだ。

すべては曲線の謎から始まった。ここでいう曲線とは大雑把な意味を持ち、あらゆる種類の曲線、湾曲した表面あるいは固体を指している。輪ゴムや、結婚指輪、気泡、花瓶の形状、サラミ・ソーセージのチューブなどがその例である。できるだけ単純に考えるため、初期の幾何学では、理想化された抽象的な曲線形状を扱い、厚みや粗さ、模様などは無視した。例えば数学的には球面は、無限に薄く、滑らかで、完全に丸い膜と想像する。厚みや凹凸、ココナッツの殻の毛むくじゃらなどはないとする。このように理想的な仮定を置いても、曲線形状は概念として難しい問題を提起した。曲線は、直線の集まりでは構成できなかったためである。三角形や四角形は簡単だし、立方体も容易だ。直線と平面の集まりを角でつなげることで構成できる。これらの図形の周囲長や表面積、体積を計算するのは難しくない。世界各地（古代都市バビロンとエジプト、中国とインド、ギリシャと日本）の幾何学者たちは、このような問題をどう解けばよいか知っていた。しかし、丸い形状の計算は厳しかった。球の表面積がいくつなのか、球の体積はどれほどの大きさかといった問題ですら、昔は誰として分からなかったのだ。円周の長さや、円の面積計算ですら、乗り越えられない難題であった。真っ直ぐな部分が見つからず、どこから手をつけてよいかすら分からなかったのだ。曲がった物体はどのようなものでも理解不能だった。

このようにして微積分は始まった。丸まったものに対する幾何学者の好奇心とフラストレーションが原動力となったのである。円や球などの湾曲形状は、彼らの時代のヒマラヤ山脈のような存在だった。少なくとも最初は、実用上の問題として提起されたわけではない。むしろ単純に、人類の持つ気高い冒険心が後押しした。探検家たちが、そこに山があるからという理由でエベレスト山脈に挑んだように、幾何学者たちも、曲線があったから、その問題を解決したかったのだ。

ブレークスルーになったのは、曲線も実のところは、真っ直ぐな部分から構成されているという主張だった。実際にはそうではなかったが、本当であるかのように振る舞うことはできた。唯一の障壁は、真っ直ぐの破片が無限小のものであり、かつ無限に多く存在する必要があったことだ。この素晴らしい着想から、積分法は生まれた。これが、無限の原理を最初に用いた例である。どのように発展していったのかを見るには数章を要するが、その本質は萌芽的な形で概観できる。直観的に考察してみよう。円（あるいは、曲がった滑らかなものであれば何でもよい）をズーム・インして観察する。より近づいてゆくと、顕微鏡の下では、円の拡大部分が真っ直ぐな平坦形状に見えてくる。したがって少なくとも原理的には、どのように曲がった形でも、拡大すれば真っ直ぐになり、これらの小片をすべて足し合わせてゆけば、何でも計算できることになる。どう計算するかを見つけ出すのは容易ではなく、歴代の数学者をもってしても何世紀もの時間を要した。しかし、力を合わせ、ときには激しい競争を通して、曲線の謎解きに徐々に前進していった。第2章で見るように、ここから派生した現代技術もある。例えば、コンピュータで生成するアニメーション動画で、キャラクターに本物のように見える髪の毛や衣服、顔を描くのに必要な数学も派生したし、整形外科手術を実際の患者に施す前に、医師がバーチャルな手術を試行する計算も副産物として生まれた。

曲線が幾何学の問題をはるかに超えた存在であることが明らかになったとき、曲線の謎を解く飽くなき探求は、熱狂のレベルに達した。曲線は、自然の謎をこじ開ける鍵だったのだ。曲線が自然に生じる例は多い。飛行するボールが描く放物線状の弧、火星が太陽の周りを回る際に描く楕円軌道、光を曲げ、焦点を合わせるのに必要なレンズの凸(とつ)形状などである。レンズは、ヨーロッパの後期ルネサンスで芽吹いた顕微鏡や望遠鏡の発展に欠かせなかった。

このようにして、第二の探求が始まった。地球や太陽系における運動の謎である。観測や巧妙な実験を通して、科学者たちは運動する単純な物体に、興味深い数のパターンを発見した。彼らは、振り子の振動を測定し、斜面を転げ落ちるボールが加速しながら落下する様子を測り、天空を横切る惑星を図表化した。彼らは、ここで見いだされたパターンに魂を奪われた。実際、ヨハネス・ケプラーも自らを振り返って、惑星の運行法則を発見したときは「神聖なる熱狂」の状態にあったと表現している。そのパターンが神の御業の様相を呈していたからだ。もう少し世俗的な見方をすると、これらのパターンは、自然が深いところでは数学的であるという、ピタゴラス学派の主張を裏づけるものだった。唯一の落とし穴は、その驚嘆すべきパターンを説明することが、当時の数学ではかなわなかったことだ。当時の算術や幾何学では及ばず、最も偉大だった数学者でも手が届かなかった。

問題だったのは、運動が一定ではなかった点にある。斜面を転げ落ちるボールでは、落下速度が常に変化した。太陽の周りを回転する惑星は、運行方向を常に変化させた。さらに手に負えないことに、惑星は太陽に近づくと速度を速め、離れると速度を落とした。このように変幻自在に変化し続ける運動に対処する方法は、当時は知られていなかった。初期の数学者たちは、自明な運動については解明していた。つまり一定の速度で動き、物体の移動距離は、速度に時間を掛けたものに等しい運動だ。しかし、速度が変化し、連続的に変化し続けるとなると、すべてが白紙に戻る。曲線の謎と同様、運動の謎も、エベレスト山脈のように数学者たちの前に立ちはだかった。

本書の中盤で見るように、運動の謎を解こうとする探求心が、微積分の次なる進展を生み出した。曲線の謎と同様、無限の原理が救いの手を差し伸べたのである。今回も空想的な演技をしなければならない。速度が変わる運動は、ごく短時間の一定速度運動が、無限に集まってできたように演じるのである。この意味するところを理解するため、無謀な運転手がハンドルを握る車を想像してみよう。私たちが心配げに速度計を覗くと、速度はぐいぐい上下動している。ただし、ミリ秒の時間感覚では、どれだけ無謀な運転手といえど、速度計の針を大きく動かすことはできまい。さらにそれよりも短い時間間隔、すなわち無限小の時間間隔では、速度計の針はまったく動かないだろう。そんなに速くアクセルを踏み込める人はいない。

これらのアイデアは微分法（微積分の前半部分）として集約された。変化し続ける運動で生じる、時間と距離の無限小変化を扱うには、まさに微分法の考えが必要であった。微分法は、解析幾何学で現れる曲線の、無限小の線分を扱うのにも必要だった。解析幾何学は、代数方程式で定義される曲線を扱う分野で、１６００年代前半に大流行した。後で見るように、代数学に人々が熱狂した時代があったのだ。解析幾何学の人気は、幾何学を含む数学の全分野に恩恵となったが、これによって探索するべき新たな曲線の密林が作り出された。このようにして、曲線の謎と運動の謎が衝突した。１６００年代中盤において、この二つの謎はともに微積分の中心的存在であり、互いにぶつかり合い、数学に大混乱を引き起こした。この狂乱の中から、微分法が開花を始めたが、ただし論争も巻き起こった。無限を分別なく使ったと批判された数学者もいた。代数学を記号の瘡蓋(かさぶた)と嘲笑する者もあった。このような諍(いさか)いもあり、学問の発展は断続的で遅かった。

　そしてクリスマスの日、ある子供が生まれた。この微積分の若き救世主は、英雄になるようには見えなかった。未熟児として生まれ、父親もおらず、3歳のときに母に捨てられた。暗い心を持った寂しい少年は、秘密主義で疑い深い青年に成長した。しかしアイザック・ニュートンは、それまで、あるいはそれ以降も誰もなし得なかった偉大な成功を収めるのだ。

　最初に彼は微積分の聖杯を解き明かした。曲線の小片を再びすべてもとに戻す方法を発見したのだ。そして、それを簡単に、敏速に、体系的に行う方法も見いだした。無限の力を用いて、変数xの冪乗(べきじょう)（x^2、x^3、x^5など）を用いて代数記号を組み合わせ、任意の曲線を、無限個の単純な曲線の和として表す方法を見つけた。食材にたとえると、xをひとつまみ、x^2を加味して、x^3をスプーン大盛りに加えるといった具合に、どのような曲線でも調理することができた。名人のレシピ、万能スパイス棚、肉屋、菜園、これらがすべて一つにまとめられたようなものである。これさえあれば、形状でも運動でもいかなる問題でも解くことができた。

　そして彼は、宇宙の暗号を解読した。いかなる類いの運動でも常に、ある時点について無限小ステップだけ展開し、微積分の言語で書かれた数学法則に従って、刻一刻と進むことをニュートンは発見したのである。たった一握りの微分方程式（ニュートンの運動の法則と万有引力の法則）で、砲弾の描く弧から惑星の軌道に到るまで、すべてを説明することができたのである。この驚くべき**世界の体系**は天と地を統合し、啓蒙思想を立ち上げ、西洋文化を一変させた。ヨーロッパの哲学者や詩人への影響は絶大だった。トーマス・ジェファーソンさえもニュートンに感化され、後で見るように、独立宣言の草稿にも影響を及ぼした。私たちの時代でいえば、スペース・シャトルの軌道設計をするのに必要な数学に、ニュートンのアイデアは用いられた。実際にＮＡＳＡで軌道計算を行ったのはアフリカ系アメリカ人の数学者キャサリン・ジョンソン（ヒット映画作品『ドリーム』のヒロイン）とその同僚たちだった。

曲線と運動の謎が一段落すると、微積分は三番目の終生の問題探求に取り掛かった。変化の謎である。「万物は流転する」のは世の常だ。ある日に雨が降っていても、翌日は晴れる。株式市場は、上がっては下がる。ニュートンの体系に勇気づけられて、その後の世代の科学者たちは問いかける。ニュートンの運動法則に類似した変化の法則は、存在するだろうか？　人口増加、伝染病の伝播、動脈の血流などに対する法則は、存在するのだろうか？　電気信号がどのように神経を伝播するかを説明したり、高速道路における車の流れを予測するのに微積分は使えるだろうか？

他の科学技術との協働で、このような野心的な課題を追究することによって、微積分は世の中を近代化する一助を担ってきた。観測と実験を用いて、科学者たちは変化の法則を作り出し、微積分を用いてそれらを解き、予測に用いた。例えば、[13]１９１７年にアルベルト・アインシュタインは、原子遷移の簡単なモデルに微積分を応用し、誘導放出と呼ばれる驚くべき効果を予測した（レーザーの語源は、「誘導放出を利用した光の発振・増幅器」に由来する)。ある条件下では、物質を透過する光は、同じ波長で同方向に伝播する光を励起し、ある種の連鎖反応を通して多量の光を生成し、結果として強烈なコヒーレントな(位相や波長の揃った)ビームが生じるとする理論である。数十年後、アインシュタインの予測は正確であったことが証明された。最初のレーザーは1960年代初頭に作られた。それ以来レーザーは、CDプレイヤー、レーザー誘導兵器から、スーパーのバーコード読み取り機、医療用レーザーまで、至る所で応用されている。

医学における変化の法則は、物理学ほどには未だ理解が進んでいない。ただし、初歩的な段階であっても、微積分は人命救助に貢献している。例えば第8章で見るように、免疫学者やエイズ研究者によって開発された微分方程式のモデルは、HIV感染患者が3種類の薬を組み合わせて服用する薬剤併用療法を確立する一助となった。当時優勢であった、ウイルスは体の中で休止状態にあるとする見方を、微分方程式のモデルは覆した。実のところ、ウイルスは毎日、一瞬たりとも休まずに、免疫系と激しい戦いを繰り広げていたのである。微積分が一助になったこの新しい理解により、薬剤併用療法を受けられる患者にとって、HIV感染は致死の病から慢性疾患に変わった。

絶えず流転する世界において、無限の原理の近似や捉え方が適用できない側面が存在することも認めねばなるまい。例えば、原子よりも小さなスケールの領域では、電子を、惑星や砲弾のように、滑らかな軌跡に従う古典粒子のように捉えることはできない。量子力学によると、軌道はぼやけてしまい、微視的なスケールでは定義できなくなる。したがって、電子の運動は、ニュートン力学の軌道としてではなく、確率的な波動として表さなければならない。ただし確率的な表記をしても、再び微積分の問題に帰着される。確率的な波動の時間発展は、シュレーディンガー方程式と呼ばれる基礎方程式を通して、微積分に支配されるためだ。

信じられないがこれも事実なのである。たとえニュートン物理の破綻した、原子よりも小さなスケールの領域でも、ニュートンの微積分はまだ機能するのである。事実、微積分は素晴らしい働きをする。後半の章で見るように微積分は、量子力学とチームを組んで、ＭＲＩやＣＴスキャン、さらにもっと斬新なＰＥＴ検査に至るまで、医用画像撮像の背後に存在する、驚くべき効果を予測することができる。

さあ、宇宙の言語をもっと詳しく見るときがきた。もちろん、最初は無限から始めよう。

第1章　無限

数学の始まり[14]は、日々の関心事に根ざしている。羊飼いが、羊の群れの記録を付ける。農民たちが、収穫期に刈り入れた穀物の重さを測る。小作人たちが王様に納めるべき牛や鶏の頭数を、税の取り立て人が決める。これらの実践的な用途から、**数**が発明された。当初、数は指や足を使って勘定されていた。その後、動物の骨などを使い、引っ掻き傷を描いて表すようになる。さらに傷跡から記号に進化すると、課税や貿易の経理から、戸口調査に至るまでのすべての事柄が、数によって容易になった。５０００年以上も前に書かれたメソポタミアの粘土板の記録からも、これらの形跡が見て取れる。楔形文字（くさびがたもじ）と呼ばれるくさび形の記号が、何行にもわたって綴られているのだ。

数字とともに、形も問題だった。古代エジプトでは、線と角度の計測は極めて重要であった。ナイル川の夏の氾濫によって境界がかき消されてしまうため、測量技師たちは農民たちの畑の区画を毎年引き直さなければならなかった。このような活動は、一般の**形**に関する研究、すなわち**幾何学**の名前の由来となった。幾何学の英語名〈ジオメトリー〉は、ギリシャ語で「地球」の意味を持つ〈ジ〉、「測る」の意味を持つ〈メトレス〉からきている。

幾何学は当初、角の尖ったものを対象としていた。直線や平面、角度を好んだのには、実利的な起源があった。三角形は傾斜路として，ピラミッドは遺跡および墓として，長方形はテーブル表面，祭壇，土地の見取り図として有用だった。建築業者や大工は，測鉛線を使用するのに正しい角度を測る必要があった。船乗りや建築技師，司祭者にとって直線の幾何学は，測量や航海，暦の管理，日食や月食の予測，神殿や祭壇の建立のために必須だった。

しかし幾何学が直進性に固執していたときでさえ，常に立ちはだかる曲線が存在した。何よりも完全な図形，円である。年輪，池面の波紋，太陽と月の形など，自然界で円は至るところに存在する。円をじっくり見つめると，円も私たちのことを見返してくる。愛する人の目を見つめると，瞳孔や虹彩には円の輪郭が浮かび上がる。車輪や結婚指輪など，実用的なものから情緒的なものまで，円は広がりを持ち，神秘的でもある。円の持つ永劫回帰性は，季節の繰り返し，輪廻，永遠の命，永遠の愛を連想させる。人類が形を学問する上で，円が注目を集めるのに不思議はない。

数学的には，円は変化のない変化を具現化している。円周上を動く点は，中心からの距離は変えずに，方向を変える。可能な限りわずかに変化し曲がるという意味で，最小の変化形態になっている。そしてもちろんのことであるが，円は対称である。中心の周りに円を回転しても，何も変化がないように見える。円がこれほど至るところに遍在するのは，この回転対称性のためである。方向性を考えなくてもよいような性質を持つ自然について考えると，必ずといってよいほど円が出現する。雨滴が水たまりに落ちるとどうなるか考えてみよう。衝突した点から波紋が外側に広がる。波紋が一様な速さで全方向に広がることと，唯一の点から始まることから，波紋は必然的に円になる。これは対称性があるためである。

円は他の曲線形状を生み出すこともできる。円の直径上に串を刺し，その串の周りに3次元空間上を回

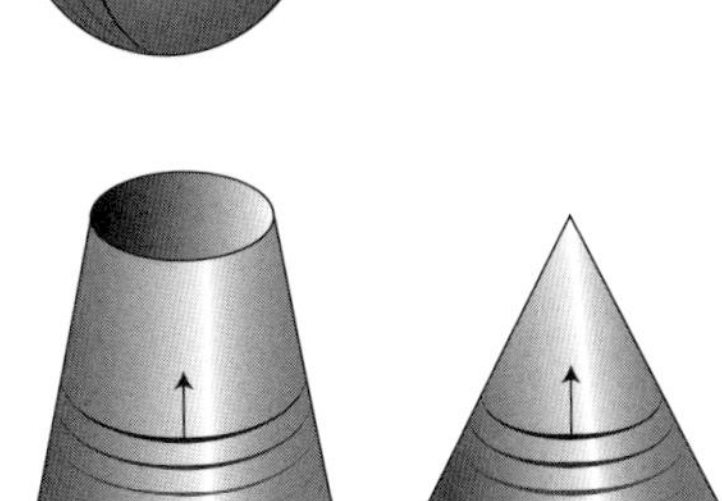
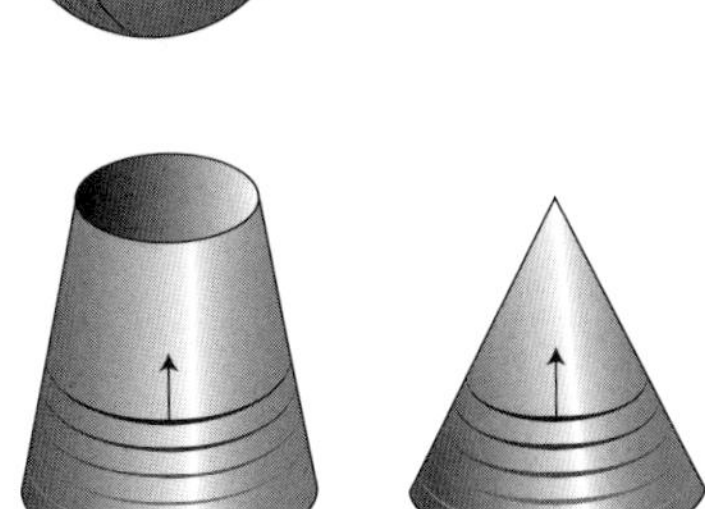
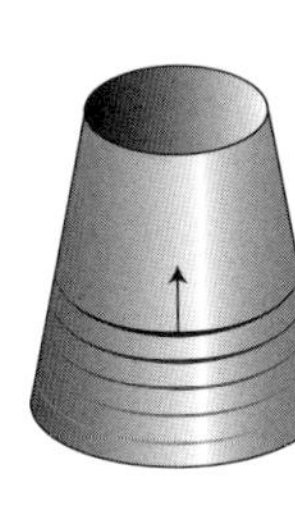
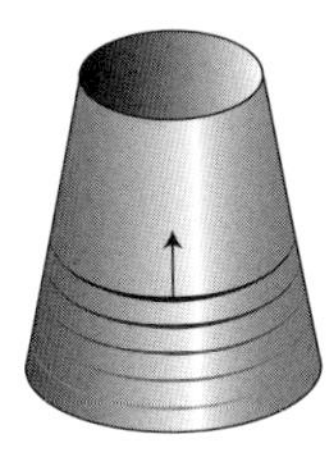

転させることを想像しよう。回転する円は球、つまり地球やボールの形を作る。円を直線に沿って3次元方向に垂直に動かすと、円筒（缶や帽子箱の形）になる。垂直に動かすと同時に円が縮むなら円錐体になり、垂直に動かすと同時に円が広がるならば円錐台（ランプのかさの形）になる。

初期の幾何学者たちにとって、円、球、円筒、円錐は魅惑的であった。しかし、三角形、長方形、正方形、立方体など、直線と平面で構成される真っ直ぐな形状に比べると、曲線の解析ははるかに難しかった。彼らは曲がった表面の面積や曲がった固体の体積を知りたいと思ったが、問題を解く糸口もつかめず、丸みに打ち負かされた。

無限の架け橋

微積分は、幾何学の派生[15]として始まった。紀元前２５０年前後の古代ギリシャで、曲線の謎に対する新しい数学が立ち上がった。数学者たちは、無限を用いて、曲線と直線の間に橋を架ける野心的な計画を立てた。いったん橋が掛かれば、直線に関する幾何学の方法論や技法を橋で輸送して、曲線の謎に応用できる。無限を援用すれば、これまでの問題はすべて解決できると期待したのだ。

当時、このような計画にはかなりの無理があるように思われたに違いない。無限は疑わしいと評定されていたのだ。有用なものではなく、恐ろしいものとして知られていた。さらに悪いことに、無限は不透明で、数学者を困惑させるものだった。無限とは一体何であろう？　数か、場所か、あるいは概念を表すものか？

ともあれ、この後の章で見るように、無限は、天からの賜物であることが判明した。微積分から最終的に湧き出た発見や技術を鑑みると、幾何学の困難な問題を解くのに無限を用いたのは、史上最高のアイデアの一つであったに違いない。

もちろん、紀元前２５０年の時点でこれらの帰結を予見できるものは[16]いなかった。それでも、無限はすぐに素晴らしい成果を生み出した。最初の見事な成果の一つは、円の面積を計算するという、積年の謎を解決したことだった。

ピザの証明

詳細に入る前に、議論の概略を説明しよう。円をピザとして想像してみてほしい。私たちはピザを、無限に多くのスライス片に薄切りし、魔法で長方形になるように再配列する。スライス片の位置を動かしても、もともとの面積からは当然変化がないので、これで私たちの求める答えを導くことができる。そして、長方形の面積の求め方はご存じの通り、底辺に高さを掛ければよいのだ。この結果が円の面積となる。

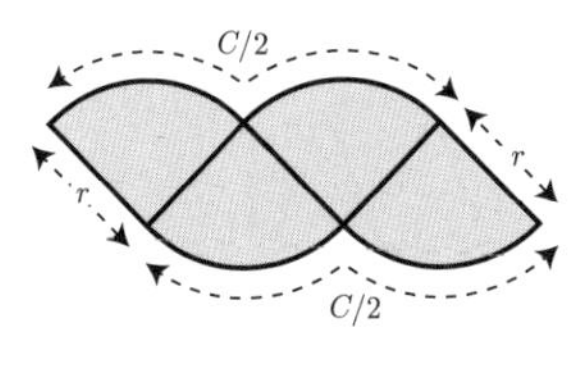

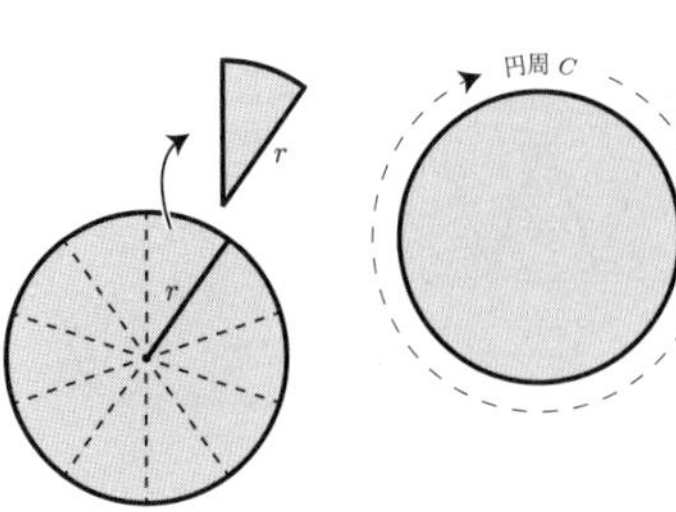

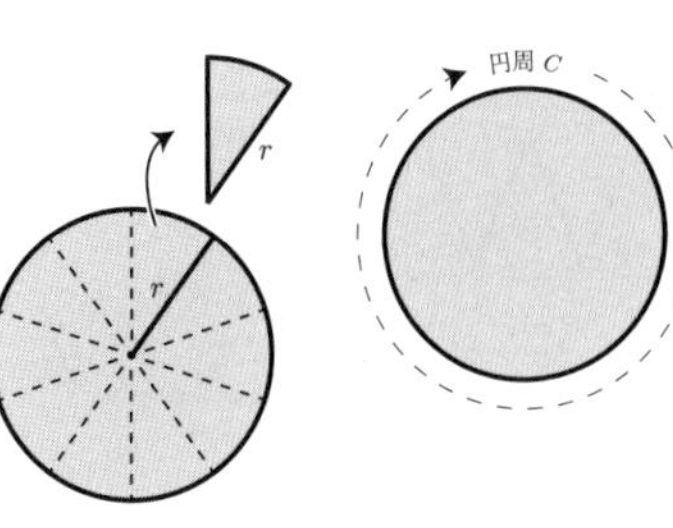

この議論のためには、ピザは数学的に理想化されたものでなければならない。完全に平坦で、丸く、耳は至極薄いとする。円周を略してCの文字で表記しよう。円周はピザの周りの距離であり、耳の周りをたどることによって測ることができる。円周は、ピザの愛好家たちは普段気にも留めないものではあるが、測ろうと思えば巻き尺で計測できる。

もう一つ興味深いのは、ピザの半径rである。半径は中心からピザの耳すべての点までの距離として定義される。特に、ピザはすべて均等にスライスされ、中心から耳までが真っ直ぐに裁断されると仮定すると、半径はスライス片の直線辺の長さを与える。

ピザの生地を四等分することから始めよう。ここに再配列の仕方を一つ示すが、あまり有望そうに見えない。新しく作られた形状は、球根のような形をしており、上下のスカラップ（訳注…ホタテ貝の貝殻を並べたような連続した半円の波形の縁）飾りは奇妙に見える。これは明らかに長方形ではないので、その面積を推測することはできない。面積を測るのに、むしろ後退しているかのようだ。しかしどのようなドラマでも、勝利の前にヒーローは困難に見舞われるものだ。ドラマチックな緊張は高まっている。

行き詰まってはいるが、それでもここで二点に注意しよう。この二点は証明を通じて常に成り立ち、最終的に、私たちの求めている長方形の寸法を与えてくれる。1点目は、新しい図形において、耳の半分はくねくねと曲がった上底となり、残りの半分はくねくねした下底をなしている点である。したがって、くねくねと曲がった上底の長さは、円周の長さの半分、すなわち$C/2$に等しい。下底も同様である。これらの長さは、長方形の長い側の辺になってゆく。もう一点は、球根の形をした図形で、側面にある傾いた直線は、もともとのピザ・スライスの片側であり、したがって長さはrとなる点だ。こちら側は、長方形の短い側の辺になってゆく。

まだ望み通りの長方形になる兆候が見えないのは、スライスの切断が不十分だからである。8片のスライスに切り分けて同様に並べ替えると、より長方形に近い形が見え始める。実際のところ、ピザは平行四辺形のように見え始める。これは悪くない。少なくとも直線的に見える。そして上下のスカラップ飾りは、以前よりも丸みが抑えられている。より多くのスライスを用いることで平滑化された。以前と同様、上底と下底の曲がった長さは$C/2$で、傾斜側の長さはrである。

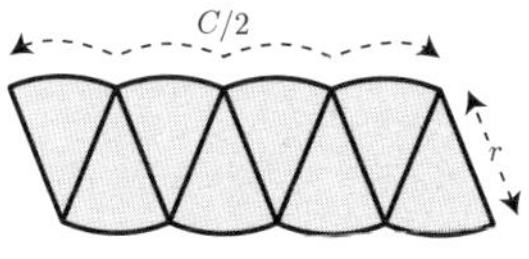

図形をさらに整えるため、端の傾斜したスライス片を縦に半分に切り、半分をもう一方の側に移し替えよう。さあ、もっと長方形に似てきた。耳の湾曲で上底と下底にはスカラップ飾りが残っているのでまだ完全ではないが、少なくとも進歩している。

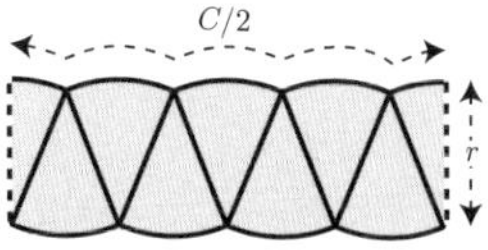

スライス片を増やすのは有効なので、さらに続けてみよう。16片のスライスに切り分け、以前と同様に端のスライス片を整えると次のページのような結果となる。

より多くのスライスに切り分けると、耳の作り出すスカラップ飾りをより平滑にすることができる。このように巧妙に操作することで、魔法のように、徐々に形状はある長方形に向かってゆく。この形状を、極限の長方形と呼ぶことにする。

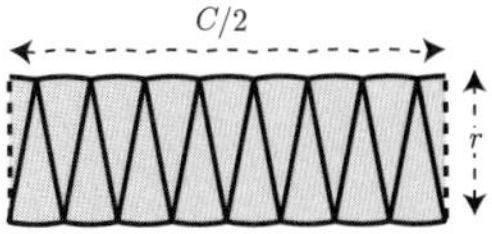

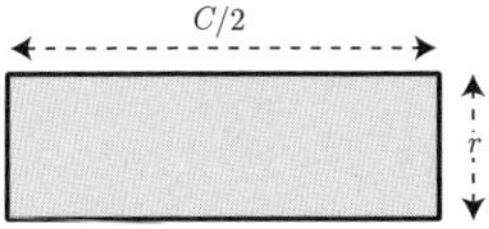

ポイントとして重要なのは、極限の長方形の面積は、底辺に高さを掛けることによって簡単に求まることだ。残りの問題は、円の寸法を用いて、高さと底辺を求めることになる。スライスは単に直立しているため、高さはもともとの円の半径 r である。そして、底辺は円周の半分である。なぜなら、球根図形を作るすべての途中過程で成り立っていたように、円周（ピザの耳）の半分は上底を形づくり、残りの半分は下底に用いられるためである。これらをまとめると、極限の長方形の面積は、高さ掛ける底辺、すなわち、$A = r \times C/2 = rC/2$ で与えられる。そしてピザのスライス片をあちこちに移動してもその面積は変わらないので、これはもともとの円の面積でもあるに違いないのだ！

円の面積 $A = rC/2$ に関するこの結果は、古代ギリシャの数学者アルキメデス（紀元前287年–紀元前212年）が、『円の計測』と題した論文で最初に証明した（同様の考え方で、ただしもっと慎重な議論を用いて）。

この証明の最も革新的な面は、無限の手助けの仕方にある。4切れ、8切れ、あるいは16切れしかスライス片がない場合、私たちは再配列しても、スカラップ飾りに囲まれた不完全な形状しか作れない。出だしは悪くても、より多くのスライスに切り分けると、より長方形の形状に近づいてゆく。ただし、真の長方形になるのは、無限に多くのスライスに切る極限においてのみである。これが微積分の背後に存在する大きなアイデアなのだ。無限において、すべてが単純になる。

極限と壁の謎

極限は到達不能なゴールのようなものである。極限にいくらでも近づくことはできても、そこにたどり着くことは決してできない。

例えば、ピザの証明では、十分な数にスライスを切り分け、再配置することで、スカラップで飾られた形状を長方形に近づけることができた。ただし、純粋な長方形にすることは不可能である。完全な状態に近づくだけだ。ありがたいことに微積分では、到達不能な極限であっても通常は問題にならない。実際に極限に到達できると空想し、どのような極限になるかを想像することによって、問題を解決できることが多い。事実、多くの偉大な先駆者たちは、そうすることによって素晴らしい発見を成し遂げてきた。論理的かと問われれば、論理的ではない。想像上かと問われれば、想像上の考えである。成功したかと問われれば、大成功した。

極限は捉えにくいものではあるが、微積分の中心をなす概念である。日常生活の中にはない考え方なので、捉えどころがない。おそらく一番近い比喩は、壁の謎であろう。壁に向かって半分の距離を進み、さらに残りの距離の半分を進み、そのさらに半分をということを繰り返すとき、最終的に壁に到達する瞬間は訪れるだろうか？

明らかに答えはノーである。なぜなら、毎回、壁までの半分の距離を歩き、壁までのすべてを歩くので

はないと問題は規定しているからだ。10歩進もうが、100万歩進もうが、私たちと壁の間には常に隔たりが存在するだろう。ただし、同様に明らかなのは、壁に向かって任意に近づくことができる点である。つまり、十分な歩数を稼げば、1センチ以内でも、1ミリ以内でも、1ナノメートル以内でも、あるいはそれよりいくらでも小さな距離に近づくことができる。ただし、これらの距離はゼロにはならず、決して壁には到達できない。ここでは、壁が極限の役割を担っている。極限の概念が厳密に定義されるまでには、2000年近くの歳月を要している。ここに至るまで、先駆者たちは直観でよしとしてきた。だから、極限についてすぐにピンとこなくても心配しなくてよい。極限の仕事ぶりを見ることで、よく分かるようになる。現代の立場からいうと、微積分は極限を基盤に構築されたという意味で、極限の概念は重要である。

壁を用いた比喩が人間的でない（誰が好き好んで壁に近づきたいというのか?）ならば、別の比喩でもよい。例えば、極限に近づくのが、飽くなき追求を行うヒーローだったらどうだろう? これは、丘の上まで押し上げるたびに転がり落ちてしまう玉石を、永久に繰り返し丘の上に押し上げる絶望的な務めを課された罪人シシフォス（訳注…ギリシャ神話に出てくる、コリントスの邪悪な王）のような、意味のない行為ではない。むしろ、数学的な極限に向かって前進するプロセスにおいて、不可能と分かっていても、成功の期待を抱きながら、弛まず努力する主人公のようなものだ。決して到達できない星に向かって、着実に進んでいることを励みにして。

・333… の比喩

すべては無限において単純になり、極限は到達できないゴールであるという核心のアイデアを深めるために、次のような算術を考えよう。分数、例えば1/3を等価な小数に変換する問題である（この場合、1/3 = 0.333…）。私が中学二年生のとき、数学教師のスタントン先生がどうすればよいか教えてくれた際のことをいまでも鮮明に覚えている。彼女は唐突に、無限について話し始めたからだ。

その瞬間まで、私は大人が無限について言及するのを聞いたことがなかった。間違いなく、私の両親はその言葉を使ったことがなかった。子供だけが知っている秘密のようなものだったのだ。遊び場で、嘲笑しばかにするときに出てくるのが常だった。


「おまえなんか最低だ！」

「おう、そうか、おまえはその2倍、最低だ！」

「なら、おまえは無限倍、最低だ！」

「だったら、おまえは無限足す1倍最低だ！」

「それは無限と同じだ、ばか」

このような教訓的なやりとりで、無限は普通の数とは違うと私は確信した。1を足しても、それ以上には大きくならなかったのである。たとえ無限に無限を足したとしてもそれは変わらなかった。学校の運動場での諍いを終わらせるのに、これに敵う言葉はなかった。最初にいったもの勝ちだった。

しかし、スタントン先生が話を持ち出したその日まで、どの教師も無限について話すことはなかった。クラスの誰もが有限の小数については知っていた。例えば、10・28ドルは小数点以下に二つ数字を持つ有限の小数であり、お金の額を表すものとして身近な存在だった。これに対して、小数点以下に無限に数字が並ぶ無限小数は最初は不思議に思えた。ただし、分数の議論を始めた途端に自然なものとなった。

私たちは小数の1/3は、0・333…と書けることを知っている。ここで、三つのドット記号の列（…）は3の数字が無限に繰り返すことを意味する。これは理にかなっている。1/3の割り算を紙に書いていったところ、無限のループに嵌（はま）ったからだ。3は1に含まれないので、1を10としよう。すると、3は10の中に3個含まれ、残りが1となる。これで出発点に戻って、依然として1を3個に分割しようと試みることになる。このループを抜け出すことはできない。このため、0・333…では3が繰り返しているのだ。

0・333…の最後尾の三つのドットには二つの解釈がある。単純な解釈は文字通り、小数点の後ろに、無限に3の列が詰め込まれているものだ。無限個あるので、私たちはすべてを書き下すことはできないが、三つのドットを書くことで、それらがすべてそこにあることを、（少なくとも心の中では）示している。これを**実無限**の解釈と呼ぼう。この解釈の長所は、無限が意味するところを真剣に考えようとしないのであれば、簡単で常識的なところである。

もっと洗練された解釈は、0.333…は極限を表すという考えである。ピザの証明において、極限の長方形が、スカラップ飾りの図形の極限を表したのと同様であり、壁が、可哀想な歩行者の極限を表したのと同様である。ただしここで0.333…は、小数1/3の手計算をすることによって、連続して出てくる数の極限を表す。1/3の小数展開では、割り算を続ければ続けるほど、より多くの3を生成する。頑張れば、好きなだけ1/3に近い近似が可能となる。1/3 ≈ 0.3では満足しなければ、一つステップを踏んで1/3 ≈ 0.33などとすることができる。これを**可能無限**の解釈と呼ぼう。望む限り長く近似が続く「可能性がある」という意味である。私たちを妨げるものは何もなく、100万回でも10億回でも、任意の回数だけ続けることができる。この解釈の長所は、無限のようなぼんやりした概念に訴える必要がない点である。私たちは有限のままでいられる。

1/3 = 0.333… のような式を扱う上では、どちらの見方をするかはあまり関係ない。二つとも同様に筋が通っており、どのように計算しても同じ数学的な結果をもたらす。ただし、実無限の解釈では、論理の混乱を招く状況も起こり得る。これが、序章で、無限のゴーレムが不安材料を与え得ると話題にした意味である。極限に近づくプロセスをどう捉えるかによって、大きな違いが生じる場合が多々あるのだ。繰り返しの作業が本当に終了し、無限にたどり着くかのように振る舞うと、厄介なことが起こり得る。

無限多角形の比喩

厄介な例として、円の上に数個の点を等間隔に配置し、互いに直線で結ぶことにしよう。三つの点で等

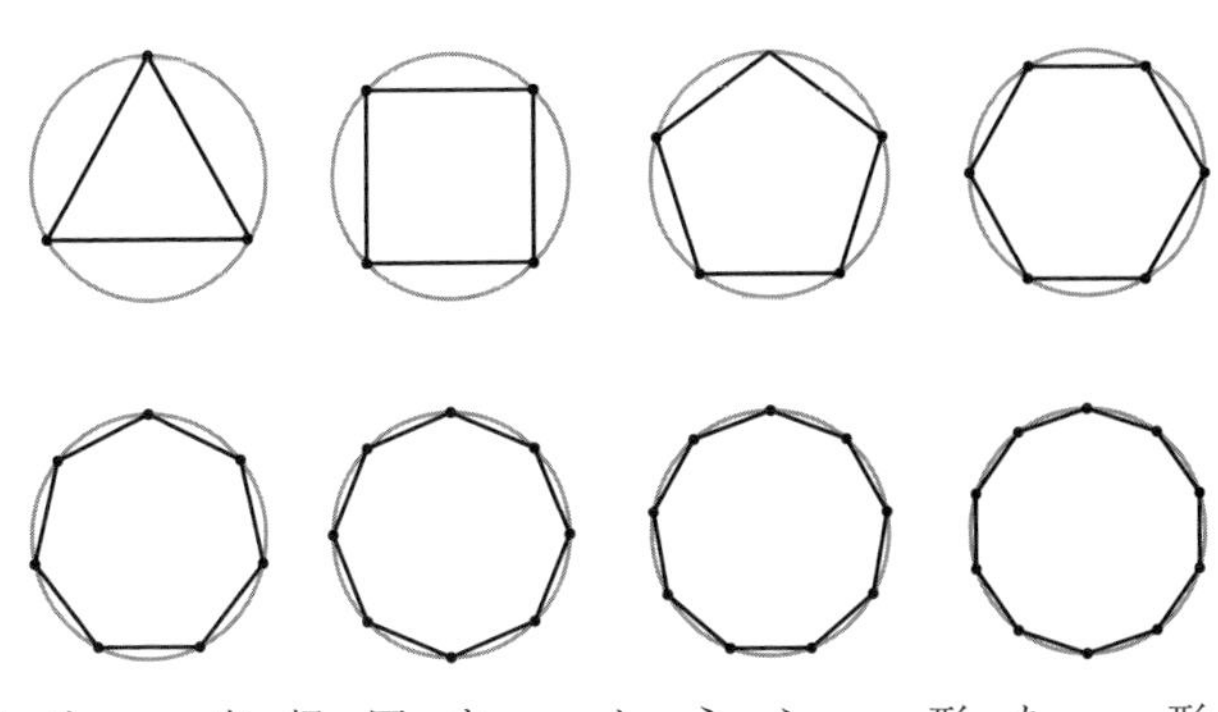

辺の三角形が得られ、四つで正方形、五つで五角形という具合に、正多角形と呼ばれる直線形状の並びが現れる。

より多くの点を使うと、多角形は丸くなり、円に近づくことに気づくであろうか。一方で、多角形の辺は短くなり、辺の数も増える。さらに多角形の列を進んでゆくと、極限として、多角形はもとの円に近づく。

このように、無限は再び二つの世界をつなぐ。今回は、直線状のものから丸まったものへ、角の尖った多角形から絹のように滑らかな円へと誘う。ピザの証明では、無限は円を長方形に変換し、丸みを直線形状に変換したが、その逆である。

もちろん、任意の有限ステップで、多角形は依然として多角形である。まだ円ではないし、決して円になることはない。円により近づくが、真に円まで到達することはできない。ここでは、実無限ではなく、可能無限を扱っているのだ。したがって、論理的に厳密な立場からすると、すべてが完璧である。

しかし、実無限に到達することができたらどうだろう？　無限に短い辺をもった無限の多角形は、本当に円になるだろうか？　そう考えたくなる。円になれば多角形は滑らかになるであろう。すべての角は研磨されるであろうし、完全で美しくなるであろう。

無限の魅惑と危うさ

ここで一般的な教訓がある。それは、極限は、極限に向かう近似よりもしばしば単純であるということだ。円に近づく角張った多角形よりも、円は単純で優美だ。ピザの証明でも同様で、体裁の悪い膨らみと尖りを備えたスカラップ飾りの図形よりも、極限の長方形は、単純で優雅であった。小数 1/3 も同じく、1/3 に向かう小数の 3/10 や、33/100 や、333/1000 は、大きくて醜い分子と分母を持ち見苦しいのに対して、1/3 はシンプルで見栄えがよい。これらの例において、極限の形状や数は、その有限近似よりも単純で対称的である。

これが無限の持つ魅力である。到達するとすべてがよくなる。

この教訓を頭に入れて、無限の多角形のたとえに戻ろう。私たちは、無数に多く無限小の辺を持った多角形と、円は等しいと言い切るべきだろうか？　いや、それはしてはならない。その誘惑に乗ってはいけない。実無限の罪を犯し、論理の地獄に苛まれることになる。

なぜかを理解するため、円が、無限小の辺を持った無限の多角形に実際に等しいと考えてみよう。これらの辺の長さは正確にはいくつだろう？　長さはゼロだろうか？　もしそうならば、ゼロに無限を掛けて、すべての辺の長さの総和を求めると、円周に等しくなるはずだ。でもここで、倍の周長を持つ円を想像してみよう。無限掛けるゼロは、今度は、倍になった円周に等しくなければいけないことになる。なんとしたことか。無限掛けるゼロを矛盾なく定義する方法は存在しない。このため円を無限の多角形と捉えるのは理にかなわない。

そうはいっても、この直観には魅惑的なものがある。聖書の原罪（訳注：アダムとイブの堕落に基づく人間固有の罪業）になぞらえると、微積分の原罪「円を無限小の辺を持った無限の多角形と捉える誘惑」に抗うのはとても難しい。禁断の知から見える眺望、通常は得られない洞察が、私たちを唆す。数百年もの間、幾何学者たちは円周を計算するのに苦心した。もしも多数のごく小さい直線の辺で構成された多角形で、円を置き換えることができたなら、問題ははるかに簡単になるであろう。

禁断の果実には手を出さず、十分に自制し、魅惑的な実無限ではなく、可能無限を用いて、数学者たちは、円周の問題や他の曲線の謎を解く方法を学んだ。次章では、彼らがどのように対処したかを見る。だが最初は、実無限がどれだけ危険かを、さらに深く理解する必要がある。これは、数学教師たちが私たちに最初に警告した原罪を含め、他の多くの原罪に通じる入り口である。

ゼロで割る罪

世界中の数学の授業で、生徒たちは、ゼロによる割り算は禁止と教えられている。そのようなタブーが存在することに、生徒は驚くに違いない。数は整然としていて、行儀よいものであるはずだ。数学のクラスは、論理と推論の場だ。それにもかかわらず、うまくいかない、あるいは理にかなわない数の問題が、問答無用に存在する。ゼロで割るのも、その一つだ。

問題の根は無限にある。ゼロで割る行為は、無限を呼び出すのだ。危険だ。そっちに行ってはいけない。

なぜ無限が物陰に潜んでいるかを知りたい人は、6をゼロに近づく小さな数で割ることを想像してほしい。ただし、決してゼロにはならず、例えば0・1のような数である。この操作は禁じ手ではない。6を0・1で割ると、答えは60と、それなりに大きな数になる。6をさらに小さな数、例えば0・01で割ると、答えはさらに大きくなる。今度は600だ。よりゼロに近い数、例えば0.0000001で6を割ると、もっと大きくなり、6000万となる。傾向は明らかだ。除数（割る数）が小さくなるほど、答えは大きくなる。除数がゼロに近づく極限では、答えは無限に近づく。これが、ゼロでは割り算ができない本当の理由である。臆病者は、「答えは定義されていない（不定）」というが、実のところは無限になるのだ。

これらのことを視覚化すると、上の図のようになる。6センチの線を、それぞれが0・1センチの長さの線分に分解することを想像してほしい。分割された60の線分を端から端まで並べるともとの線になる。

同様に（スケッチはできないが）、同じ線を0・01センチの長さに切り刻むと600片の線分になり、0.0000001センチの長さに切り刻むと6000万片の線分となる。

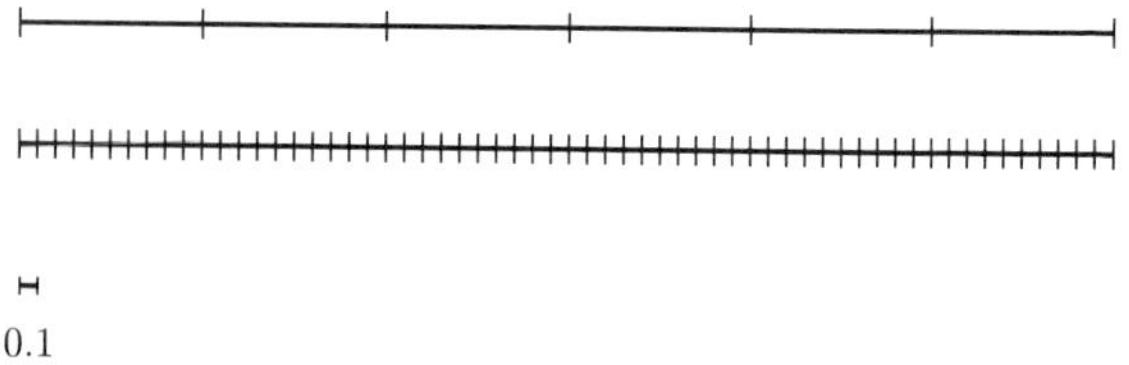

0.1

このように切り刻むことを極限まで続けると、6センチの線は、長さゼロの無数の線分からなるという奇妙な結果になる。これは妥当なことに聞こえるかもしれない。結局のところ、線は無限に多くの点から構成され、各点は長さゼロなのだ。

しかし哲学的に恐ろしいのは、同様の議論が、どのような長さの線に対しても適用できることだ。確かに6という数に、特別な意味はない。長さ3センチの線についても、49·57センチ、20億センチの線についても同様に、無限に多くの、長さゼロの点から構成されていると主張できる。どうやらゼロに無限を掛けると、6、3、49·57、20億など、あらゆる結果が得られるようだ。これは数学的にいえば、恐ろしいことだ。

実無限の罪

このような混乱に私たちを陥れた罪は、あたかも極限に到達でき、無限を達成できる数であるかのように振る舞った点にある。遡(さかのぼ)ること紀元前4世紀、ギリシャの哲学者アリストテレス[17]は、このように無限と共謀すると、ありとあらゆる論理的困難が生じると警告した。彼は、実無限と呼ぶものを罵り、可能無限[18]のみが理にかなっていると主張した。

線を細かい線分に裁断する文脈において、可能無限の解釈では、いくらでも好きなだけ多くの線分に裁断できるが、数は常に有限であり、長さもゼロにはならないことを意味する。これはまったくの許容範囲内であるし、論理的な困難も生じない。

許されないのは、実無限である長さゼロの線分にまで到達すると想定することである。これは意味のない結果につながると、アリストテレスは感じた。実際に前節では、ゼロに無限を掛けると、どのような答えでも出てきてしまうことが明らかとなった。そこで彼は、数学においても哲学においても、実無限の使用を禁じた。彼の勅令は、2200年間にもわたり数学者たちに遵守された。

先史時代の暗澹たる休止期に、数には終わりがないことに気づいたものがいた。そしてこの考えから無限は生まれた。無限は、私たちの心理、奈落の悪夢、永遠の生命の望みなどの深層にあるものが、数字として表出したものともいえる。無限は、私たちの夢や恐れ、答えのない疑問などの核心に存在する。宇宙はどれだけ大きいのだろう？　永遠はどれだけ長いのだろう？　神はどれだけ強大な力を持つのだろう？　宗教、哲学から科学、数学に至るまで、無限は何千年にもわたって、賢者たちを惑わせてきた。無限は追放され、不法とされ、排斥された。常に危険な考え方だったのだ。神は有限の力で無限の世界を創造されたと提唱したことにより、背教の修道士ジョルダーノ・ブルーノ[19]は、宗教裁判で火刑に処せられた。

ゼノンのパラドックス

ジョルダーノ・ブルーノの処刑から遡ること約2000年、あえて無限について熟考した勇敢な哲学者がもう一人いた。エレアのゼノン（紀元前490年ころ—紀元前430年ころ）である。無限が重要かつ難しい役割を果たす空間、時間、運動に対して、一連のパラドックス（逆説）を唱えた。これらの問答は、微積分の核心部分の考えを先取りするものであり、現在でも議論が続いている。バートランド・ラッセル（訳注：イギリスの哲学者、論理学者、数学者であり、社会批評家、政治活動家）はこれらのパラドックスを、「計り知れないほど緻密で、深遠」[20]と称した。

ゼノンの著述は残っていないため、彼がパラドックスで何を証明しようとしていたか、私たちには知る由もない。彼の議論は、プラトンとアリストテレスを通して、私たちの知るところとなった。ただし彼らは、ゼノンを覆すことを主目的に、パラドックスを要約した。彼らの伝えるところによると、ゼノンは変化が不可能であることの証明を試みていた。私たちは変化は可能と感じるが、しかし感覚は私たちを欺く。ゼノンによれば、変化は幻想である。

ゼノンのパラドックス[21]のうち、三つがとりわけ有名かつ強力である。一つ目は、**二分法のパラドックス**である。これは壁の謎に似ているが、それよりもはるかにもどかしいものである。この考えでは、私たちは決して動くことができない。なぜなら、1歩進む前に半歩進まなければならないのだから。半歩進む前には、4分の1歩、進まねばならない云々。壁に到達できないだけでなく、歩き始めることすらできないのだ。

これは秀逸なパラドックスだ。一歩進むのに、無限回の部分課題を完了しなければならないなど、誰が考え得たであろうか？　さらに悪いことに、最初の課題すら完了できないのだ。最初の課題は半歩進むことではない。その前に、4分の1歩、歩まなければならないのだから。そして、4分の1歩の前には、8分の1歩があるなどなど。朝食の前にたくさんすることがあるとして、台所に行くのだけで、無数の課題を終わらせなければならないと想像してみてほしい。

もう一つのパラドックスは、**アキレスと亀**だ。レースで遅い走者（亀）が一歩先んじたスタートを切るとき、快足の走者（アキレス）は遅い走者に決して追いつくことができない。亀のスタート地点にアキレスが到達するまでに、亀は競技場を少し先に進む。次にアキレスが、亀の進んだ新しい地点に届くまでに、亀はわずか先まで這いつくばる。速い走者が、遅い走者を追い越せると私たちはみな信じているから、感覚が私たちを欺いているか、あるいは、運動、空間、時間の論法に誤りがあるかのどちらかである。

この二つのパラドックスにおいて、ゼノンは、空間と時間が本来連続であること、すなわち空間と時間は際限なく分割できることを論駁しようとしていたようにみえる。彼の巧妙な修辞上の戦略（彼の発明とも呼ばれる）は、矛盾による証明であり、弁護士や論理学者には**背理法**として知られている。両方のパラドックスで、ゼノンは空間と時間の連続性を仮定し、その上で仮定からくる矛盾を演繹（えんえき）した。したがって、連続性の仮定が間違っているに違いない。微積分は、まさにこの仮定に基礎を置いており、この論争で大いに危機に晒された。ゼノンの論証がどこで誤ったのかを示すことによって、微積分は反証する。

例えば、微積分ならアキレスと亀をこう扱うだろう。亀がアキレスの10メートル先をスタートするのに対して、アキレスは亀の10倍の速さで走るものとする。例えば、1秒当たり10メートルの速さでアキレスが走るのに対して、亀の速さは1秒当たり1メートルとする。こうすると、亀の先行した10メートルを埋め合わせるのにアキレスは1秒を要する。この間に、亀は1メートルさらに先に進む。この差を埋めるのに、アキレスはさらに0・1秒を要するが、この間に亀はさらに0・1メートル先に進む。このような推論を続け、アキレスが追いつくまでの時間を連続して足してゆくと、

$$1 + 0.1 + 0.01 + 0.001 + \cdots = 1.111\cdots\ 秒$$

という、無限の系列になることが分かる。等価な分数に書き直すと、この時間の長さは10/9秒に等しくなる。これが、アキレスが亀に追いつき、追い越すのに要する時間である。そして、アキレスが無限回の課題を完了しなければならないという点でゼノンは正しいが、この点に矛盾はない。数学が示すように、アキレスは、すべてを有限の時間で行うことができる。

このような論法は、微積分の議論として適切である。以前に $0.333\cdots = 1/3$ となる理由を議論したのと同様、私たちは無限の級数を足し合わせ、その極限を計算したにすぎない。無限小数について扱うとき（中学生の算術と嘲るかもしれないが）、私たちはいつも微積分を行っているのである。

ちなみに、この問題を解くのに、微積分は唯一の方法ではない。代数学を用いることもできる。これにはまず最初に、競技開始後の任意の時刻 t において、各走者が競技場のどこにいるかを計算しなければならない。アキレスは毎秒10メートルの速さで走り、距離は速度掛ける時間に等しいので、競技場における彼の距離は $10t$ である。亀は先行した10メートルに加えて、毎秒1メートルの速さで走るので、亀の距離は $10 + t$ となる。アキレスが亀を追い越す時間を見るには、これら二つの式が互いに等しいとおかなければならない。「アキレスと亀が、同じ時刻に、同じ場所にいるのはいつか?」を問うのが代数学のやり方である。結果として、$10t = 10 + t$ の式となる。この式を解くには、両辺から t を引いて、$9t = 10$ が得られる。両辺を9で割ると、$t = 10/9$ 秒となり、無限小数で見いだしたのと同じ答えになる。

したがって、微積分の観点からすると、アキレスと亀にはまったく矛盾はない。空間と時間が連続ならば、すべてがうまくいく。

デジタル版ゼノン

3番目の**矢のパラドックス**で、ゼノンは、「空間と時間は根本的に離散的である」という別の可能性に反論した。これは、空間と時間が分割不可能な小さな単位、空間と時間の画素（ピクセル）のようなものからなっていることを意味する。パラドックスはこんな感じだ。もしも空間と時間が離散的ならば、飛んでいる矢は決して動くことができない。なぜなら、各時点（離散時間）において、矢はある限定された場所（空間における特定の画素の集まり）にいるため、任意の与えられた瞬間で、矢は動いていないことになるためだ。さらに、時点と時点の間にも、矢は動かない。なぜなら仮定より、時点と時点の間に、時間は存在しないためだ。したがって、矢が動いているような時点は存在しない。

私が思うに、これが最も捉えがたく、興味深いパラドックスである。哲学者たちはいまだにその立場について論争しているが、ゼノンは3分の2は正しいように私には思える。空間と時間が離散的な世界においては、飛んでいる矢はゼノンのいったように振る舞うだろう。時間が離散的なステップをカチッと前進するに伴い、矢がある場所から別の場所に姿を現すのは奇妙だ。そして、現実世界はこのようではないと私たちが感じる点においてもゼノンは正しい。少なくとも私たちが普段知覚しているようなものではない。

しかし、そのような世界で運動が不可能であろうという点においては、ゼノンは間違っている。デジタル機器で映画やビデオを鑑賞した経験から、私たちは皆、そのような世界でも運動が可能であることを知っている。携帯電話やDVR（デジタル・ビデオ・レコーダー）、コンピュータの画面では、すべてが離散画素に切り刻まれているが、ゼノンの主張に反して、これらの離散化された景観の下で、運動はまったく問題なく起こる。すべてが十分精巧に、さいの目に刻まれる限りは、連続的な運動とそのデジタル表現の間の差に私たちは気づかない。飛ぶ矢の高解像度ビデオを見るとき、私たちは実際には、画素化された矢が、離散化された時間枠に次々と急に現れるのを見ているのだ。ただし知覚の限界のため、矢は滑らかな軌道を描くように見える。ときに私たちの感覚は己を欺くのだ。

もちろん、切り刻みに大きな斑（むら）があると、連続と離散の差に気づき、煩わしく思う。旧式のアナログ時計と現代版のデジタル式・機械式の巨大時計の違いを想像してほしい。アナログ時計では、秒針は美しいまでに均一な運動で周回する。これは時間を流れるものとして表現している。これに対してデジタル時計では、秒針は離散ステップで、ピシャリ、ピシャリ、ピシャリと一気に進む。デジタル時計は、時間をジャンプとして描写する。

無限はこれら二つの大きく異なる時間の概念に橋を架けることができる。1秒当たり1回、大きな音量がピシャリと鳴るのではなく、1秒当たり数兆回の小さなカチッという音で進むデジタル時計を想像してほしい。このような類いのデジタル時計と真のアナログ時計の間の差を知覚することはもはやできないであろう。映画やビデオも同様である。フレームが十分な速さで、たとえば1秒当たり30フレームの速さでひらめく限りにおいては、縫い目のない流れの印象を与える。そして、もしも1秒当たり、無限に多数のフレームがあったならば、流れは真に縫い目のないものになるであろう。

音楽がどう録音され再生されるかを考えてほしい。最近、私の下の娘が15歳の誕生日に、ビクトローラ社製の旧式蓄音機を譲り受けた。いまや彼女はエラ・フィッツジェラルド（訳注：アメリカのジャズ・シンガー）をアナログ・レコードで聴くことができる。これはアナログ経験の典型である。エラが歌ったときと同じように連続に、彼女の音色やスキャットがすべて、グリッサンドする（訳注：一音一音を区切ることなく、隙間なく流れるように音高を上げ下げする演奏）。静かな声から大きな声へ、その間のすべての中間も含めて連続的に音量が変わり、低い声から高い声へと優雅に音高（ピッチ）が上がる。対して彼女をデジタルで聴くと、彼女の音楽は細かい離散ステップに切り刻まれ、0と1の列に変換されている。概念的には大きな違いであるが、私たちの耳にはその違いは分からない。

したがって日々の生活において、離散と連続の間の隔たりは多くの場合、埋めることができる。少なくとも離散は連続のよい近似になっている。実用上では、十分に細かくスライスできる限りは、離散は連続の代わりになる。微積分の理想化された世界では、さらに上をいくこともできる。連続なものであれば何でも、無限に多数の、無限小の部分に、（単に近似的にでなく）厳密にスライスすることができるのだ。これが無限の原理である。極限と無限を用いると、離散と連続は一つになる。

量子版ゼノン

無限の原理では、すべてが果てしなくスライスできるように振る舞うことが要求される。この概念がどれだけ有用かについてはすでに見た。任意の薄さに切り刻むことのできるピザで、円の面積が厳密に計算できた。ここで疑問が湧き上がる。そのように無限に小さなものは、実世界に存在するのだろうか？

この問いに関連するのが量子力学[22]である。量子力学は現代物理学の一分野であり、最小のスケールで自然がどのように振る舞うかを記述する学問である。これまでに考案された物理学の理論の中で、最も正確なものである。同時に、その奇異さでも知られている。レプトン、クォーク、ニュートリノなどを含む専門用語は、ルイス・キャロルの文学世界から抜け出してきたような響きである。量子力学の描く現象も奇異なものが多い。原子のスケールでは、巨視的な世界では決して起こらないであろうことが、起こり得る。

例えば、壁の謎を、量子の観点から考えてみよう。もしも歩行者が電子であったなら、歩行者は壁を通り抜ける可能性がある。これはトンネル効果として知られている。本当に起こる現象なのだ。古典的には、この意味を理解することは難しいが、量子力学の説明では、電子は確率の波で表される。この波が従う方程式は、1925年にオーストリアの物理学者エルヴィン・シュレーディンガーによって定式化された。シュレーディンガー方程式[23]の解は、電子の確率波は、突き通すことのできない障壁の向こう側にもわずかに存在することを示した。これは、電子があたかも障壁のトンネルを貫くかのように障壁の向こう側で検出される可能性が、低いがゼロではないことを意味する。微積分の助けを借りて、そのようなトンネル効果が起こる確率を計算することができ、その予測は実験的に確認された。トンネル効果は実在する。トンネル効果で、アルファ粒子（α線）はウラン原子核から予測された率で放出され、放射能の効果を生み出す。トンネル効果は、核融合反応でも重要な役割を果たし、太陽を輝かせる。したがって、地球上の生き物は、トンネル効果に部分的に依存しているのだ。そして、技術用途も多い。個々の原子像を作り出して操作する走査型トンネル顕微鏡は、トンネル効果の概念に基づいている。

己が無数の原子で構成された巨大な生き物でありながら、私たちはこのような原子スケールの事象に対する直観を持ち合わせていない。ありがたいことに、微積分は私たちの直観に取って代わる。微積分と量子力学を応用することで、物理学者はミクロの世界の理論的境地を切り開いた。その洞察力の成果には、レーザー、トランジスタ、コンピュータのチップ、薄型テレビのLEDなどが含まれる。

量子力学は、概念的に過激な側面を多く持つが、シュレーディンガーの定式化では、空間と時間が連続であるとする伝統的な仮定が保持されている。マクスウェルは電磁気の理論で、ニュートンは万有引力の法則で、アインシュタインは相対性理論で、それぞれ同じ仮定をおいた。すべての微積分、したがってすべての理論物理は、連続な空間と時間の仮定に依存している。連続性の仮定は、これまでのところ圧倒的な成功を収めている。

しかし、宇宙よりも極々小さいスケール、原子スケールよりもはるか下では、空間と時間が最終的には連続な性質を失うと信じるに足りる理由がある。下の様相がどのようであるか、はっきりとは分からないが、推測することはできる。ゼノンが矢のパラドックスで想像したように、空間と時間は整然と画素化されるかもしれないが、しかし、量子の不確定性のために、無秩序な混乱に退化している可能性が高い。そのような小さなスケールでは、空間と時間はごった返しになり、不規則に濁り、泡沫のように揺らいだ状態になっているかもしれない。

このような究極のスケールにおいて、空間と時間をどう描写するかについて意見の一致はないが、それらがどの程度のスケールかについては、世界的な同意が得られている。それは三つの普遍定数で決まっている。一番目は万有引力定数Gで、宇宙における重力の強さを決める定数である。最初はニュートンの万有引力の法則で現れ、アインシュタインの一般相対性理論で再び出現した。これらに取って代わる未来の理論においても現れる運命にある定数だ。二番目の定数$\hbar$（エイチ・バーと発音される）は、量子効果の強さを表す。例えば、量子力学において、ハイゼンベルグの不確定性原理やシュレーディンガーの波動方程式に出てくる定数である。三番目の定数は、光の速さcである。宇宙における速さの限界を示し、いかなる信号もcより速く伝搬することはできない。この定数は、空間と時間にかかわる理論では必要不可欠である。距離は、速度掛ける時間に等しいという原理から、速度の役割を果たすcは、空間と時間を結び付ける。

１８９９年に、量子論の父であるドイツの物理学者マックス・プランクは、長さのスケールを生み出すのに、これらの普遍定数を結び付ける唯一無二の方法があることに気づいた。この唯一の長さは、宇宙を測る自然な尺度になると結論した。彼に敬意を表して、いまでは**プランク長**[24]と呼ばれる。代数の組み合わせで

$$\text{プランク長} = \sqrt{\frac{\hbar G}{c^3}}$$

と与えられる。計測されたG、$\hbar$、cの値を代入すると、プランク長は約10^{-35}メートルになる。陽子の直径の約1億倍のさらに1兆倍小さい、驚くほど微小な距離である。これに対応するプランク時間は、この距離を光が通過する時間を表し、約10^{-43}秒となる。これらのスケール以下では、空間と時間は意味をなさない。行き止まりである。

これらの数字は、私たちが空間と時間をどれだけ細かくスライスできるかの限界を規定している。どのレベルの精度について話をしているのか感触を掴むため、考え得る最も極端な比較に何桁が必要かを考えてみよう。可能な限り最大の距離として、現在知られている宇宙の直径をとり、可能な限り最小の距離である、プランク長で割ってみよう。このように計り知れないほど極端な距離の比は、たった60桁の数字となる。強調のため繰り返すが、**たったの60桁**である。ある距離を、別の距離を用いて表すときに、必要な最大桁がである。これ以上の桁数、例えば１００桁は（それだけでも極めて大きいが）過剰であり、物質世界で、あらゆる実距離を表すのに必要な桁数をも、はるかに上回る。

翻って微積分においては、いまもなお、無限に多くの桁が常に用いられている。中学の課程から生徒は、０・３３３…のような小数展開が無限に続く数について考えさせられている。私たちはこのような数字を**実数**と呼んでいるが、まったく現実のものではないのである。小数点以下無限桁の数を実数と規定しているが、現代物理学で現実を理解する限りにおいては、無限桁は非現実的なのである。

もし実数が現実的でないなら、なぜ数学者たちは、それほどに実数を好むのであろうか？　そして、なぜ生徒たちは実数を学ばなければならないのだろう？　なぜなら、微積分にはそれが必要だからだ。微積分では当初から、あらゆるもの（空間と時間、物質とエネルギー、すべての物体）は連続でなければならないという頑なな主張がなされてきた。それゆえに、すべては実数で定量化されなければならない。この理想化された空想の世界では、すべてのものが際限なく細分割できるかのように、私たちは振る舞う。微積分の理論はすべて、この仮定の下に構築されている。この仮定なくしては、極限も計算できないであろうし、極限なしでは、微積分はガチャンと止まってしまう。私たちの扱う小数が、たかだか60桁の精度であったならば、数直線は凹みだらけで、クレーターのようであったろう。パイや2の平方根を始め、小数点以下無限桁が必要な数のある場所には、穴が空いていたであろう。1/3のような単純な小数ですら見当たらないであろう。数直線上で1/3の位置を正確に示すには、無限の桁（0・333…）が必要なのだ。連続な直線を形成する数は、実数でなければならない。実数は現実の近似かもしれないが、驚くほどよく機能する。実数を用いずに現実をモデル化することは困難だ。無限小数を用いることで、無限はすべてをシンプルにする。

第2章　無限を活用した男

ゼノンが、空間、時間、運動、無限の性質に思いを巡らせた約200年後、もう一人の思想家が、無限に抗しがたい魅力を発見した。彼の名はアルキメデス[25]といった。円の面積に関係して、彼についてはすでに触れたが、他にも多くの点で伝説的な人物である。

彼については滑稽な話題[26]に事欠かない。アルキメデスを最初の数学オタクと描写する人もいる。例えば歴史家のプルタルコス[27]は、アルキメデスは幾何学に熱中すると「食事を忘れ[28]、風采も構わなかった」と伝えている（それは実にもっともだ。私たち数学者の多くにとって、食事や衛生面は最優先事項でない）。さらにプルタルコスが続けるところによると、アルキメデスが数学に夢中になると、「無理やりにでも入浴させる」しか方法がなかった。彼について万人の知る話が入浴に関連するものであることを考えると、彼がそれほどに入浴不精であったのは面白い。ローマの建築家であるウィトルウィウス[29]によると、アルキメデスは、入浴中の突然のひらめきに興奮して風呂桶から飛び出し、裸で道路を走りながら「エウレカ（見つけた）！」と叫んだそうだ。

他には、軍の魔術師、戦う科学者、一人の決死隊の側面が窺える話もある。これらの伝説によると、紀元前212年、生まれ故郷のシラクサがローマ帝国に包囲されたとき、アルキメデスは（当時すでに70歳近くの老境にあった）、滑車と梃子の知識を駆使して、途方もない兵器である戦争原動機を作り、都市の防衛を援護した。把持用フックと巨大なクレーンで、ローマの船を海から吊り上げ、靴から砂を払うように、水兵たちを振り落とした。プルタルコスはこの恐ろしい光景を、「船はかなりの上空まで何度も持ち上げられ、水夫たちが全員投げ出されるまで、あちこちに横揺れされ、ついに岩に当たって砕けるか転覆した[30]」と描写した。

より真面目な文脈では、理工系の学生はみな、浮力の原理（液体に浸された物体は、押しのけた流体の重量と等しい力の浮力を受ける）や梃子の原理（梃子の両側に置かれた物体は、それぞれの重量が支点からの距離に反比例するときのみ釣り合う）でアルキメデスを思い出すであろう。両方とも無数に実用化されている。アルキメデスの浮力の原理は、なぜ浮くものとそうでないものがあるかを説明してくれるし、軍艦建造、船の安定性理論、海上の石油掘削プラットフォームなどのすべての基礎となっている。私たちが爪切りや釘抜きを使うときは、知らないうちに、梃子の原理を利用している。

アルキメデスは恐るべき戦闘兵器の製作者であったかもしれないが、才気溢れる科学者であり、技術者であったことは間違いない。だが、彼が偉人たる真のゆえんは、彼の数学に関する功績による。彼は積分法の道を開いたのだ。その深遠なるアイデアは、彼の仕事にはっきりと見て取れるが、２０００年余りにわたって埋没していた。控えめにいうと、時代を先駆けていたということになるが、これほど時代を先駆けていたものがあるだろうか？

彼の研究には、二つの戦略が繰り返し現れる。一点目として、彼は無限の原理を熱心に活用した。円、球、その他の曲線形状の謎を証明するために、多数の平面で構成された直線的な形状を用いて近似を行った。より多くの部分片を想像し、それらをより小さくすることで、近似図形を真の形に近づけた。無限に多い部分片の極限において、厳密性にアプローチしたのだ。これは、加算とパズルの天才アルキメデスならではの戦略だった。最終的には、多くの数あるいは部分片を足し合わせて、もとに戻さなければならなかった。

彼のもう一つの卓越した戦略は、数学を物理と混ぜ合わせる、つまり理想を現実と調合することだった。具体的には、形の学問である幾何学を、運動と力の学問である力学と混ぜた。ときには幾何学で力学の問題を解明し、ときには力学の議論を用いることで、幾何学に洞察を与えた。アルキメデスが究極の手腕によって曲線形状の謎に深く攻め入ることができたのは、両方の戦略を用いたからにほかならない。

円周率を搾（しぼ）り出す

仕事場まで歩くときや、犬と夕方の散歩に出掛けるとき、ｉＰｈｏｎｅの歩数計が私の歩行距離を記録してくれる。計算は簡単だ。アプリは私の身長から歩幅を推定し、何ステップ歩いたか数える。それらを掛け合わせればよいのだ。移動距離は、歩幅に歩数を掛けたものに等しい。

アルキメデスは同じようなアイデアを用いて円周を計算し、円周率[31]を推定した。円を陸上競技のトラックと考えてみよう。一周するには、多くのステップ（歩数）を要する。歩行経路はこんな感じだ。各ステップは、ごく短い線分で表される。ステップ数に、各ステップ長を掛け合わせると、トラックの長さが推定できる。実際には円は線分

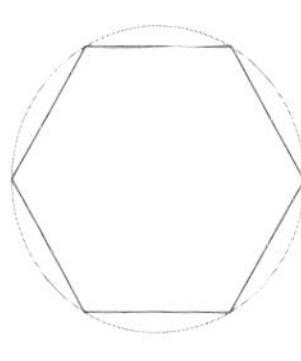

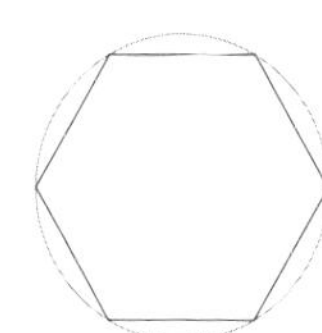

の集まりではないので、これはもちろん近似だ。円は曲がった弧の集まりでできている。それぞれの円弧を線分で置き換えると、わずかだが近道を通ることになる。したがって推定値も、円形トラックの真の長さを過小評価してしまう。ただし少なくとも理論では、十分に多くのステップをとり、各ステップを十分に小さくすることによって、必要なだけ正確に長さを近似することができる。

六つの直線ステップからなる経路から始めて、アルキメデスはこのような一連の計算を行った。

六角形から始めたのは、先に待ち受ける、より骨の折れる計算に乗り出すのに便利なベース・キャンプだったからだ。六角形の利点として、その周囲の全長計算が容易であることが挙げられる。円の半径の6倍なのだ。なぜ6倍かというと、六角形は六つの正三角形を内包しており、正三角形の辺は円の半径に等しいからである。三角形の辺の6倍が、六角形の周長を構成している。だから、周長は半径の6倍に等しく、記号で書くと$p = 6r$となる。円の周長Cは六角形の周長$p = 6r$よりも長いので、$C > 6r$でなければならない。

これは、アルキメデスに円周率の下限を与えた。円周率はギリシャ文字でπと書かれ、円周の直径に対する比率で定義される。直径dは$2r$に等しいので、不等式$C > 6r$は、

$$\pi = \frac{C}{d} = \frac{C}{2r} > \frac{6r}{2r} = 3$$

を示唆する。したがって、六角形の議論は$\pi > 3$であることを示す。

もちろん6は、歩数として少ない上、六角形は、円の模擬としては粗い。ただしアルキメデスは、まだ始めたばかりだった。六角形の意味をいったん理解してしまうと、彼はステップ幅を短縮し、2倍のステップ数をとった。それぞれの弧の中点に迂回し、弧を大またに一歩で進むのではなく、2歩で進んだ。

そしてこれを、何度も繰り返した。取り憑かれたように、6ステップから12ステップへ、そして24、48、最後には96までゆき、短縮し続ける長さを、偏頭痛を起こすような精度まで解いた。

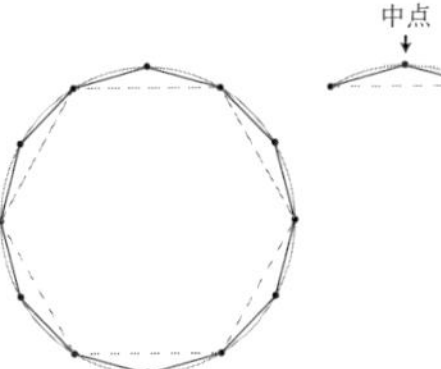

運悪く、縮めば縮むほど、ステップ長の計算は難しくなった。なぜなら、解を見つけるには、ピタゴラスの定理を実行し続けなければならなかったのだ。この作業には平方根の計算が必要で、手計算には面倒だった。さらに、円周を過小評価していることを保証しなければならなかった。過小評価に対しては、近似に用いた小数が、平方根の下限になっていることを確かめ、過大評価に対しては、近似小数が、平方根の上限になっていることを確かめなければならなかった。

ここで私がいいたいのは、論理的にも算術的にも、彼の円周率計算は英雄的だったということだ。円に内接する96角形と円に外接する96角形を用いることにより、彼は最終的にπが$3 + 10/71$よりも大きく、$3 + 10/70$よりも小さいことを証明したのだ。

数学のことは少し忘れて、この結果を視覚的に味わおう。

$$3 + \frac{10}{71} < \pi < 3 + \frac{10}{70}$$

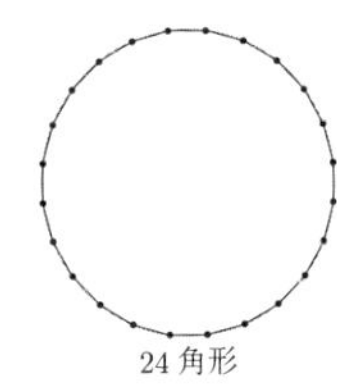

24 角形

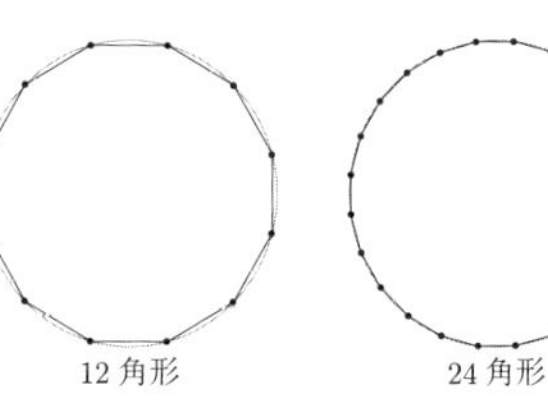

12 角形

6 角形

いまだ知られていない、そして永遠に未知のπの値が、数の万力(まんりき)に閉じ込められたのである。前者が71を分母に、後者が70を分母に持っていることを除いては、ほぼ同じにみえる二つの数字の間に搾られた。後者の結果の $3+10/70$ は $22/7$ となり、これは今日でもアメリカの学生が学ぶ、有名なπの近似である（中にはπそのものと勘違いしている学生もいる）。

アルキメデスの用いた**搾り出しの手法**（初期のエウドクソスの仕事に立脚する）は、未知数である円周率を、二つの既知の数で閉じ込めるやり方から、現在では**取り尽くし法**として知られている。ステップを倍にするごとに、上限と下限は締めつけられ、したがって、円周率の動く余地も取り尽くされてゆく。

円は幾何学において最も単純な曲線図形である。それにもかかわらず、驚くべきことに、それを測ること、つまり円の性質を数で定量評価することは、幾何学の範囲を超えている。例えば、アルキメデスの数世代前に書かれたユークリッドの『原論』には、πに関する記述は一切ない。円の面積の、半径の2乗に対する比率が、すべての円について同じであることは総当たり法で証明されているが、その普遍的な比率が3.14に近いことについては、手掛かりさえ与えられていない。ユークリッドが省略したのは、より深遠な何かが必要だったことの証しであった。円周率の数値に取り組むには、曲線形状に対処できるような、新しい数学が必要であった。曲線の長さ、湾曲した表面の面積、あるいは湾曲した固体の体積をどのように測るかは、当時の最前線の問題だった。この問題を解くため、アルキメデスは、今日私たちが積分法と呼ぶものへの最初の一歩を踏み出した。円周率は積分法の最初の手柄だった。

円周率への道

現代の私たちには、円の面積に関するアルキメデスの定式 $A = rC/2$ に円周率がないこと、そして、彼が $C = \pi d$ のような、円周を直径と関連づけるような式を書かなかったのは不思議に思える。円周率は彼にとっては数ではなかったため、そのような記述を避けていたのだ。円周率は単純に、二つの長さの比率、すなわち、円周と円の直径の割合だったのだ。円周率は大きさであり、数ではなかった。

今日、大きさと数の区別をすることはなくなったが、古代ギリシャの数学では、この区別は重要であった。この区別は、（整数で表される）離散と（形で表される）連続の間の緊張からきたようだ。歴史的な詳細は定かでないが、ピタゴラスとエウドクソスの間、紀元前6世紀と紀元前4世紀の間に、正方形の対角線は、辺の長さで約分できないことを証明した人物がいる。これは、辺と対角線の長さの比は、二つの整数の比で表せないことを意味する。現代風にいうと、無理数の存在[32]を発見した人がいる。この発見は、ギリシャにショックと失望を与えたと思われる。ピタゴラスの信条と矛盾するものだったからだ。正方形の対角線という単純なものですら二つの整数の比で測れないならば、数がすべてではないということだ。この失望感が原因で、後期のギリシャ数学者たちは、幾何学を算術よりも常に上位に捉えた。数はもう信頼できない。数学の基礎としては不適格だ。

連続な量を記述し、推論するため、古代ギリシャの数学者たちは整数よりも、もっと強力なものを発明しなければならないことに気づいた。そこで彼らは、形とその比率を基礎に置く体系を作った。この体系は、線の長さ、正方形の面積、立方体の体積など、幾何学的な対象物の測度に依存していた。これらの測度はすべて、大きさと呼ばれた。大きさは、数とは性質が異なり、数よりも優れたものと数学者たちは考えた。

アルキメデスが円周率と距離を置いていたのは、このためだったのではないかと私は思う。彼は円周率をどう捉えてよいか分からなかったのだ。それは不思議な、経験したことのない生き物で、どのような数よりもエキゾチックだった。

今日、私たちは円周率を数、すなわち無限小数の実数として、そして魅惑的な数として受け入れている。実際、私の子供たちは円周率に興味津々だった。私たちの家の台所に吊るしてあるパイ皿には、円周率（π）の模様が描かれていた。小数桁が縁の周りを走り、中心に向かって螺旋（らせん）を描き、深底に巻かれるに従って小さく縮んでゆく。子供たちはそれを眺めたものだった。彼らにとっては、不規則にみえる小数桁の列が、決して繰り返されず、まったくパターンを示さず、永遠に続く様子、すなわち、大皿に描かれた無限が魅惑的だったに違いない。円周率の無限小数展開における最初の数桁は

3.14159265358979323846264338327950288419716939937510582097494...

である。

円周率の全桁については、私たちには知る由もない。とはいえ、これらの桁は存在し、発見されるのを待っている。この本を書いている間にも、22兆桁が世界最速の計算機で計算されている。だが22兆桁とい

っても、実際の円周率を定義する無限桁とは比べるべくもない。このことが、哲学的に考えてどれだけ煩わしいことか考えてみよう。私は円周率の全桁は存在するといったが、一体どこにあるのだろう？　それらは物質世界には存在しない。真実や正義のような抽象的な概念とともに、観念の世界に存在する。

円周率に関するパラドックスもある。円周率は一方では、円の形状に体現されるように秩序を表し、完全や永遠の象徴として長い間捉えられてきた。もう一方では、手に負えない雑然とした体裁を持ち、円周率の小数桁の従う規則は非自明か、少なくとも私たちには知覚できない。円周率は捉えどころがなく、神秘的で、永遠に届かないものである。円周率がこれほど魅惑的なのは、このように秩序と無秩序が混在するからにほかならない。

円周率は根本的には、微積分の生み出したものである。決して終わりのないプロセスの、到達不能な極限として定義される。しかし、円に漸近する多角形や、壁の半分までしか踏み込めない不幸な歩行者とは違い、円周率にはすぐ近くに終わりが見えず、その極限は計り知れない。だがしかし、円周率は存在する。円周と円の直径という、すぐ目の前に見える二つの長さの比として、明確に定義されている。このようにはっきりと定義されているのに、数そのものは私たちの指をすり抜けてしまう。

円周率には、陰と陽の二元性があり、微積分のすべてが凝縮されている。円周率は、円と直線の間の扉であり、単一の数でありながら、無限に複雑で、秩序と混沌が釣り合っている。微積分では、無限を用いて有限を調べ、極限を用いて極限でないものを調べ、直線を用いて曲線を調べる。無限の原理は、曲線の謎を解き明かす鍵であり、円周率の謎で最初に出現する。

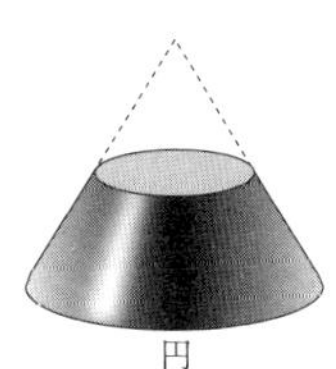
円

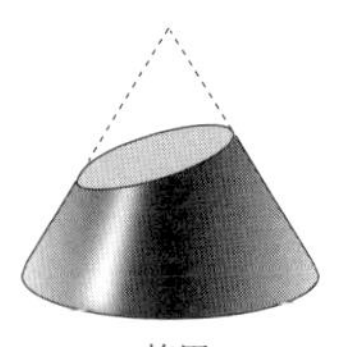
楕円

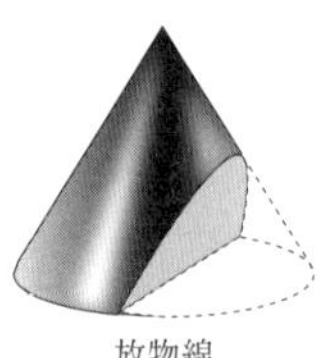
放物線

立体派の微積分

アルキメデスは、『放物線の求積[33]』と題した論文で、無限の原理に導かれながら、曲線の謎に切り込んだ。放物線は、バスケットボールの3点シュートや、噴水式水飲み器から放出される水の描く弧でも馴染み深い。実際には、これらの実世界の弧は、近似的にしか放物線を表さない。アルキメデスにとって、真の放物線は、円錐を平面でスライスして得られる曲線を意味した。肉切り包丁で、円錐形の紙コップをスライスすることを想像してほしい。円錐をどの角度で切るかで、異なる種類の曲線が得られる。

円錐の底面に平行に切ると、円ができる。

ほんの少し急な角度で切ると、楕円が現れる。

円錐の傾きと同じ角度で切ると、放物線となる。

スライス平面上で見ると、放物線は対称な曲線を優雅に描き、中点まで対称な線を引くことができる。この線は放物線の対称軸と呼ばれる。

論文で、アルキメデスは、放物線領域を求積することに挑戦した。現代的にいうと、放物線領域は、放物線と放物線を斜めに切断する線の間に挟まれた曲線領域を意味する。求積するとは、正方形、長方形、三角形、あるいは他の単純図形の既知の面

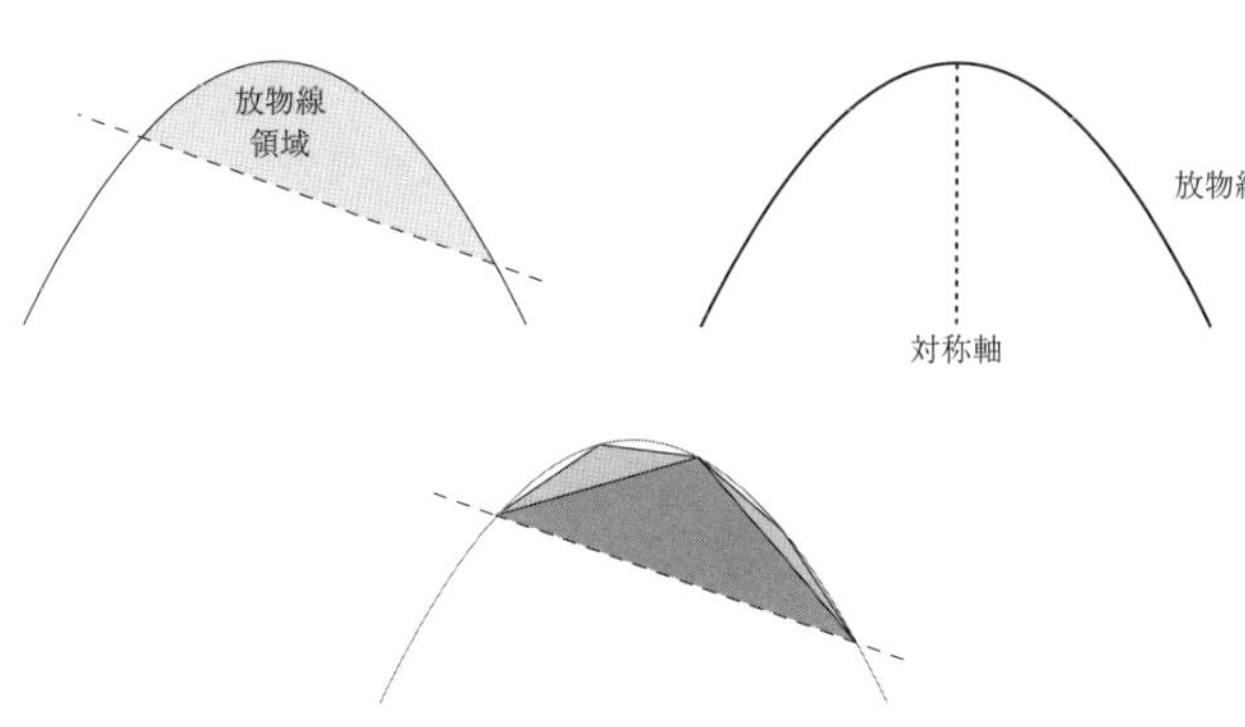

積を用いて、未知の面積を表すことである。

アルキメデスのとった戦略は驚くべきものであった。彼は壊れた陶器の破片が糊づけされたように、放物線領域を、無限に多くの三角形の破片で構成されたものと想像した。

破片の大きさは多様で、終わりのない階層構造を作った。大きな三角形が一つ、小さな三角形が二つ、さらに小さな三角形が四つなどといった具合である。そのような三角形の面積をすべて求め、足し合わせて戻すことによって、曲線部分の面積を計算することを試みた。滑らかで、なだらかに曲がる放物線領域を、ギザギザの形状からなるモザイク模様として見るには、変幻自在の飛躍的想像力が必要だった。もしもアルキメデスが絵描きだったら、最初の立体派（キュビスム）作家になっていたであろう。

この戦略を遂行するため、最初にアルキメデスは、すべての破片の面積を求めなければならなかった。しかし、これらの破片はどう定義されるべきだろう？　結局のところ、三角形を継ぎ合わせて、放物線領域を作る方法は、無数に存在する。皿をギザギザの破片に粉砕するやり方が、無数にあるのと同じだ。最大の三角形の配置も多様だ（次のページの上図の左か、中央か、右か）。

彼は見事なアイデアを思いついた。なぜ見事かというと、ルールを確立したのである。ある階層のレベルから次の階層レベルまで、パターンの整合を取る。次のようなイメージだ。放物線領域の底の斜線をとり、もとの斜線と平行を保ちながら、頂点付近の1点で、放物線にわずかに触れるまで、斜線を上にスライドさせる。

軽く接触した特別な点は、**接点**と呼ばれる。これが、大きな三角形の3番目の頂点を決める。他の二つの頂点は、斜線が放物線を切断する点である。

アルキメデスは、階層のすべての段階で、同じルールを用いて三角形を定義した。例えば、第2段階では、三角形はこのように見える。大きな三角形の辺は、今度は、前に用いた斜線の役割を担っていることに気づいてほしい。

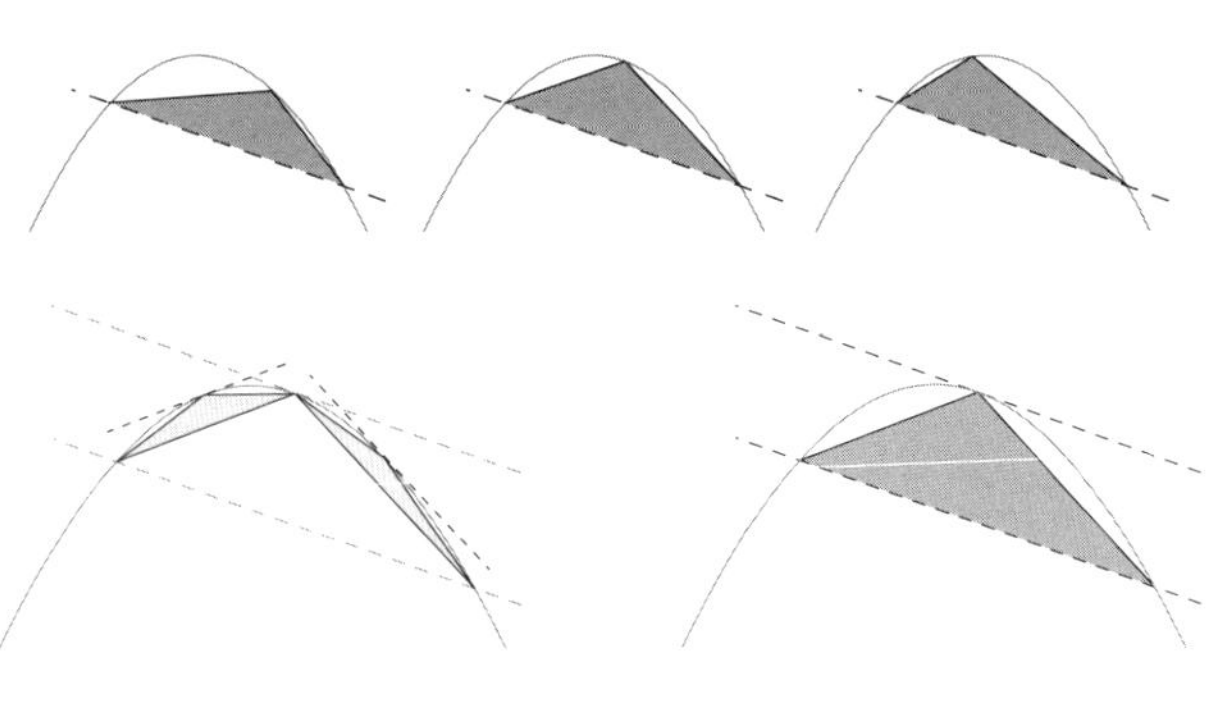

次に、アルキメデスは、放物線と三角形に関する既知の幾何学的事実を行使して、一つの階層レベルから次の階層レベルへの関係づけを行った。新しく作られた三角形の面積は、親である三角形の8分の1であることを彼は証明したのだ。したがって、最初の最も大きな三角形が1単位の面積（これが、面積計算の標準となる）を占めるとするならば、そこから生まれた二つの娘三角形は合わせて、1/8＋1/8＝1/4の面積を占有することになる。

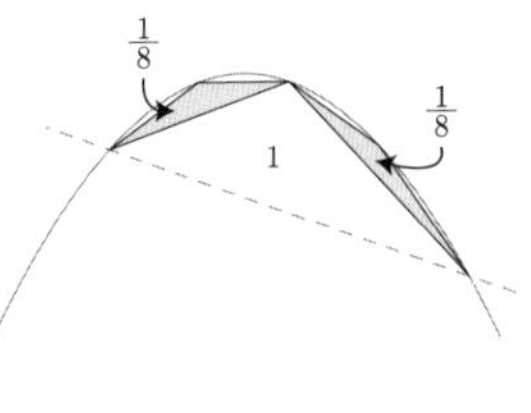

これに引き続く各段階でも同じルールが適用できる。つまり、娘の三角形を合わせると、いつも親の4分の1の面積を占有する。したがって、放物線領域の総面積は、破片の無限の階層全体を再構成して、**放物線面積** $= 1 + \frac{1}{4} + \frac{1}{16} + \frac{1}{64} + \cdots$ となるはずである。これは、各項が前の項の4分の1となる無限級数である。

このような無限等比級数を足し合わせるには近道がある。トリックとしては、面積に関する式の両辺に4を掛けて、もともとの面積を引くことにより、無限項のうち、一つ以外のすべての項を相殺する方法である。試してみよう。上の式の無限級数の各項に4を掛けると、

$$
\begin{aligned}
4 \times \textbf{放物線面積} &= 4\left(1 + \frac{1}{4} + \frac{1}{16} + \frac{1}{64} + \cdots\right) \\
&= 4 + \frac{4}{4} + \frac{4}{16} + \frac{4}{64} + \cdots \\
&= 4 + 1 + \frac{1}{4} + \frac{1}{16} + \cdots \\
&= 4 + \textbf{放物線面積}
\end{aligned}
$$

となる。

上の式では、最後の手前の列と最後の列の間に、魔法が起こる。最後の列の右辺が、4＋**放物線面積**に等しくなるのだ。これは、もともとの総和である**放物線面積** $= 1 + \frac{1}{4} + \frac{1}{16} + \cdots$ が最後の手前の列で、4に続く項に不死鳥のように蘇ったためである。したがって、

$$4 \times 放物線面積 = 4 + 放物線面積$$

両辺から放物線面積を一つ引くと、$3 \times 放物線面積 = 4$ が得られる。したがって、

$$放物線面積 = \frac{4}{3}$$

つまり放物線領域は、大きな三角形の 4/3 の面積を持つことになる。

チーズの議論

前節で述べたような手品を、アルキメデスは認めなかった。彼は、同じ結果に別ルートでも到達した。二重背理法と呼ばれる、巧妙なスタイルの論証に訴えた。彼は、放物線領域の面積は 4/3 より小さいことはありえず、4/3 より大きいこともありえず、したがって 4/3 に等しいことを証明した。シャーロック・ホームズの言葉を借りると、「すべての不可能を消去して、最後に残ったものがいかに疑わしいことであっても、それが真実となる[34]」

ここで概念として重要なのは、アルキメデスが、有限の破片に基づいた議論で、無限を排除した点である。彼は、破片を組み合わせた面積は、好きなだけ 4/3 に近づけることができるということを示した。単純に十分多くの破片をとれば、所定の許容範囲内に収めることができる。無限を呼び出す必要はまったくなかった。したがって、彼の証明に関してはすべてが鉄壁だった。今日の数学においても、最も高い厳

密性の水準を満たすものである。

日常用語でいうと、彼の論点は容易に理解できる。3人が、四つの等価なスライスのチーズを分配したいとする。常識的な解決は、各人に1スライスずつを与え、残りのスライスを3等分して配ることだ。これは公平だ。合計で、各人は $1 + 1/3 = 4/3$ のスライスを得るであろう。

しかし、期せずして3人が数学者で、セミナー前の食卓で、最後に残った四つのチーズを凝視しているとしよう。3人の中で最も賢い数学者が、偶然にもアルキメデスという名で、次のような解決策を提言したとする。「私は1スライスを取るので、君たちも自分の分を取ってくれ。そうして、残りの1スライスを分配しよう。ユークリッド、残りのスライスを3分の1ではなく、4分の1に切ってくれ。そしてみんな、残りのスライスの4分の1を取ってくれ。毎回、残りを四つに等分割して、残りの屑(くず)に誰も興味がなくなるまで、これを繰り返そう。いいか？　エウドクソス、愚痴はやめてくれ」

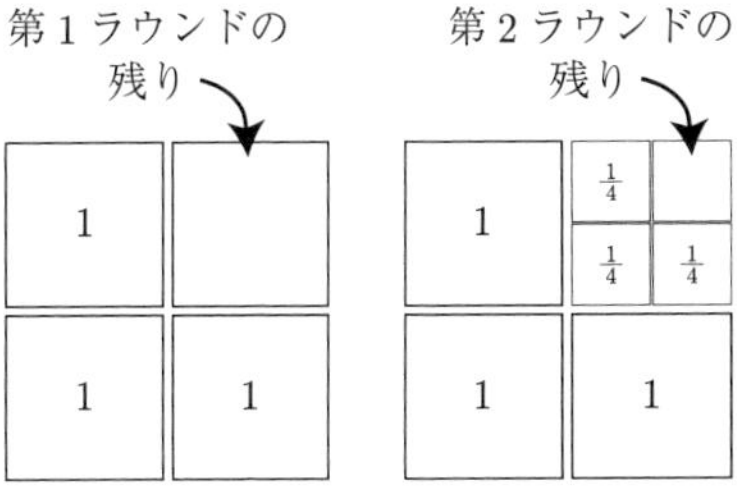

第2ラウンドの残り

1	1/4, 1/4, 1/4
1	1

第1ラウンドの残り

1	
1	1

これを無制限に続けると、各人は全部で何スライスのチーズを得ることになるだろう？　各人が何スライスを得たか、途中集計してみよう。第1ラウンド後、各人は1スライスを得る。第2ラウンド後、4分の1のスライスが配られると、各人は、$1 + 1/4$ スライスを蓄積する。第3ラウンド後、4分の1のスライスが4分の1に分割され、16分の1になると、各人の途中集計は、$1 + 1/4 + 1/16$ スライスとなる。このような具合だ。大雑把にいうと、分割が永遠に続くのであれば、各人はやがて合計で $1 + 1/4 + 1/16 + \cdots$ のスライスにありつくことにな

る。そしてこの量が、もともとの4スライスの3分の1にならなければならないから、$1 + 1/4 + 1/16 + \cdots$ は、4の3分の1、すなわち4/3に等しくなければならない。

『放物線の求積』の論文で、異なるサイズの面積を合わせて、アルキメデスはこれにとても近い議論を行った。しかし彼は決して無限を発動させなかったし、総和が無限に続くことを示すために、上記で用いた三つのドット（$\cdots$）と同等の記号を用いることもなかった。むしろ彼は、疑いの余地がないほど厳密であるように、有限和として議論を展開したのだ。彼の観測の鍵は、十分多くの、ただし有限回のラウンドを考えれば、右上隅の小さな正方形（まだ分割されていない、現在の残り物）は、いくらでも小さくできるという点であった。そして類似の論法で、有限和 $1 + 1/4 + 1/16 + \cdots + 1/4^n$（各人が得るチーズの総量）は、$n$を十分大きくすることによって、好きなだけ4/3に近づけることができる。したがって、唯一の可能な答えは、4/3だったのである。

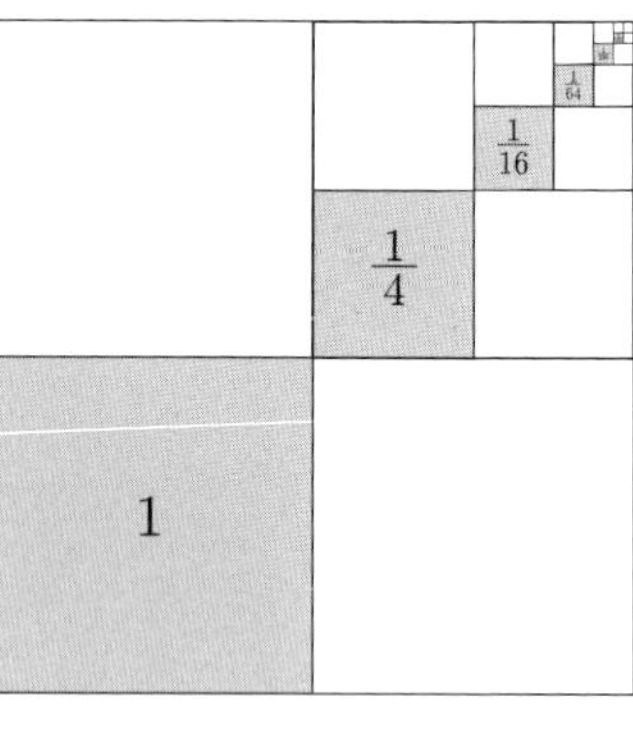

あの方法

私は、アルキメデスに真の愛着を感じ始めている。なぜなら彼はエッセイで、ほとんどの天才がしたことのない、次のような行動を取ったからである。彼は私たちを招き入れ、彼の考え方を明かした。（私がここで現在形を用いているのは、エッセイがとても親密で、彼が今日の私たちに語りかけているように感じるからだ。）彼は、私的な直観を共有し、未来の数学者たちがそれを用いて、彼が理解できない問題を解決してほしいといった。今日、この秘密は**あの方法**[35]として知られている。微積分のクラスで、この名前について聞いたことは、私は一度もない。私たちはもうそれを教えていないのだ。しかし私は、その物語と背後にあるアイデアに心を奪われ、仰天した。

彼は友人であるエラトステネスに宛てた手紙で、このことについて書いている。エラトステネスはアレクサンドリアの図書館員を務め、同時代にアルキメデスを理解できた唯一の数学者だった。あの方法は、興味の対象に対して、「実際の証明を与えるものではないが[36]」、何が真実かを理解する助けになるとアルキメデスは打ち明ける。彼に直観を与えてくれるのだ。「あの方法によって、問いに関する知識を事前に獲得してしまったら、事前知識がない場合に比べて、証明を与えるのは容易だ」という。つまり、あの方法と戯れることによって、問題の感覚を掴み、それが彼を水も漏らさぬ証明へと導いてくれるのだ。

これは、創造的な数学を行うことがどのような作業なのかを、とても誠実に説明したものである。数学者たちは、最初から証明を見いだすわけではない。最初にくるのは直観で、厳密性は後からくる。直観と想像の本質的な役割は、高校の幾何学コースでは忘れられがちだが、創造的な数学には、欠くことのできない重要なものである。

アルキメデスは、「ここで説明した方法によって、私たちがまだ共有するに至っていない他の定理[37]を発見できる数学者が、いまの世代、そして未来の世代で出てくるだろう」という希望で締めくくっている。この言葉に、私は涙しそうになった。この比類なき天才が、数学の無限に抗ってきた己の人生の有限性を感じて、まだまだやるべきことが多く残されていること、「まだ共有するに至っていない他の定理」があることを認めるのだ。私たち数学者は、皆そう感じる。私たちの問題に終わりはない。このことはアルキメデス自身さえも謙虚にする。

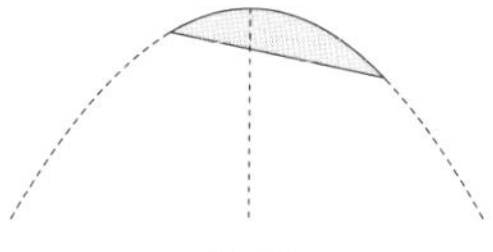

対称軸

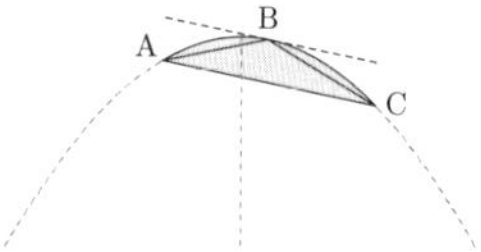

A
B
C

あの方法に関する言及は、『放物線の求積』の論文の最初、破片を用いた立体派の証明の手前に現れる。アルキメデスは最初に、あの方法が、証明と4/3の数に彼を導いたと告白する。

あの方法とは何か？　何がそれほどに私的で、見事で、そして罪深いのか？　あの方法は、機械的である。アルキメデスは、放物線領域の面積を、心の中で測ることによって見いだす。彼は曲がった放物線領域を、物質と捉える。ここで私が想像しているのは、放物線の形状に切り整えられた薄い金属シートである。そして、想像上の天秤の一端にそれを置く。あるいは、空想上のシーソーの一端の席に置くと思ってもよい。次に彼は、もう一端に置かれた別の形状の物質に対して、どのように釣り合いを取ればよいか計算する。別の形状とは、どう重さを測ればよいかすでに分かっている形状、つまり三角形である。ここから、もともとの放物線領域の面積を推論する。

前出の立体派の方法よりも、なお一層想像的なアプローチである。この場合、計算の一部として架空のシーソーを建て、放物線の大きさに合うようにデザインしなければならない。これらを合わせて、探している答えが作られる。

彼は放物線領域から始めて、放物線の対称軸が垂直になるように傾ける。そして、そ

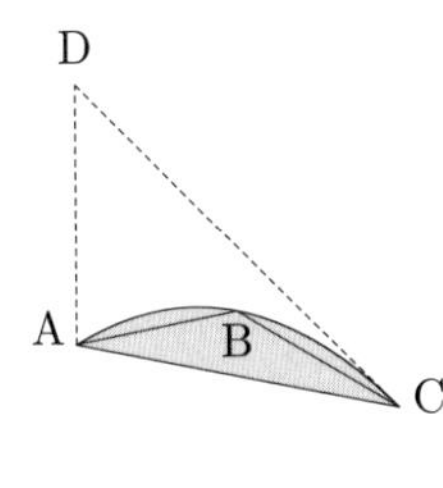

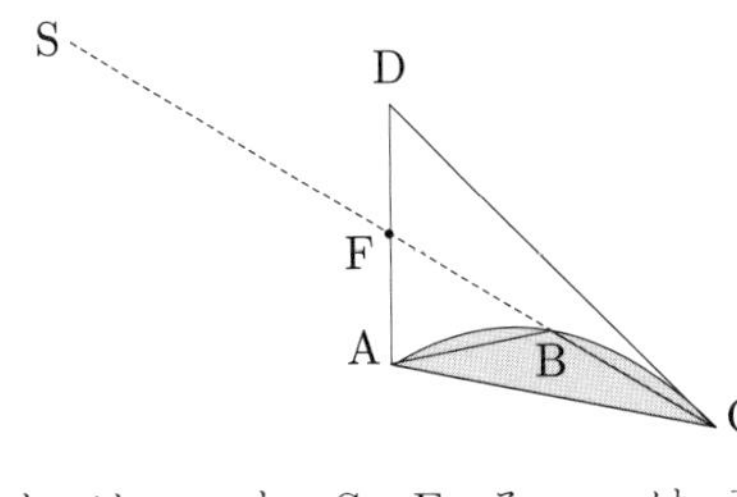

の周りにシーソーを建てる。取扱説明書は次のようなものだ。以前と同様、放物線領域の内側に大きな三角形を描き、それをＡＢＣとラベルづけせよ。立体派の証明のときのように、この三角形が面積の標準となる。放物線領域はこれと比べられ、その面積の3分の4であると分かることになる。

次に、放物線領域をもっと大きな三角形ＡＣＤで包む。

この三角形の上辺は、点Ｃで放物線に接するように選ぶ。その底辺はＡＣである。そして、左辺は垂直線で、点Ａから点Ｄにぶつかるまで、上に延ばされる。アルキメデスは標準的なユークリッド幾何学を用いることにより、この大きな外接三角形ＡＣＤが、内接三角形ＡＢＣの4倍の面積を持つことを証明した（このことは、後で重要となる。いまは脇においておこう）。

次のステップでは、シーソーの残り部分である、梃子、二つの席、支点を建てる。梃子は二つの席をつなぐ線である。この線は、点Ｃで始まり、点Ｂを通り、点Ｆ（支点）で外接三角形から飛び出し、点Ｓ（席）にぶつかるまで左に延びる。点Ｓを定義する条件としては、点Ｆから点Ｓまでの距離が、点Ｆから点Ｃまでの距離と等しくなることである。つまり、点Ｆは線分ＳＣの中点である。

さあ、全構想の基礎となる、核心部分の洞察をするときがきた。アルキメデスは、大きな外接三角形が、放物線領域に対して釣り合いがとれることを、放物線と三角形の既知の事実を用いて証明する。ただし、放物線と三角形の各垂線を

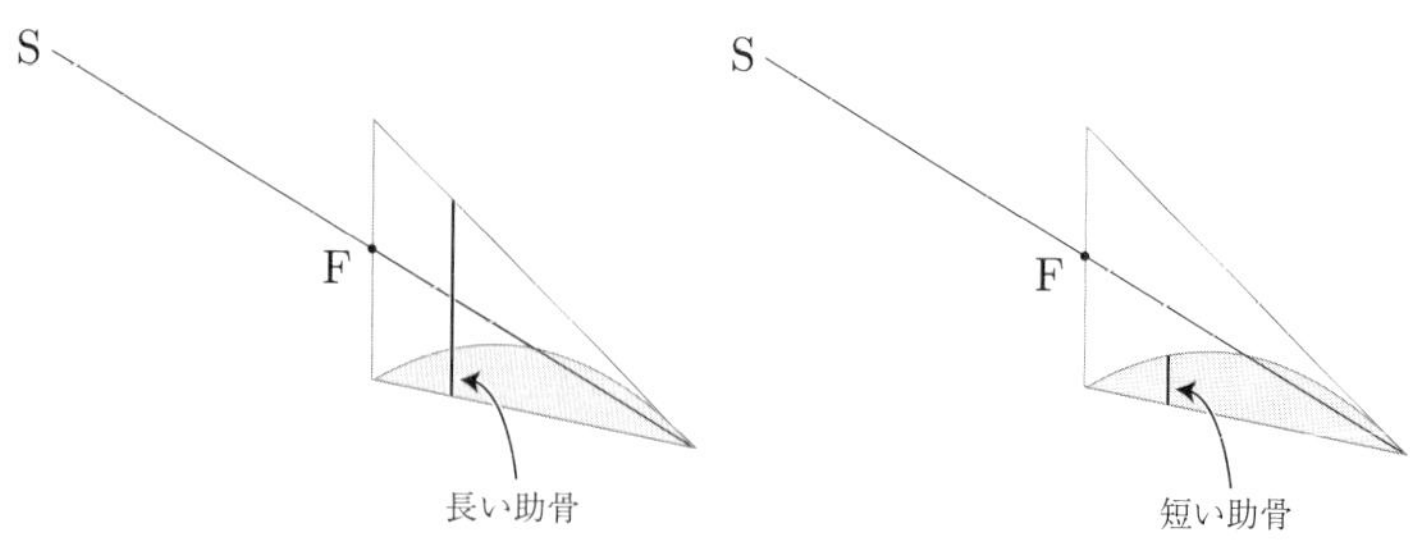

毎回考える。具体的には、彼は、外接三角形と放物線領域の両方を、無限に多くの垂線から構成されると見なした。これらの線は、微小な薄さを持つ肋骨のようなものだ。外接三角形と放物線領域の両方を通る垂線を一つ考えると、それら（外接三角形と放物線領域）の組を定義することができる。その垂線上で、短い肋骨は底を放物線に接続し、長い肋骨は底を外接三角形の上辺に接続する。

彼は、これらの肋骨が互いに完璧に釣り合いをとることを見事に洞察する。子供がシーソーで遊ぶとき、彼らが正しい位置に座って、うまく釣り合いを保つ要領だ。短い肋骨を点Sへとスライドさせ、長い肋骨をそのままの位置に置いておくと、二つは釣り合うことを彼は証明する。

すべての垂直線について、同様のことが成り立つ。すなわち、どの垂線を取っても、短い肋骨を点Sにスライドさせ、長い肋骨をそのままの位置に置いておけば、短い肋骨は常に長い肋骨と釣り合う。

したがって、二つの形状（外接三角形と放物線領域）は、肋骨ごとに、互いに釣り合う。放物線から出た肋骨はすべて、最終的に点Sに置かれ、一緒にすると、外接三角形ACDから出た肋骨のすべてと釣り合う。外接三角形の肋骨は動いていないので、これは、点Sに移された放物線のすべての集まりが、そのままの位置に置かれた大きな三角形と釣り合うことを意味する。

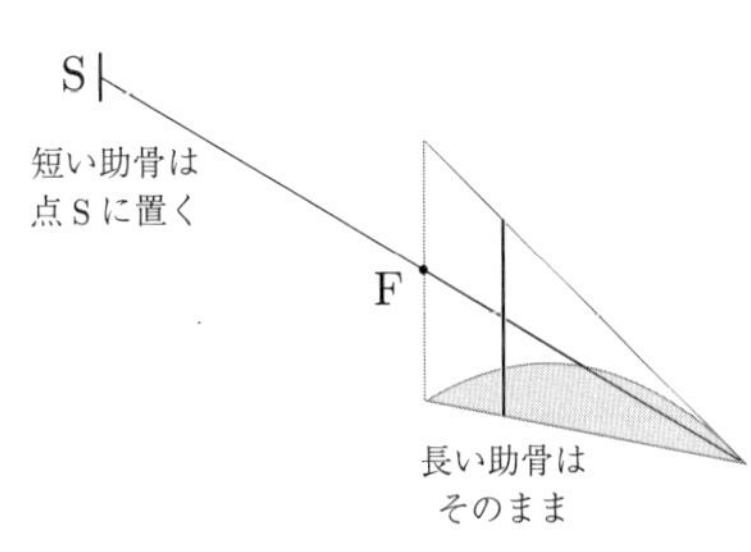

次に、アルキメデスは、外接三角形の無数の肋骨を、重心と呼ばれる自身と等価な点に置き換えた。これが代理を務める。シーソーに関して、外接三角形は、すべての集まりがあたかも単一の重心に集中したかのように振る舞う。アルキメデスが別の研究ですでに示していたように、その位置は、FCの線上で、点Sから支点Fまでの距離よりも、点Fまで3倍近い距離にある。

三角形の重心が、回転軸（支点）に3倍近い位置に座るので、釣り合いをとるためには、放物線領域の重さは、三角形の3分の1でなければならない。これは梃子の原理である。したがって、放物線領域の面積は、外接三角形ACDの面積の3分の1である。そして、外接三角形の面積は、内接三角形ABCの面積の4倍であるから（前に脇においておいた事実）、アルキメデスは、放物線領域は、内接三角形の3分の4の面積を持つと推論する。これは、私たちが前に三角形の破片の無限級数を足し合わせて計算した結果とぴったり一致する！

この議論がなんと幻覚的な体験であるか、私の説明で伝わっただろうか。陶器の破片を再構成する代わりに、ここでのアルキメデスは肉屋のように振る舞う。放物線領域の肉組織を取り出し、一気に垂直に剥ぎ取る要領でバラバラに分解し、それらの無限に薄い肉片を、点Sの位置にある鉤（かぎ）にすべて吊るす。肉片の総重量は、分解前の放物線領域と同じである。もともとの形状をシュレッダーにかけて、たくさんの垂直な筋ばった肉片に裁断し、すべてを同じ食肉フックに掛けるようなものだ（ちょっと気味の悪いたとえだ。シーソーの方がよかったかもしれない）。

なぜこの議論を罪深いと私は呼ぶのだろうか？　なぜならこれは実無限と取引しているからだ。ある段階でアルキメデスは、外接三角形を、内側の「すべての垂直線から構成される[38]」と公然と述べている。もちろんこれは、ギリシャ数学ではタブーである。彼は公然と、三角形を実無限の肋骨と考えている。こうすることによって、無限のゴーレムを解放しているのだ。

彼は同様に、放物線領域を「曲線の内側に描かれたすべての垂直線から構成される[39]」と述べている。実無限と戯れることにより、彼が推定に用いたこの議論は、ヒューリスティック（訳注：必ず正しい答えを導けるわけではないが、ある程度のレベルで正解に近い解を得ることができる方法）に格下げされる。彼はエラトステネスに宛てた手紙で、あの方法が、結論が正しいことの「ある種の兆候[40]」以上のものではない、と軽視する。

論理の格がどうあれ、アルキメデスの方法は〈エ・プルリブス・ウヌム〉の性質を持つ。このラテン語の成句は、多州からなる統一国家としてのアメリカ合衆国のモットーであり、「多数でできた一つ」を意味する。放物線を構成する無限に多くの直線から、一つの面積が出現する。この面積を一つの集団と考え、アルキメデスは、線を1本ずつ、シーソーの左端の席に移し変える。左端において、無限の線は、単一の点に着席した単一の集団として表される。この一つが多数を置き換え、代表し、完全かつ忠実に表す。

シーソーの右に座ってバランスをとる外接三角形についても同様だ。垂直線の連続体から1点、すなわち重心が選ばれる。これも全体を代表する。無限が一つにつぶれる、すなわち〈エ・プルリブス・ウヌム〉である。これが積分の始まりである。アルキメデスは厳密には示せなかったが、三角形や放物線領域は、明らかに、そして不思議なことに、無限の垂線と等価である。

アルキメデスは無限との戯れを恥じているようだが、彼は勇敢にもそのことを白状する。曲線形状を測ろうとする（境界の長さやその内側の面積や体積を求めようとする）と、誰もが微小片の無限和の極限と格闘しなければならない。慎重な人はこの必要性を回避し、背理法で処理するかもしれない。しかし、根本的には、これから逃れることはできない。曲線形状に取り組むことは、何らかの形で無限に対処することを意味する。アルキメデスはこの点において、率直である。必要に応じて証明を着飾り、有限和と背理法を誇示することは可能だ。ただし、私生活での彼は汚れていることになる。心の中で形状の目方を量り、梃子や重心を夢想し、領域と固体を線ごとに、無限小の一片ずつバランスを取ることを彼は認める。

アルキメデスはあの方法を、曲線形状に関するその他の多くの問題にも応用した。例えば、半球体、放物体、楕円体領域、双曲面領域の重心を発見するのに用いた。彼が愛し、墓石に刻むように頼んだほどのお気に入りは、球の表面積と体積[41]に関する結果であった。

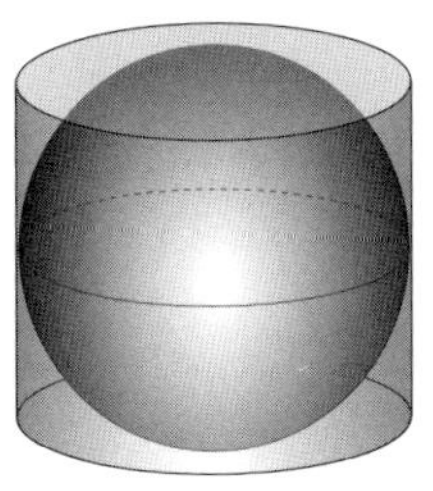

円筒形の帽子箱にぴったり入った球を想像してほしい。あの方法を用いてアルキメデスは、球が帽子箱の3分の2の体積を持ち、帽子箱の3分の2の表面積を持つことを発見した（ただし、上下の蓋は帽子箱の表面積に含めると仮定した）。私たちが今日用いるような、球の体積や表面積に関する定式を、彼は与えていないことに注意してほしい。彼はその結果を、定式ではなく、割合として表した。それがギリシャの古典的なスタイルなのだ。すべては割合として表される。面積は別の面積と比較され、体積は別の体積と比較された。そして、その比率が小さな整数を伴うとき、

つまり、ここでの3と2の比率や、放物線の求積で見た4と3の比率のようであったとき、彼にとっては格別の喜びであった。結局のところ、3対2や4対3のような比は、古代ギリシャにとって特別な意義を持っていた。なぜなら、これらの比は、音楽のハーモニーに関するピタゴラスの理論の中心的な役割を担っていたからである。長さが3対2の比率で、それ以外は同じ二つの弦を鳴らすと、それらは美しいハーモニーを奏で、完全五度として知られる音程だけ隔てられることを思い出そう。同様に、長さの比が4対3の弦は、完全四度を生成する。このようなハーモニーと幾何学の間の数の一致は、アルキメデスを喜ばせたに違いない。

『球と円柱について』の論文には、彼がどれだけ歓喜したかが示唆されている。「さて、これらの性質は、最初から図形に固有のものであったが、私以前に幾何学研究に従事していた人たちには知られていなかった。」彼の誇らしげな様子はおいておこう。その代わり、彼の発見した性質は、「最初から図形に固有のものであったが、知られていなかった」という主張に注目してほしい。ここで彼は、すべての数学者の心にとって大切な、数学特有の哲学を表している。私たちは、数学を発見していると感じる。結果はそこに存在し、私たちを待っている。彼らは、ずっと最初から、図形に固有のものであった。私たちは、それらを発明しているのではない。ボブ・ディランやトニ・モリスンとは違い、それまでに存在しなかった音楽や文学を創作しているのではない。研究対象に固有の、すでに存在する事実を、私たちは発見しているのだ。完全な球、円、円筒といった理想の図形を作るなど、対象そのものを発明する創造の自由を、私たちは持ち合わせるが、いったん作ってしまえば、それらは独り歩きする。

アルキメデスが、球の表面積と体積のベールを剥がすことに喜びを感じる様子を読んだとき、私も彼と同様の感慨を持った。私たちは、「過去は異国（ほどに現在と異なる）」と教わるが、どう見ても異国ではないであろう。ホメーロス（訳注…紀元前８世紀末の吟遊詩人であったとされる人物）や聖書に出てくる人々は、私たちととても似通っている。そして、古代の数学者たち、あるいは少なくとも、私たちを心に受け入れてくれる唯一の存在であるアルキメデスには、同様のことがいえる。

22世紀前、アルキメデスは友人のエラトステネス（アレクサンドリアの図書館員）に手紙を書いた。実質的にはそのありがたみの分かるもののいないであろう数学のメッセージを、瓶（ボトル）に入れ、時間の海を安全に乗り切ることを望んで送った。未来の数学者たちが、「私たちがまだ共有するに至っていない他の定理を見つける」ことを可能とする望みを持って、私的な直観、つまり彼の方法を共有したのだ。この賭けは彼には不利だった。常のごとく、時間の破壊は残酷だった。王国は倒壊し、図書館は焼け落ちた。原稿は劣化し、方法の写しは一部として中世を生き残らなかったという。レオナルド・ダ・ヴィンチ、ガリレオ、ニュートン、その他、ルネサンスおよび科学革命の天才たちは、アルキメデスの残した論文を耽読したが、あの方法については読む機会がなかった。それは紛失し、取り返しがつかないものと考えられた。

そして奇跡的にその本は見つかった。

１９９８年10月、使いつぶされた中世風の祈祷書が、クリスティーズのオークションに上がり、匿名の個人蒐集家に２２０万ドルで売られた。ラテン語の祈祷文の下には、ほとんど見えない状態で、かすかな幾何学図形と、10世紀のギリシャ語で書かれた数学のテキストが横たわっていた。この本は**パリンプセスト**（訳注…書かれた文字などを消し、別の内容を上書きした羊皮紙の写本）である。13世紀に、羊皮紙の二つ折り本は洗浄され、もともとのギリシャ語はこすり落とされ、礼拝式用のラテン語文が上書きされていた。運のよいことに、ギリシャ語は完全には抹消されていなかった。アルキメデスの方法の写しの、唯一の生き残りがここにある。

『アルキメデス写本（アルキメデス・パリンプセスト）』[43]として今日知られるこの書物は、最初、1899年にコンスタンティノープルにある、東方正教会の図書館で公になった。ルネサンス期と科学革命は、ベツレヘム近くの聖サバス修道院の祈祷書の中で見つかることなく過ごした。現在は、最新の画像技術を用いて美しく修復され、ボルチモアにあるウォルターズ美術館に所蔵されている。

現代版アルキメデス――コンピュータ・アニメーションから顔面手術まで

アルキメデスの功績[44]は現在も生き続けている。子供たちが大好きなコンピュータ・アニメーション映画[45]を考えてほしい。『シュレック』、『ファインディング・ニモ』、『トイ・ストーリー』などの映画のキャラクターは、本物が生きているように見える。その理由のいくぶんかは、どのような滑らかな表面も三角形で近似できるという、アルキメデスの洞察を具現化しているからにほかならない。例えばここに、マネキン人形の頭の三角形分割[46]が三つある。三角形をより多く使い、サイズをより細かくすると、近似は改善する。

マネキンについていえることは、シュレックのオーガ、ニモ、おもちゃのカウボーイについても同様にいえる。アルキメデスが、無限に多くの三角形片のモザイクを用いて、滑らかに湾曲した放物線を表した

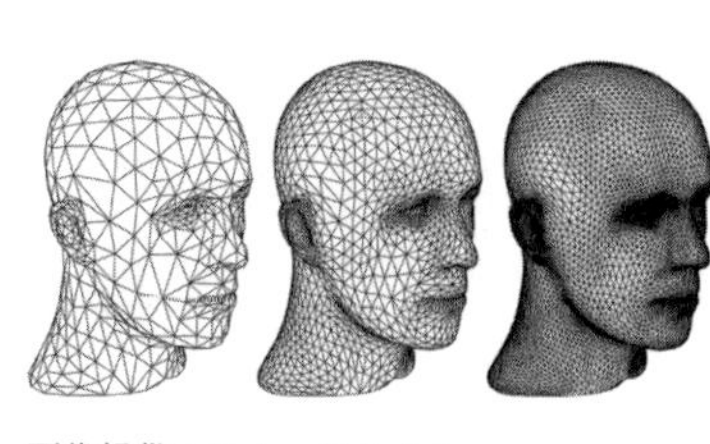

画像提供：Peter Schröder.

ように、現代のドリームワークスのアニメーターたちは、シュレックの丸々したお腹や、可愛い小さなトランペットのような耳を、数万のポリゴン（多角形）から創造した。シュレックが地元のちんぴらと戦うトーナメントのシーンでは、さらに多くが必要となり、各フレームは、4500万以上のポリゴン[48]を要した。無限の原理が教えるように、真っ直ぐや、ギザギザの形状は、曲がった形状や、滑らかな形状を装うことができる。

それから約10年後の2009年に『アバター』[49]が公開されたとき、ポリゴンによる細部描写のレベルは、さらに法外なものとなった。ジェームズ・キャメロン監督の主張で、空想の世界パンドラにおける植物を描写するのに、アニメーターたちは、植物1本当たり約100万のポリゴンを用いた。映画が、青々とした虚像のジャングルで起こった物語であることを考えると、これは多量の植物となり、したがって莫大な数のポリゴンを要したことになる。『アバター』の制作費が3億ドルに上ったのも不思議はない。数十億ものポリゴンを用いた最初の映画[50]であった。

最初期のコンピュータ製作映画には、はるかに少ないポリゴンが用いられていたが、それにもかかわらず、当時としては驚異的な計算量だったようだ。1995年公開の『トイ・ストーリー』[51]を考えよう。当時、一人のアニメーターが1週間がかりで8秒間の場面の同期を取っていた。映画全体が完成するのに、4年の歳月と80万時間のコンピュータ計算を要した。ピクサーの共同創業者スティーブ・ジョブズがワイアード（訳注：アメリカで1993年に創刊された雑誌）に語ったところによると、「これまでの映画史

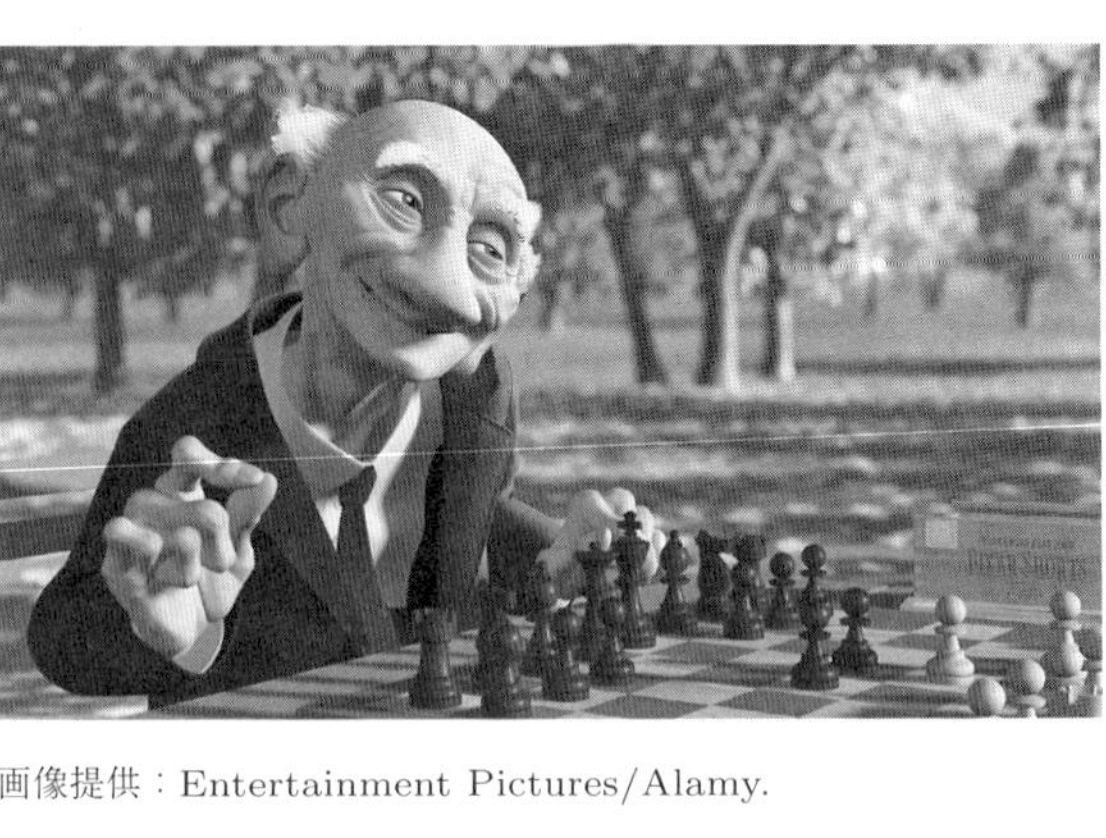

画像提供：Entertainment Pictures/Alamy.

上で、これほど多くの博士号取得者が取り組んだ映画は、いまだかってない」

『トイ・ストーリー』の直後、人間が主人公の最初のコンピュータ・アニメーション映画『ゲーリーじいさんのチェス』[52]が公開された。公園で1人きりでチェスを指す、さびしい老人の、愉快で悲しい物語は、1998年のアカデミー最優秀短編アニメ賞を受賞した。

コンピュータで生成される他のキャラクターのように、ゲーリーは角ばった形状から作られた。この節の最初に、多くの三角形から作られたコンピュータ・グラフィックスの顔を示したが、同様にピクサーのアニメーターたちは、4500の角とその間の平面からなる、3次元の宝石のような形状をした複雑な多面体から、ゲーリーの頭を形づくった。アニメーターたちは、これらの平面を繰り返し細分化し、ますます詳細な描写を作り出した。細分化のプロセス[53]は、初期の方法よりもはるかに少ないコンピュータ記憶容量しか必要とせず、より速いアニメーションを可能にした。当時のコンピュータ・アニメーションでは、革命的な進歩であった。しかし、その精神はアルキメデスからきている。

アルキメデスは円周率を推定するのに、六角形から始め、そして各辺を細分化し、各中点を外の円に向けて押し出し、12角形を生成した。もう一回の細分化で12角形は24角形となり、そして48角形、最後には96角形となった。細分化するごとに、標的である極限の円に近づく。同様に、ゲーリーのアニメーターたちは、皺の寄った額、盛り上がった鼻、首の皺を、多面体を細分化することにより、本物に近づけた。このプロセスを十分な回数繰り返すことにより、ゲーリーを狙い通りの容姿にし、人の感情を幅広く伝える、操り人形のようなキャラクターにすることができた。

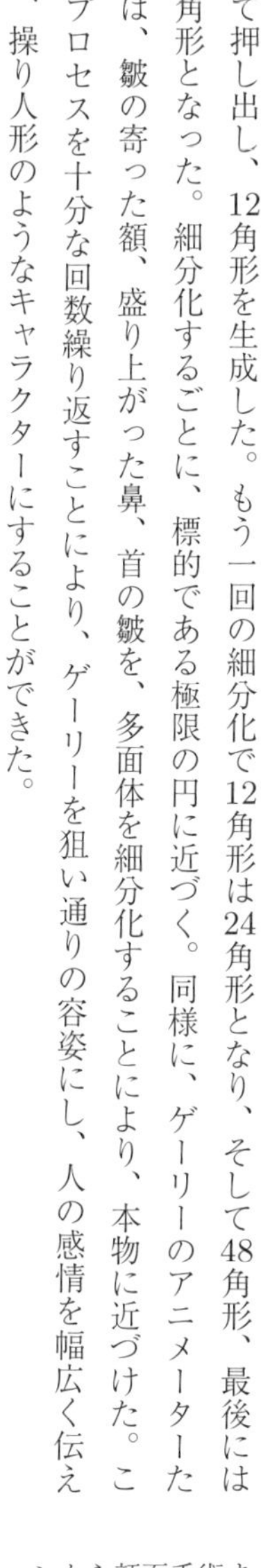

画像提供：Entertainment Pictures/Alamy.

　数年後、ピクサーのライバル会社ドリームワークスは、リアリズムと感情表現で次の段階に進んだ。シュレックという名の、悪臭を放つ、不機嫌なオーガの勇士の物語だ。

　彼はコンピュータの外には存在しないが、ほとんど人間も同然であった。アニメーターたちが人体を再現するために、大いなる注意を払ったことが、その要因の一つだった。彼のバーチャルな皮膚の下に、バーチャルな筋肉、脂肪、骨、そして関節を作り上げた。シュレックが口を開けて話したとき、首の皮膚には二重顎[54]が形成されたほどに、忠実な再現であった。

　アルキメデスのポリゴン近似の有用性が示された、もう一つの分野は何であろうか？　重度の過蓋咬合、顎変形症、あるいはその他の先天性奇形を持つ患者の顔面手術[55]である。２００６年に、ドイツの応用数学者ピーター・ドゥフルハルト、マーティン・ワイザー、ステフアン・ザチョーは、微積分とコンピュータ・モデリングを用いて、複雑な顔面手術の結果を予測する方法を報告した。

研究チームの最初のステップは、患者の顔面骨構造の正確な地図を作ることだった。これを実行するため、彼らは、コンピュータ断層撮影（ＣＴ）かあるいは核磁気共鳴画像法（ＭＲＩ）によって、患者の詳細を調べた。結果として得られた、頭蓋骨における顔面骨の3次元構造の情報から、彼らは患者の顔のコンピュータモデルを作った。このモデルは単に幾何学的に正確なだけではなかった。生体力学的にも正確だった。皮膚や、脂肪、筋肉、腱、靱帯、血管などの軟組織の材質を推定し、組み入れたのだ。このコンピュータ・モデルの助けを借りて、外科医たちはバーチャルな患者に対して施術を行うことができた。戦闘機のパイロットが飛行シミュレータで腕を磨く要領だ。顔、顎、頭蓋におけるバーチャルな骨を、切断、移転、増強、あるいは完全切除することができた。手術で新しくなった骨構造で生じるストレスに応じて、顔裏側の軟組織がどう動き、再形成されるかを、コンピュータは計算した。

このようなシミュレーションは役立った。神経、血管、歯の根元などの傷つきやすい組織に対し、手術のもたらす副作用の可能性について、外科医に警告した。さらに、患者の治癒後、軟組織がどのように整復するかをモデルは予測し、手術後に患者の顔がどのように見えるかも明らかにした。もう一つの利点として、外科医たちは、シミュレーションの結果を考慮して、実際の手術準備を周到に行うことができた。そして患者たちは、手術を受けるかどうかについて、よりよい決断を下すことができた。

頭蓋骨の滑らかな2次元表面を、莫大な数の三角形でモデル化する考えは、アルキメデスからきている。軟組織のモデル化は、幾何学的に挑戦的な課題であった。頭蓋骨とは違い、軟組織は3次元容積全体を占有し、頭蓋骨の前と顔の皮膚の裏側の複雑な空間を満たす。研究チームは、これを何十万もの四面体で表した（3次元では、四面体が三角形の役割をする）。以下のイメージ画像では、頭蓋骨表面が25万片の三角形で近似され（小さすぎて見えない）、軟組織の容積は65万個の四面体から構成されている。

多数の四面体を配列したことにより、研究者たちは、手術後に患者の軟組織がどのように変形するかを予測することができた。大雑把にいうと、軟組織は、変形可能かつ弾力のある材料で、ゴムやスパンデックス（訳注：ポリウレタン弾性繊維の一般名称）に似ている。頬をつねると形が変わる。手を離すともとに戻る。1800年代以来、数学者と工学者たちは、いろいろな材料が押され、引っ張られ、切断されるとき、どのように伸び、曲がり、捩れるかを、微積分を用いてモデル化してきた。この理論は、伝統的な工学分野で高度に発達し、鉄、コンクリート、アルミニウムなどの硬い材料でできた構造物（橋、建造物、飛行機の羽翼など）の、応力ひずみ解析に用いられている。ドイツの研究者たちは、この伝統的な方法を軟組織に適合させ、彼らの方法が十分に機能し、外科医や患者にとって有用性が高いものであることを見いだした。

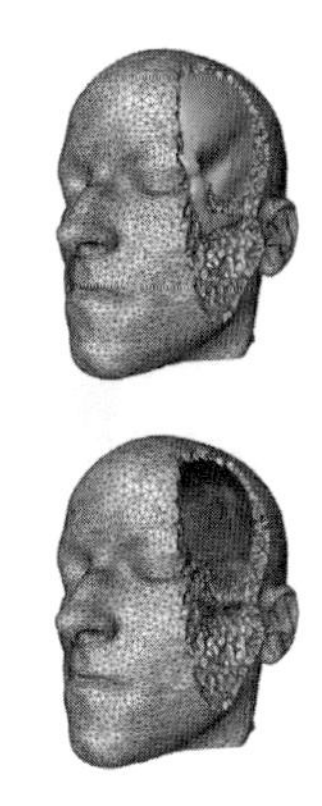

画像提供：Stefan Zachow, Zuse Institute Berlin (ZIB).

彼らの基本のアイデアはこうであった。軟組織を、網目状の構造に互いにつながれた四面体と考える。四面体は、弾力のある糸でつながれたビーズのように、相互

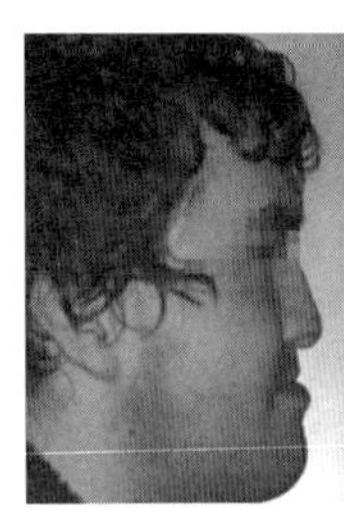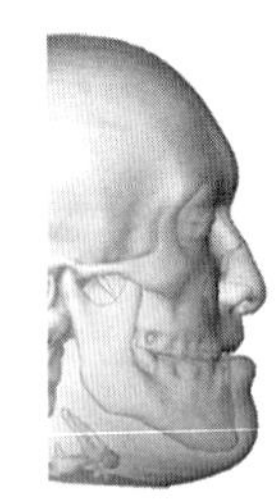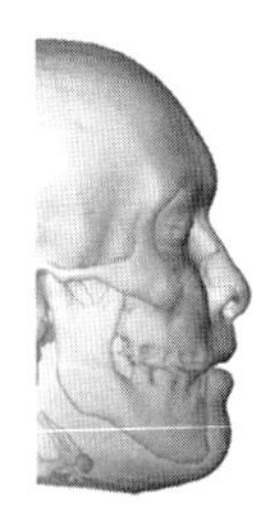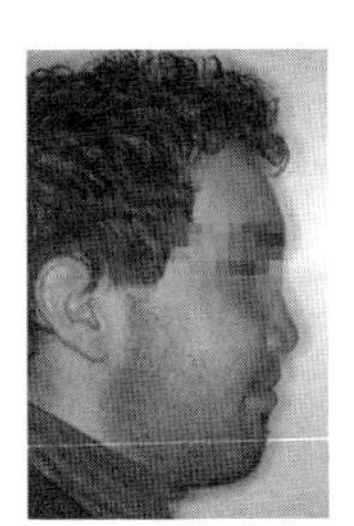

画像提供：Stefan Zachow, Zuse Institute Berlin (ZIB).

に結合されている。四面体（ビーズ）は組織の微小部分を表し、それらは弾力的に結び付けられる。弾力的なのは、実際に、組織における原子と分子は化学結合でつながれているためである（化学結合は、引き伸ばしと押し縮めに耐性があり、このため弾性を持つ）。バーチャルな手術中、外科医はバーチャルな顔の骨を切り、その骨の数片を移し替える。骨の一片が新しい場所に移されると、骨につながった組織を引き寄せ、これがさらに、近傍の組織を引き寄せる。このような連鎖的な力の効果で、網目構造は再形成される。組織片が動くと、それらの組織間の結合が引き伸ばされ、あるいは押し縮められ、これによって組織片が近傍に及ぼす力の大きさが変わる。これらが近傍自体にも影響を及ぼし、再調整が起こるといった具合だ。これらの結果として生じる力や置き換えをすべて追跡するには大規模計算が必要で、コンピュータ以外では実行不可能である。コンピュータのアルゴリズムでは、無数に存在する力の大きさが各ステップごとに更新され、それに応じて微小の四面体が動かされる。最終的に、すべての力はバランスがとれ、組織は新しい平衡状態に落ち着く。これが、モデルの予測する、患者の新しい顔の形状である。

２００６年に、ドゥフルハルト、ワイザー、ザチョーは、彼らのモデル予測を、約30件の手術症例に試し、予測が極めて良好であることを見いだした。成功を示す尺度の一例として、モデルは、患者の顔の皮膚の70パーセントの位置を、1ミリ以内の精度で正しく予測した。予測した術後の位置から3ミリ以上ずれたのは、顔の皮膚のたった5−10パーセントであった。したがって、モデルは信頼できるものであった。そして間違いなく、当て推量よりもよかった。

ここ（62ページ上）に、手術前後の患者の症例がある。四つのパネルは、術前の彼の横顔（左端）、そのときの彼の顔のコンピュータ・モデル（中央左）、手術成果の予測（中央右）、そして実際の成果（右端）を示す。手術前後の彼の顎の位置を見てほしい。効果は明らかだ。

運動の謎に向かって

この文章は、暴風雪のあった翌日に書いたものだ。昨日は3月14日で円周率の日だったが、私たちの地域は、1フィート（訳注…約30.5センチ）もの積雪に見舞われた。今朝、私道の雪かきの4往復目に差しかかろうというとき、小さなトラクターが通りを横切り、歩道を軽々と下ってゆく様子を見て、私は羨ましく思った。前面には除雪機が取り付けられていたのだ。除雪機は、回転するスクリュー翼を用いて、雪を機械に引き入れ、近隣の庭に排出した。

このように回転翼を用いて物体を推進させる技術は、少なくとも伝説によればアルキメデスにまで遡る。彼に敬意を表して、今日私たちは、アルキメディアン・スクリュー[56]と呼ぶ。この発明は、彼がエジプト旅行中に思いついたといわれている（はるか前に、アッシリア人たちに使われていた方法かもしれないが）。スクリューは、低地域から潅漑用水路へ水を汲み上げるために開発された。今日、アルキメディアン・スクリューのポンプは心臓補助装置にも用いられている。心臓の左心室に障害が生じたとき、血液の循環を補助するためである。

ただしアルキメデスが、スクリューや戦争原動機、あるいはその他の実用的発明によって、人々の記憶に残ることを欲していなかったことは明らかだ。実際、これらの発明に関して、彼が私たちに書き残したものはない。彼は、数学における発見を最も誇りに思っていたのだ。円周率の日は、彼の功績に思いを馳せるのにうってつけの日であった。アルキメデスが円周率を閉じ込めて以来、22世紀の間、数値計算による円周率の近似は、何度も改善を重ねてきた。ただし、いつもアルキメデスの導入した数学技法である、多角形や無限級数による近似を用いてであった。広くいうと彼の功績は、曲線形状を定量化するのに、原理に基づいて最初に、無限のプロセスを用いたことだった。この点において、彼は無比の存在であったし、現在でもそうあり続けている。

これまでのところ、私たちは曲線形状の幾何学のみを考えてきた。この世界でどのように物が動くのかについても、私たちは知る必要がある。手術後に、人の組織はどのように位置を変えるのだろう？　血液は血管をどのように流れるのか？　ボールはどのように空中を飛遊するか？　これらの点ついて、アルキメデスは無言[57]であった。梃子で釣り合う物体、水中を安定に浮遊する物体など、彼は平衡の科学の大家であった。この先の章では、運動の謎について扱うことにする。

第3章　運動法則の発見

アルキメデスが亡くなると、自然に関する数学の研究は風前の灯となった。１８００年の歳月が経過して、ようやく新しいアルキメデスが出現した。ルネサンス期のイタリアで、ガリレオ・ガリレイという名の若き数学者が、アルキメデスの後を引き継いだ。彼は、物体が空中を飛遊するとき、あるいは地面に落下するとき、どのように動くかを注視し、その動きの中に数のルールを探した。彼は注意深い実験を行い、巧みな解析を行った。前後に揺れる振り子や、なだらかな傾斜面を転がり落ちるボールに対して経過時間を計測し、素晴らしい規則性を見いだした。一方で、ヨハネス・ケプラーという名のドイツの若き数学者は、どのように惑星が空をさまようかを研究した。二人の男は彼らのデータに内在するパターンに魅了され、深遠の存在を感じた。彼らは自分たちが発見の途上にあることに気づいていたが、その意味をはっきりとは理解できなかった。彼らの発見した運動の法則は、異星人の言語で書かれていた。その言語は、当時は未知の微分学であった。彼らの発見は、運動法則に関する最初の手掛かりを人類に与えた。

ガリレオとケプラーの仕事以前に、自然現象を数学で理解した例はまれだった。アルキメデスは、梃子および静水圧の平衡の法則の中で、釣り合いと浮力の数学原理を明らかにしたが、これらの法則は静止した動きのない状況に限定されていた。ガリレオとケプラーは、アルキメデスの静止した世界を超え、物体がどのように動くかを探求した。己の観測結果の意味を理解するための彼らの苦闘は、速度が変化する運動を扱うことが可能な、新しい数学の発明を促した。斜面を転がり落ちる際に速度を上げるボール、太陽に近づくと速度を上げ、離れると速度を落とす惑星など、変化し続ける運動を扱う必要があった。

１６２３年に、ガリレオは宇宙を、「私たちの注視に対して、開かれ続ける壮大な本[58]」と描写し、ただし、「言語の理解の仕方と、その言語を構成する文字の読み方を最初に学ばなければ、この本を理解することはできない」と警告している。それは数学の言語で書かれ、その言語を構成する文字は、三角形、円、その他の幾何学図形であった。これらの文字なしでは、人間にはまったく理解できない言語であり、人は真っ暗な迷宮をさまようようなものだ。幾何学に対してケプラーは、より一層の敬意を表した。彼は幾何学を、「神聖な心と永遠に共存する[59]」と描写し、「神に世界を創造するパターンを与えた」と信じた。

ガリレオ、ケプラー、彼らと同じ志を持った17世紀初頭の数学者たちは、静止した世界に適合した幾何学を敬愛し、それを流転の世界に拡張することとなった。彼らの直面した問題は、数学の範囲を超えていた。哲学的、科学的、神学的な抵抗をも克服しなければならなかったのだ。

アリストテレスによる世界

17世紀以前において、運動と変化に関する理解はあまり進んでいなかった。それらの研究が難しかっただけでなく、それらはまったく不愉快なものと考えられていた。幾何学が目指すのは、「永遠に存在するものの知識であり、瞬間に生まれ、そして滅びるものの知識ではない」とプラトンは教えた[60]。移ろいやすいものへの哲学的な軽蔑は、彼の最も著名な弟子であるアリストテレスの宇宙論に反映された。

アリストテレスの教え[61]は、２０００年近くにわたって西洋思想を支配した（そして、トマス・アクィナスが異教徒を抹殺した後、カトリックの教義に取り入れられた）。彼の教えによると、天国は永遠で、不変で、完全なものであった。地球は神の創造の中心で、動かずに静止するのに対して、太陽、月、星、惑星は、地球の周りを完全な円を描きながら、天球の回転軸に沿って回る。この宇宙論によると、月より下の世界では、あらゆるものが腐敗、死、堕落の災いに罹っている。ユラユラと落ちる葉のように気まぐれな生命は、元来の性質として、儚く、不規則で、無秩序なものである。

地球を中心とした宇宙論（天動説）は人々に安心を与え、良識的に見えたが、惑星の運動は厄介な問題を呈示した。惑星という言葉は、「さまよい人」を意味する。古代において、惑星は、さまよう星として知られていた。オリオン座の恒星や、北斗七星の柄杓(ひしゃく)では、星の相対的な位置関係は動かず、上空で同じ位置を維持する。これに対して惑星は、上空の位置を維持せず、天空を漂流するように見える。数週間、数か月すると、惑星はある星座から別の星座へと進む。惑星はほとんどの期間、星に対して東に向かって動くが、ときどき速度を落とし、止まり、西に向かって逆戻りするように見える。天文学者がいうところの逆行運動[62]である。

例えば火星は、２年近い空の巡回の間に約12週間、逆行する。今日、私たちは、この反転を写真で捉えることができる。２００５年、天体写真家のツンチ・テゼルは火星について、35枚の一連のスナップショット写真を、それぞれ１週間間隔で撮影し、それらの写真を背景の星に合わせて整列した。その結果得られた合成では、真ん中の11個の小点が、火星の逆行を示していた（68ページ写真）。

現代では、逆行が錯覚であることが分かっている。ゆっくり動いている火星を地球が追い越すときに、地球の目から見た視座によって引き起こされる（69ページ図）。

高速道路で車を追い越すときのようなものだ。はるか彼方に山々を仰ぎながら、砂漠の上の長い高速道路をドライブすることを想像しよう。ゆっくり走る車に後ろから近づくと、遠くの山を背景に見た車は、前から近づいてくるように見える。しかし車に横づけして追い越すと、遅い車は瞬間的に、山に対して後方に動くように見える。そして、車から前方に十分離れると、車は再び前進を始める。

このような観測を基に、古代ギリシャの天文学者アリスタルコス[63]は太陽を中心とした宇宙を提唱した。コペルニクスが太陽中心説（地動説）を提唱するほぼ２０００年前のことである。この考えは、逆行運動の謎を巧妙に解いた。だがしかし、太陽を中心とした

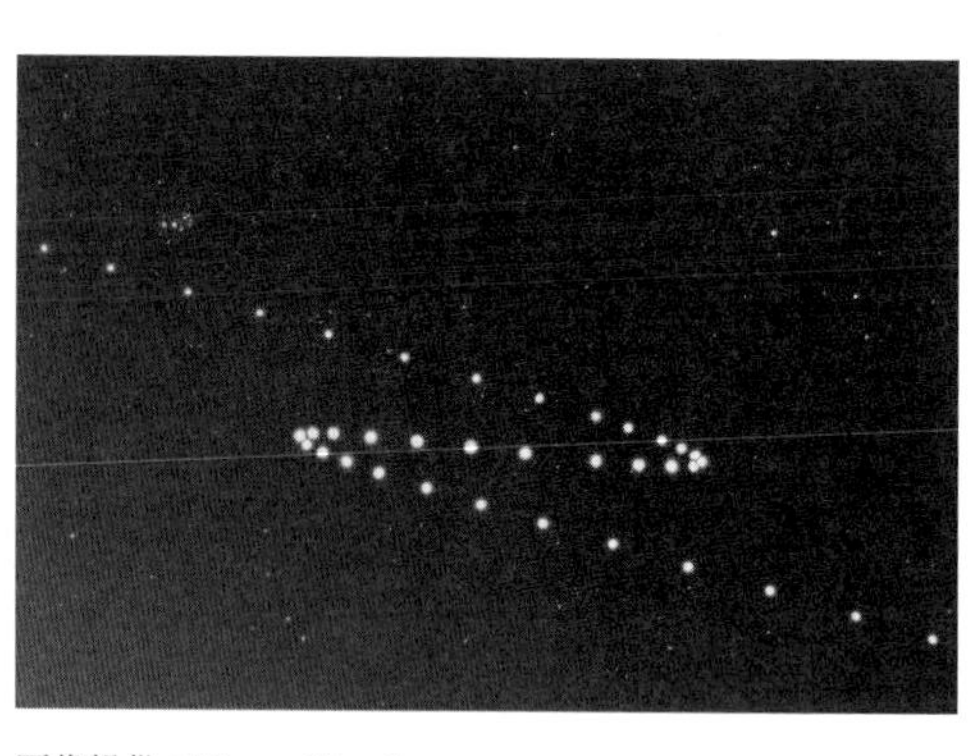

画像提供：Tunç Tezel.

宇宙は、独自の疑問を投げ掛けた。地球が動くとすると、なぜ私たちは落っこちないのだろう？　なぜ、星は止まっているように見えるのだろう？　星は止まるべきではない。地球が太陽の周りを動くと、遠くの星は少し位置を移動するように見えるはずだ。経験からすると、遠くのものを見て、そして自分が動いてからもう一度見ると、その遠くの物が移動したように見える（ただし、遠くの物を見るときは、さらに遠くのものを背景とする）。

この効果は視差と呼ばれる。視差を体験するため、指を自分の目の前にかざしてみよう。一方の目を閉じて、次にもう一方の目を閉じる。目を切り替えると、指は背景に対して横に移動するように見える。同様に、地球が太陽の周りを軌道に沿って動くと、星は、さらに遠方の星を背景にして、見かけの位置を変えるはずである。このパラドックスから抜け出す唯一の方法は（アルキメデス自身もアリスタルコスの太陽中心説に関して考えたように）、すべての星が途方もなく遠方にあり、実質的に地球から無限に離れていると仮定することである。もしそうであれば、視差は測れないほど小さくなるため、惑星の運動では、星の移動は検出できないことになる。当時、この結論は受け入れ難かった。宇宙がそれほどに膨大で、星が惑星よりもはるか遠方にあるとは、誰も想像できなかった。現代の私たちは、まさにこの通りであることを知っているが、当時は信じがたいことであった。

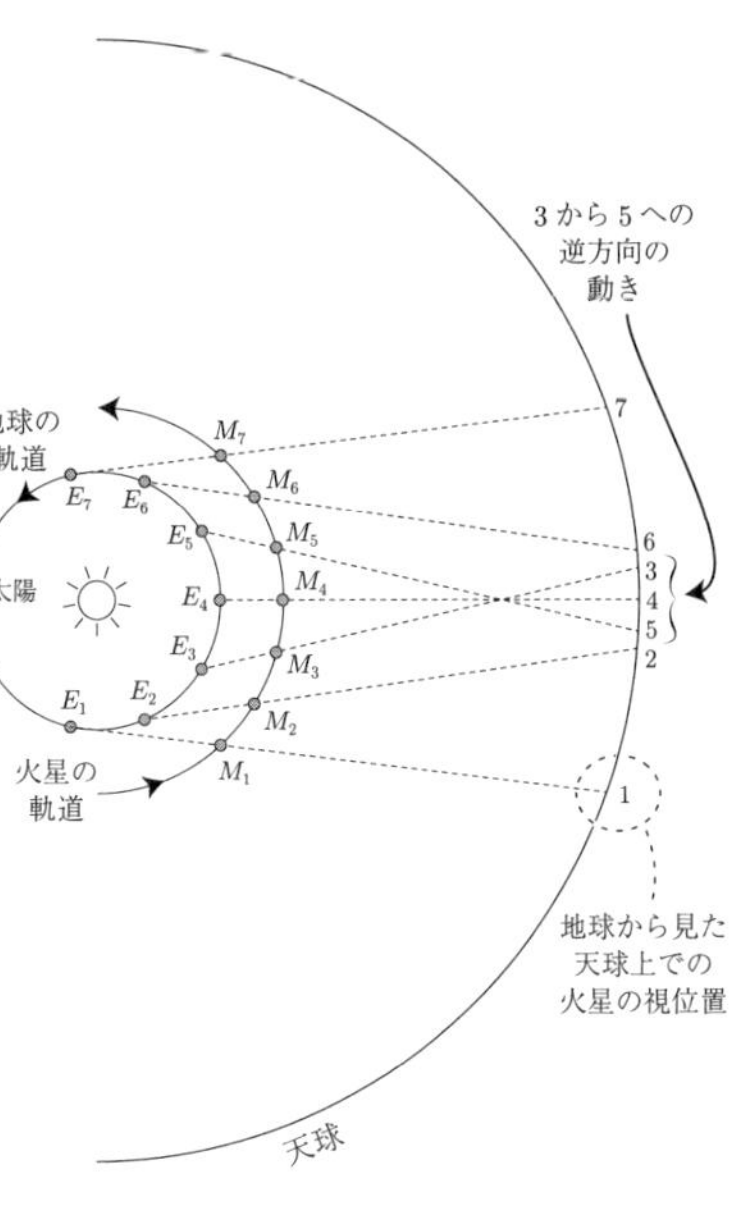

したがって、地球中心の宇宙論（天動説）は、欠点があるにもかかわらず、よりもっともらしい描像に思われた。古代ギリシャ天文学者のプトレマイオスは、周転円、エカント（訳注：天体の運動を説明するためにプトレマイオスによって作られた数学上の概念）、その他の補正係数を用いて修正を行い、地球中

心説は、惑星の運動をほどよく説明し、季節サイクルを含めて暦と一致するように作り上げられた。プトレマイオスの体系[64]は、優雅さを欠き、複雑であったが、中世後期まで存続する程度には機能した。

1543年に刊行された二冊の書物が転換期となり、科学革命が始まった。その年、フランダースの医師アンドレアス・ヴェサリウスは、前世紀には禁じられていたヒトの死体解剖に関する結果を報告した。彼の発見は、人体解剖に関して14世紀もの間、一般通念とされてきたものを否定した。同じ年、ポーランドの天文学者ニコラウス・コペルニクスは、地球が太陽の周りを動くとする過激な理論をついに刊行させた。彼は瀕死状態になるまで待ち、本が出版されるやすぐに息絶えた。世界を神の創造の中心から格下げする説に、カトリック教会が激怒することを恐れたためである。彼が恐れるのは当然であった。宇宙は無限に大きく、無限に多くの惑星が存在すると提唱したジョルダーノ・ブルーノ[65]は、宗教裁判で裁かれ、1600年にローマで火あぶりに処された。

ガリレオの参入

権威と教義に異議を唱える危険思想が蠢く中、ガリレオ・ガリレイ[66]は、1564年2月15日にイタリアのピサで生まれた。かつては名門だったが、いまや落ちぶれた一家の長男として、ガリレオは、医学の道を父から嘱望された。父の専門の音楽理論よりもはるかに儲かる職業だった。しかし、ガリレオはすぐに、自分の情熱が数学にあることに気づいた。彼はユークリッドとアルキメデスを勉強し、熟達した。彼は学位を取得しなかったものの（彼の家には授業料を払う余裕がなかった）、数学と自然科学を独学し続けた。ピサの臨時雇い講師としての幸運に恵まれ、パドヴァ大学の数学教授まで、大学の職位を徐々に登りつめた。彼は素晴らしい講師で、明晰で、古い概念に囚われず、辛口のウイットを忘れなかった。彼の講義を聴講しようと、学生は群れをなして教室を訪れた。

彼は、マリナ・ガンバ[67]という名のはるか年下の活発な女性と出会い、愛のある、ただし不義の関係を長く持った。彼らは2女1男に恵まれたが、結婚はしなかった。マリナの若さと社会的地位の低さから、彼にとって結婚は不名誉と考えられたのだ。数学講師としての乏しい給与、3人の子供を育てる費用、未婚の妹を養う付加的な責任の負担が重なり、ガリレオは娘たちを修道会に入れなければならず、このことに彼は胸を痛めた。彼の長女ヴィルジニアは、ガリレオの大のお気に入りで[68]、生きる喜びだった。「非常に美しい心とまれに見る徳を持った女性、そして最も愛らしく私を慕っている」と彼女のことを表現している。彼女が修道女として修道会に入ったとき、聖母マリアの御名とガリレオが魅了された天文学にちなみ、マリア・チェレステを彼女の洗礼名に選んだ。

ガリレオが現在、最もよく記憶されているのは、彼の望遠鏡に関する業績と、アリストテレスとカトリック教会の見解を否定し、地球が太陽の周りを動くとした、コペルニクスの地動説の闘士としてであろう。ガリレオは望遠鏡を発明はしなかったが、改良を行い、望遠鏡を用いて偉大な科学的発見をした最初の研究者となった。1610年と1611年、彼は、月には山が、太陽には黒点が、木星には四つの衛星（他の衛星はそれ以降に発見された）があることを観測した。

これらの観測はすべて、当時流布していた教義に真っ向から対抗するものだった。月における山は、アリストテレスの教えに反して、月が完全な球ではないことを意味した。同様に太陽の黒点は、太陽が完全な天体ではなく、傷で損なわれていたことを意味した。そして、木星とその衛星は、大きな惑星の周りを四つの小さな惑星が周回する、それ自体で小さな惑星系のように見えた。これは、すべての天体が、単独で、地球の周りを回転するわけではないことを意味している。さらに、これらの惑星は、木星の付近を離れず、一緒に天空を横切った。当時、地動説に対する標準的な反論の一つは、もしも地球が太陽の周りを回るなら、地球は月を置き去りにしてしまうというものであった。だがいまや、木星とその周りを回る衛星が、この推論が間違っていることを示したのだ。

だからといって、ガリレオが無神論者、あるいは無宗教であったといっているのではない。彼はよきカトリック教徒であり、むしろ神の栄光の御業を事実の通りに明らかにしているのだと信じていた。アリストテレスとスコラ哲学者の一般通念には頼らなかっただけだ。しかしカトリック教会はそのような見方はしなかった。ガリレオの書物は異端として、有罪判決を受けた。1633年、宗教裁判に掛けられ、撤回を命じられ、彼はそれに従った。無期懲役に処せられ、すぐさま、フィレンツェの丘の上はアルチェトリにある、彼の小さな別荘に永久（自宅）軟禁された。彼は愛する娘のマリア・チェレステに会うことを楽しみにしていたが、彼の帰郷直後、彼女は病に倒れ、わずか33歳の若さで亡くなった。ガリレオは悲しみにくれ、仕事と生きることへの興味をしばらく失った。

彼は残りの人生を、自宅に軟禁されて過ごした。老人は視力を失い、時間と闘った。娘の死から2年、何とか自分の中に活力を見いだし、運動に関する、数十年前の未刊の研究結果をまとめた。結果として出た著作『新科学対話（機械学と位置運動についての二つの新しい科学に関する論議と数学的証明）[69]』は、彼の到達点であり、近代物理の最初の傑作であった。彼は、誰もが理解できるようにラテン語ではなくイタリア語で執筆し、オランダに密輸されるように手配した。本は1638年にオランダで出版された。その急進的な洞察は、科学革命の打ち上げを助け、宇宙の神秘を発見する最前線へ人類を導いた。宇宙の神秘とは、自然を表す壮大な本が微積分で書かれていることだった。

落下、回転、奇数の法則

ガリレオは科学的方法の最初の実践者だった。権威を引用したり、肘掛け椅子から思索するのではなく、極めて慎重な観測、創意工夫に富んだ実験、エレガントな数学モデルを通して、自然に問いかけた。このような彼のアプローチは、多くの驚くべき発見をもたらした。最も単純で最も驚くべきものの一つは次のような事実だった。物体の落下には、奇数1、3、5、7、……が潜んでいる。

ガリレオ以前、アリストテレスは物体が落下するのは[70]、物体が、宇宙の中心にある地球の自然な場所を探し求めているからと提唱した。ガリレオはこれらを空言と考えた。なぜ物体が落ちるかについて、このように憶測するのではなく、彼はどのように落下するかを定量化したかった。そうするためには、落下の間中、物体を測定し、各瞬間にどこにいたかを追跡する方法を見いだす必要があった。

これは容易ではなかった。橋から石を落としたことがある人なら、誰でも石が速く落ちることを知っている。急降下する石を瞬間ごとに追跡するには、ガリレオの時代には手に入らない類いのとても正確な時計と、1600年初期には入手不能な高性能ビデオ・カメラが必要であろう。

ガリレオは素晴らしい解決策を思いついた。運動を遅くしたのである。橋から石を落とす代わりに、ボールを斜面の下に向けてゆっくりと転がした。物理の専門用語では、この種の斜面は、傾斜面として知られている。ガリレオのオリジナルの実験では、長くて薄い木製モールディング片のようなもので、端から端まで彫られた溝がボールの進路の役を果たす。ほぼ水平になるまで斜面の傾きを小さくすることによって、彼はボールの落下を好きなだけ遅くすることができた。これによって、彼の時代の機器でも、各瞬間におけるボールの位置を測定することができた。

ボールの降下時間を計るために、彼は水時計を用いた。これはストップウォッチのような働きをする。時計をスタートするにはバルブを開けばよい。水は、一定の割合で定常に流れ、細いパイプを通って下の容器に真っ直ぐ落ちる。時計を止めるには、バルブを閉めればよい。ボールの落下の間に貯まった水の重さを測ることによって、ガリレオは**脈拍の10分の1**[71]の間にどれだけ時間が経過したかを計量することができた。

彼は何度も実験を繰り返し、ときには傾きを変え、ときにはボールの転がる距離を変えた。彼が見いだしたのは、彼自身の言葉を借りると、次のようなものだった。「等しい時間間隔で、静止地点から落ちるボールが横切る距離は、1から始まる奇数番号[72]と同じ比率に従う」

この奇数の法則をより明確に説明しよう。最初の1単位の時間に、ボールが一定の距離を転がるとする。すると、次の1単位の時間に、ボールは最初の距離の3倍遠くまで転がる。そして、その次の1単位の時間に、ボールは最初の距離の5倍遠くまで転がる。驚くべきことである。奇数の1、3、5などがどういうわけか、物の転落の仕方に内在している。そして落下を、傾きが垂直に近づく極限とするならば、落下についても同じ規則が成り立つ。

ガリレオがこのルールを発見したとき、どれだけ喜んだか、私たちは想像しかできない。しかし、彼がどのようにこのルールを表現したのかに注意したい。単語と数字と比を用いた表現で、変数や定式、方程式は用いなかったのだ。話し言葉よりも代数学を好む私たちの現在の嗜好は、この当時では最先端であっただろう。前衛的で、最新式の考え方と話し方であったに違いない。

ガリレオの見つけたルールが示唆する点を理解するため、奇数を連続して足し合わせると何が起こるか見てみよう。1単位の時間後、ボールは1単位の距離だけ移動する。次の1単位時間後、ボールはさらに3単位の距離を移動するので、合計すると1 + 3 = 4単位分、運動開始から移動したことになる。3単位目の時間後、合計では1 + 3 + 5 = 9単位の移動距離となる。このパターンに気づいてほしい。1、4、9の数字は連続した整数の2乗、すなわち、$1^2 = 1, 2^2 = 4, 3^2 = 9$となっている。したがってガリレオの奇数のルールは、転落の総距離は、経過時間の2乗に比例することを示唆しているようだ。

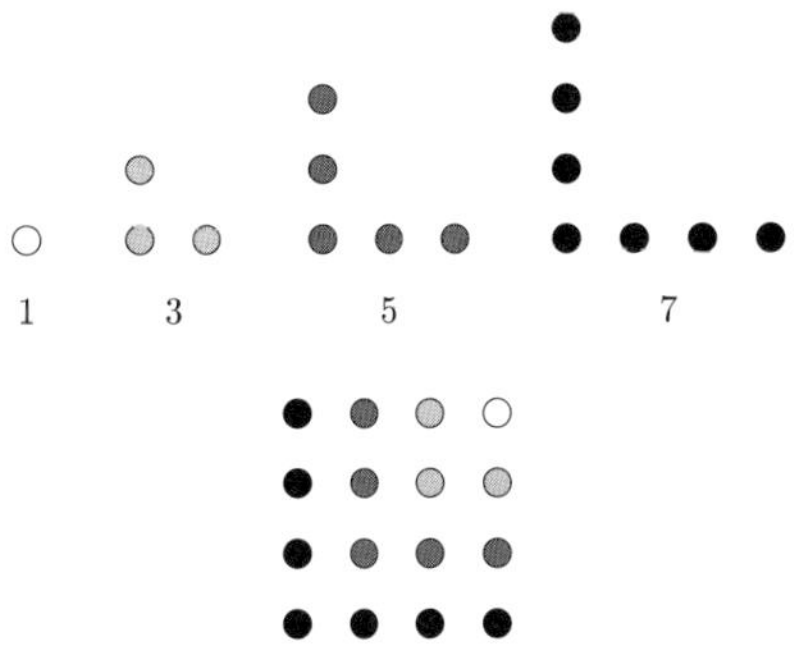

奇数と2乗の間のこのチャーミングな関係は、視覚的に証明できる。奇数を、L字型に配置された小さな点（ドット）として考えよう。

1　3　5　7

それらを一緒に連ねて、正方形を作る。例えば、最初の四つの奇数を一緒に包み込むと、4×4の正方形が作れる。したがって、1+3+5+7 = 16 = 4 × 4である。

落下物が横切る距離の法則に加えて、その速度に関する法則もガリレオは発見した。彼がいうには、速度は落下時間に比例して増加する。この法則の面白いところは、彼が、ある瞬間における物体の速さに言及している点にある。これは逆説的な概念に思える。彼は『二つの新しい科学』の著述において、物体が静止状態から落下するときは、当時考えられていたように、突然ゼロから速い速度にジャンプするのではないと苦心しつつ説明した。そうではなく、速度は有限の時間に、(無限に多くの) あらゆる中間的な速さを滑らかに通り過ぎる。落下時には、ゼロから始まって、連続的に速度を上げてゆくのだ。

したがって、この物体落下の法則において、ガリレオは直観的に、瞬間速度という、私たちが第6章で検証する微分法の概念について考えていたのだ。当時は正確に定式化することはできなかったが、直観的にその意味するところを知っていた。

自然科学のミニマリズム

ガリレオの傾斜面の実験から先に進む前に、この背後にある芸術性に注目しよう。彼は、美しい問いかけをすることによって、自然から美しい答えを引き出した。抽象表現主義の画家のように、自分の興味あることを強調し、それ以外は捨てた。

例えば、器具に関する記述では、「溝を、真っ直ぐで、滑らかで、そして磨き上げられたもの[73]」にし、「それに沿って、硬い、滑らかな、まん丸の銅球を転がした」と彼は書く。なぜ、滑らかさ、直線性、硬さ、丸さを気にしたのだろう? ガリレオは工夫できる範囲で、最もシンプルで、最も理想的な条件でボールを回転落下させたかったのだ。摩擦、ボールと溝側壁の衝突（溝が真っ直ぐでなければ衝突が起こり得る）、ボールの柔らかさ（ボールの変形が大きいと、エネルギー損失の要因となる）、それ以外に理想的な状況からの逸脱を招くような要因を減らすように万全を期した。これらはまさに美的な選択であった。シンプルで、エレガント、そしてミニマル（最小限）。

　複雑さに惑わされ、落下物の法則を誤解したアリストテレスと比べてみよう。彼は、重い物体は軽い物体よりも速く落下し、速度は重量に比例すると主張した。これは、糖蜜や蜂蜜のような濃厚な粘性のある媒質中を沈む微粒子には正しいが、空中を落下する砲弾や、マスケット銃弾には成り立たない。アリストテレスは、空気抵抗で生じる抵抗力（羽毛、葉、雪の結晶、その他、空気に押し上げられるような並はずれた表面積を持つ軽い物体の落下にとって、空気抵抗が重要であることは認めるが）に気をとられてしまい、より典型的な物体（石、煉瓦、靴などのコンパクトで重いもの）に、彼の理論を試すことを忘れていた。つまり彼は雑音（空気抵抗）に焦点を当てすぎて、信号（慣性と重力）への注意が不十分だったのだ。

　ガリレオは気を散らされることはなかった。彼は、空気抵抗や摩擦は、彼の実験も含めて実世界では避けられないが、それらが本質ではないことを知っていた。解析において彼がそれらを見落としていることを批判されるのを先読みして、バードショット（訳注…鳥や小型動物用の小粒の散弾銃）の小弾丸は、砲弾ほど速くは落下しないことは事実と認める。しかしそれによる誤差は、アリストテレスの理論で生じる誤差よりも、はるかに小さいとガリレオは言及した。『新科学対話』における対話の中で、ガリレオの代理人は、愚かしいアリストテレス派の質問者に、「議論を主旨からそらし、ほんのわずかに真実を欠く私の主張を捉え、もう一人の抱えるはるかに大きな誤りをその下に隠す」[74]のはやめるように促す。そこだ。自然科学において、わずかに外れるのは許容範囲だ。大きく外れるのは許されない。

ガリレオはさらに、小弾丸や砲弾の飛行などの、斜方投射の研究に進んだ。砲弾はどのような孤に従うであろう？　投射物の運動は、二つの異なる効果が合わさったもので、それらは別々に扱えるというアイデアをガリレオは持っていた。地面に平行な横運動では、重力は何の役割も果たさないのに対して、上下方向の垂直運動には重力が作用し、ガリレオの落下の法則が適用される。これら二種類の運動を合わせることで、投射物は放物線軌道に従うことを彼は発見した。キャッチボールをするときや、噴水式水飲み器から水を飲むとき、日常的に見る軌道である。

これは自然と数学の間のもう一つの見事なつながりであり、自然の本が数学を言語として書かれていることのさらなる証しであった。ガリレオは、彼の英雄アルキメデスによって研究された抽象曲線である、放物線が実世界に存在したことを発見し、大喜びした。自然は幾何学を用いていたのだ。

しかしこの洞察に到達するため、ガリレオは再び、何を無視するべきか考えなければならなかった。以前と同様に、投射物が空気中を移動するときに掛かる抗力、つまり空気抵抗を無視しなければならなかった。この摩擦効果は、投射物を減速させる要因になる。ある種の投射物（例えば、投げられた石）では、重力と比較して摩擦は無視できた。それ以外（ビーチボールやピンポン球）では、摩擦は無視できない。空気抵抗を含め、あらゆるタイプの摩擦は解析が困難である。今日でも摩擦は謎のままであり、活発な研究テーマになっている。

単純な放物線を得るため、ガリレオは横運動は永遠に続き、決して減速しないと仮定しなければならなかった。これは、運動中の物体は、外からの力を受けない限り、同じ速度で同じ方向の運動を続けると述べた、彼の**慣性の法則**の実例であった。実際の投射物にとっては、空気抵抗が外からの力となるであろう。しかし、どのように物体が動くかについての真実を見極め、美の一番大きな分け前を取るには、空気抵抗を無視することから始めた方がよいとガリレオは考えた。

揺れるシャンデリアからGPSへ

ガリレオが最初の科学的発見を行ったとき、彼は10代の医学生だったという言い伝えがある。ある日、ピサ大聖堂のミサに出席していたとき、頭上に揺れるシャンデリアが[75]、振り子のように、あちこちに動いているのに彼は気づいた。空気流は、シャンデリアを揺さぶり続けた。そしてガリレオは、大きな弧を描こうが、小さな弧を描こうが、シャンデリアがその振動を完了するのに、常に同じ時間を要することを観測した。これは驚きであった。大きな揺れと小さな揺れが同じ時間を要することがどうしてありえるのだろう？　だが、もっと考えるうちに、それが理にかなっていることが分かった。シャンデリアが大きく揺れるときは、より遠くまで移動するが、より速くも動いたのだ。おそらく、この二つの効果は相殺するであろう。このアイデアを試すため、ガリレオは振動するシャンデリアの時間を、自分の脈拍で計った。案の定、毎回の振動は同じ数の心拍数だけ持続した。

この言い伝えは素晴らしいし、私自身は信じたいが、疑っている歴史家は多い。この話は、ガリレオの最初の、そして最も献身的な伝記作家であったヴィンチェンツォ・ヴィヴィアーニに由来する。ガリレオが完全な盲目となり、自宅軟禁状態にあったとき、若かった彼は、老人の晩年の助手かつ弟子であった。年老いた師への崇敬から、ガリレオの死後に伝記を書いた際、ヴィヴィアーニは1話か2話の物語を装飾したことが知られている。

だが、この話が偽りであったとしても（そして偽りではないかもしれないが）、1602年に、ガリレオが振り子の実験を入念に行ったこと、そして1638年、『新科学対話』でこれらのことを著したことは間違いない。ソクラテス式問答法で構成されたこの著書では、登場人物の一人が、大聖堂で夢見る若い学生と一緒に、まさにその場に居合わせたかのように、「教会で、長いひもに吊るされたランプが動き始め、数千回にわたって振動するのを観測した[76]」という。残りの対話では、どのような長さの孤でも、振り子が孤を横切る時間の長さは同じであるとの主張が詳しく説明されている。したがってガリレオは、ヴィヴィアーニの話で描かれた現象を熟知していたことが分かる。彼が本当に10代のときに発見したかは、誰にも分からない。

いずれにせよ、振り子の振動には常に同じ時間が掛かるというガリレオの主張は、正確には正しくない。大きな振動には少し長い時間が掛かる。しかし、もしも孤が十分に小さく、20度程度以内であれば、それはまったく正しい。小振動系のテンポの不変性は今日、振り子の**等時性**として知られ、メトロノームや振り子時計（通常の振り子時計から、ロンドンのビッグ・ベンの時計台に至るまで）の理論的基礎をなす。ガリレオ自身も、世界初の振り子時計を生涯最後の年に設計したが、それが建てられる前に亡くなった。最初の実用的な振り子時計は、15年後に、オランダの数学者で物理学者のクリスティアーン・ホイヘンスによって発明された。

ガリレオは、自身の発見した振り子の奇異な事実に特に興味を惹かれ、そして苛立った。振り子の長さとその周期（振り子が前後に1回振動するのに掛かる時間）の間には、エレガントな関係が存在した。「もしも振り子の振動時間を別の振り子の2倍にしたいならば、吊るしの長さを4倍にしなければならない」と彼は説明する。比率の言語を用いて、「物体が異なる長さの糸で吊るされるとき、糸の長さは、（周期）時間の2乗に比例する」[77]という一般規則を彼は述べた。残念ながらガリレオは、この規則を数学的に導くことはできなかった。これは経験則で、理論的な説明を大いに必要とした。数年掛けてこの問題に取り組んだが、解くことはできなかった。いまから考えると、それは不可能であったろう。説明には新しい数学が必要で、ガリレオや同時代の研究者の知識を超えていた。この導出には、アイザック・ニュートンと、彼の発見を待たねばならなかった。神の話す言語、すなわち微分方程式の発見である。

ガリレオは、振り子の研究が「極めて不毛に見えるであろう」[78]ことを認めた。だが後の仕事が示したように、決してそうではなかった。数学において、振り子の問題提起は、微積分の発展の刺激となった。物理と工学において、振り子は振動の典型になった。ウィリアム・ブレイクの詩『一粒の砂に世界を』にあるように、物理学者や工学者たちは、振り子の振動から、世界を見ることを学んだ。振動が起こればどのような状況でも、同じ数学が適用できた。今日の科学技術のあらゆる分野で、さまざまな往復運動やリズミカルな再帰運動が見られる。例えば、歩道橋で起こる厄介な揺れ、柔らかい衝撃吸収器を装着した車の揺れ、不釣り合いな負荷のかかった洗濯機の振れ回り、穏やかな微風で起こる横型ブラインドのフラッター現象、地震の余震で起こる地響き、蛍光灯の出す60ヘルツのハム音などである。振り子はこれらすべての究極なのである。そのパターンは普遍的である。「不毛」という言葉は当たらない。

振り子と同じ方程式を変更なしに再利用できる現象もある。表記のみに再解釈が必要となる程度で、構文は同じである。自然が何度も同じ主題に戻ってくるように、振り子のテーマが振り子のように繰り返される。例えば、交流を生成し、家庭や仕事場に送電する発電機の回転動作にも、振り子の振動方程式を変更なしに用いることができる。もとの式の語源に敬意を表して、電気工学者たちは発電機の式を動揺方程式と呼ぶ。

同じ方程式は、ハイテク装置の量子振動にも再び現れた。これまでの発電機や振り子時計よりも、何十億倍も速く、数百万倍も小さい系である。１９６２年に、当時ケンブリッジ大学の大学院生であったブライアン・ジョゼフソンが、絶対零度に近い温度では、超伝導電子の対がトンネル効果で、突き通せない絶縁体障壁を前後に通り抜けると予測した。古典物理では考えられないばかげた話である。だがしかし、微積分と量子力学は、この振り子のような振動を呼び出した。いや、神秘的な言い方をやめると、そのような振動が起こる可能性を明らかにした。ジョゼフソンがこの幽霊のような振動を予測した2年後、幽霊を呼び寄せるのに必要な条件が研究室で設定され、そして実際に、その幽霊振動は存在した。これによって生まれた機器は、いまではジョセフソン素子[79]と呼ばれる。素子の実際的な用途は多岐にわたる。素子は、地球の磁界の１０００億倍弱い、ごくわずかな磁界を検出し、地球物理学者が、地下深くの油を探索する助けになる。数百ものジョセフソン素子の配列を用いて、脳神経外科医たちは、脳腫瘍の位置を正確に特定し、癲癇(てんかん)を持つ患者の原因病変の位置を突き止める。この手順は、開頭手術とは違って完全に非侵襲である。脳における異常な電気経路で生成される磁場の微妙な差の地図を作ることによって、病変を見つける。ジョセフソン素子は、次世代コンピュータの超高速チップの基礎も与え得る。さらに仮に実現すれば、コンピュータ科学に大変革をもたらす量子計算においても、ジョセフソン素子は役割を果たすかもしれない。

振り子はまた、人類に、時を刻む最初の方法を与えてくれた。世界一の時計でさえも、振り子時計がやってくるまでは惨めなものだった。理想的な条件であっても、1日当たり15分ものずれを生じた。振り子時計はそれらよりも100倍正確に時を刻むことができた。振り子時計は、ガリレオの時代の重大な技術課題を解くことを可能とする、最初の現実的な希望となった。海上の経度を決定する問題である。太陽や星を見ることによって確かめることのできる緯度と違い、経度は物理環境下で参照できるものがなかった。経度は、人工的で任意性のある構成物であった。しかし、それを計測するのは現実問題だった。大航海時代、船乗りたちは、戦争をするため、あるいは貿易を行うために航海に出たが、自身の現在地に混乱して、道に迷ったり、座礁したりすることが多かった。ポルトガル、スペイン、イギリス、オランダの政府は、経度の問題を解決できる者に対して、莫大な報酬を申し出た。最上級の関心課題だったのだ。

生涯最後の年に、ガリレオが振り子時計を考案していたとき、彼は経度の問題[80]をはっきりと念頭に置いていた。科学者たちが1500年代から知っていたように、とても正確な時計があれば、経度の問題が解決できることにガリレオも気づいていた。航海士は、出帆する港で時計を合わせ、彼の故国の時間を、海の上へ運び出すことができた。船が東あるいは西へ移動したときの経度を決定するには、航海士は、太陽が上空で最も高く上がる、現地の正午ちょうどの瞬間に、時計を調べればよい。地球は1日24時間で360度の経度を回るので、現地時間と故国時間に1時間のずれがあれば、それは経度にして15度に相当する。距離にすると15度は、赤道上では、1000マイル（訳注：約1600キロ）もの長さに換算される。したがってこの体系を使って、数マイルの許容誤差で船を望ましい目的地に進めるには、時計は１日数秒の誤差の範囲内で正しく推移しなければならない。そして、どのような状況においても、確固とした正確性を保たなければならない。海がしけ、気圧、温度、塩分濃度、湿度が乱高下するような状況に直面し、これらが、時計の歯車を錆びつかせ、ばねを伸ばし、潤滑油を増粘させ、時計を早め、遅らせ、あるいは止める要因になったとしてもである。

　時計を組み立て、経度の問題に取り組む前に、ガリレオは亡くなった。クリスティアーン・ホイヘンスは、振り子時計をロンドン王立協会に提示したが、彼の時計は環境の乱れに過敏だったため、不十分と判断された。その後ホイヘンスは、振り子ではなく、てん輪と渦巻きばねでチクタクと振動を制御する、マリン・クロノメーターを発明した。これは、懐中時計や現代の腕時計への道を切り開く革新的な設計であった。しかし結局のところ経度の問題は、１７００年代中ごろ、学校教育を受けていなかったイギリス人のジョン・ハリソンによって開発された新しい類いの時計によって解決された。１７６０年代の海上試験で、彼のＨ４クロノメーターは10マイルの正確さで経度を追跡し、これはイギリス議会の賞金２万ポンド（今日の数百万ドルに相当する額）を獲得するのに十分な精度であった。

　私たちの時代においても、地球を航海する挑戦には、正確な時間計測が依然として必要である。ＧＰＳ（全地球測位システム）[81]を考えてみよう。機械式時計が経度の問題を解く鍵であったのと同様に、原子時計が、地上の物体の位置を数メートルの範囲内で特定する鍵となる。原子時計は、ガリレオの振り子時計の現代版である。原子時計は、振り子時計と同様に、振動を数えることによって時を刻む。ただし、振り子の重りが前後に振動するのを追跡する代わりに、原子時計は、セシウム原子が二つのエネルギー状態を遷移する振動を数える。その数は、１秒当たり、91億９２６３万１７７０回にも上る。仕組みは異なるが、前後の繰り返し運動が、時を刻むのに用いられるという意味で、原理は同じである。

次に、時間を使って位置を決めることができる。携帯電話あるいは車のＧＰＳを使うとき、私たちの機器は、１万２０００マイル頭上を旋回する24基のＧＰＳ衛星のうち、少なくとも４基から無線信号を受信している。各衛星には、互いに10億分の１秒以内で同期のとれた四つの原子時計が搭載されている。私たちの受信機の見える範囲にある衛星は、連続な信号のストリームを機器に送る。ただし各信号には、ナノ秒単位のタイム・スタンプ（時刻情報）が刻まれている。ここで時刻を提供しているのが原子時計だ。その凄まじい時間の精度は、私たちがＧＰＳに期待する凄まじい空間の精度に変換される。

この計算には、幾何学に基づく古代の測位技術である、三角測量が用いられている。ＧＰＳに対して、三角測量は次のように機能する。４基の衛星からの信号が受信機に到達すると、ＧＰＳガジェットは、信号が受信された時刻と送信された時刻を比較する。４基の衛星は受信者からそれぞれ異なる距離だけ離れているので、四つの時刻はすべてわずかに異なっている。ＧＰＳ機器は、四つのわずかな時差に光速を掛け合わせ、受信者が４基の衛星からどれだけ離れているかを計算する。衛星の位置は分かっており、正確に制御されているので、ＧＰＳ受信機は、これらの四つの距離を用いた三角測量で、地球表面のどこにいるかを決定する。さらにこの方法で、高度（標高）や速さも算定できる。本質としては、ＧＰＳは、非常に正確な時間の測定値を、非常に正確な距離の測定値に変換し、それによって、非常に正確な位置と運動の測定値に変換している。

ＧＰＳは、冷戦中にアメリカ軍により開発された。もともとの目的は、核ミサイルを運ぶ原子力潜水艦の跡をたどり、潜水艦の位置を正確に推定することであった。これによって、もしも核攻撃を開始する必要が生じたときには、潜水艦は大陸間弾道ミサイルを、正確に目標に向けることができる。平時のＧＰＳ応用としては、精密農業、濃霧下における飛行機の盲目着陸、救急車や消防車に対して最速のルートを自動計算する拡張９１１システムなどがある。

しかしＧＰＳは、測位や誘導システム以上のものである。１００ナノ秒以内の時刻同期が可能であり、これは銀行間振替や金融取引に有用である。さらに、無線電話とデータ通信網の間の同期を維持し、ＧＰＳによって、電磁スペクトルの周波数帯域をより効果的に共有可能とする。

私がこれらすべてを詳細に述べたのは、ＧＰＳが微積分の隠れた有用性を示す主要な例だからだ。微積分は、私たちの日常生活の背後で静かに稼働する。ＧＰＳの場合、システムの機能のほぼすべての側面が微積分に依存している。衛星と受信機の間の無線通信について考えてみよう。以前に紹介したマクスウェルの仕事を通して、微積分は電磁波を予測し、これが無線を可能とした。微積分がなければ、無線もＧＰＳもなかったであろう。同様に、ＧＰＳ衛星の原子時計はセシウム原子の量子振動を用いている。量子力学の方程式とその解法の支えになっているのが微積分なのである。微積分がなければ、原子時計もなかったであろう。これだけではない。衛星の軌道計算やその位置の制御、高速かつ弱い重力場で動く原子時計によって計測された時間に、アインシュタインの相対論に基づく補正を組み入れるなど、これらの数学的基礎となっているのは微積分である。以上から、要点は明白であろう。微積分は、ＧＰＳを実現した技術の大半を創出したのだ。微積分は、単独でそれを成し遂げたわけではない。脇役ではあったが、しかし重要な脇役だった。電気工学、量子物理学、航空工学、それ以外の技術とともに、チームの中で、微積分は必要不可欠な役割を果たしたのだ。

では、ピサ大聖堂に座って、前後に揺れるシャンデリアについて思案していた若きガリレオの話に立ち返ろう。いま私たちに見えるのは、等時間で起こる振り子の振動に関する、ガリレオの無意味なものに思われた思考が、文明の進行に特大のインパクトを持ったこと、それが単に彼の時代だけでなく、私たちの時代でも続いていることだ。

ケプラーと惑星運動の謎

ガリレオが地球上の物体の運動について行ったことを、ヨハネス・ケプラー[82]は天空の惑星の運動に対して行った。彼は古代の謎であった惑星の運動を解明し、太陽系はある種の天のハーモニーに支配されていることを示すことによって、ピタゴラスの夢をかなえた。ピタゴラスが弦の奏でる音で示し、ガリレオが振り子、投射物、落下物で示したように、ケプラーは、惑星の運動が数学のパターンに従うことを発見した。そしてガリレオのように、自分が垣間見たパターンに夢中になり、しかしそれを説明できないことに失望した。

ガリレオ同様、ケプラーは落ちぶれた一家に生まれた。ただし、彼の環境ははるかに劣悪であった。彼の父親は飲んだくれの傭兵で、ケプラーの記憶では「犯罪者の気質」[83]だった。彼の母親は、（おそらく無理もないが）「怒りっぽかった。」それに加えて、ケプラーは幼少期に天然痘に罹り、死にかけた。彼の手と視覚は回復不能な損傷を受けた。これは大人になって体に負担の掛かる仕事は決してできないことを意味した。

幸運なことに、彼は聡明であった。10代で数学とコペルニクスの天文学を学び、テュービンゲンでは、「優れた高貴な精神を持ち、彼からは何か特別なことを期待させられる」と認知された。１５９１年に修士の学位を授与された後、ケプラーは神学をテュービンゲンで学び、ルーテル派の牧師になる計画を立てた。しかし、グラーツにあるルーテル派の学校で数学教師が亡くなり、教会当局が代役を募集したところ、ケプラーが選ばれた。これにより彼は、不本意ながら聖職者として生きる考えを諦めた。

現在、物理学や天文学を専攻する学生はすべて、ケプラーの惑星の運動に関する三法則を学ぶ。しばしば無視されるのは、これらの法則を明らかにするための、彼の苦しい、ほとんど狂信的な闘いである。彼は数十年を費やして骨折って働き、規則性を探した。神秘主義に加え、水星、金星、火星、木星、土星の夜の位置に、何らかの神の秩序があるに違いないとする彼の信仰心に駆り立てられた。

グラーツに到着して1年後、彼は宇宙の秘密が明かされたと信じた。クラスで教えていたある日、突如として、惑星がどのように太陽の周りに配置されるべきかについて展望を持った。惑星は、ロシア人形のように、入れ子状になった天球に支えられるというアイデアだった。惑星の間の距離は、プラトンの立体である正4面体、正6面体、正8面体、正12面体、正20面体で規定される。すべての面が同一の正多角形で構成される3次元図形はこの五つ以外に存在しないことをプラトンは知っており、ユークリッドがこれを証明していた。ケプラーにとって、これらの一意性と対称性は、永遠の概念に適合するように思えた。

彼は猛烈に、無我夢中で計算を実行した。「このアイデアがコペルニクスの軌道に合致するか、あるいは私の喜びは吹き飛ばされてしまうのかを確かめようと、四六時中、夢中で計算した。数日間ですべてがうまくいき、惑星が一体、二体と次々に、惑星集団の位置に適合するのを見た」

彼は、正8面体を水星の天球に外接させ、金星の天球がその頂点を通るように配置した。そして、正20面体を金星の天球に外接させ、地球の天球がその頂点を通るように配置した。他の惑星についても同様に、3次元パズルのように、天球とプラトンの立体を連結した。1596年出版の『宇宙の神秘』で、彼は、得られたシステムの断面図を描いた。

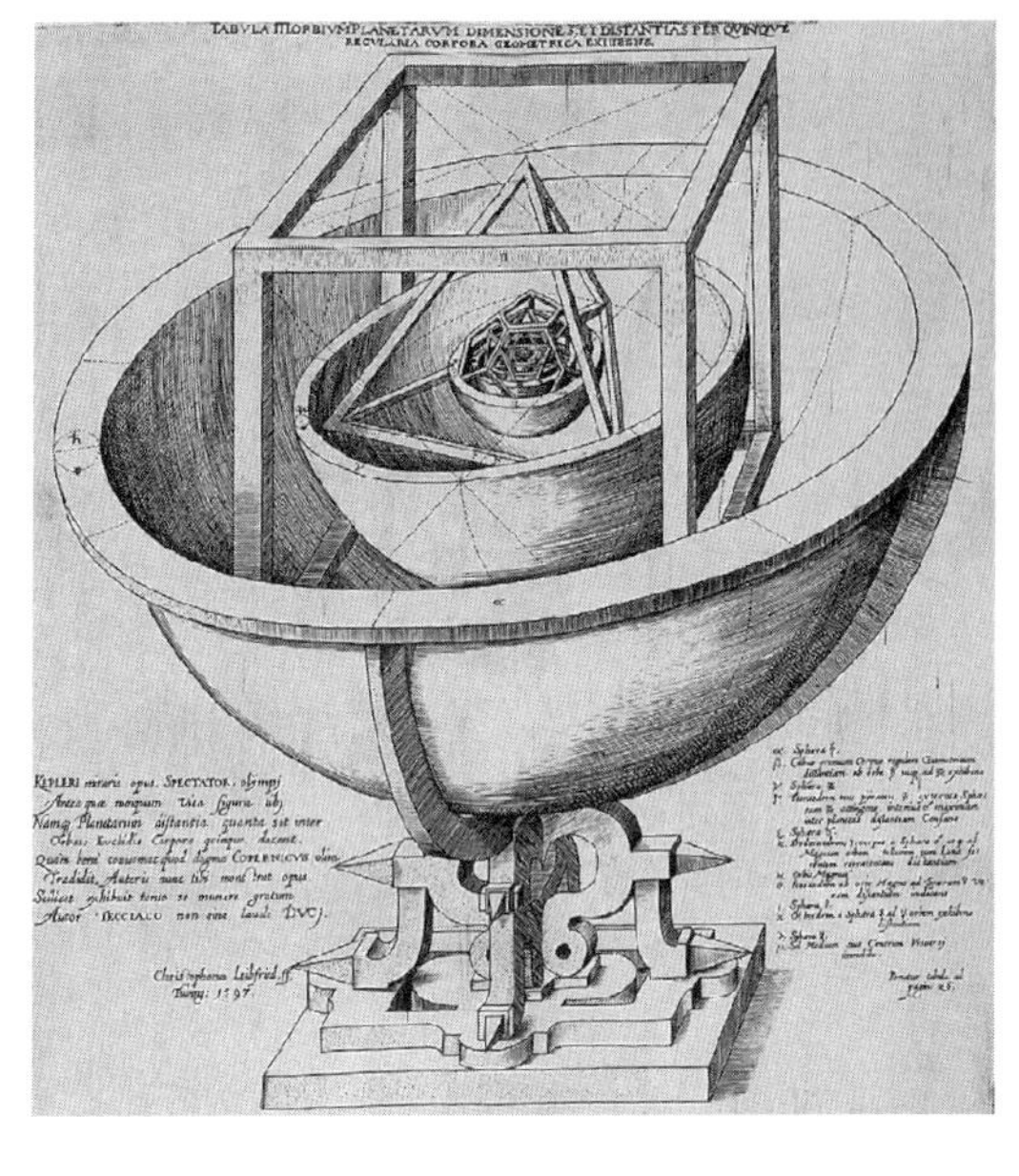

彼のひらめきは、極めて多くのことを説明した。プラトンの立体が5個しか存在しなかったように、（地球を含めた）惑星は6個しか存在しなかった。したがって惑星の間の隔たりは、ちょうど5個だった。すべてが理にかなった。幾何学がコスモス（宇宙）を支配していたのだ。神学者になりたかった彼は、満足げに、彼の師の一人に宛てて、「私の成果を通じて、天文学において神がどれだけ称賛されていることか」と記した。

実のところ、理論はデータにそれほどは適合しなかった。特に、水星と木星の位置は合っていなかった。この不適合は、何かが間違っていることを意味した。しかし何が間違っていたのだろう？　彼の理論か、データか、あるいは両方か？　ケプラーはデータが間違っていることを疑ったが、彼の理論の正しさは主張しなかった（いま思えばこれは賢い。なぜなら理論には成功の見込みがなかったのだ。現在はよく知られているように、実際には6個以上の惑星が存在する）。

それでも彼は諦めなかった。惑星について熟考を続け、ほどなく、ティコ・ブラーエから助手への誘いを受ける幸運に恵まれた。ティコ（歴史家はいつも彼をそう呼ぶ）は世界一の観測天文学者であった。ティコのデータは、それまでに得られていたものよりも10倍正確だった。望遠鏡が発明される前の時代、彼は特別な機器を考案した。この機器を使うと、肉眼で、惑星の角度を**2**分以内の精度で分析できた。2分は、30分の1度（1°）の角度に相当する。

これがいかに小さな角度かを感じ取るため、澄んだ夜空の下で満月を見上げ、小指を目一杯、目の前にかざすことを想像してみよう。小指は約60分の幅を持ち、月はその約半分であることが分かる。つまり、ティコが2分の角度の弧を分析できるということは、小指に等間隔で描かれた30個のドット（あるいは、月に描かれた15点）について、一つのドットからその次までの違いを見ることができたということを意味する。

1601年にティコが亡くなった後、ケプラーは火星とその他の惑星に関するデータの宝庫を受け継いだ。それらの運動を説明するため、次から次へと理論を試した。惑星の運動が、周転円、卵型の軌道、太陽が中心からわずかにずれた偏心円に従うなどと仮定した。しかし、これらの理論にはすべて、ティコのデータとは無視できないほどの不一致があった。このような計算の後で彼は嘆き悲しむ。「親愛なる読者へ、このような退屈な計算手順[84]に飽きたなら、これを少なくとも70回は実行した私を哀れんでほしい」

ケプラーの第一法則——楕円軌道

惑星運動を追究する中でケプラーは、楕円と呼ばれる有名な曲線を試すに至った。ガリレオの双曲線と同様、楕円は古代に研究されていた。第2章で見たように、古代ギリシャでは、楕円は、円錐を浅い角度で切断して形成される卵型形状と定義されていた。ここで、切断角度は、円錐表面の傾斜ほど急ではないとする。切断平面の傾きが浅いと、楕円はほぼ円になる。逆に、切断平面の傾きが、円錐の傾きよりもわずかに小さい程度であれば、楕円は葉巻タバコのように、とても長く、薄いものとなる。平面の傾きを調整することで、楕円は丸い形状から、強く押し潰された形状に、あるいはその中間の任意の形状に変形（モーフィング）できる。

日常用語を使って楕円を定義しよう。家財道具をいくつか援用する。鉛筆、コルク板、紙一枚、画鋲二つ、そしてひも一本を取ってこよう。紙をコルク板の上に置く。紙を貫通するように画鋲を二つ刺し、糸の両端をピン留めする。ただし、糸のたるみは残しておく。糸を鉛筆でピンと引っ張り、曲線を描き始める。鉛筆を動かす際、糸はピンと張った状態を保つようにする。鉛筆が両方の画鋲の周りを回って、開始地点に戻ったとき、結果として描かれた閉曲線が楕円となる。

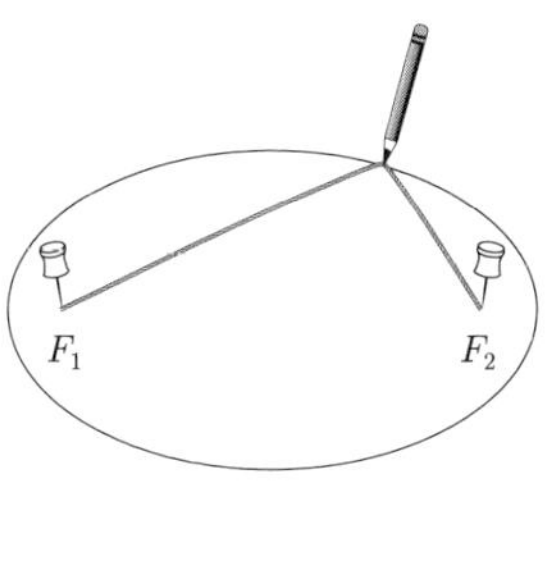

ここでは画鋲の位置が重要な役割を果たす。ケプラーはそれを楕円の焦点と名づけた。円にとっての中心と同じように、楕円にとって焦点は意味がある。円は、中心からの距離が一定の点の集合と定義される。同様に楕円は、二つの焦点からの合わせた距離が一定の点の集合である。糸と画鋲で構成した例では、合わせた距離の一定値が、画鋲の間のたるんだ糸の長さということになる。

ケプラーの最初の偉大な発見は、すべての惑星は楕円軌道上を動くというものだった。今回の考えは本当に正しく、修正する必要はなかった。アリストテレス、プトレマイオス、コペルニクス、そしてガリレオまでもが考えたような、円でも、周転円でもなかった。楕円だったのだ。さらに彼は、すべての惑星に対して、太陽は、惑星の楕円軌道の焦点の一つに位置することを発見した。

これは驚きで、まさにケプラーが望んでいた、ある種の聖なる手掛かりであった。惑星は、幾何学に従って動いていたのだ。彼が最初に推測したような、プラトンの五つの立体の幾何学ではなかったが、それでも彼の直観は正しかった。幾何学はやはり天体を支配していたのだ。

ケプラーの第二法則――等時間で等面積

ケプラーはもう一つの規則性をデータに発見した。第一法則は惑星の軌道に関するものであったのに対して、第二法則は速度に関するものであった。その主張とは、惑星が軌道を動き回る際、惑星から太陽に引かれる仮想の線は、等しい時間間隔で、等しい面積を拭き取るというものである。

この法則の意味を明確にするため、火星の楕円軌道上で、例えば今夜、火星の見える点を考えよう。こ

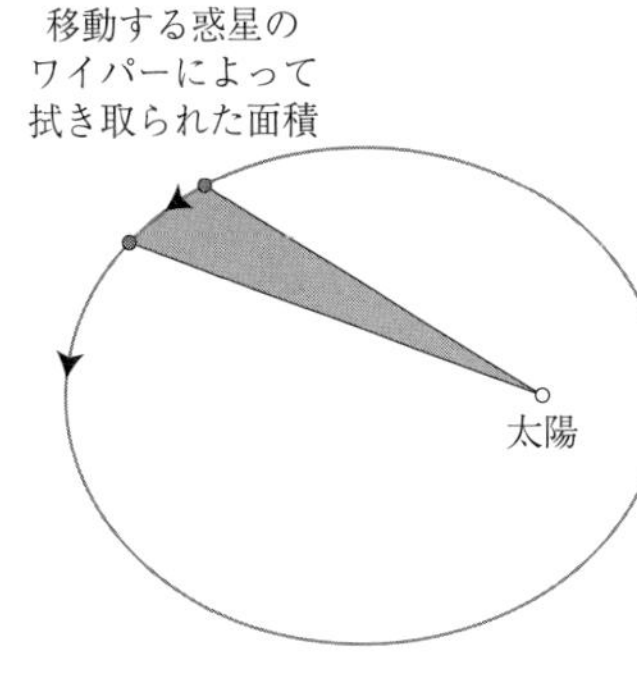

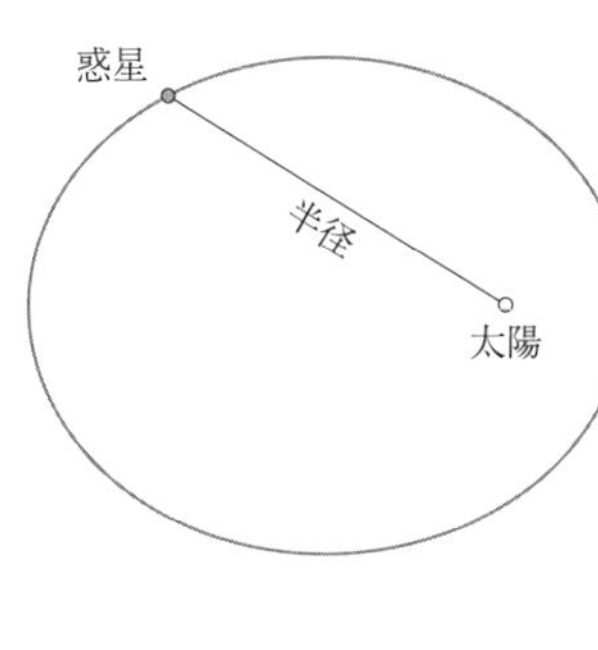

の点を、太陽と直線で結ぶ。

さあ、この直線を、車のワイパーブレードのようなものと考え、太陽が旋回軸に、火星が先端に位置すると仮定する（本物の車と違い、このワイパーは往復振動はせず、常に非常にゆっくりと前進する）。次の日の夜に、火星が軌道上を前方に移動すると、ワイパーもそれに沿って動き、楕円の内側の面積を拭き取る。私たちが一定期間後、例えば3週間後に火星を再び見ると、ゆっくり動くワイパーは扇形と呼ばれる形状を掃き出している。

ケプラーが発見したのは、火星が太陽の周りの軌道のどこにいたとしても、この3週間で掃き出される扇形の面積は常に同じということであった。そして、これは3週間に特別なことではない。軌道上で、等時間の間隔で隔てられた任意の二つの点で火星を見ると、火星が軌道上のどこにあろうと、その時間間隔で掃き出される扇形の面積は常に等しい（94ページの図）。

要するに、第二法則は、惑星が一定の速度では動かないと主張している。惑星が太陽に近づくほど、より速く動く。等時間の間隔で等面積を拭き取ることは、これを正確に表現したものである。

楕円の作る扇形は曲がった孤を持つが、扇形の面積をケプラーはどのように測ったのだろう？　アルキメデスがするであろうことを、彼も行ったのだ。彼は扇形を、たくさんの薄く細長い小片にスライスし、それらを三角形で近似した。次に、三角形の面積を計算し（すべての辺は直線なので、簡単な計算だ）、足し合わせ、積分して、もともとの扇形の面積を推定した。実質的に、彼はアルキメデス版の積分法を用い、それを実データに応用した。

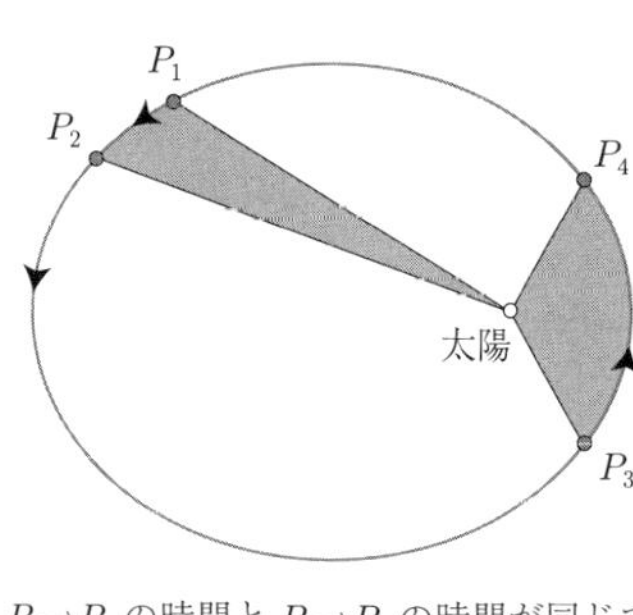

$P_1 \to P_2$ の時間と $P_3 \to P_4$ の時間が同じであれば，拭き取られる面積も等しい

ケプラーの第三法則と神聖なる熱狂

私たちがこれまでに議論した法則は、個々の惑星に関するものであった。各惑星は楕円上を動き、太陽は楕円の焦点に位置する。そして各惑星は、等時間の間隔で等しい面積を拭き取る。ケプラーは、これらの法則をともに１６０９年に発見した。これとは対照的に、すべての惑星集団に関する第三法則を発見するのには、さらに10年を要した。これは太陽系全体を、数秘術のパターンにまとめるものである。

数か月にわたって猛烈に計算を更新した後、ついに結果が得られた。プラトンの立体を用いた悔しい失敗から20年以上が経過していた。１６１９年の著書『宇宙の調和』の序文で、神の計画についにパターンを見いだしたことについて、ケプラーは有頂天になって記している。「８か月前の夜明け以来、３か月前の白日以来、そして数日前に太陽が燦々と私の推測に照りつけて以来、いまや私を止めるものは何もない。私は神聖なる熱狂[85]に身を委ねる」

ケプラーを有頂天にした数秘術のパターンとは、惑星の公転周期の2乗は、惑星から太陽までの平均距離の3乗に比例するという発見であった。言い換えれば、すべての惑星について、T^2/a^3 の値は同じということになる。ここで T は、惑星が太陽の周りを一周するのに要する時間（地球は1年、火星は1・9年、木星は11・9年といった具合）を表し、a は、惑星がどれだけ太陽から離れているかを表す。惑星は楕円軌道上を動き、太陽までの距離は週替わりで変化するため、距離の定義は少し厄介だ。太陽に近づくときもあれば、遠ざかるときもある。この効果を考慮に入れるため、ケプラーは a を、惑星から太陽までの最近接距離と最遠隔距離の平均として定義した。

第三法則の骨子は単純だ。惑星が太陽から離れるほど、惑星の動きは遅くなり、軌道を一周するのに時間が掛かる。しかし、この法則で興味深く、そして捉えがたいのは、公転周期が公転距離に単純には比例していないことだ。例えば、私たちの地球に最も近い金星は、地球の公転周期である1年の、61・5パーセントの公転周期を持つ。しかし、太陽から金星までの平均距離は、太陽から地球までの平均距離の72・3パーセントである（単純に考えると61・5パーセントになりそうだが、そうではない）。なぜならば、周期の2乗が、距離の3乗に比例するため、周期と距離の関係は、正比例よりも複雑だからである。

上記の要領で、T と a を、それぞれ地球年と地球距離に対する百分率（パーセント）で表すと、ケプラーの第三法則は $T^2 = a^3$ と単純化される。比例関係の代わりに、方程式となる。これがどの程度正確に機能するかを見るため、金星の数値を式に組み込んでみよう。$T^2 = (0.615)^2 \approx 0.378$ に対して、$a^3 = (0.723)^3 \approx 0.378$ である。したがって、この法則は有効桁数3まで成り立つことになる。だからケプラーはそれほどに興奮したのだ。他の惑星に対しても同様に、見事な一致が見られる。

ケプラーとガリレオ、似て非なる二人

ケプラーとガリレオは、出会うことは一度もなかったが、コペルニクスの描像や、それぞれが天文学で成し遂げた発見について連絡を取り続けた。望遠鏡が悪魔の仕業であると恐れて、ガリレオの望遠鏡を見ることを拒んだ人がいたとき、ガリレオはケプラーに宛てて、面白がったような、諦めたような調子で書いた。「親愛なるケプラーへ、連中の驚くほどの愚かさを笑い飛ばせたらよかった[86]ろうに。君はどう思う？　この大学随一の哲学者たちは、剥製の蛇のように頑固なのだ。私が１０００回も誘い、招待したにもかかわらず、惑星、月、あるいは私の望遠鏡を覗き込むのを拒否するのだ」

ある意味で、ケプラーとガリレオはよく似ていた。二人とも、運動に魅了された。二人とも、積分法に取り組んだ。ケプラーはぶどう酒樽のような曲線形状の体積を積分し、ガリレオは放物体の重心を積分計算した。この点において、彼らはアルキメデスの精神を受け継ぎ、心の中で、固体を（サラミ・ソーセージをたくさんのスライスにするように）仮想の薄い板に切り分けた。

しかし他の意味では、彼らは互いに補完し合うようであった。最もはっきりしているのは、偉大な科学的貢献において、彼らが相補的であったことだろう。ガリレオは地球上における運動の法則に対して、ケプラーは太陽系における運動の法則に対して、科学に貢献した。しかし、この相補性はさらに深く、科学のスタイルや気質にも及ぶ。ガリレオは論理的であったのに対して、ケプラーは神秘主義的だった。

ガリレオは、アルキメデスの理知的な末裔であり、力学に夢中になった。最初の出版でガリレオは、どのようにしてアルキメデスが、天秤と風呂桶を用いてヒエロン2世の王冠は純金製ではないと判断し、泥棒金細工師が混入させた銀の正確な量を計算したのかを示し、「エウレカ!」伝説(第2章参照)について最初の妥当な説明を行った。ガリレオは生涯を通じて、平衡から運動へと力学を拡張しつつ、アルキメデスの業績を詳しく述べ続けた。

一方でケプラーは、ピタゴラスの後継者により近かった。猛烈なほど想像力に富み、数霊術に傾倒し、至るところにパターンを見いだした。彼は、雪の結晶がなぜ6角形を形成するかについて、最初の説明を与えた。砲弾を詰めるのに最も効率的な方法を思案し、最適な梱包配置は、自然がざくろの種子を包むのに用い、そして食料雑貨商がオレンジを山積みにするときの配置と同じであると、(正しく)推測した。ケプラーの幾何学への執着は聖と俗の両面を持ち、不合理になる寸前であった。しかし彼の熱情が、ケプラーをケプラーたらしめた。[87]作家のアーサー・ケストラーが抜け目のなく観察したように、「ヨハネス・ケプラーはピタゴラスの夢に夢中になり、その幻想を土台に、同じくらい根拠のない推論の方法で、現代天文学の堅固な体系を構築した。これは、思想の歴史において、最も驚くべきエピソードの一つであり、科学の進歩は論理に支配されるという敬虔な信仰に対抗するものだ」

風雲急を告げる

偉大な発見はすべてそうであるように、ケプラーの天体における惑星運動の法則と、ガリレオの地球上における物体落下の法則は、それらが解決した問題よりも、さらに多くの問題を提起した。科学の側からの自然な問いは、第一原理に関するものである。これらの法則はどこからきたのだろう？　より深い真実が、これらの背後に隠されているのだろうか？　例えば、太陽がすべての惑星に対して楕円軌道の焦点を常に占めているのは、偶然すぎるように見える。これは、太陽が何らかの形で惑星に影響を及ぼしていることを意味するのだろうか？　ある種の超自然の力を通して影響しているのか？　ケプラーはそう考えた。イギリスのウィリアム・ギルバートによって研究された磁気放射が、惑星を引き寄せているかもしれないとケプラーは思った。それが何であろうと、未知の目に見えない力が、虚空を横断して、遠方まで作用しているように見える。

ガリレオとケプラーの仕事は、数学にも問題提起した。特に、曲線は再び注目の的となった。ガリレオは、投射物の描く弧が放物線であることを示し、ケプラーの楕円は、いまやアリストテレスの円に取って代わった。１６００年代初期における他の科学技術の進歩も、曲線への興味を強めた。光学において、湾曲したレンズの形状は、画像が拡大されるか、歪められるか、ぼやけるかを決めた。天文学と生物学でそれぞれ大変革を起こしていた望遠鏡および顕微鏡の設計において、これらは極めて重大な検討事項だった。フランスの博識家ルネ・デカルトの問いは、ぼやけに無縁なレンズが設計できるかであった。これは結局、曲線に関する疑問になる。単一の点から放射された、あるいは、互いに平行に進む光線が、レンズを通過した後、別の固有の点に集中するには、レンズはどのような曲線形状をとる必要があるだろうか？

今度は曲線が、運動に関して疑問を投げ掛けた。ケプラーの第二法則は、惑星が、ときには留まり、ときには加速して、不均一に楕円の周りを動くことを示唆した。同様に、ガリレオの投射物は放物線の弧の上を、常に速さを変化させながら動く。物体が上昇する際には遅くなり、最上部で休止し、そして落下して地球に戻る際には、速度を上げる。振り子に関しても同じことがいえる。弧の端に向けて登る際、振り子は減速し、反転して底を通り抜ける際には速度を上げ、もう一方の端で再び減速する。瞬間ごとに速度の変化する運動は、どうすれば定量化できるのだろう?

このような疑問の渦巻く最中に、イスラムとインドの数学からアイデアが流入し、ヨーロッパの数学を前進させる新しい方法論を提供した。アルキメデスを超え、新天地を切り開くチャンスであった。東方からのアイデアは、運動と曲線に対する新規の方法論を導き、そして青天の霹靂のごとく、微分法が現れた。

第４章　微分の夜明け

現代の観点で見ると、微積分には二つの側面が存在する。微分法は、複雑な問題を無限に多くの単純な小片に切り刻む。積分法は、小片を再びもとどおりに戻して、もともとの問題を解く。

切り刻む操作は再構築の前にくるのが自然であり、初学者がまず微分法を学ぶのは理にかなっているように思われる。そして実際、現代の微積分の授業はそのように始まる。小片に切り刻む比較的簡単な技法である導関数から始まり、そして小片を再構成して全体に統合する、より難しい技法である積分に向かって進む。簡単な題材が先にくるので、生徒たちはこの順番で微積分を学ぶのが楽だと感じる。この順番がより論理的なので、教師たちもこちらを好む。

しかし不思議なことに、歴史はこの反対の順番に展開した。積分法は、紀元前２５０年、古代ギリシャのアルキメデスの仕事で、すでに本格化していた。一方で微分法は、１６００年代まで微かな灯火すらも見えていなかった。なぜ簡単な題材の微分法が、積分法にこれほど遅れをとる形で発展したのだろう？それは、微分法が代数学から生じ、代数学は数世紀かけて成熟し、移住し、突然変異したからである。中国、インド、そしてイスラム諸国では[88]、代数学の原形は、もっぱら言葉によるものだった。未知変数は、今日のxやyの記号ではなく、単語であった。方程式は文章で、問題は段落だった。しかし１２００年ころ、ヨーロッパに代数学が入ってくると、代数はすぐに記号の技術へと発展した。これは代数学を抽象化し、そしてより強力にした。この新種の記号代数は、次に幾何学と結合し、さらに強力な雑種である解析幾何学が生まれた。そして解析幾何学は、今度は、（動物園のように）多種類の新しい曲線を生み出した。この研究が微分法を導いたのだ。本章では、これらがどのようにして起こったのかを探究することにする。

東方における代数学の隆盛

ここまでの物語は、微積分の創造がヨーロッパ中心の出来事であったという印象を与えたかもしれない。この印象を是正するため、中国、インド、イスラム諸国の話をしよう。微積分はヨーロッパで全盛を極めたが、その起源は他の場所にある。特に代数学はアジアと中東からきた。代数学の英語名〈アルジェブラ〉は、アラビア語の〈アル・ジャブル〉に由来し、この語源は「修復」あるいは「バラバラの部分の再結合」を意味する。これらは、方程式のバランスをとり、それらを解くのに必要な操作を指す。例えば代数学では、方程式の一方の側からある値を引き、もう一方の側にそれを足すことで、壊されたものを修復している。同様に幾何学はすでに見た通り、古代エジプトで生まれた。ギリシャ幾何学の創始者であるタレスは、エジプトで主題を学んだといわれる。そして、幾何学の中で最も偉大な定理であるピタゴラスの定理は、ピタゴラスに端を発するものではなかった。彼よりも少なくとも１０００年前に、バビロニア人に知られていた。その例は、紀元前１８００年前後のメソポタミアの粘土板に記されており、証拠となっている。

そして、私たちが古代ギリシャについて話すときは、アテネやスパルタをはるかに超えた広大な領域を指していることも、心に留めておかねばならない。最南端はエジプトへ、最西端はイタリアおよびシチリア島へ、最東端は地中海周辺の地域を横切ってトルコ、中東、中央アジア、そしてパキスタンと中国の一部へと伸びている。ピタゴラス自身も、アナトリア半島（現在のトルコ共和国）西海岸沖のサモス島出身であった。アルキメデスは、シチリア島南東部にあるシラクサに住んでいた。ユークリッドは、エジプトのナイル川河口にある巨大な港町で、学術拠点であったアレクサンドリアを仕事場にした。

ローマ帝国がギリシャを征服した後、特に、アレクサンドリアの図書館が焼かれ、西ローマ帝国が滅亡した後、数学の中心は東方へ振り戻された。プトレマイオス、アリストテレス、プラトンの著作と同様、アルキメデスやユークリッドの著作は、アラビア語に翻訳された。コンスタンティノープルやバグダードの学者および写字生たちは、古い学問を存続させ、そこに彼らの新しいアイデアを付け加えた。

代数学の繁栄、幾何学の衰退

代数学の伝来する前世紀において、幾何学の発展は鈍化していた。紀元前212年にアルキメデスが死去すると、彼を上回ることは誰にも不可能に思えた。いや、ほとんど誰にもという方が正確だろう。紀元前250年ころ、中国の幾何学者である劉徽（りゅうき）は、アルキメデスの円周率の計算法を改善した。その2世紀後、祖沖之（そちゅうし）は劉徽の方法を、辺の数が2万4576もある多角形に応用した。英雄的な算術計算を通して彼は、円周率を搾る万力を、8桁まで締め上げた。

$$3.1415926 < \pi < 3.1415927$$

次のステップにはさらに5世紀を要し、賢人イブン・アル＝ハイサム[89]によって進展がもたらされた。ヨーロッパではアルハーゼンとして知られていた彼は、965年にイラクのバスラで生まれ、イスラム黄金時代に、カイロで神学、哲学から天文学、医学まで、あらゆる研究を行った。幾何学の研究で、アル＝ハイサムは、アルキメデスも考えたことのない固体の体積を計算した。幾何学が生存していたまれな兆候であり、これらの進展は素晴らしいが、それでも起こるのに12世紀も掛かったのだ。

同じ期間に、代数学と算術では、大きな進展が急速に起こっていた。インドの数学者たちは、ゼロの概念と十進位取り記数法を発明した。方程式を解くための代数技法が、エジプト、イラク、ペルシャ帝国、中国に登場した。このほとんどは、現実問題に駆り立てられていた。相続法、課税、貿易、簿記、利息計算を始めとする、数や方程式に向いたテーマの問題であった。当時の代数学は、依然としてすべてが文章問題であり、解はレシピ、すなわち、段階を追った（ステップ・バイ・ステップの）回答への道筋として与えられた。これらは、ハンマド・イブン・ムーサー・アル＝フワーリズミー（780年ころ―850年ころ）の有名な教科書に解説されている通りである。ちなみに彼の姓は、「アルゴリズム」と呼ばれるステップ・バイ・ステップの手続きに、現在も生き続けている。やがて貿易業者、商人、探検家たちは、これらの言葉形式の代数学と、インド―アラビアの10進法を西側のヨーロッパにもたらした。その間に人々は、アラビア語の本をラテン語に翻訳し始めた。

代数学の研究は、記号体系としてルネサンス期のヨーロッパで繁栄し始めた。１５００年代に代数学は頂点に達し、数を表すのに文字を用いるようになり、私たちが現在知る代数の形式に似てきた。１５９１年、フランスのフランソワ・ビエト[90]は、未知数を、AやEのような母音でデザインし、定数には、BやGのような子音を用いた（未知変数にx、y、z、定数にa、b、cを用いる現在のスタイルは、それから約50年後のルネ・デカルトの研究に由来する）。言葉を文字と記号に置き換えることによって、方程式を操作し、解を見つけることが容易になった。

　算術の領野においても、同じくらいに大きな前進があった。オランダのシモン・ステヴィンが、インドーアラビアの10進数を、小数[91]に一般化する方法を示したのである。これに当たり彼は、アリストテレスによる、数（分割できない単元としての整数を意味する）と大きさ（任意の小さい部分に無限に分割できる連続な量）の区別を撤廃した。シモン以前は、10進数はある数の整数部分のみに用いられ、単元（1）よりも小さい部分は分数で表されていた。シモンの新しい方法では、単元ですら細かく切り刻むことができ、小数点以下に正しい桁を配置することで、10進表記することができた。現在の私たちには簡単に聞こえるかもしれないが、これは微積分を可能とする革新的なアイデアだった。単元が神聖な存在ではなく、分割不能ではなくなると、すべての量は、整数、小数、あるいは無理数も含めて対等に、「数」という一つの大きな族に合体した。このように無限に精密な実数は、微積分において、連続な空間、時間、運動、変化を表すのに必要であった。

　幾何学が代数学と組み合わさる直前に、アルキメデスの伝統的な幾何学の方法は、有終の美を飾った。17世紀初め、ケプラーは、葡萄酒樽のような曲線形状やドーナッツ型の固体の体積を求めた。彼は心の中で固体を無限に多くの、無限に薄い円盤に切り刻むことによって計算を行った。一方、ガリレオとその弟子のエヴァンジェリスタ・トリチェリ、ボナヴェントゥーラ・カヴァリエーリ[92]も同様に、さまざまな形状の面積、体積、重心を計算した。彼らも図形を、無限の線と表面の積み重ねとして扱った。ただし、無限および無限小に対して無鉄砲なアプローチを取ったため、その技法は厳密ではなく、強引で直観的だった。彼らは、取り尽くし法よりも安易に、敏速に答えを得たので、素晴らしい前進のように思われた（現在では、アルキメデスが彼らより先んじていたことが知られている。同じアイデアは、アルキメデスの『あの方法』の著書に隠れていた。1899年まで修道院の祈祷書として、当時は発見されずにいたが）。

いずれにせよ、新しいアルキメデス派たちは当時有望と思われていたが、このように古い方法を続けても、勝てる見込みはなかった。いまや記号代数が活動拠点であった。そして、その最も成長著しい子孫である、解析幾何学と微分法の種が、ついに蒔かれようとしていたのである。

代数学と幾何学の出会い

最初のブレークスルーは、1630年ころに訪れた。2人のフランス人数学者（そして、すぐにライバル関係となる）ピエール・ド・フェルマーとルネ・デカルトが、それぞれ独立に、代数学と幾何学を結び付けたのだ。彼らの仕事は、解析幾何学という、新しい種類の数学を創り出した。方程式が躍動する中央舞台は、xy平面だった。

現在の私たちは、変数同士の関係をグラフに表すとき、xy平面を用いる。例えば、時折不摂生になる私の食習慣のカロリー計算をしてみよう。私は、朝食にシナモン・レーズン・パンを数枚食べることがある。包装には、1枚当たり、実に200カロリーもあると表示されている（もしも健康な食事を望めば、妻の買う胚芽パンにすることもできる。こちらは1枚で130カロリーだ。しかしこの例では、シナモン・レーズン・パンの方がよいだろう。200は130よりも数学的に――栄養学的にはそうでないとしても――切りのよい数字だから）。

私が1枚、2枚、あるいは3枚のパンを食べたときに、どれだけカロリーを消費するかを表したグラフがこれだ。各スライスは200カロリーなので、2枚なら400カロリー、3枚なら600カロリーに相当する。グラフにデータ点を描くと、三つの点はすべて同じ直線上に乗る。この意味で、消費するカロリーと食べる枚数の間には、線形の関係がある。もしも、文字xを用いてパンの枚数を、文字yを用いて罪深い摂取カロリーを表すと、この線形の関係は$y = 200x$とまとめられる。この関係は、データ点の間にも適用できる。例えば、1枚半のパンは300カロリーに相当し、対応する点は直線上に乗る。したがって、このようにグラフ上で点を結ぶのは理にかなっている。

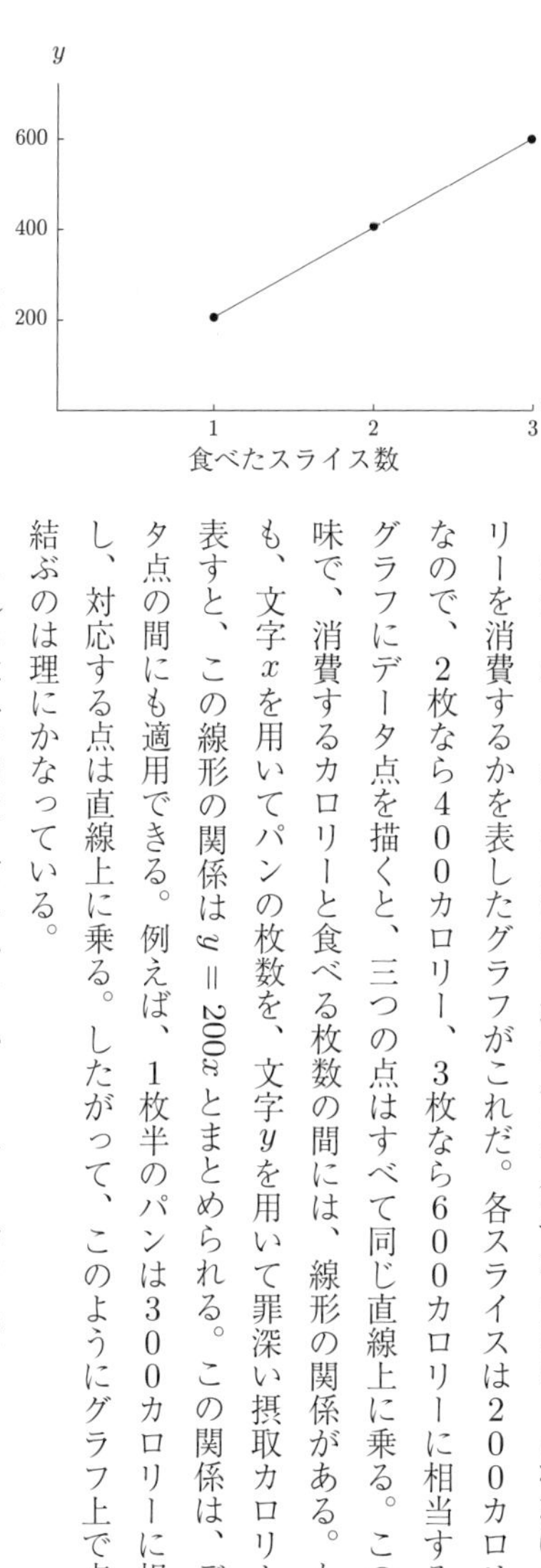

これらはみな当たり前に思えるかもしれないが、私がいいたいのはそこだ。これは必ずしも当たり前ではなかったのだ。過去においては明らかではなかった。誰かが抽象的な視覚のグラフに、この関係を描くというアイデアを思いつかねばならなかった。そして、今日においても、

このグラフを勉強する前の子供にとっては、これはまだ当たり前ではない。

ここには、想像上の跳躍がいくつかある。ひとつは、食料摂取を表すのに絵を用いることだ。これには知的な柔軟性が要求される。カロリーは、本質的には絵で表すようなものではない。私たちが見ているグラフは、レーズンと茶色く渦巻いたシナモンがパンに埋め込まれているのを表した写実的絵画ではない。このグラフは抽象化なのである。これによって、異なる数学分野が影響し合い、互いに協力することが可能となった。カロリーやパンの枚数などの数に関する分野、$y = 200x$ のような記号の関係性に関する分野、グラフ上の直線に乗った点の描く形状に関する分野の三つである。このようなアイデアの合流を通して、一見控えめに見えるグラフは、数、関係性、形状をブレンドし、結果として、算術と代数学を幾何学に融合したのだ。これは大事件だ。異なる数学の流れが、数世紀にもわたって別々の道を進んできた後に、一緒になったのだ。(古代ギリシャにおいて、幾何学は算術や代数学よりも上位に見なされ、それらが混ざることは、少なくとも頻繁にはなかったことを思い出してほしい。)

ここでのもうひとつの合流は、横軸と縦軸に関するものである。これらはしばしば、軸のラベルづけに用いる変数から、x 軸、y 軸と呼ばれる。これらの軸は数直線である。数直線という用語を考えてほしい。数が、直線上の点として表されている。算術が幾何学とつきあっているのだ。そしてこれらは、私たちがデータを描画するよりも以前に、混ざり合っている。

古代ギリシャ人たちは、このような、反則手順に金切り声を上げたことであろう。彼らにとって数は、整数や分数のような離散的な量のみを意味していた。これに対して、線の長さを測るような連続な量は、大きさとして見なされ、数とは概念的に区別されるカテゴリーにあった。したがって、アルキメデスから

17世紀初めまでの約2000年もの間、数は直線上の点の連続体と等価であるとはまったく考えられていなかった。この意味で、数直線の考えは、慣習に過激に逆らうものであった。現代の私たちがこのことについて改めて考えることはない。数がこのように視覚的に表されることを小学生が理解するのも、当然と思っている。

古代ギリシャの観点からすると、さらなる冒涜行為がここにはある。同種類のものを同種類のものと（例えば、りんごはりんごと、カロリーはカロリーと）比較することに対して、グラフはまったく無関心なことだ。それどころかグラフは、カロリーを一方の軸に、枚数をもう一方の軸に示す。これらは直接的には比較可能ではない。にもかかわらず、今日、カロリーと枚数のグラフを描く際、私たちはこのような比較をしていることを気にも留めない。単純に、カロリーと枚数を、数に変換するだけである（ここでの数は、連続数学の世界通貨である実数や無限小数を意味する）。ギリシャ人たちは、長さ、面積、体積を異なるものと明確に区別したが、私たちにとって、それらはすべて実数でしかない。

曲線としての方程式

念のため断っておくが、フェルマーとデカルトは、シナモン・レーズン・パンのような実際のものを研究するために、xy平面を用いたわけではない。彼らにとって、xy平面は純粋幾何を研究するための道具であった。

別々に仕事をしながら、2人はそれぞれ、線形の方程式（方程式で、変数x、yの1乗の項のみが現れる式を意味する）が、xy平面上で直線になることに気づいた。線形方程式と直線の間にこのような関係があることは、非線形方程式と曲線の間にも、深い関係が存在する可能性を示唆していた。$y = 200x$ のような線形方程式では、変数x、yは単独で、混じることなく現れる。2乗、3乗、あるいはそれ以上の冪乗はとらない。フェルマーとデカルトは、その他の冪乗を持つ方程式に対しても同様のことができることに気づいたのだ。彼らは、どのような方程式でも調理し、x、yに好きな操作（例えば、一方の2乗をとり、もう一方の3乗をとり、それらを掛け合わせ、足すなど）を施すことができた。そして、その結果を曲線として解釈したのだ。運がよければ、面白い曲線になるであろう。誰も想像したことがないような、アルキメデスも研究したことのない曲線になるかもしれない。x、yを含む方程式であれば、どれもが新しい冒険だった。これは、ゲシュタルト・スイッチ（訳注…二通りの解釈が可能な図で、何かを契機に図の見え方が一気に変わること）でもあった。曲線から始める代わりに方程式から始めて、それがどのような曲線を作り出すかを見るのだ。代数学に運転させて、幾何学は後部座席に座らせるようなものだ。

フェルマーとデカルトは2次方程式から始めた。この方程式では、通常の定数（200などの数）や線形項（x、yなどの項）とともに、変数を2乗したり、あるいは互いを掛け合わせたりしてできる、x^2、y^2、xyのような2次の項が含まれる。2乗された量は、伝統的には、正方形領域の面積と解釈されていた。したがって、x^2は、$x \times x$の正方形の面積を意味した。古代において面積は、長さや体積とは根本的に異なる量と考えられていた。しかし、フェルマーとデカルトにとって、x^2は単なる実数にすぎず、数直線上のグラフに描くことができた。xやx^3などのその他の冪乗も同様である。

現在の高校代数で、生徒は、$y = x^2$ のような式をグラフに描く（この場合は放物線になる）ことは、

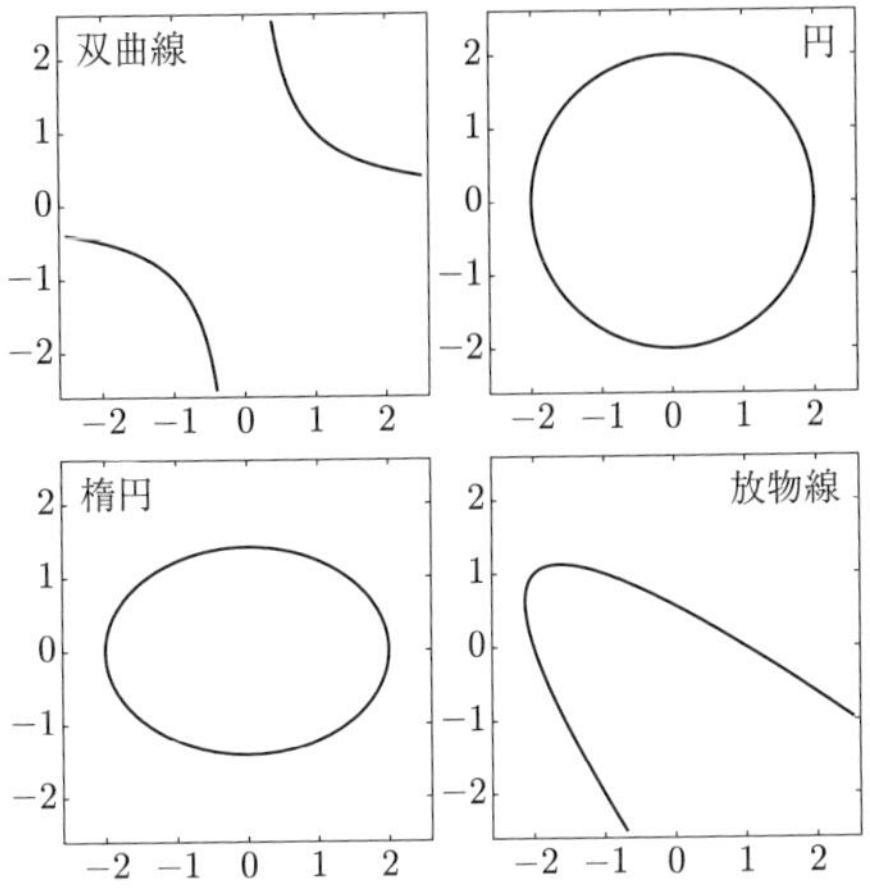

できて当たり前と思われている。興味深いことに、x および y の2乗の項を含み、それ以上の冪乗は含まない式は、たかだか四つのタイプの曲線、すなわち放物線、楕円、双曲線、円のいずれかになる。これですべてだ（線、点、あるいは解なしになるような、退化した場合は除く。ただし、これらは非常にまれな変わり者たちなので、無視してもよい）。例えば、2次方程式の $xy = 1$ は双曲線となる一方、$x^2 + y^2 = 4$ は円、$x^2 + 2y^2 = 4$ は楕円となる。$x^2 + 2xy + y^2 + x + 3y = 2$ のような嫌な形の2次方程式でも、上述の四つの曲線のうちのどれかになる。この場合は、放物線になることが分かる。

フェルマーとデカルトは、次のような素晴らしい偶然を最初に発見した。x、y に関する2次方程式は、ギリシャ数学における円錐断面の幾何学、すなわち、円錐を異なる角度でスライスすることによって得られる4種類の曲線に対応する。フェルマーとデカルトの新しい舞台で、霧の中から幽霊が出るように、古代の曲線が再び現れたのだ。

一緒がよい

代数学と幾何学の新しい結び付きは、双方の分野にとって恩恵となった。一方が他方を助け、欠点を補うことができた。幾何学は右脳に訴えかけるものであった。直観的、視覚的で、命題が正しいかは、一目瞭然に分かることが多かった。しかし、ある種の創造力が要求された。幾何学においては、どこから証明を始めればよいか、見当すらつかないこともしばしばである。議論を始めるには、天才的発想が必要だった。

しかし、代数学は体系立てられていた。方程式は、あまり深く考えなくても、穏やかに揉みほぐすことができた。方程式の両側に同じ項を加え、共通の項を相殺し、未知の値を求める。あるいは、標準のレシピに従って、一連の操作や手順を遂行することができる。代数学の操作は、編み物の喜びのように、流れるように反復する作業なのだ。しかし、代数学はその虚無感に悩まされていた。代数記号は空虚で、意味が与えられるまで、何ものでもなかった。視覚化するものもなかった。代数学は左脳型で、機械的だった。

しかし、代数学と幾何学が一緒になると、手がつけられなかった。代数学は幾何学に体系を与えた。創造力を必要とする代わりに、幾何学では粘り強さが求められるようになった。洞察が必要な難しい問題を、(骨が折れるとしても)単純な計算に変換した。記号を使うことで、心を解放し、時間と労力を省いた。

幾何学の方からは、代数学に意味を与えた。代数方程式はもはや不毛ではなかった。方程式は、曲がりくねった幾何学形状を具現化するものであった。このようにして方程式を幾何学的に眺めるやいなや、曲線と曲面の新大陸が全容を現した。多様な幾何を持った動植物が生存する、鬱蒼(うっそう)としたジャングルは、発見され、分類され、解剖調査されるのを待っていた。

フェルマー *vs.* デカルト

数学と物理学をたくさん勉強した人であれば、誰もがフェルマーとデカルトの名前に行き当たったことがあるだろう。しかし、私の習った教師や、教科書で、彼らのライバル関係や、デカルトがどれだけ意地悪だったかを伝えてくれたものはなかった。彼らの闘いで何が争われたのかを理解するには、彼らの人生、人柄、そして彼らが何を成し遂げようとしていたのかをもっと知る必要がある。

ルネ・デカルト（１５９６年―１６５０年）[93]は、歴史上でも最も野心的な思想家の一人であった。大胆で、知的には何ものも恐れず、権力をばかにし、己の才能と同じくらいに尊大な自我を持っていた。例えば、すべての数学者たちが２０００年もの間崇敬してきたギリシャ幾何学について、彼は「古代の教えは貧弱[94]で、大部分は信憑性に欠け、真実に向かうには、彼らの通ってきた道を否定する以外は、望むべくもない」と軽蔑的に書いている。個人的には、偏執的で、気難しい人物であった。最も有名な彼の肖像画は、やつれた顔、傲慢な目、そして悪意に満ちた口ひげの人相を映し出している。アニメ映画の悪役のような外見だ。

デカルトは、理性、学問、懐疑論の基礎の上に、人の知識を再構築することを目指していた。彼は、哲学における業績で最も知られ、「我思う、故に我在り」の有名なくだりは、彼に不朽の名声を与えた。このくだりを言い換えると、「すべてが疑わしいとしても、少なくとも確実なことが一つある。そのように疑っている意識（我）が存在することである」となる。数学の厳密な論理に影響を受けたと思われる、彼の解析的な方法は、現代哲学の始まりと捉えられている。名著『方法序説』でデカルトは、哲学の問題を考える斬新なスタイルを導入したが、それだけでも興味深い三つの付録も本には含まれていた。一つは幾何学に関するもので、解析幾何学への彼のアプローチが示されていた。もう一つは光学に関してで、望遠鏡、顕微鏡、光学レンズが最新の技術であった当時の重要課題であった。そして三番目は気象に関するもので、ほとんどが忘れられてしまっているが、虹について正しい説明が与えられていた。彼の広範な知性は多岐に及んだ。彼は生体を、機械装置でできたシステムと捉え、魂は脳の松果体に鎮座すると考えた。彼は（間違いであったが）宇宙論を提唱し、宇宙では目に見えない渦がすべての空間を満たし、惑星は、渦中の葉のように渦によって運ばれると考えた。

裕福な家庭に生まれ、病弱だった幼少期のデカルトは、好きなだけベッドで読書をし、思索することを許されていた。正午前に起床することのないこの生活習慣は、一生涯続いた。彼がまだ1歳のころに母親が亡くなったが、幸運なことに、彼女の残してくれた相当の財産で、成人後もさすらいの紳士として、余暇と冒険の生活を送ることができた。オランダの軍隊に志願したが戦闘に参加したことはなく、哲学をするには十分な時間があった。彼は成人期の大半をオランダで過ごし、己のアイデアを追究し、他の偉大な思想家たちと交流し、論争した。１６５０年、スウェーデン（「熊と岩と氷の国[95]」と彼は蔑んだ）において、女王クリスティーナの哲学の個人教師としての職を、不本意ながらも引き受けた。デカルトにとって不運なことに、エネルギッシュな若い女王は早起きであった。彼女の主張した朝5時のレッスンは、誰にとっても法外な時間であったが、特に、生涯にわたって正午に起きる慣習にあったデカルトには苦痛だった。その冬のストックホルムは、数十年来の寒さに見舞われた。数週間後、デカルトは肺炎を患い死去した。

ピエール・ド・フェルマー（1601年−1665年）[96]は、デカルトよりも5歳若く、平和で波乱のない、上位中産階級の生活を送った。日中は、喧騒のパリから遠く離れたトゥールーズにて、弁護士および地方裁判官を務めた。夜は、夫であり父親であった。仕事から帰り、妻と5人の子供たちと夕食をともにした後、彼の真の情熱である数学に数時間を費やした。デカルトが、壮大な野望を持った偉大な思想家であったのに対して、フェルマーは内気で、物静かで、気分に斑のない、素朴な人柄だった。デカルトに比べて、フェルマーの目標はもっと控え目であった。彼は自分のことを哲学者とも科学者とも思っていなかった。数学があれば十分であった。彼は愛好家として、愛情を持って数学を追究した。彼は本を出版する必要を感じなかったし、実際そうしなかった。ディオファントスやアルキメデスによる、古典ギリシャの大著を読み、その本に自分用に小さなメモを書き込んだ。そして時折思いついたアイデアを、それをありがたがるであろう学者宛てに送った。彼はトゥールーズから遠く離れた地へ旅行することはなく、当時の主要な数学者たちに会うこともなかった。ただし、マラン・メルセンヌを通じて、彼らと連絡を取り合うことはあった。フランシスコ会修道士のメルセンヌは数学者であり、社交の橋渡し役であった。

フェルマーとデカルトが一戦を交えた[97]のは、メルセンヌを介してであった。数学者たちの中で、メルセンヌは、パリで「頼りになるやつ」だったのだ。フェイスブックのなかった時代に彼は、皆が互いに連絡を取り合えるように橋渡しをした。多忙で、気配りや分別に欠ける部分もあり、トラブルを引き起こすこともあった。例えば、彼は自分の受け取った私的な手紙を人に見せてしまったり、出版前の機密原稿を公表したこともあった。彼の周りにはトップレベルの数学者たちの輪があった。フェルマーやデカルトのレベルではないにしても、強者たちで、彼らはどうもデカルトを目の敵にしていたらしい。彼らはいつもデカルトを中傷し、解析的方法に関する、デカルトの偉そうな論文にけちをつけていた。

それゆえ、トゥールーズのフェルマーという無名の数学愛好家が、デカルトに10年先んじて解析幾何学を発展させ、さらにこの同じ愛好家がデカルトの光学の理論に疑いを抱いている、とメルセンヌから聞いたとき、デカルトは、メルセンヌの仲間がまた彼を攻撃しているのだと思った。その後の数年間、デカルトはフェルマーに対して徹底抗戦し、フェルマーの名声を[98]貶めるよう試みた。何しろ、デカルトが失うものは大きかった。デカルトは論文において、彼の解析的な方法が、知識に通じる確実な道の一つだと主張していた。もしもフェルマーが、デカルトの方法を使うことなしにデカルトを出し抜くことができるのであれば、デカルトの研究はすべてが危険に晒される。

デカルトは情け容赦なくフェルマーを中傷し、ある程度は貶めるのに成功した。フェルマーの仕事は、1679年まできちんとした形では出版されなかった。彼の結果は口伝えで漏れ出るか、あるいは手紙のコピーに書かれていた。しかし死後も長い間、フェルマーは正当な評価を受けなかった。それに対してデカルトは大当たりした。彼の論文は広く知れわたった。次世代の学者たちは、解析幾何学をデカルトの論文から学んだ。フェルマーが[99]最初に見いだした座標であるにもかかわらず、現在でも、生徒たちが学ぶのは、デカルト座標だ。

解析の探求、長きにわたり失われた発見の方法

デカルトとフェルマーの諍いが起こったのは、17世紀初頭だった。当時の数学者たちは、幾何学のための解析方法の発見[100]を夢見ていた。ここでの**解析**は、解析幾何学の名前と同様、古風にいうと、結果を証明することよりも、それを発見する手段ということになる。当時、広まっていたのは、そのような発見の方法が、古代にすでに存在していたが、故意に隠匿されたという疑いだった。例えばデカルトは、次のように主張した。古代ギリシャには、「私たちの時代に伝承されたものとは、種を異にした数学があった。しかし嘆かわしいことに、これらの作者たちは、小賢しくも[101]この知識を封じ込めてしまったと思われる」

一方、記号代数学は、この長きにわたって失われていた発見の方法に思われた。しかし、より保守的な界隈では、代数学は反動的な懐疑を持たれていた。一世代後、アイザック・ニュートンは、「数学において、代数学は不器用者の解析だ[102]」といった。これは、問題を逆さに解く杖として代数に頼った「不器用者」の主要例として、デカルトへの侮蔑を暗に込めたものだった。

この攻撃を始めるに当たり、ニュートンは、解析と合成の伝統的な区別にこだわった。解析では、問題を解くのにあたかも答えはすでに与えられていたかのように、終わりから始める。そして、最初に向かって逆向きに作業し、（答えを導くための）前提条件を見つけようとする。学校で、答えから逆にたどることによって、どうすれば答えが得られるのかを理解する子供たちを思えばよい。

合成は別方向に進む。前提条件から始めて、暗中模索しながら何とか、順方向に、論理の段階を踏まえて問題を解かなければならない。そして、最終的に、望ましい結果にたどり着く。答えへの到達方法は、到達するまで分からないため、合成は解析よりもはるかに大変になりがちだ。

古代ギリシャでは、解析よりも合成の方が、論理性や説得力を持つと考えられていた。合成が、結果を証明する唯一の正当な方法であった。解析は、結果を見つけるための実践的な方法だったのだ。厳密な証明がしたければ、合成を行わなければならない。例えばアルキメデスは、シーソー上で形状の釣り合いをとるのに解析の方法を用いたが、その証明で、合成の方法である取り尽くし法に切り替えたのはこのためである。

ニュートンは代数的な解析を見下していたにもかかわらず、第7章で見るように、彼自身もこの方法をとても効果的に用いていたのである。だが、彼はその第一人者ではなかった。第一人者はフェルマーであった。フェルマーの考え方を見るのは楽しい。彼のスタイルは、エレガントで、理解しやすいにもかかわらず、異質で驚きがある。現在は、私たちの教科書にある、より洗練された技法にその座を奪われ、曲線の研究に、フェルマーの方法が用いられることはなくなった。

機内棚の最適化

フェルマーの初期版の微分法は、代数学を最適化問題[103]に応用することから生まれた。最適化とは、物事を行う際に可能な限り最良の方法を見つける研究である。文脈によって最適は、最も速い、最も安い、最も大きい、最も利益が大きい、最も効率的などの最適の概念を意味する。彼は自分のアイデアを簡単に説明するため、いくつかの問題を考案した。私たち数学教師が、いまでも生徒に課す練習問題にとても似ている（生徒は問題の苦情をフェルマーにいえばよい）。

問題の一つを現代風に改訂するとこんな具合だ。できるだけたくさんのものを収納できる直方体の箱を設計したい。二つ制約がある。1点目は、箱は、幅xインチ、深さxインチの正方形断面を持たなければならない。2点目は、ある旅客機内の頭上荷物入れに適合しなければならない。機内持ち込み荷物の規定によると、箱の幅、深さ、高さの和は45インチ（訳注：約101・6センチ）を超えてはならない。どのようにxを選べば、箱の体積を最大にできるだろうか？

この問題の一解法として、常識を使うやり方がある。いくつかの可能性を試すのだ。例えば、幅と深さをそれぞれ10インチとしてみよう。$10+10+25=45$より、この設定では、高さは25インチまで許される。この寸法の箱の体積は$10\times10\times25$より、2500立方インチとなる。では、立方体形状の箱はこれよりもよくなるだろうか？　立方体では幅、深さ、高さが等しくなければならないので、その寸法は$15\times15\times15$となり、掛け合わせると、広々とした3375立方インチとなる。それ以外の可能性も少し試してみると、立方体がどうやら箱の形状には最適な選択のようだ。そして実際その通りである。

したがって、この問題自体は特段難しいものではない。重要なのは、フェルマーがこのような問題をどのように推論したかだ。なぜなら彼の方法は、はるかに偉大なことにつながるのである。

ほとんどの代数の問題と同様、最初のステップは、与えられた情報をすべて記号に翻訳することである。幅と深さはともにxであるから、二つを足し合わせると$2x$になる。そして、高さに幅と深さを足し

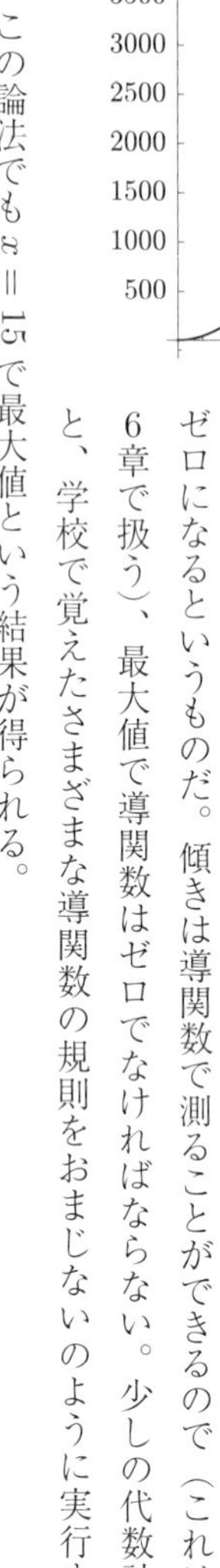

たものは、45インチを超えてはならないので、残りの $45 - 2x$ が高さになる。したがって体積は、x 掛ける x 掛ける $45 - 2x$ となる。これらを掛け合わせると、$45x^2 - 2x^3$ が得られる。これが箱の体積である。この体積を $V(x)$ と呼ぶと、$V(x) = 45x^2 - 2x^3$ となる。

いま少し横着をして、コンピュータかグラフ電卓を使って、x を横軸、y を縦軸に描画してみよう。曲線が上昇し、予想通りに $x = 15$ インチで最大値に到達し、その後、降下してゼロに戻るのが分かる。

それでは代わりに、微分法を用いて最大値を求めてみよう。現代の生徒たちは普段の練習通り、反射的に V の導関数を計算し、ゼロに等しいとおくであろう。ここでの考えは、最大値で曲線は上昇も下降もせず、曲線の傾きはゼロになるというものだ。傾きは導関数で測ることができるので（これは第6章で扱う）、最大値で導関数はゼロでなければならない。少しの代数計算と、学校で覚えたさまざまな導関数の規則をおまじないのように実行すると、この論法でも $x = 15$ で最大値という結果が得られる。

しかしフェルマーは、グラフ電卓もコンピュータも持ち合わせていなかったし、導関数の概念も知らなかったのである。それどころか彼は、導関数へと導く、新しいアイデアを考案したのである！　それでは、彼はどうやって問題を解いたのであろうか？　最大値の特別な性質を使ったのだ。ここに示すように、最大値よりも下に位置する水平線（横線）は、曲線と2点で交わる。これに対して、最大値よりも上

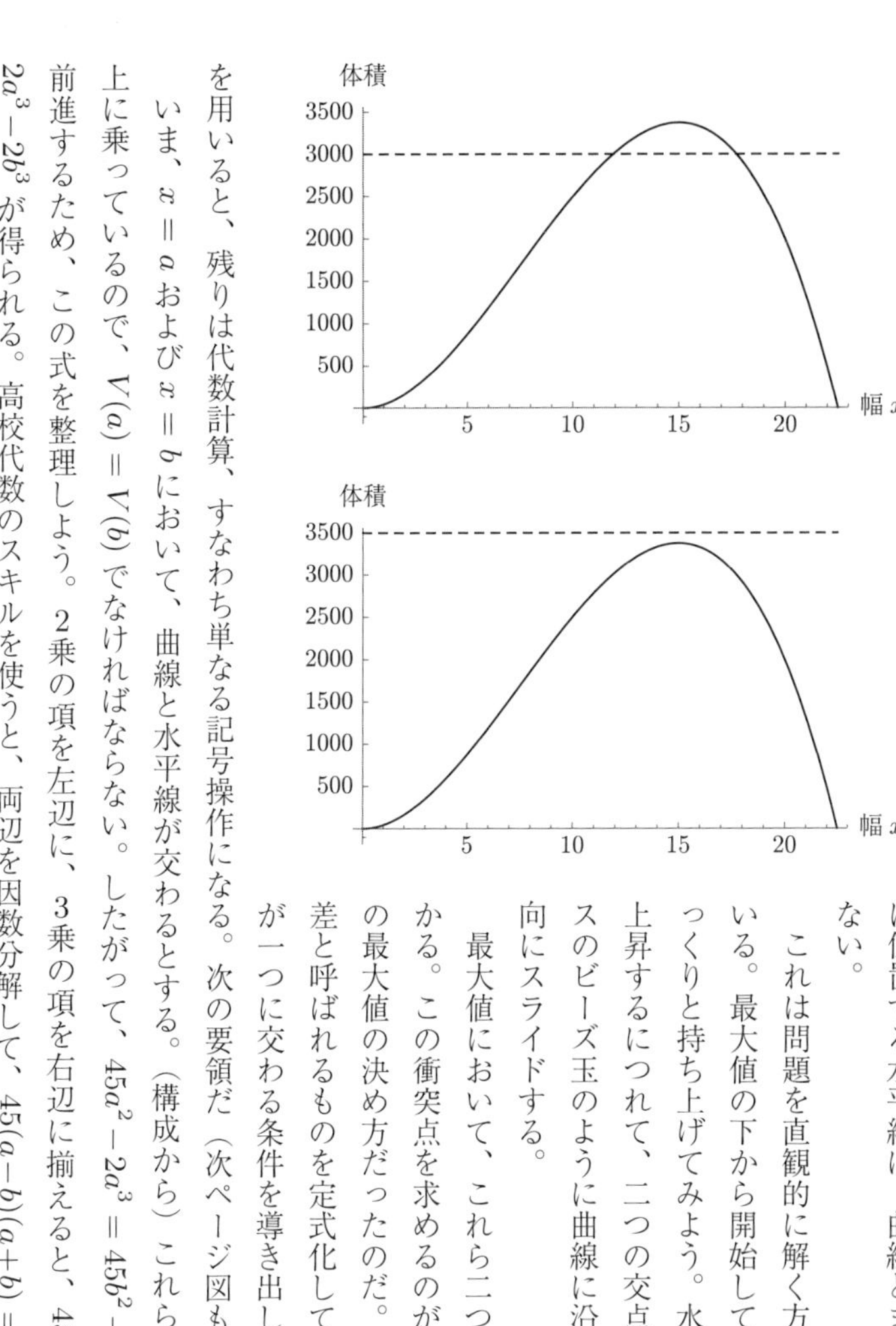

に位置する水平線は、曲線とまったく交わらない。

これは問題を直観的に解く方針を示唆している。最大値の下から開始して、水平線をゆっくりと持ち上げてみよう。水平線が徐々に上昇するにつれて、二つの交点は、ネックレスのビーズ玉のように曲線に沿って互いの方向にスライドする。

最大値において、これら二つの交点はぶつかる。この衝突点を求めるのが、フェルマーの最大値の決め方だったのだ。彼は、二重交差と呼ばれるものを定式化して、二つの交点が一つに交わる条件を導き出した。この洞察を用いると、残りは代数計算、すなわち単なる記号操作になる。次の要領だ（次ページ図も参照）。

いま、$x = a$ および $x = b$ において、曲線と水平線が交わるとする。（構成から）これらは同じ水平線上に乗っているので、$V(a) = V(b)$ でなければならない。したがって、$45a^2 - 2a^3 = 45b^2 - 2b^3$ となる。前進するため、この式を整理しよう。2乗の項を左辺に、3乗の項を右辺に揃えると、$45a^2 - 45b^2 = 2a^3 - 2b^3$ が得られる。高校代数のスキルを使うと、両辺を因数分解して、$45(a-b)(a+b) = 2(a-b)(a^2+$

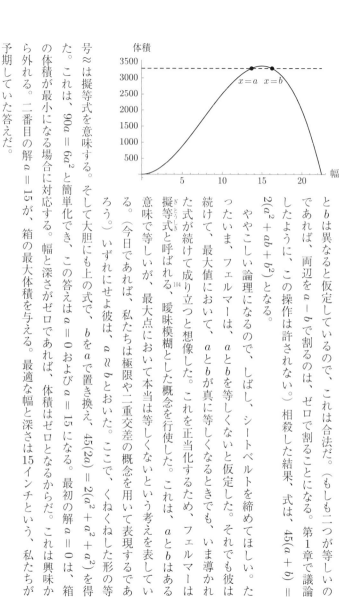

$ab + b^2)$と展開できる。次に両辺を、共通の因子である$a - b$で割る。aとbは異なると仮定しているので、これは合法だ。（もしも二つが等しいのであれば、両辺を$a - b$で割るのは、ゼロで割ることになる。第1章で議論したように、この操作は許されない。）相殺した結果、式は、$45(a + b) = 2(a^2 + ab + b^2)$となる。

ややこしい論理になるので、しばし、シートベルトを締めてほしい。たったいま、フェルマーは、aとbを等しくないと仮定した。それでも彼は続けて、最大値において、aとbが真に等しくなるときでも、いま導かれた式が続けて成り立つと想像した。これを正当化するため、フェルマーは擬等式（ぎとうしき）と呼ばれる、[104]曖昧模糊とした概念を行使した。これは、aとbはある意味で等しいが、最大点において本当は等しくないという考えを表している。（今日であれば、私たちは極限や二重交差の概念を用いて表現するであろう。）いずれにせよ彼は、$a \approx b$とおいた。ここで、くねくねした形の等号$\approx$は擬等式を意味する。そして大胆にも上の式で、bをaで置き換え、$45(2a) = 2(a^2 + a^2 + a^2)$を得た。これは、$90a = 6a^2$と簡単化でき、この答えは$a = 0$および$a = 15$になる。最初の解$a = 0$は、箱の体積が最小になる場合に対応する。幅と深さがゼロであれば、体積はゼロとなるからだ。これは興味から外れる。二番目の解$a = 15$が、箱の最大体積を与える。最適な幅と深さは15インチという、私たちが予期していた答えだ。

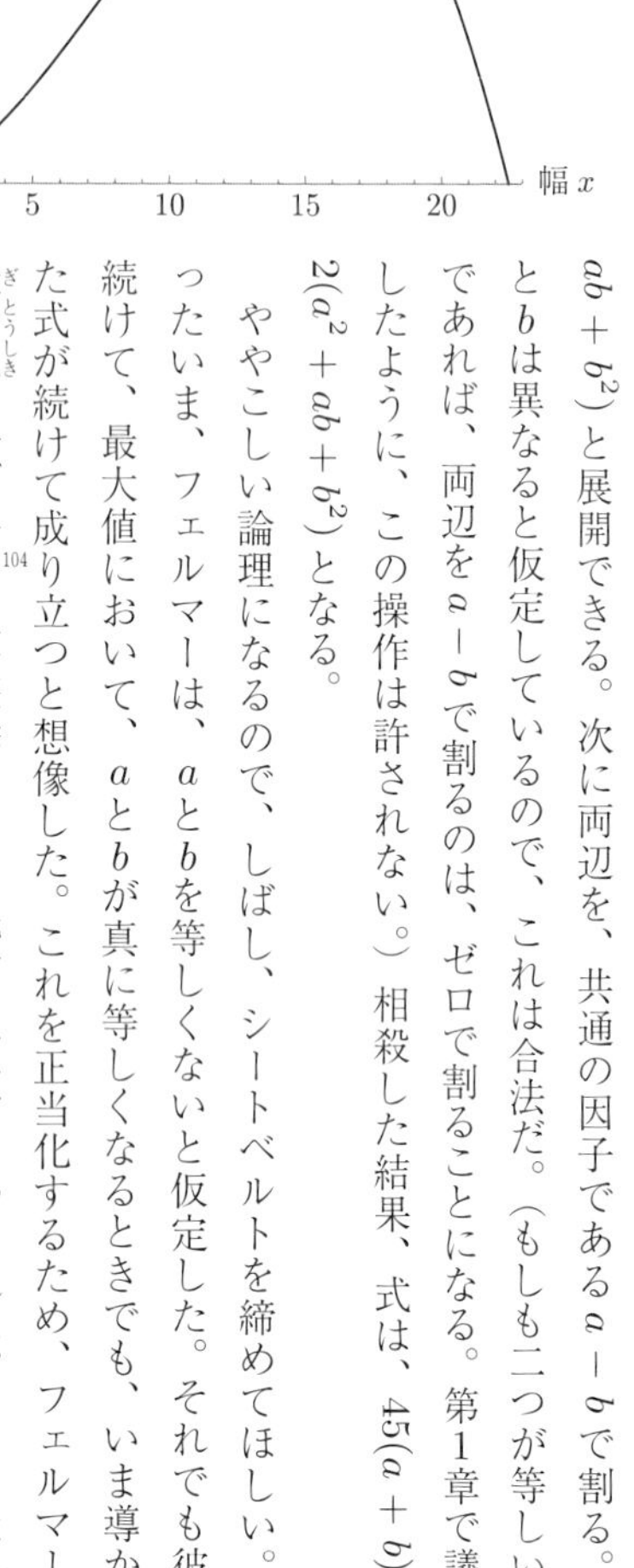

今日の視点からするとフェルマーの論理は奇妙だ。彼は、導関数を使わずに最大値を見つけた。現代の数学のクラスでは、最適化の前に導関数を教わる。フェルマーはその逆をいったのだ。ただそんなことは関係ない。彼のアイデアは、私たちのやり方と等価なのだ。

フェルマー、ＦＢＩを助ける

最適化に関するフェルマーの初期の功績は、私たちの身の回りに溢れている。最適化問題を解くアルゴリズムは私たちの生活を支えており、それらは二重交差の概念や導関数を用いているのだ。現代の問題は、フェルマーの例題よりも複雑になりがちではあるが、中身は同じだ。

重要な応用の一つは、ビッグ・データにかかわるものである。データをできるだけコンパクトに符号化したいという要望は多い。例えば、連邦捜査局（ＦＢＩ）は、無数の指紋記録を保有している。身元調査のために、これらを効率よく保管し、検索し、取り出す際に、微積分に基づいたデータ圧縮が用いられている。賢いアルゴリズムを用いれば、デジタル化された指紋のファイル容量を、重要な詳細は失うことなく、減らすことができる。スマートフォンに音楽や写真を保存するのも同様である。すべての音符や画素情報を保持するよりも、ＭＰ３やＪＰＥＧ[105]などの圧縮アルゴリズムが、情報をはるかに効率的な形式に蒸留してくれる。歌や写真を素早くダウンロードできるのもデータ圧縮のおかげだし、それらを大切な人に送っても、彼らの受信トレイが詰まることはない。

微積分と最適化がデータ圧縮にどうかかわっているかを見るために、関連する統計の問題を考えてみよう。曲線をデータにフィッティング（適合）する問題で、気候科学から景気予測まで、あらゆる場面で出てくる課題である。これから調べるのは、日長（日照時間）[106]が季節によってどう変動するかを表したデータである。ご存じのように、日長は夏に長く、冬は短い。では全体のパターンはどう見えるだろう？ 左のグラフは、２０１８年のニュー・ヨークのデータを示したものである。横軸は時間で、左端の１月１日から、右端の12月31日までの1年間を示す。縦軸は、日の出から日没までの長さを分単位で表している。グラフがごちゃごちゃにならないように、１月１日から２週間間隔で採取した、27日分のデータのみを表示した。

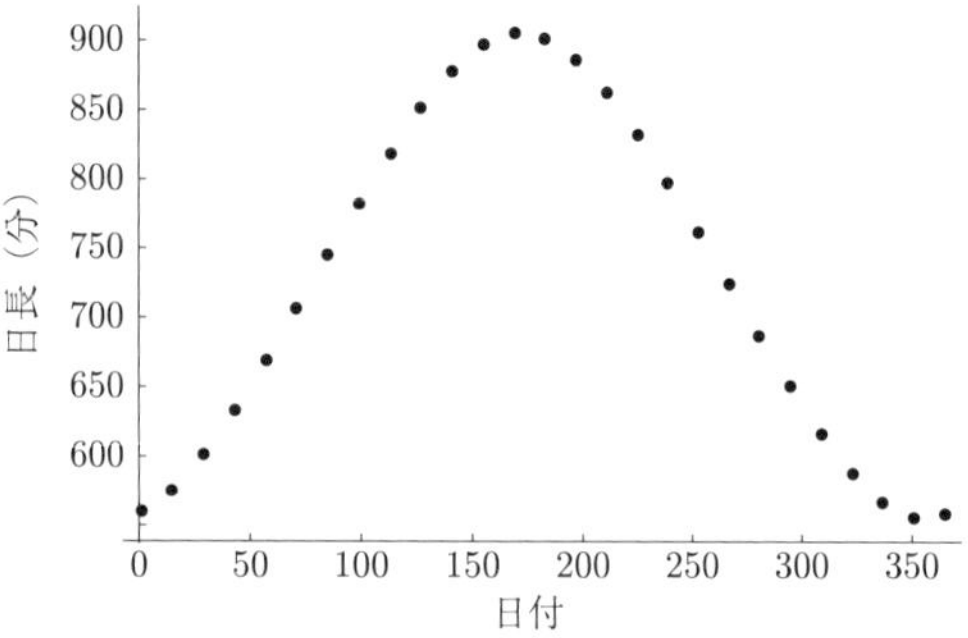

日長（分）
900
850
800
750
700
650
600
0 50 100 150 200 250 300 350
日付

予想通り、一年を通して、日長は上昇し、下降することが分かる。日長は夏至（6月21日。グラフ中央の１７２日目に対応する）付近で最長となり、半年後の冬至で最短となる。全体として、データは滑らかで緩やかな波形に見える。

高校の三角法のクラスで扱う正弦波について考えよう。微積分の観点から見て、なぜ正弦波が特別なのかについては、本書の後半で詳しく説明する。いま知っておくべきなのは、正弦波が円運動と結び付いていることだ。このつながりを見るために、円周上を一定速度で動く点を想像してみよう。上下動する点の位置を時間の関数として追跡すると、点の軌跡は正弦波になる。

円は周期と密接に結び付いているため、周期的な現象の起こる状況で

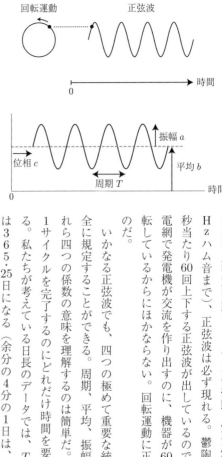

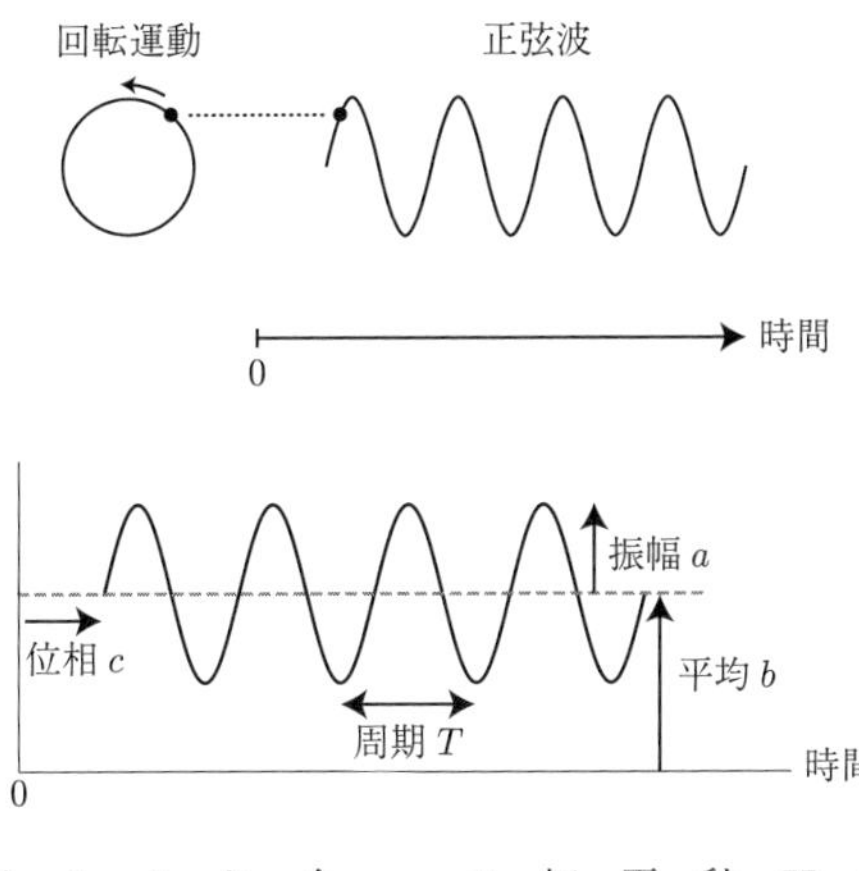

あれば（季節変動から、音叉の振動、蛍光灯や送電線の出す60Hｚハム音まで）、正弦波は必ず現れる。鬱陶しいハム音は、１秒当たり60回上下する正弦波が出しているのである。これは、送電網で発電機が交流を作り出すのに、機器が60Hｚの周波数で回転しているからにほかならない。回転運動に正弦波は付きものなのだ。

いかなる正弦波でも、四つの極めて重要な統計量があれば、完全に規定することができる。周期、平均、振幅、位相である。これら四つの係数の意味を理解するのは簡単だ。周期Tは、波形が1サイクルを完了するのにどれだけ時間を要するかを表している。私たちが考えている日長のデータでは、Tは約1年、正確には３６５・25日になる（余分の４分の１日は、４年に１度、閏年がある原因で、私たちは暦を自然の周期に同期させている）。正弦波の平均は、基準線の値bに対応する。私たちのデータでは、２０１８年のニュー・ヨークの年間平均を取った、典型的な日長になる。波形の振幅aは、最も日が長い日において、平均の日長と比べて何分間、日が長く照っているかを示す。波形の位相cは、波形が平均日長を上に横切る日付を表し、この場合は春分周辺になる。

これら四つの係数a、b、c、Tについて考えるのは有用だ。四つの回転つまみを回すことで、正弦波の形や位置などのさまざまな特徴を調整できる。つまみbで、正弦波を上下に動かすことができる。つまみcで、正弦波を左右に動かすことができる。つまみTで、振動する速さを制御できる。そして、つまみaで、これらの振動がどれだけ際立ったものかを決めることができる。

何らかの方法で、これらのつまみを設定して、正弦波が、先ほど描画したデータの点をすべて通るようにできれば、大幅な情報圧縮になるであろう。27点のデータを、正弦波の四つの係数だけで捉えたことを意味する。これは、27/4つまり6.75倍のデータ圧縮になる。実際には、係数の一つであるTは1年であることが分かっているので、残り三つの係数を調整するだけで、27/3、つまり9倍のデータ圧縮が可能になる。データはランダムなものではないので、これだけのデータ圧縮が可能なのは想定範囲だ。データはあるパターンに追従している。正弦波はこのパターンを具現化するのだ。

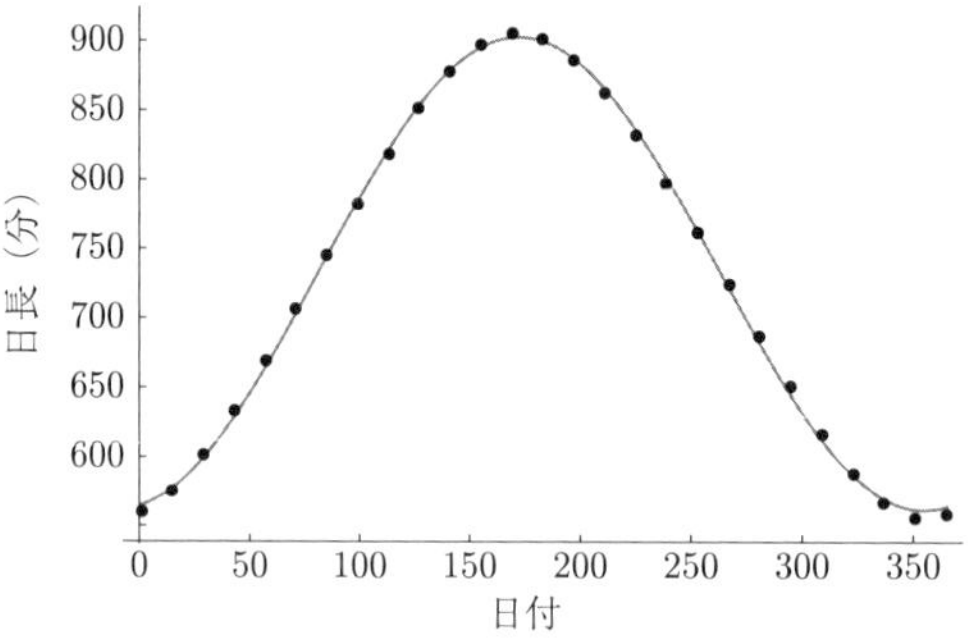

唯一の問題は、データ上を完全に通る正弦波は存在しないことである。理想化されたモデルを現実のデータに当てはめるとき、このような不一致があるのは当然だ。ただし、このような不一致が無視できる程度であればよい。不一致を最小にするためには、できるだけデータの点の近くを通る正弦波を見つける必要がある。ここで微積分が出てくるのだ。

最もフィッティングのとれた正弦波は、上図の通りである。これから説明する最適化のアルゴリズムで求めたものである。まず、このフィッティングが完璧ではないことに気づいてほしい。例えば、日が短い12月付近において、波形の落ち込みは不十分で、データは曲線の下に位置している。とはいえ、単純な正弦波で起こっている本質は確実に捉えられている。目標によっては、この程度のフィッティングで十分であろう。

それでは、微積分はどのようにかかわってくるのだろうか？　微積分は、四つの係数を最適に選ぶのに役立つ。四つのつまみを回して、可能な範囲で最良のフィッティングを実現しよう。ラジオのつまみをチューニングして、できるだけ強い信号を受信する要領だ。この最適化は、フェルマーが旅客機荷物棚の問題で箱の体積を最大にする寸法を見つけた方法と本質的には同じである。荷物棚の場合は、箱の横幅 x が単一のパラメータとなり、x をチューニングして、箱の体積が最大になる二重交差を求めた。今度の場合は、四つの係数をチューニングしなければならない。ただし、基本の考え方は同じである。二重交差を求めれば、それが四つの係数の最適な選択になる。

もう少し詳しく説明しよう。四つの係数値が与えられると、正弦波と、実際の27点のデータの間の不一致（すなわち誤差）を計算することができる。最適なフィッティングを選ぶための自然な基準としては、27点すべてについて足し合わせた誤差の総和ができるだけ小さいことになる。しかし、誤差の総和は必ずしもうまくいくとは限らない。負の誤差が正の誤差と相殺して、フィッティングの誤差を少なく見せてしまうからだ。上回るのも下回るのも同様に悪く、それらは相殺するのではなく、ともにペナルティーを科さなければならない。このような理由で数学者たちは、各点において誤差を2乗し、負の誤差を正にした。こうすれば、誤差の相殺を防ぐことができる。（これは、負の値に負の値を掛けると正の値になることが役立つ実例である。負の誤差の2乗を、正の不一致に数えることができる。）したがって、基本の考えは、正弦波によるデータ・フィッティングの二乗誤差の総和を最小にするように、四つの係数を選ぶこととなる。二乗誤差を最小にすることから、このアプローチは最小二乗法と呼ばれる。データがあるパターンに従うときに有効である。

これらは極めて重要な問題を提起する。そもそもパターンがあることが、圧縮を可能としているわけである。パターンを持ったデータのみが圧縮でき、ランダムなデータでは圧縮できないことになる。幸いにも、歌、顔、指紋などの私たちが関心のあるものは、構造化されており、パターンを持つ。日長が単純な波形パターンに従うように、顔写真には、眉、しみ、頬骨、その他の特徴的なパターンが含まれる。歌には、メロディとハーモニー、リズムとダイナミクスがある。指紋には、隆線（りゅうせん）、蹄状紋（ていじょうもん）、渦巻きがある。人間として、私たちはこれらのパターンを即座に認識することができる。教えれば、コンピュータもこれらを認識できるようになる。秘訣は、特定のパターンを符号化するために、正しい数学的対象を見つけることである。正弦波は周期的なパターンを表すのに理想的であるが、小鼻やほくろの輪郭のような鋭く局在化した特徴を表すのには向いていない。

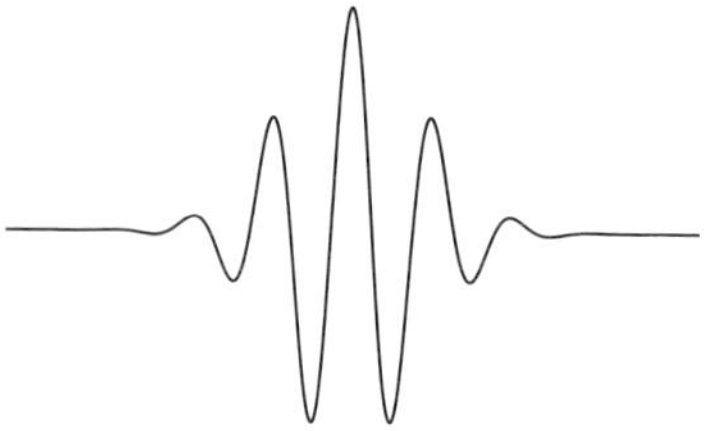

ウェーブレット

このため、異分野の研究者たちが集まって、ウェーブレット[107]と呼ばれる正弦波を一般化したものを考案した。ウェーブレットの小さな波形は、正弦波よりも局在化している。前後方向に無限に、周期的に拡張するのではなく、時間あるいは空間において鋭く局在している。

ウェーブレットは突如現れ、ひとときの間振動し、そして消える。心臓モニターの信号や、地震時の地震計に記録される突発的な活動のように見える。脳波計に突然現れるスパイク波、ファン・ゴッホの絵画の大胆な筆遣い、あるいは顔の皺を表すのにウェーブレットは理想的である。

ＦＢＩは指紋ファイルを近代化するためにウェーブレットを用いた[108]。20世紀初めに指紋が導入されて以来、指紋記録は、紙のカードにインク痕を残す形で保管されていた。これらのファイルを素早く検索するのは困難であった。１９９０年代中ごろまでに集められた指紋カードは、約2億に上り、１エーカー（訳注…４０４６・86平方メートル）もの事務スペースを占有した。ＦＢＩはこれらのファイルをデジタル化する決断を下し、２５６階調、１インチ当たり５００画素のグレースケール画像に変換した。渦巻き、蹄状紋、隆線の端点、分岐点など、指紋の特徴点を掴むには十分な画像精度だった。

しかし当時の問題は、デジタル化された指紋カード1枚が、10メガバイトものデータを含んでいたことだった。これでは、ＦＢＩが地元警察に早急にデジタル・カードを送ることは困難だった。１９９０年代中ごろだったことを思い出してほしい。当時は電話回線やＦＡＸが最先端で、10メガバイトのファイルを転送するには数時間を要した。これに加え、１・５メガバイトのフロッピー・ディスクが最も優れた媒体であった当時に、これだけ大きなファイルをやりとりするのは骨の折れる作業だった。毎日3万もの新規の指紋カードが殺到する中で、早急の身元確認要求に応えるための高速データ処理の必要性が切迫してくると、システムを何としてでも近代化しなければならなかった。ＦＢＩはファイルを歪ませることなく、圧縮する方法を見つけなければならなかった。

ウェーブレットはこの用途に理想的であった。指紋を多数のウェーブレットの組み合わせで表現し、微積分を使って、つまみを最適に回すのだ。ロス・アラモス国立研究所の数学者たちは、FBIとチームを組んで[109]、20倍以上の倍率でファイルを圧縮することができた。これは科学捜査にとって革命的だった。フェルマーのアイデアを現代版にしたおかげで（ウェーブレット解析、コンピュータ科学、信号処理との協働で）、10メガバイトのファイルがたったの500キロバイトに圧縮され、電話回線でも対応できる大きさになったのだ。さらに、忠実性を犠牲にすることもなかった。これには、指紋鑑定人も同意するし、コンピュータも認定する。実際、圧縮されたファイルは、FBIの自動識別システムに見事合格した。微積分にとってはよいニュースだった反面、犯罪者たちには悪い知らせであった。

最小時間の原理

フェルマーは、彼のアイデアがこのように用いられたことをどう思ったであろうか？　彼自身は、数学を実世界の問題に応用することに特別な興味は持っていなかった。彼は数学をすること自体に満足していた。しかし彼は、応用数学に対して、いまでも重要性の色褪せない貢献をした。彼は、微積分を論理的な原動力に用いて、より深い法則から自然法則を演繹した最初の人物なのだ。マクスウェルが2世紀後に、電気と磁気について行ったように、フェルマーは仮説となる自然法則を微積分の言語に翻訳し、始動させた動力源に入力した。すると最初に仮想した法則の帰結として、別の法則が現れたのだ。このことによって思いがけず自然科学者となったフェルマーの創始した推論スタイルは、それ以来、自然科学の理論研究を支配することになる。

1637年に、パリの数学者たちが、光学に関するデカルトの最近の論文について、フェルマーに意見を求めたのが話の発端だった。デカルトは、空中から水中へ、あるいは水中から空中へ光が通過するとき、どのように光が屈折するかに関する理論を持っていた。**反射**の効果である。

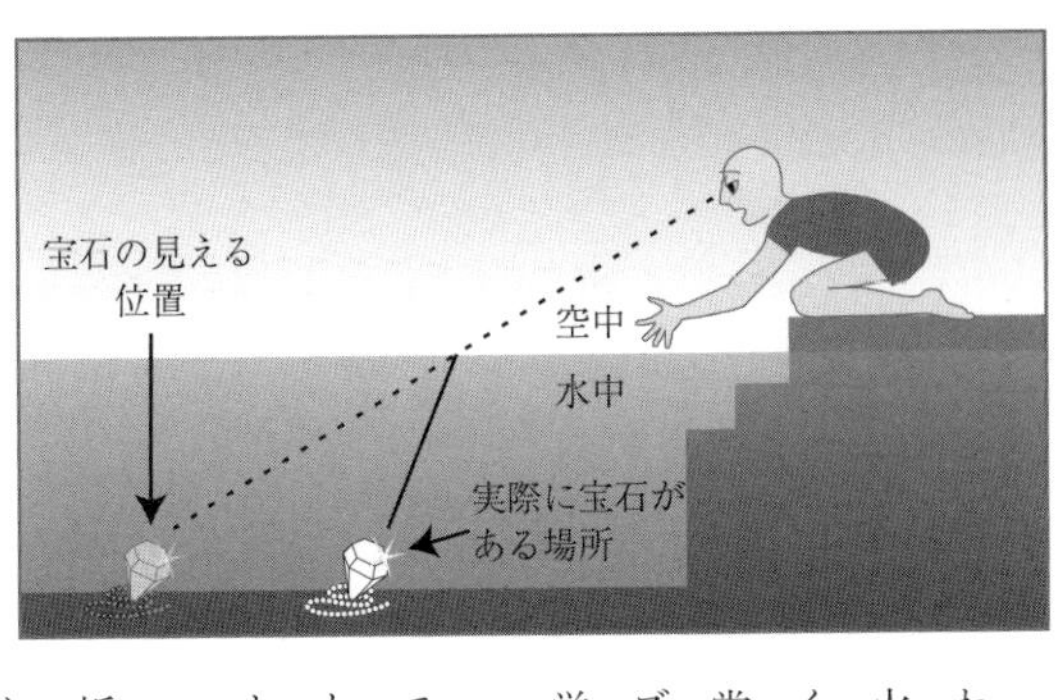

虫眼鏡で遊んだことのある人であれば誰でも、光は曲げられ、焦点を合わせることができると知っている。若いころの私は、家の私道で葉っぱに火をつけるのが好きだった。虫眼鏡を頭上に翳(かざ)して上下させ、太陽光を白く強烈に輝く点に小さく絞ると、葉が燻(いぶ)され、ついに点火する。私たちの常用眼鏡では、これほどの反射効果は用いられていない。通常の眼鏡レンズは、光線を曲げ、焦点を、網膜上のもともとの正しい位置に合わせ、視覚の問題を是正する。

晴れた日に水泳プールの脇で寛いでいるときに気づく錯視は、光の屈折で説明できる。誰かが紛失して悔やんでいるであろう、輝く宝石のようなものがプールの底にあったとしよう。水を通してその輝きの対象を見下ろすと、見えていた場所には、なぜか見つからない。これは、その対象からの反射光が、プールの水から飛び出る際に、水中から空中へと通過し、屈折するためである。同じ理由で、魚突きの漁師たちは、魚の見える位置よりも下を狙う必要がある。

このような反射の現象は単純な規則に従う。光線が、空気のような希薄な媒体から、水やガラスのような高密度の媒体へと通過するとき、それは二つの媒体の間の界面に対して垂直な方向に曲がる。逆にここに例示するように、高密度の媒体から薄い媒体へと通過するときは、この垂直な方向から離れるように曲がる。

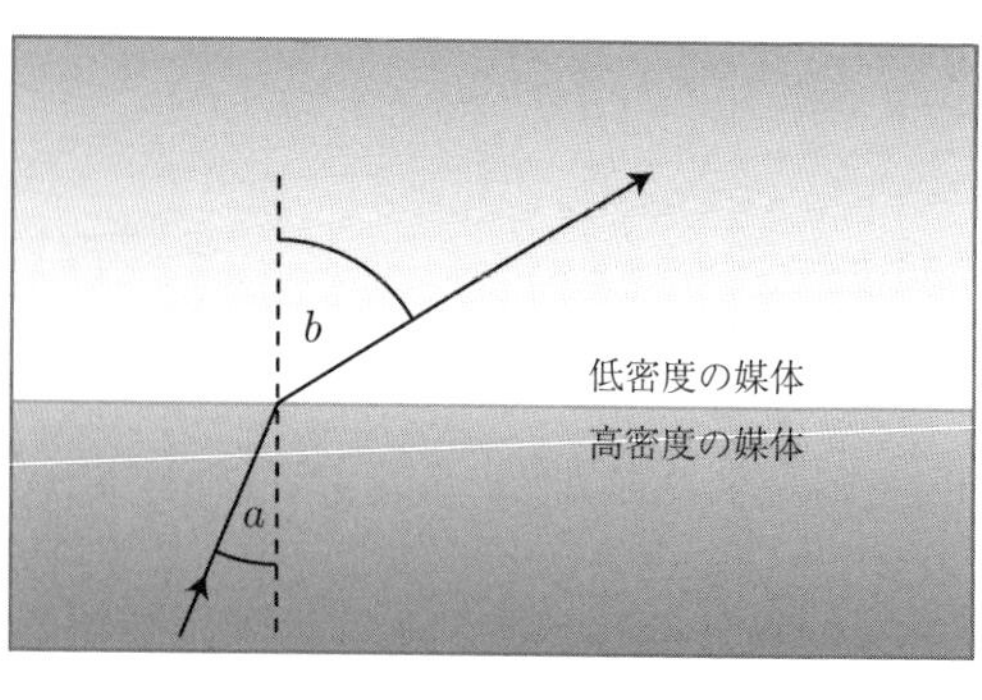

1621年に、オランダの科学者ヴィレブロルト・スネルが巧みな実験によって、この規則を定量化した。入射光線の角度 a を体系的に変え、それに応じて、出る光線の角度 b がどう変わるかを観測することで、与えられた二つの媒体の組に対して、$\sin a/\sin b$ の比率が常に同じであることを発見した（ここで、sin は三角法の正弦関数を指す。日長データの解析ですでに出てきた波形のグラフと同じ関数である）。

しかしスネルは、$\sin a/\sin b$ の比が、二つの媒質の構成に依存することを見いだした。空気と水はある定数比を生じるのに対して、空気とガラスは別の定数を生じる。なぜ正弦関数の法則が働くのか、彼には見当がつかなかった。ただ単にそうなった。それは光の**ナマの事実**（訳注…理由も根拠もなくただ受け入れることしかできない事実の意味）だった。

デカルトは、スネルの正弦関数の法則[110]を再発見し、1637年出版の『方法序説』で発表した。ただしこの法則が、彼の前に少なくとも3人によって発見されていたことには気づいていなかった。1621年のスネル、１６０２年のイギリスの天文学者トーマス・ハリオット、遡ること９８４年のペルシャの数学者アブー・サフル・アル＝クーヒーである。

デカルトは、正弦関数の法則に対して機械的な説明を与えたが、光は高密度の媒体において、より速く伝わると（誤った）仮定をしていた。フェルマーにとっては、それは逆で、常識に反すると思われた。役に立てばとの無垢な気持ちで、デカルトの理論に対して、彼自身にはちょっとした穏やかな批判と思われた内容を、パリの数学者たちに送り返した。

フェルマーは、意見を求めてきたこの数学者たちが、デカルトの宿敵だったことを知らなかった。パリの数学者たちは、自分たちの悪巧みにフェルマーを利用したのだ。そして10代の若者でも予想できることだが、フェルマーの批評を人づてに聞いたとき、デカルトは自分が攻撃されていると感じた。彼はトゥールーズの弁護士など聞いたこともなかった。彼にとって、フェルマーは田舎で活動する無名の愛好家でしかなく、頭の周りをブンブン飛び回るブヨのように、容易に追放できる存在だった。それからの数年間、デカルトはフェルマーを横柄に扱い、フェルマーが自分の結果に口を挟んだと主張した。

20年間早送りしよう。デカルト死後の１６５７年、フェルマーはマリ・クロード・ラ・シャンブルという同僚に、反射に関する昔の論争を再検討するように依頼された。クロードの依頼でフェルマーは、彼の最適化の知識を使って、反射の問題を自分自身で考えてみる気になった。

フェルマーは、光が最適化されていると直観した。もう少し詳しくいうと、光は常に2点間の抵抗が最小となる経路をたどると推測した。光は可能な限り最速の経路を伝わるという意味だ。この最小時間の原理[111]を使えば、なぜ均質な媒体中では、光は直線上を進み、鏡に反射する際には、入射角が反射角に等しく

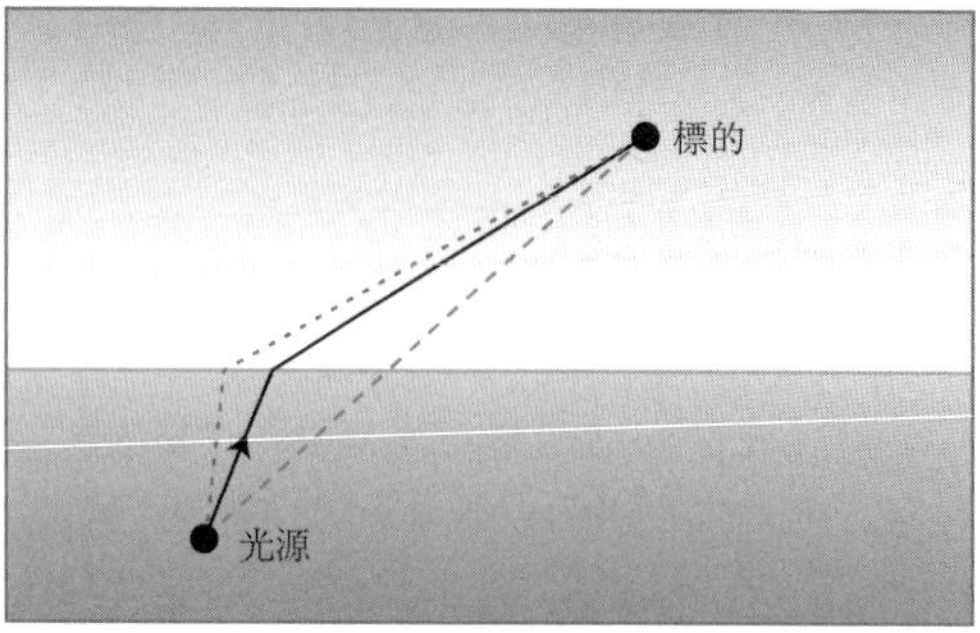

なるのかが説明できた。しかし、一つの媒体から別の媒体へと通過するとき、どのように光が屈折するかについて、最小時間の原理は正しく予測できるであろうか？　正弦関数の法則を説明できるだろうか？

フェルマーには確信がなかった。計算は簡単ではないだろう。ある媒体の光源から、別の媒体の標的に向かい、境界面で肘のように曲がる光の取り得る直線経路は無限に存在する。

これらすべての移動時間を計算するのは難しい作業になったであろう。特に、微分法が発展する萌芽期のことであり、彼の二重交差の方法以外に、使える道具はなかったのだ。これに加えて、彼は誤った答えが出るのを恐れていた。クロードに宛てた手紙で、「大変な計算をした結果、不規則で現実離れした比率が出てきたらどうしようか。そして私の生来の怠け癖[112]もあって、そのままに放ったらかしたままだ」と書いている。

フェルマーは他の問題に取り組むなどして、5年が経過した。しかしついには彼の好奇心が勝った。1662年、彼は勇気を奮い起こして計算を行った。根気のいる辛い作業だった。しかし、複雑に絡み合った記号の茂みに取り掛かると、何かが見え始めた。数式の項は相殺し始めた。代数は機能していた。そしてそこに正弦関数の法則があったのだ！　フェルマーはクロードに宛てた手紙で、彼がこれまでに行った中で、「最も類いまれで、最も予想外の、そして最も幸せな」計算と書いた。「このような予期せぬ出来事にびっくりして、この驚きから回復できないほどだった」[113]と記している。

フェルマーは、彼の萌芽版の微分法を物理学に応用したのだ。このような試みを行った先人は誰もいなかった。そして、この計算を通してフェルマーは、光が最も効率のよい方法で伝搬することを示した。直進するのではなく、最速に伝わるのだ。光は、可能な経路のうち、どうすれば、二点間をできるだけ速く到達できるか知っているかのように振る舞うのだ。これは、微積分が何らかの形で、宇宙の基本に組み込まれていることを示唆する初期の重要な手掛かりであった。

その後、最小時間の原理は、**最小作用の原理**[114]に一般化された。この原理における作用は専門的な意味を持つもので、ここで詳しく述べることはしない。この最適化の原理、厳密には、自然は最も効率的に振る舞うという原理は、力学法則を正しく予測できることが見いだされた。最小作用の原理は、20世紀になると、一般化相対性理論、量子力学、そして現代物理の他の分野に拡張された。17世紀には、哲学にも感銘を与え、ゴットフリート・ライプニッツは、「最善なる可能世界では、あらゆる物事はみな最善である」と主張した。この楽天主義は、その後、ヴォルテールの小説『カンディード』でパロディー化された。最適化の原理を用いて物理現象を説明し、微積分によって結果を演繹するアイデアは、フェルマーによるこの計算が、正に始まりであった。

接線の争い

最適化の方法で、フェルマーは曲線の接線を計算することもできた。これは、デカルトを真に激高させ

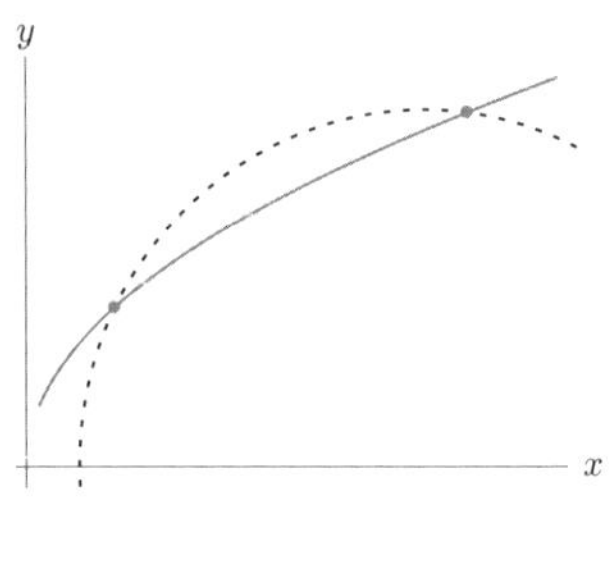

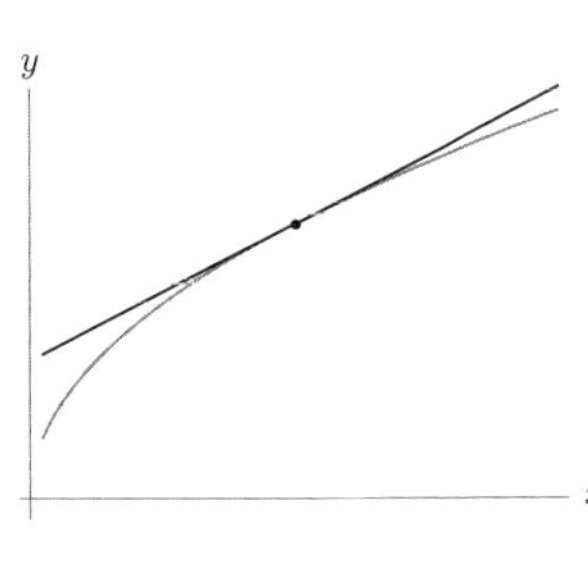

た問題であった。

〈タンジェント〉（接する）という語は、〈タッチ〉（接触する）を意味するラテン語を語源とする。これは適切な用語だ。接線は、曲線を2点で横切るのではなく、1点で曲線に接触し、ギリギリにかすめる。

接線の条件は、最大あるいは最小の条件と似ている。曲線と直線を交差させ、直線を上下にスライドすると、二つの交点が一つに合わさるとき、接線が生じる（右の図）。

1620年代後半、フェルマーは原則として、任意の代数曲線（x、yの整数乗の項で表される曲線。対数や正弦関数などの超越関数は含まない）に対する接線を求めることができた。二重交差の考えを用いることにより、私たちが現在、導関数で計算するものを、フェルマーはすべて、自分の方法で計算できた。

デカルトも接線を求める独自の方法[115]を持っていた。『方法序論』（1637年）の幾何学において、彼は自分の方法を誇らしげに世界に発表した。フェルマーがすでにこの問題を解いていたことには気づかず、デカルトは独立に、二重交差のアイデアを思いついていた。しかし、デカルトは曲線を横切るのに、直線ではなく、円を用いた（左の図）。接線が生じる付近で、典型的な円は、曲線を二点で横切るか、どの点も横切らないかのどちらかである。

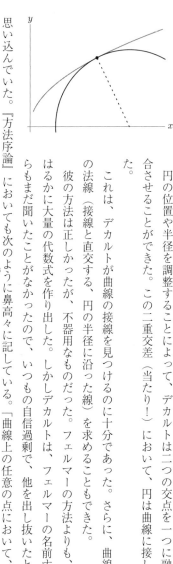

円の位置や半径を調整することによって、デカルトは二つの交点を一つに融合させることができた。この二重交差（当たり！）において、円は曲線に接した。

これは、デカルトが曲線の接線を見つけるのに十分であった。さらに、曲線の法線（接線と直交する、円の半径に沿った線）を求めることもできた。

彼の方法は正しかったが、不器用なものだった。フェルマーの方法よりも、はるかに大量の代数式を作り出した。しかしデカルトは、フェルマーの名前すらもまだ聞いたことがなかったので、いつもの自信過剰で、他を出し抜いたと思い込んでいた。『方法序論』においても次のように鼻高々に記している。「曲線上の任意の点において、曲線と直角をなす直線を描く一般の方法を与えた。[116] あえていうならば、これは最も有用で、最も一般的な幾何学の問題であるだけでなく、これまでに考えも及ばなかった問題である」

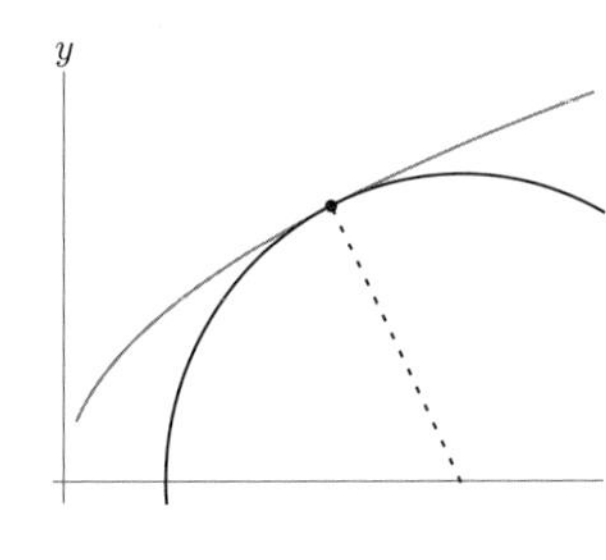

接線の問題の解では、ファルマーが約10年前にデカルトより先んじていたが、結局彼はそれを出版しなかったことを1637年の終わりにパリの情報源から知ったとき、デカルトは落胆した。1638年にデカルトはフェルマーの方法を検証し、論理の穴を探した。それはなんと穴だらけだったことか！　仲介人を通して書きながら、「彼の名前を挙げることすらも憚（はばか）られる。[117] 私が見つけた誤りを指摘しなければ、彼も恥じることはないだろう」といった。彼はフェルマーの論理を疑った。公平のためにいうと、フェルマーの論理は大雑把で、説明も乏しいものであった。しかし、数通の手紙のやり取りで、フェルマーが冷静に自分のアイデアを明確にすると、デカルトは彼の論理の正当性を認めなければならなかった。

しかし、己の負けを認める前に、デカルトはフェルマーを困らせようと、3次方程式 $x^3 + y^3 = 3axy$（ただし、a は定数）で定義される曲線の接線を見つけるように迫った。デカルトは、円を用いた彼の不器用な方法では、接線が求まらないことを知っていた。代数計算が手に負えなくなるのだ。したがって彼には、フェルマーの直線を用いた方法でも、接線を見つけることができないという自信があった。しかし、フェルマーはより力量のある数学者で、かつ、よりよい方法を持っていた。デカルトにとって苛立たしいことに、フェルマーは労せず、デカルトの曲線を片付けてしまった。

約束の地までもう一歩

ファルマーは、現代の微積分の基礎を作った。彼の最小時間の原理は、最適化の考えが自然界に深く織り込まれていることを明らかにした。解析幾何学と接線に関する彼の業績は、微分法への道を切り開き、瞬く間に広まった。そして彼は、代数の名人芸を駆使して、曲線の下の領域の面積[118]を求めることもできた。これは、偉大な先駆者たちも成し遂げられなかったことである。ほぼ素手同然で、任意の正の整数 n に対して、曲線 $y = x^n$ の下の領域の面積を計算したのだ（$n = 1, 2, \ldots, 9$ について解いた人はいたが、すべての n に対する解法を見いだすことはできなかった）。フェルマーの進歩は積分法に向けた大きな一歩であり、ブレークスルーのやってくる一歩手前まで学問を押し上げた。

だがそれにもかかわらず、彼の研究は、ニュートンやライプニッツがすぐに発見するであろう神秘には及ばなかった[119]。彼らの発見は、微積分の二つの側面を統合し、大改革をもたらしたのだ。もう一歩のところまでできていたのに、フェルマーがこれを逃したのは残念だった。二つの側面をつなぐのに欠けていたリンクは、彼が創造したものと関係していたが、それが決定的だったとは認識されなかったのだ。そのリンクとは、その後、導関数と呼ばれるものであり、彼の最適化と接線の方法に暗示されていた。導関数の応用は、曲線やその接線をはるかに超え、あらゆる類いの変化を包含するものであった。

第5章　岐　路

さあ、この物語の岐路に差しかかった。ここで微積分は現代化し、曲線の謎から、動きや変化の謎へと進化を遂げる。これからは、宇宙のリズム、その上下動、その言葉では表せないような時間変動の様相に思いを馳せてゆくことになる。私たちの物語も、幾何学の静止した世界にはもはや留まらず、動力学に魅了されてゆく。動きや変化を司る規則とはどのようなものだろう？　未来に関して確実に予測できることは何だろう？　これらの疑問に対する答えを探そう。

この岐路に到達して以来4世紀の間に、微積分の研究対象は、代数学・幾何学から、物理学・天文学、生物学・医学、工学・テクノロジー、さらには、万物が流動的で変化を止めないそれ以外のあらゆる分野へと広がりを見せた。微積分によって時間の概念が数式化されたことで、希望が生まれた。不正、困窮、混沌に溢れて見える私たちの世界は、より奥深くでは、実に矛盾なく、整然とした数学法則に従うものかもしれない。そして自然科学を通して、私たちはこれらの法則を見いだすことができるかもしれない。微積分を通して世界の理解を深めることで、生活を向上させ、社会を支え、歴史の歩みをよりよい方向に向けることも可能となる。

微積分の物語に転機が訪れたのは、17世紀中ごろのことであった。フェルマーとデカルトの作り出した

xy平面の2次元格子上で、曲線、運動、変化の謎が衝突を起こした。ここに至るまで、フェルマーとデカルトは、自分たちがどれほど万能の道具を作り出したのか、知る由もなかった。彼らはxy平面を、純粋数学の道具としてのみ意図していた。ただし当初から、xy平面も、一種の岐路であった。ここで方程式が曲線と出会い、代数学が幾何学と出会い、そして東方の数学が西方の数学と出会ったのだ。そしてフェルマーとデカルトの仕事、ガリレオとケプラーの仕事を足掛かりに、次の世代のアイザック・ニュートンが、幾何学と物理学を合成する偉業を成し遂げた。ニュートンの才気の炎は、啓蒙主義に火をつけ、西欧諸国の自然科学と数学に革命を起こした。

しかしその話をするには、話の起こった舞台、すなわちxy平面から始める必要がある。現在の微積分の授業で、生徒たちは、最初の丸一年を、xy平面上の問題に費やす。専門用語では、一変数関数の微積分と呼ばれるテーマである。本書では続く数章にわたってこの問題を扱う。ここではまず、関数から始めよう。

曲線が運動・変化と衝突して以来、数世紀の間に、xy平面はこれまで以上に中心拠点として重要な役割を果たすようになった。データをグラフに描き、それらの間の隠れた関係を明らかにするものとして、定量分析を行うあらゆる分野で活用されている。ある変数が、もう一つの変数にどう依存するかを視覚化するのに用いられる。このような関係性は、一変数の関数でモデル化することができる。記号では「$y = f(x)$」と記述し、「fのxにおける値がyである」という。ここでfは関数を意味し、x、y以外はすべて一定であるという仮定の下で、変数y（従属変数と呼ばれる）が変数x（独立変数と呼ばれる）にどう依存するかを表す。このような関数を用いることにより、単純化された世界をモデル化することができる。ある要因が予測可能な効果を生み出し、一回の刺激が予測可能な応答を生み出す事象である。形式的に書くと、関数fは、xの各値に対して、唯一の値をyに割り当てる規則を表す。これは入出力装置のようなもので、xを入力すると、装置は確実に予想通りのyを吐き出す。

フェルマー、デカルトに先駆けること数十年前、ガリレオは、現実をこのように意図的に単純化することの威力を理解していた。彼は一回に一つの事柄のみが変わるように注意を払い、それ以外はすべて一定にして実験を行った。斜面にボールを転がし、一定時間内にボールの転がる距離を測定したのである。これは、距離を時間の関数と捉えた、簡潔で的を射た実験である。同様にケプラーは、惑星が太陽を周回するのにどれくらい時間が掛かるかを調べ、この周期が、惑星の太陽からの平均距離にどう関係しているかを究明した。つまり、周期をある変数としたとき、距離を別の変数として対比したのである。こうして学問の進歩は起こった。このようにして、自然に関する偉大な本をひも解いてゆくのだ。

これまでの章においても、関数の例はすでに出てきている。シナモン・レーズン・パンの例では、変数xが食べるスライスの枚数、変数yが消費するカロリーを表す。この場合の2変数の関係は$y = 200x$で、xy平面上で直線となる。2018年のニュー・ヨークにおける日長について調べたのも、別の一例である。この場合には、変数xが一年における日付、変数yがその日の日長（日の出から日の入りまでの長さ）を分単位で表したものになる。この場合のグラフは正弦波のように振動し、夏に最も日が長く、冬に最も短くなることを理解した。

関数のセレブリティ

関数の中には、とても重要で、科学計算用電卓で専用のボタンが付いているものも存在する。x^2, $\log x$, 10^x のような関数で、いわば、関数の世界のセレブたちである。これらの関数は、ほとんどの人にとって無縁かもしれない。お釣りやチップの計算には必要ないし、日々の生活では通常は、数字が扱えれば十分である。スマートフォンの電卓アプリを立ち上げてみてほしい。初期設定では、0から9までの数字、足し算、引き算、掛け算、割り算の四則演算、そしてパーセント表示のボタンが基本機能となっている。通常の仕事をこなす上では、これらの操作で事足りる。

しかし技術職に就く人々にとって、数はほんの始まりにすぎない。科学者、技術者、金融アナリスト、医学研究者といった専門職では、数の間の関係を調べ、一つの物事が別の物事にどう影響するかを示さなければならない。このような関係を表すために、関数は必要不可欠である。関数は、動きや変化をモデル化する道具にもなり得る。

一般に、物事の変化の仕方には3通りある。上がるか、下がるか、あるいは上下するかである。増加するか、減衰するか、あるいは揺らぐかという言い方もできる。異なる状況に応じて、適切な関数を使い分ける必要がある。この先の章ではさまざまな関数が出てくることを踏まえ、最も有用な関数をいくつか思い出してみることにしよう。

冪関数

増加を最も緩やかな形式で定量化するには、x^2やx^3のような、冪関数（べきかんすう）がよく用いられる。冪関数では、変数xは、ある次数の冪乗で増大される。

最も単純なのは1次関数で、従属変数yは、xに正比例して増加する。例えば、1、2、3枚のシナモン・レーズン・パンを食べることによって消費するカロリーをyとすると、yは$y = 200x$の式に従って増加する。ただし、xはパンの枚数、200は1枚当たりのカロリーとする。科学電卓でこの計算を行うのに、基本機能以外のボタンは必要ない。掛け算で同じ目的は達せられるからだ。つまり、200カロリー掛けるパンの枚数が、消費カロリーに等しくなる。

しかしこの関数系で次にくる2次関数については、電卓にx^2のボタンがあると使い勝手がよい。2次関数による増加は、1次関数の増加に比べて、直観的に理解しづらい。1次関数のような、単なる掛け算の増加ではない。例えば、xを1、2、3と変え、対応する$y = x^2$の値がどう変わったかを見てみよう。$1^2 = 1, 2^2 = 4, 3^2 = 9$と増加する。したがって、最初は$\Delta y = 4 - 1 = 3$、次は$\Delta y = 9 - 4 = 5$といった具合に、$y$の増加幅が増していることが分かる。この操作を続けると、7、9、11などといった幅で値は増加し、増加幅は奇数のパターンに従う様子が見て取れる。つまり、2次関数の増加では、xが増えるにつれて、変化量そのものも増加することになる。増加の度合いも増加するのだ。

この興味深い奇数パターンについては、第3章のガリレオの行った傾斜面の実験ですでに見た。ガリレオは斜面上を転がるボールの時間を測定し、静止状態から離したボールでは、時間が経過するごとに、回転速度が上がることを観測した。時間刻みが連続的に増えると、移動速度はますます速くなり、移動距離は、3、5、7などという具合に、連続した奇数に比例して増えてゆく。ガリレオはこの不可解な規則が何を示唆するかに気づいた。ボールの転がる総距離は時間には比例せず、時間の2乗に比例することを意味していたのだ。したがって、運動の研究において、2次関数x^2が現れるのはとても自然なことなのである。

指数関数

xやx^2などの緩やかな冪関数とは対照的に、2^xあるいは10^xのような指数関数は、より爆発的な、雪だるま式増加を表す。1次関数の増加のように、各ステップごとに一定の増分を加えてゆくのではなく、指数関数では、ステップごとに一定の因数を掛け合わせる。

例えば、ペトリ皿上の細菌の個体数は、20分ごとに倍になる。最初に1000個の細菌細胞があったとすると、20分後には2000個になる。もう20分経つと4000個、その20分後には8000個、そして、1万6000個、3万2000個といった具合である。この例は、指数関数の2^xを用いて表すことができる。具体的には、20分を時間の単位として測ると、x単位時間後の細菌の個体数は、1000×2^xとなる。同様の指数関数は、本物のウイルス増殖から、ソーシャル・ネットワークにおける情報ウイルスの拡散まで、あらゆる種類の雪だるま式増大過程にかかわる。

指数関数はお金の増加にも関係している。銀行口座に１００ドルの一時金があり、年間利率が１パーセントあると考えよう。１年後、金額は１０１ドルに増大する。２年後の金額は、１.01を１０１ドルに掛けて、１０２.01ドルになる。x年後の口座残高は、$100 \times (1.01)^x$となる。

2^xや$(1.01)^x$のような指数関数において、２や１.01のような数は、指数関数の底と呼ばれる。高校数学で最もよく用いられる底は10である。10の底が特に好まれるようになったのは、数学的理由からではない。10が伝統的に好まれてきたのは、私たちが図らずも10本の指を持っていたという、生物進化の偶然にすぎない。これに伴い、私たちの算術体系である10進法は、10の冪に基礎がおかれている。

同じ理由で、高校数学で最初に出会う指数関数は、ほとんどの場合、10^xである。ここでxは指数と呼ばれる。xが1、2、3などの正の整数値をとるとき、10^xにおいてxの値は、何個の10の因数が掛け合わされているかを表す。しかし、xがゼロ、負の値、あるいは小数の値をとるとき、10^xの扱いには若干の注意が必要となる。これについては次に見ることにする。

10の冪

科学計算においては、簡単化のために、10の冪が用いられることが多い。特に、とても大きな値、あるいはごく小さな値を扱うときに、科学的記数法を用いて数値を書き直すのは便利である。科学的記数法では、数をできるだけ簡潔に表すため、10の冪が用いられる。

アメリカ国債との関連で最近話題になっている、21兆を例に考えてみよう。21兆を10進表記すると、

21,000,000,000,000となるが、科学的記数法ではもっと簡潔に、$21 \times 10^{12} = 2.1 \times 10^{13}$と書き表せる。もしも何らかの理由で、このような大きな値に、10億を掛け合わせる必要が生じた場合には、10進法表記ですべての桁にゼロを記入するよりも、$(2.1 \times 10^{13}) \times 10^9 = 2.1 \times 10^{22}$と書く方が容易である。

10の冪の最初の三つは、日々の生活で出くわす数字である。

$$1 \qquad 10^1 = 10$$

$$2 \qquad 10^2 = 100$$

$$3 \qquad 10^3 = 1000$$

上の段（x）は、加算的に大きくなるのに対して、下の段（10^x）では、指数関数的増加で予期できるように、値が乗法的に増大していることに気づいてほしい。上の段では、各ステップで、前の数字に1が加わるのに対して、下の段では、前の数字に10を掛けたものが次の値になっている。加算と乗算の間のこのような興味深い対応関係は、指数関数の一般的な特徴で、10の冪で顕著となる。

2段の間の関係から、上の段の二つの数字を足し合わせることは、下の段においては、対応する二つの数字を掛け合わせることに対応する。例えば、上の段の$1+2=3$の操作は、下の段では$10\times100=1000$に置き換えられる。

$$10^{1+2} = 10^3 = 10^1 \times 10^2$$

より、加算を乗算に置き換えるのは理にかなっている。

したがって、10の冪同士を掛け合わせるとき、それらの指数は、$1+2$ のような足し合わせになる。以下が一般則になる。

$$10^a \times 10^b = 10^{a+b}$$

同様にして、上の段の減算は、下の段では除算に対応する。

$$3-2=1 \text{ は } \frac{1000}{100}=10 \text{ に対応}$$

このようなパターンに基づいて、2段をより小さな値に向かって下げてみよう。上の段で1引くごとに、下の段を10で割るのが原則である。いま一度、最初の3行を見てみよう。

1	$10^1 = 10$
2	$10^2 = 100$
3	$10^3 = 1000$

上の段で1を引く操作は、下の段では10で割ることに相応することから、この対応関係を続けて右の行を作ると、上の段は $1-1=0$、下の段は $10/10=1$ となる。

0	$10^0 = 1$
1	$10^1 = 10$

$2 \quad 10^2 = 100$

$3 \quad 10^3 = 1000$

このような論理で、なぜ10^0が1と定義されるのかを説明することができる。この定義に当惑する人が多いが、これ以外の選択をすると、指数関数のパターンが崩れてしまうのだ。値をさらに下げても、上下の段の関係性を確立するには、これが唯一の定義となる。

このような方法で、上下の段の関係を、今度は負の値にまで外挿することもできる。このとき、下の段の数字は、1/10 の冪で表される分数となる。

$$
\begin{array}{rl}
-2 & \frac{1}{100} \\
-1 & \frac{1}{10} \\
0 & 1 \\
1 & 10 \\
2 & 100 \\
3 & 1000
\end{array}
$$

上の段の数字はゼロや負の値になっても、下の段の数字は常に正の値をとることに気づいてほしい。

10の冪を用いるときには、まったく異なる数字が、実際よりも近い値に見える落とし穴に注意する必要がある。これを防ぐには、異なる指数を持つ10の冪は、概念的に別の分類であるかのように扱うのがよい。実際に私たちの言語では、異なる指数を持つ10の冪は、あたかも別種であるかのように、別の名前が割り当てられていることが多い。例えば、10、１００、１０００には、「十」、「百」、「千」という関係性のない単語が用いられる。これらは10の冪では隣り合わせの数であるが、質的に異なる数という概念を正しく伝えるには、よい名前である。５桁の給与と6桁の給与の違いのありがたみを知っている人であれば、ゼロが一つ余分にあることがどれだけ重要な意味を持つか分かるはずだ。

10の冪を表す単語が似通って聞こえる場合には、惑わされることもある。２０１６年のアメリカ大統領選挙戦において、バーニー・サンダース上院議員は、「ミリオネアやビリオネア」に対する法外な税制優遇措置にしばしば抗議表明した。彼の政治に賛同するかどうかは別として、残念ながら彼は、富においてミリオネアとビリオネアが同等であるかのように喧伝していたことになる。実際には、ビリオネアはミリオネアよりもはるかに金持ちなのである。ミリオン（１００万）がビリオン（10億）とどれほどかけ離れているかを把握するには、こう考えればよい。１００万秒は2週間弱に相当するのに対して、10億秒は約32年になる。前者が休暇の長さであるのに対して、後者は人生のかなりの割合を占めるほどのものだ。

10の冪は注意して使わなければならないというのが、ここでの教訓である。危険なほどに強力な圧縮法であり、莫大な数をより簡単に測れる大きさに縮小することができる。10の冪が科学でよく用いられるのはこのためでもある。何桁にもわたって大きく変動する量に対して適切な測定尺度を定義するのに、10の冪はよく用いられる。酸性度と塩基度を測る水素イオン指数（ｐＨ）、地震のマグニチュードを測るリヒター・スケール、音の大きさを測るデシベル尺度などがその例である。例えば、溶液のｐＨ値が７（蒸留水のような中性）から２（レモン・ジュースのような酸性）に変わると、水素イオン濃度は５桁増加する。これは、10^5倍（10万倍）の増加を意味する。ｐＨ値が２から７に落ちると、たかだか５段階のわずかな変化に見えるが、実際には、10万倍も水素イオン濃度が変化しているのである。

対数関数

これまでに出てきた例において、10の冪乗数は、１００や１０００などの端数のない数字ばかりであった。10の冪の簡便性を鑑みて、端数のある場合にも、同じような表現ができれば有用であろう。90を例に考えてみよう。90は１００よりも少し小さく、１００は10^2に等しいことから、90は、２よりも少し小さな値で10の冪乗をとればよさそうだ。しかし正確には、どのような数で冪乗すればよいのだろう？

このような疑問に答えるために作られたのが、対数関数[120]である。電卓では、90を入力してからlogのボタンを押すと、

$$\log 90 = 1.9542\cdots$$

という数字が出てくる。$10^{1.9542\cdots} = 90$となり、これが答えとなる。

このようにして、対数関数を使えば、任意の正の数を、10の冪で表すことができる。対数関数を用いると多くの場合、計算が容易になり、数と数の間の驚くべきつながりが明らかになる。90に、10かあるいは１００を掛けて、再びその対数をとってみよう。

$$\log 900 = 2.9542\cdots$$

$$\log 9000 = 3.9542\cdots$$

ここで特筆すべき点が二つある。

1　これらの対数は、すべて同じ小数部分・９５４２…を持つ。

2　もともとの数である90に10を掛けると、対数の値は1だけ増加する。１００を掛けると、対数の値は2だけ増加するなどなど。

これらについては、「積の対数は、それぞれの対数の和に等しい」という対数の規則を使えば説明がつく。

$$\begin{aligned}\log 90 &= \log(9 \times 10)\\ &= \log 9 + \log 10\\ &= 0.9542\cdots + 1\end{aligned}$$

であり、

$$
\begin{aligned}
\log 900 &= \log(9 \times 100) \\
&= \log 9 + \log 100 \\
&= 0.9542\ldots + 2
\end{aligned}
$$

となる。これでなぜ、90、９００、９０００の対数が、すべて同じ小数部・９５４２…を持つのかが分かる。小数部は $\log 9$ からきており、9はいま議論したすべての数の因数になっているのだ。10の冪数の違いは、対数の整数部分に現れている（この場合は、小数部分より上の1、2、3を指す）。このことから、もしも別の数の対数（$\log(a \times 10^n)$）を計算したければ、1から10までの数（a）の対数を求めておけばよいことが分かる。これで小数部分は事足りる。10の冪乗の指数（n）は、整数部分を担う。

記号形式で書くと一般則は

$$\log(a \times b) = \log a + \log b$$

となる。つまり、二つの数を掛け合わせて対数をとると、その結果は、個々の数の対数をとった値の和（積ではない！）に等しくなる。この意味で対数は、掛け算の問題を、より簡単な足し算の問題に置き換えてくれる。対数が発明されたのにはこのようなわけがあったのだ。対数は計算を大幅に高速化してくれる。平方根、立方根などを含んだ掛け算の問題は骨が折れるが、対数を使えば足し算の問題に置き換わり、常用対数表と呼ばれるルックアップ・テーブルを読み取れば解くことができる。17世紀初期には、対数の概念は広まっていた。これには、『奇跡の対数法則の記述』と題した論文を１６１４年に発表した、スコットランドの数学者ジョン・ネイピアの功績が大きい。10年後、ヨハネス・ケプラーは、惑星やその他の天体の位置に関する星座表を編集する際に、この新しい計算道具を大いに活用した。対数は、彼らの時代のスーパーコンピュータだったのだ。

対数関数に戸惑う人は多いが、大工仕事の比喩で考えてみると、とても理にかなっていることが分かる。道具にはそれぞれ固有の用途がある。金槌は木材に釘を打ち込むため、ドリルは穴を開けるため、鋸（のこぎり）は切断するためにある。同様に、指数関数は、自己増殖する過程をモデル化するため、冪関数は、自己増殖ほど急激ではない増加をモデル化するためにある。対数が有用なのは、釘抜（くぎぬき）が役に立つのと同じ理由である。これらは、別の道具による操作を取り消すのだ。具体的には、対数関数は指数関数の操作を取り消し、指数関数は対数関数の操作を取り消す。

指数関数の10^xを考え、xに、例えば3を代入してみよう。答えは１０００になる。この操作を取り消すには、$\log x$のボタンを押せばよい。１０００に対してこれを行うと、始めに代入した数、つまり3が返ってくる。10を底とする対数関数$\log x$は、関数10^xの操作を取り消す。この意味で、二つは逆関数になっている。

逆関数としての役割以外に、対数関数を用いて、多くの自然現象を記述することができる。例えば、私たちの音の高さの知覚は、対数で近似できる。ドの音階から次のドの音階といった具合に、音高が、１オクターブごとに上がってゆくとき、対応する音波の周波数は2倍ずつ増えてゆく。１オクターブ上がるごとに、波形は2倍の速さになるにもかかわらず、このような倍加は、音程としては同じ幅の上昇として聴こえているのだ。これは、周波数では掛け算の変化が、知覚では等間隔の足し算の変化として感じられていることを意味する。恐ろしいことだ。1から2までの隔たりは、2から4までの隔たりと同じであり、4から8までの隔たりと同じと信じ込ませることで、私たちの心理は、己を欺いていることになる。何らかの機構で、私たちは周波数を対数関数的に知覚している。

自然対数と指数関数

底数10の便利さは全盛を極めるが、現代の微積分で、10を底に用いることはごくまれである。10に取って代わったのは、e（ネイピア数）と呼ばれる底数である。難解に見えてその実、10よりも底としてははるかに自然であることが分かっている。eは2·718に近い値をとるが（eの由来についてはこの後で説明する）、ここでは数値は重要ではない。重要なのは、eを底とする指数関数は、関数自身とまったく同じ比率で増加するという点である。

もう一度いわせてほしい。

e^xの増加率は、e^xそのものに等しい。

この素晴らしい性質のおかげで、eを底として表すと、すべての指数関数の計算が簡単になる。e以外の底では、このような単純さは享受できない。導関数、積分、微分方程式、あるいはそれ以外の微積分計算で、eを底として表される指数関数は、最も奇麗で、最もエレガントで、最も美しい。

微積分で計算を簡単化する以外にも、底数eは、金融や銀行貯蓄の計算に自然な形で現れる。eが何に由来し、どのように定義されるのかを見るために、次の例を考えてみよう。

ある銀行に１００ドルを貯金したとき、ちょっと信じがたいが魅力的なことに、年率１００パーセントの利息があるとする。これは1年経つと、１００ドルが２００ドルになることを意味する。ではもう一度最初に戻って、もっと有利な筋書きを考えてみよう。銀行を説得して、1年に2回、複利計算を行い、貯蓄が増えるに従って、利息の利息が得られるようにする。この場合、どれだけ儲けは増えるだろう？1年に2度も複利計算をしてもらうのだから、6か月間の利率は、年率の半分の50パーセントでよいだろう。したがって、6か月後の貯蓄は 100×1.50 ドル、つまり１５０ドルになる。その6か月後の年末には、さらに50パーセント増えて、150×1.50 ドル、つまり２２５ドルになる。もともとの取り決めでは２００ドルになるところがさらに増収しているが、これは1年の間で、利息の利息を得ているためである。

ここで次のような疑問を考えよう。もしも銀行にさらに頻繁に複利計算をしてもらい、それに応じて、各複利計算期間の利率を下げてゆくとする。こうすると、巨万の富が得られるだろうか？　残念ながらそうはいかない。四半期ごとの複利計算は、$100 \times (1.25)^4$ ドル ≈ 244.14 ドルとなって、２２５ドルから大きな改善は見られない。もっと速やかに、１日１回の頻度で３６５日複利計算を行っても、１年後には

$$100 \times \left(1 + \frac{1}{365}\right)^{365} \text{ドル} \approx 271.46 \text{ ドル}$$

にしかならない。ここで、分母と指数の両方にある３６５は、1年で行う複利計算の回数を指し、$1/365$ の分子の1は、１００パーセントの利率を小数で表したものである。

それでは最後に、複利計算の極限をとってみよう。n を莫大な数として、銀行は1年に n 回複利計算を

行い、これに応じて、サブナノ秒（訳注：1秒の10^9分の1の時間）の複利計算期間の利率はごくわずかに設定する。365日毎日の計算結果から類推すると、1年後の口座額は

$$100 \times \left(1+\frac{1}{n}\right)^n \text{ ドル}$$

となる。nが無限に近づくと、この金額は、次の式でnを極限に近づけた値に100を掛けたものとなる。

$$\left(1+\frac{1}{n}\right)^n$$

この極限が、eの定義になる。極限の数値が何になるかは自明でないが、おおよそ2.71828…になることが分かっている。

銀行業務において、上記のような金融取り決めは、連続複利と呼ばれる。この計算結果から、それほど大したものではないことが分かる。上記の計算から、年末残高は

$$100 \text{ ドル} \times e \approx 271.83 \text{ ドル}$$

となる。これがいまのところ最良の取引ということになるが、毎日の複利で得られる額から37セントしか増えていない。

eを定義するために何段階もの手順を踏んだが、結局のところ、eは複雑な極限であることが分かった。円周率と同様に、無限が組み込まれた式になっている。円周率には、円に内接する多角形の外周計算

がかかわっていたことを思い出してほしい。多角形の辺の数nが無限に近づくと、多角形は円に接近し、これらの辺の長さはゼロに近づく。連続複利による増加という異なる文脈に由来することを除けば、eも同じような極限として定義されている。

10を底とする指数関数が10^xと書かれるのと同様に、eを底とする指数関数はe^xと記述される。最初は奇妙な形に見えるかもしれないが、底数10と同じ構造をしており、法則もすべて同じである。例えば、e^xが90の値をとるようなxを求めるには、以前と同様に対数関数を用いればよい。ただし、自然対数$\ln x$として知られる、eを底とする対数関数を使わなければならない。$e^x = 90$であるようなxを求めるには、科学計算用電卓に90を入力し、$\ln x$のボタンを押すと、以下の答えが得られる。

$$\ln 90 \approx 4.4498$$

これが正しいかを確認するには、この数字を画面上に残したまま、e^xのボタンを押せばよい。90が得られるはずだ。以前と同様、金槌と釘抜のように、対数関数と指数関数は互いの操作を取り消す。

自然対数は極めて便利なのだが、その利便性が知られていないことも多い。一例を挙げると、投資家や銀行家には、**72の法則**として知られる経験則がある。年間収益率が与えられたとき、投資額が2倍になるのにどれくらいかかるかを推定するには、72を年間収益率で割ればよい。例えば、年間収益率が6パーセントのとき、約$72/6 = 12$年後に金額は2倍になる。この経験則は、自然対数および指数関数の性質から得られ、年間収益率が十分小さい場合にはうまく機能する。古代樹や骨化石の炭素年代測定や、アート作品の真贋紛争においても、自然対数は水面下で稼働している。有名なところでは、フェルメールが描いたとされた絵画作品が[121]、贋作と判明した事例がある。これは、絵画に含まれる鉛とラジウムの同位体が、放射性崩壊を起こして減衰する様相を解析することによって判明した。これらの例からも、自然対数は、指数関数的増加や減衰が現れるあらゆる分野の問題に浸透していることが分かる。

指数関数的増加と減衰のメカニズム

要点を繰り返すと、e が特別なのは、e^x の変化率が e^x そのものという点である。したがって、指数関数 e^x のグラフは、上へ上へと急増するにつれて、その傾きは、現在の高さに合うように傾いていく。高くなればなるほど、登る傾斜はより急になる。微積分の用語でいうと、e^x の導関数は e^x 自体である。そのような関数は e^x 以外に存在しない。世界で一番美しい関数だ（少なくとも微積分に関しては）。

e^x を底とする関数はこのようにユニークであるが、他の指数関数も同様の増大則に従う。唯一の違いとしては、指数関数の増加率は、関数の現在値に比例する（厳密には等しくならない）という点だ。とはいえ、指数関数的増加で私たちが連想する爆発性を生じるには、この比例特性があれば十分である。

比例特性による指数関数的増加については、直観的に理解できる。例えば、細菌の増殖では、大きな集団ほど速く増殖する。これはたくさん細胞があれば、それだけ多くが分裂して、娘細胞を作ることができるためである。一定の利率で、複利計算が適用される口座残高の増大についても同じである。より多くのお金があれば、それによる利息は増え、全体額の増加率も速くなる。

マイクが自身のつながっているスピーカーの音を拾うことによって起こるハウリングも、この効果で説明できる。スピーカーは音を拡大するアンプの機能を持つ。これによって、音量を一定の割合で増大させる。アンプで拡大された音をマイクが拾うと、その音は再びアンプに戻され、音量は繰り返し増大されて、正のフィードバック・ループを形成する。これによって唐突に音量の指数関数的暴走が起こり、現在の音量に比例して音が増大し、「キーン」という嫌な音が出る。

同じ理由で、核分裂連鎖反応も指数関数的増大に支配される。ウランが分裂すると、中性子を放出し、この中性子が他の原子を突き抜けると、それらの分裂も起こる。これによって、さらに多くの中性子が放出されるということが繰り返される。中性子の数が指数関数的に増加し、歯止めが利かなくなると、核爆発を引き起こす。

増加の他に、減衰も指数関数で表すことができる。指数関数的減衰は、現在のレベルに比例した割合で、物が減少するときに起こる。例えば、隔離されたウランの塊を考える。最初の塊にどれだけ多くの原子が含まれていたかにはよらず、放射性崩壊を起こして原子数が半減するのには同じ時間が掛かる。このような減衰時間は、半減期として知られている。同様の概念は別の分野にも用いられている。第8章で扱うエイズ（ＡＩＤＳ）の問題では、プロテアーゼ阻害薬と呼ばれる奇跡の薬剤を投与すると、ＨＩＶ感染者の血液中におけるウイルス粒子数が指数関数的に落ちることを見る。この場合の半減期はたったの2日間である。

このように、核の連鎖反応から、マイクのハウリング、銀行口座の貯蓄に至る多様な例からも、指数関数およびその対数関数は、時間変化を扱う微積分の問題にしっかりと根を下ろしていることが分かる。確かに、指数関数的増加や減少は、微積分の岐路において、現代的側面（微分方程式）の重点課題になっている。一方で曲線の幾何学に微積分の焦点が置かれていたときに遡ると、対数関数は別の側面に関係していた。実際、$y = 1/x$ で表される双曲線の下の部分の面積の研究において、自然対数はすでに現れていた。話が佳境に入るのは１６４０年代、双曲線下の面積が、不思議なほど対数関数に似た振る舞いをすることが発見されたときであった。事実、それは対数関数であった。同じ対数の法則に従い、掛け算の問題を足し算の問題に変える性質を持っていたが、何が底数かについては未知であった。

曲線の下の部分の面積についてはまだまだ学ぶことが多く、微積分がこれから対峙する二つの大きな挑戦のうちの一つであった。もう一つの挑戦は、曲線の傾きと接線をより体系的に求める方法を考案することであった。これらの二つの問題を解決し、二つの間の驚くべきつながりを発見することで、微積分は急速な現代化を遂げ、世の中の近代化は決定的となる。

第6章　変化の語彙

21世紀の視点で見ると、微積分は変化に関する数学と見なされることが多い。微積分において変化は、導関数と積分という二つの大きな概念を用いて定量化される。特に変化率を表す導関数が、本章の主題となる。積分は変化の蓄積を表すもので、第7章および第8章で議論する。

導関数は、「どのくらい速いか?」「どのくらい急か?」「どのくらい鋭敏か?」といった、形態の変化にかかわる疑問に答えるものである。変化率は、従属変数の変化を、独立変数の変化で割ったものを意味する。記号で書くと変化率は、$\Delta y/\Delta x$ の形で表され、これは変数 y の変化を、変数 x の変化で割ったものである。別の文字が用いられることもあるが、構造は同じである。例えば、時間が独立変数の場合は、t を時間として、変化率を $\Delta y/\Delta t$ と書くのが慣習的である。

私たちに最も馴染みのある変化率は、速度であろう。車が時速100キロで走るというとき、この数字は変化率を表す。与えられた時間（$\Delta t = 1$ 時間）の間に、どれだけ車が進んだか（$\Delta y = 100$ キロ）、すなわち $\Delta y/\Delta t$ を速度として表している。

同様に加速度も変化率である。それは速度の変化率と定義され、速度を v で表すと $\Delta v/\Delta t$ と書かれる。シボレー（アメリカの自動車メーカー）は、マッスルカーのV型8気筒カマロSSモデルが、4秒きっかりで、時速0マイルから60マイルまで速度を上げられることを主張するのに、加速度を引き合いに出していた。ここでの加速度は、速度の変化率、つまり速度の変化（時速0マイルから時速60マイル）を時間の変化（4秒）で割ったものである。

変化率の3番目の例として、斜面の勾配がある。垂直方向の上昇Δyを、水平方向の移動距離Δxで割ったもので定義される。アメリカ法では、車椅子の利用可能なスロープとして、1/12以下の勾配が必要とされている。ただし、水平面は勾配ゼロとする。

このようにさまざまに存在する変化率の中で、最も重要かつ有用なのは、xy平面上の曲線の傾きである。それ以外の変化率にも代用できるからだ。変数xとyが何を表すかに依存して、速度、加速度、報酬率、為替レート、投資の限界利益などの変化率も、曲線の傾きとして表すことができる。例えば、x切れのシナモン・レーズン・パンに含まれるカロリーyを図に示すとき、グラフは直線となり、その傾きは、1切れ当たりに含まれる200カロリーになる。幾何学的な特徴を示す傾きが、パンのもたらすカロリーという栄養の特徴を表す。同様に、移動する車について、時間に対する移動距離をグラフ化すると、その傾きは車の速度を表す。したがって傾きは、変化率を表す万能の指標となる。一変数の関数であれば、どのようなものでもxy平面上の曲線で表されることから、グラフの傾きを読み取ることによって、その変化率を求めることができる。

問題なのは、実世界あるいは数学において、変化率が一定であることがまれという点だ。この場合、変化率を定義するのは厄介になる。微分法における最初の大きな争点は、変化率が変化し続けるときに、変化率をどう定義するかであった。速度計やGPSの機器は、この問題を解決している。車が加速、あるいは減速しているときであっても、どの速度を表示すればよいか分かっている。これらのガジェットはどうしているのだろう？　何を計算しているのだろう？　微積分を使えばこれらの問題は理解できる。

速度が一定である必要がないのと同様、傾きも一定である必要はない。円、放物線、あるいはそれ以外の滑らかな経路における傾きは（完全な直線でない限りは）、ある点でより急に、別の点ではより緩やかになっている。実世界でもそうである。山道では、危険で急峻な区域もあれば、ゆったりできる平坦な区域もある。したがって、傾きが変化し続けるとき、どのように傾きを定義するかという疑問が残る。

最初に気づくべきは、変化率の概念を広げる必要があるという点である。速度に時間を掛けると距離に等しくなる問題を扱う代数では、変化率は常に一定である。微積分ではそうではない。なぜなら、独立変数 x あるいは t が変わると、速度、傾き、その他の変化率も変動するからである。変化率は、もはや単なる数字ではありえない。変化率も関数となる必要がある。

これが導関数の概念がもたらすものである。導関数は、変化率を関数として定義する。変化率が変化する場合でも、与えられた点あるいは時点において、変化率を定めることができる。本章では、導関数がどのように定義されるのかを説明し、それらが何を意味し、なぜ重要なのかを理解する。

先にいってしまうと、導関数が重要なのは、それが至る所に遍在するからである。最も深いレベルでいうと、自然法則は導関数で表される。まるで私たちが知る以前に、宇宙は変化率について知っていたかのようだ。もっと日常的なレベルでは、何かの変化を、別の何かの変化と関連づけたいときは、導関数の問題となる。スマートフォンのアプリの値段を上げると、消費者需要にはどれだけ影響するだろうか？　スタチン系薬剤の投与量を増やすと、患者のコレステロール値をどれだけ下げることができるか、あるいは、肝障害のような副作用を引き起こす危険性がどれだけ高まるか？　物事の関係性を調べるときに私たちの知りたいのは、「ある変数が変化するとき、関連する変数はどう変わるか？」、そして「変化はどの方向か？　上か下か？」といったことである。これらが導関数に関する疑問である。宇宙船の加速、人口の増加率、投資の限界利益、コップに入ったスープの温度勾配、どれもこれも導関数である。

微積分において導関数の記号は、dy/dx と表される。この記号は通常の変化率 $\Delta y/\Delta x$ を想起させる形をしているが、二つの変化量 dy と dx はごく微小なものと想像してほしい。これからゆっくりと丁寧に、しかも驚かせることなく、この大胆かつ新しいアイデアについて考えてゆく。無限の原理で理解している通り、複雑な問題を進展させるには、問題を微小部分に切り刻み、微小部分を分析し、それらをもとに戻して答えを得ればよい。微分法の文脈では、微小の変化量 dx と dy が微小部分に対応する。微小部分をもとに戻すのは積分の仕事である。

微積分における三つの中心的問題

この先の準備のため、最初から全体像を念頭に置いて考えることにしよう。微積分には三つの中心的問題がある。次の概略図の通りである。

1　順方向問題——曲線が与えられたとき、至る所でその傾きを求めよ。
2　逆方向問題——至る所で傾きが与えられたとき、その曲線を求めよ。

3　面積問題——曲線が与えられたとき、その下の部分の面積を求めよ。

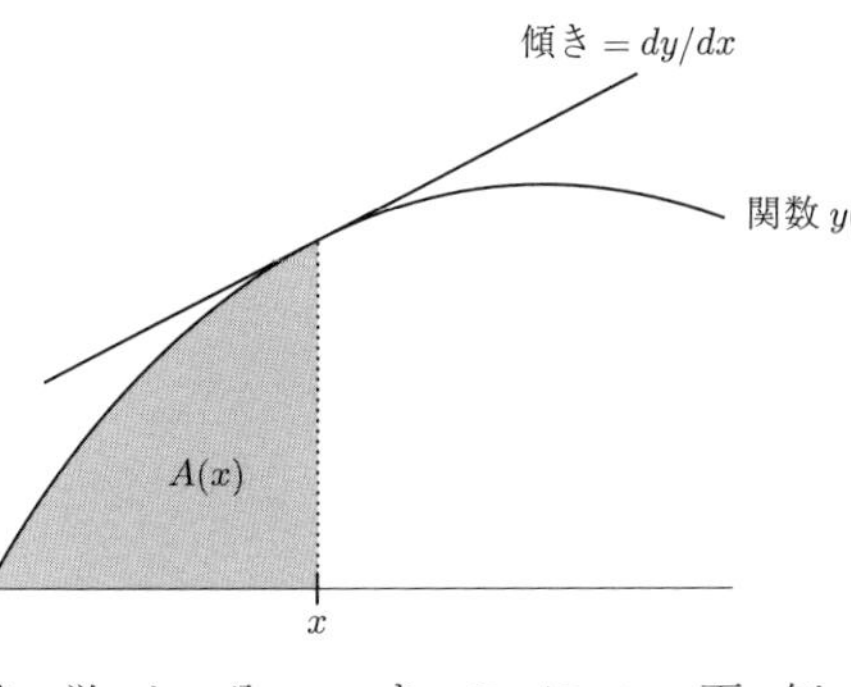

この図に示されているのは、一般的な関数 $y(x)$ である。x および y が何を表すかは、ここでは問題ではない。まったく一般的なものとして、平面上の曲線を表している。曲線が表すのは1変数の関数であれば何でもよいし、その関数が出てくるのであれば、数学や自然科学のどの分野の問題にも適用できる。このような曲線の問題は至る所に存在する。傾きと面積の意義については後で説明する。いまは文字通り、幾何学者が扱うような傾きと面積と考えておいてほしい。

この曲線について、新しい見方と古い見方の2通りが可能である。微積分到来以前の17世紀初頭、このような曲線は幾何学の研究対象と考えられていた。それ自体で魅力的な存在であり、数学者たちはこれらの幾何学的性質の定量化を試みた。曲線が与えられると、各点における接線の傾き、曲線の孤の長さ、曲線の下の部分の面積などを計算したいと考えた。

21世紀の私たちは、曲線を生み出した関数の方により興味を持っている。関数は、自然現象や技術工程のプロセスを表し、それらが曲線として表出しているのだ。曲線はデータであるが、その背後には、曲線を裏づけているより深遠なものが存在する。現代の私たちは、曲線は「砂に残された足跡」つまり曲線そのものを作り出したプロセスを知るための手掛かりと考えている。私たちが興味を持っているのは、関数で表されるプロセスであって、プロセスの残した足跡ではない。

これら二つの観点が衝突したように、曲線の謎は、運動・変化の謎とぶつかり合ったのである。つまり、古代の幾何学が、現代科学とぶつかり合ったのである。私たちは現代に生きているにもかかわらず、本書ではこのようにあえて昔の視点から説明することを選んだのは、x y 平面がそれほど馴染み深いものだからだ。三つの中心的問題を把握するのに、このような視点を用いるのが最も明快なのは、問題の幾何学特性を容易に視覚化できるためである。（曲線や傾きの代わりに、速度や距離のような力学概念を用いて運動変化を扱う際にも、同じ考え方で定式化できる。しかしこの話題については、幾何学の問題を理解した後で、戻ってくることにしよう。）

これらの問題の扱いでは、関数を念頭に置いてほしい。例えば、私が曲線の傾きについて話をするときには、特定の1点についてのみいっているのではない。任意の点 x についてを意味している。曲線に沿って移動するにつれて、傾きは変化する。私たちが目指すのは、傾きが x の関数としてどのように変わるかを理解することだ。同様に、曲線の下の部分の面積も x に依存する。図ではこの領域にグレーの陰影がつき、$A(x)$ の記号でラベルづけされている。この面積も x の関数として扱われるべきだ。x が増加すると、垂直な破線は右側に移り、面積は拡大する。したがって、面積は x の選び方に依存する。

さあ、これらが三つの中心的問題だ。曲線に沿って変化する傾きはどのように計算すればよいだろう？ 傾きから、どのように曲線を再構成できるだろう？ 曲線の下の部分の面積はどう計算できるだろう？

これらの問題はともするとと無味乾燥に響くかもしれない。しかし、21世紀の観点から、運動変化に関する実世界の問題として改めて解釈すると、広範囲に及ぶ現象の問題になる。傾きは変化率の指標であり、面積は変化の蓄積の指標となる。結果として、傾きおよび面積は、物理、工学、金融、医学など、変化を研究対象とする、あらゆる分野に現れる。これらの問題とその解法を理解することによって、現代の定量的思考の世界が開かれてゆく。ここで扱うのは一変数関数の問題であるが、実際には、多変数関数や微分方程式など、微積分の対象にはそれ以上のものがある。そのときがきたら、これらの問題についても取り上げることにする。

本章では、一変数の関数とその導関数（関数の変化率）について扱う。一定の比率で変化する関数から始めて、より困難な問題である、変化率が変化する関数へと進む。ここで変化し続ける変化の意味を理解することによって、微分法は真の輝きを放つ。

変化率に慣れてきたら、次の章で扱うより挑戦的な、変化の蓄積の問題に取り掛かる準備も整うであろう。次章では、順方向問題と逆方向問題が異なるように見えて、実は生き別れになった双子の関係にあることが分かる。微積分の基本定理によって、変化率と変化の蓄積は考えていた以上に深く関係していることが分かり、この発見によって、二分されていた微積分は統合された。

だがまず最初は、変化率の問題から始めよう。

線形の関数と一定の比率

ある変数が別の変数に比例し線形の関係で表される状況は、日常生活でも多くみられる。例えば、

1　昨年の夏、私の長女リアは、ショッピング・モールの洋服店で初めての仕事を得た。時給10ドルだったので、2時間働けば、20ドルの稼ぎになった。より一般的には、t 時間働けば、$y = 10t$ ドルの収入になった。

2　高速道路を時速60マイルで走る車があると、1時間後には60マイル移動する。2時間後には120マイル、t 時間後には $60t$ マイル進む。t 時間の運転で進んだマイル数を y とすると、ここでの関係は $y = 60t$ である。

3　アメリカ障害者法によると、車椅子の利用可能なスロープは、水平に12インチ進むごとに1インチ以上、上昇してはならない。y を上昇幅、x を水平移動とすると、許容範囲最大のスロープでは、$y = x/12$ の関係が成り立つ。

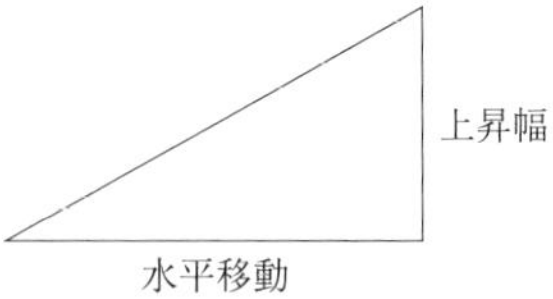

これらの線形な関係において、従属変数は、独立変数に対して一定の比率で変化する。長女の時給10ドルは一定であった。車の速度も一定の時速60マイルである。車椅子の利用可能なスロープの傾きも一定で、上昇幅を水平移動で割ることで定義される傾きは1/12である。私の好きなシナモン・レーズン・パンでも同じだ。1切れ当たり200カロリーの一定比率で、カロリーは増える。

上昇幅　　スロープ = $\dfrac{\text{上昇幅}}{\text{水平移動}}$

水平移動

微積分の専門用語でいうと、比率は、二つの変化量の間の割合を意味する。変数 y の変化を変数 x の変化で割ったもので、記号で表すと $\Delta y/\Delta x$ となる。例えば、私がもう2切れのパンを食べると、400カロリーだけカロリーが増えることになる。したがって、対応する比率は

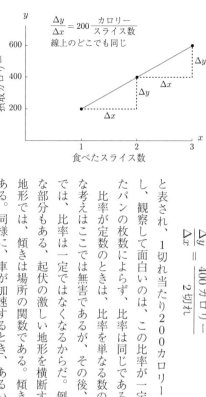

$$\frac{\Delta y}{\Delta x} = \frac{400\ \text{カロリー}}{2\ \text{切れ}}$$

と表され、1切れ当たり200カロリーとなる。何の驚きもない。しかし、観察して面白いのは、この比率が一定であることだ。私がすでに食したパンの枚数によらず、比率は同じである。

比率が定数のときは、比率を単なる数のように考えたくなる。このような考えはここでは無害であるが、その後、問題となる。もっと複雑な状況では、比率は一定ではなくなるからだ。例えば、急峻な登りもあれば平坦な部分もある、起伏の激しい地形を横断することを考えよう。そのような地形では、傾きは場所の関数である。傾きを単なる数と考えるのは誤りである。同様に、車が加速するとき、あるいは惑星が太陽の周りを周回するとき、その速度は絶え間なく変化する。速度は時間の関数として扱わなければならない。今後はこのように考える習慣を身に付けなければならない。変化率を数と考えるのはやめよう。変化率は関数なのだ。

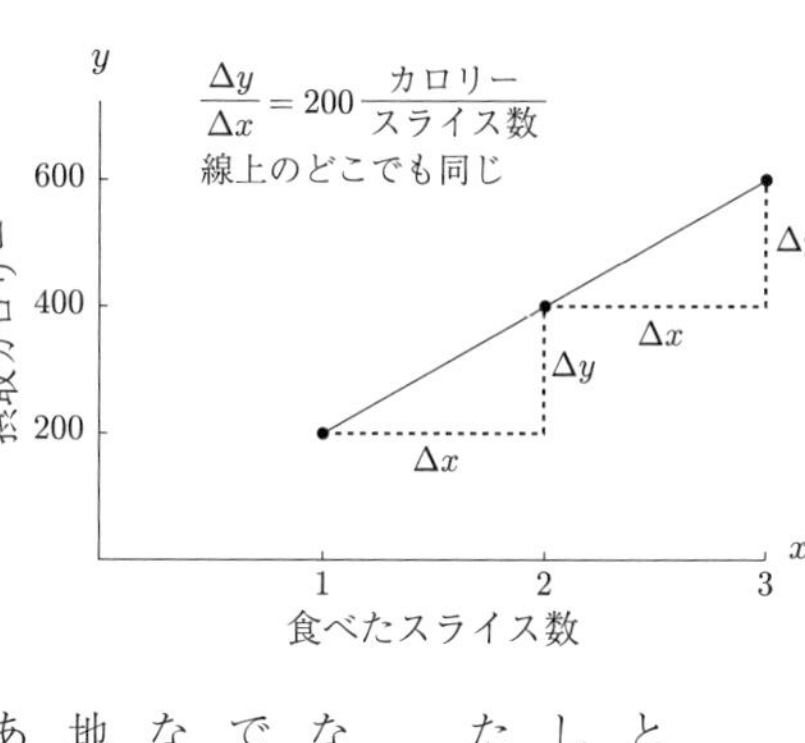

これまで考えてきた線形の関係では、比率の関数は定数であった。線形の問題において、変化率を数と扱っても害がないのはこのためだ。線形問題では、独立変数を変化させても、変化率は変わらない。どれだけの時間働こうが、私の長女の稼ぎは時給10ドルであり、スロープの傾きは至る所で1/12だ。しかしそれに騙されてはならない。これらの比率はそれでも関数なのである。偶然、定数関数であったにすぎない。シナモン・レーズン・パンについて、1切れ当たりの摂取量が200カロリーで一定であることをこ

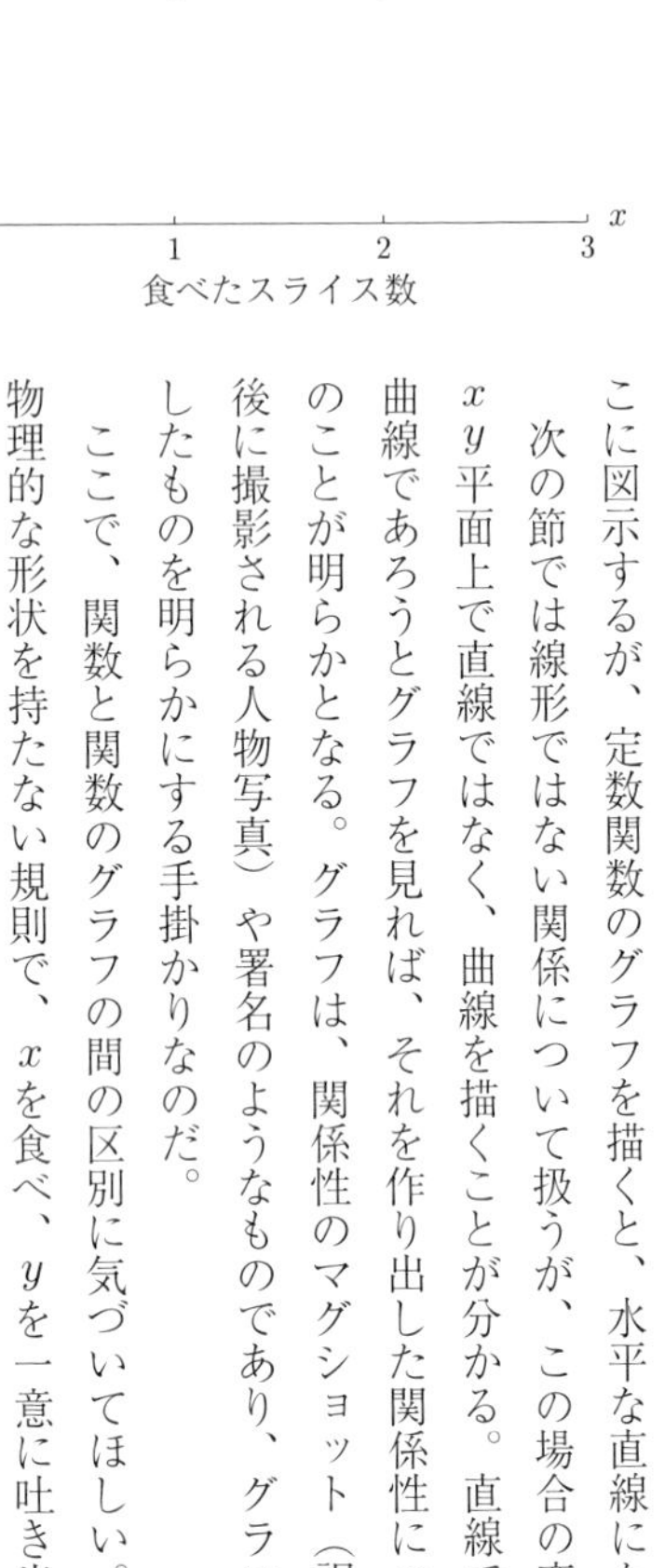

こに図示するが、定数関数のグラフを描くと、水平な直線になる。

次の節では線形ではない関係について扱うが、この場合の変化率は、xy平面上で直線ではなく、曲線を描くことが分かる。直線であろうと曲線であろうとグラフを見れば、それを作り出した関係性について多くのことが明らかとなる。グラフは、関係性のマグショット（訳注…逮捕後に撮影される人物写真）や署名のようなものであり、グラフを作り出したものを明らかにする手掛かりなのだ。

ここで、関数と関数のグラフの間の区別に気づいてほしい。関数は、物理的な形状を持たない規則で、xを食べ、yを一意に吐き出す。この意味で関数には実体がない。関数を見ても、見るべき所が何もない、幽霊のような存在である。抽象的な規則で、例えば、「数を入れたら、その10倍の数を返す」というようなものである。これとは対照的に、関数のグラフは目に見え、形状があり、実体があるも同然である。具体的には、私がいま例に挙げた規則のグラフは、原点を通る傾き10の直線で、$y = 10x$ の式で定義される。しかし、関数そのものは直線ではない。あくまでも関数は、直線を作り出した規則である。関数を表出させるには、xを与え、yを吐き出させ、すべてのxについてこれを繰り返して、その結果をグラフに描けばよい。こうすると、関数そのものは目に見えないままである。私たちが見ているのはそのグラフなのである。

非線形関数と変動する比率

関数が線形でないとき、その変化率 $\Delta y/\Delta x$ は一定でない。幾何学的には関数のグラフは、点ごとに傾きの変わる曲線を意味する。例えば、左に示すような放物線を考えてみよう。これは $y = x^2$ の曲線であり、電卓で2乗計算を行う x^2 のボタンに対応する。この例を用いて、導関数を接線の傾きとして定義する練習を行い、さらには、なぜ導関数の定義で極限が入ってくるのかを明らかにしよう。

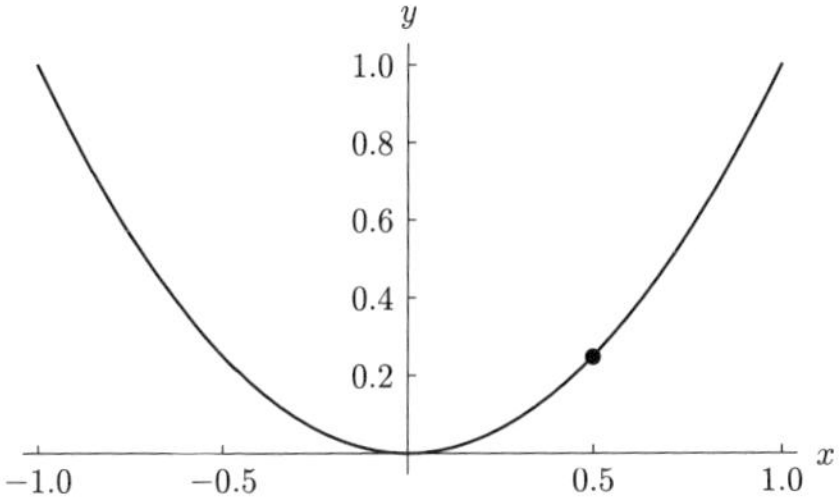

　放物線を調べてみると、急峻な部分と、比較的平坦な部分があることが分かる。最も平坦なのは、放物線の頂点である $x = 0$ の点である。ここでは何も計算せずに、導関数はゼロとなることが見て取れる。頂点における接線は明らかに x 軸になっていることからも、傾きはゼロでなければならない。この接線をスロープとして見ると、水平移動に対して上昇はなく、したがって傾きはゼロとなる。

　しかし、放物線のその他の点において、接線の傾きが何になるかはすぐには分からない。これを解くために、アインシュタイン式の思考実験を行ってみよう。放物線上の任意の点 (x, y) において、その点を視野の中心に保ったまま写真を拡大するかのようにズーム・インすると何が見えてくるだろう。曲線部分を顕微鏡で観察し、次第に拡大率を上げていく要領だ。近くにズームすればするほど、放物線の一部分はより直線的に見えてくるはずだ。拡大率を無限の極限に持っていくと（これは、興味ある点の回りの無限小部分にズーム・インすることを意味する）、拡大された部分は直線に近づくはずである。直線に近づくのであれば、極限の直線を、その点における曲線の接線として定義でき、そして接線の傾きが、その点における導関数の値となる。

ここでは無限の原理を用いていることに気づいてほしい。私たちは、複雑な曲線を無限小の線分に切り刻もうとしているのだ。微積分では、常にこのような操作を行う。曲線形状の扱いは難しいが、直線は簡単である。たとえ線分が無限に多く存在して、各線分は無限に小さいとしてもだ。このように導関数を計算するのは、微積分の典型的な戦略であり、無限の原理の最も基本的な応用の一つである。

このような思考実験を行うためには、まずズーム・インする曲線上の点を選ぶ必要がある。どのような点でもよいが、数値的に都合がよいのは、$x = 1/2$ の上の点であろう。図では、小さな点で示されている。xy 平面においては、

$$(x, y) = \left(\frac{1}{2}, \frac{1}{4}\right)$$

あるいは小数で表すと、$(x, y) = (0.5, 0.25)$ に位置する。y が $1/4$ に等しくなる理由は、点が放物線上にあるならば、放物線上のすべての点がそうであるように、この点も $y = x^2$ に従わなければならないためである。よって $x = 1/2$ のとき、この点の y の値は

$$y = x^2 = \left(\frac{1}{2}\right)^2 = \frac{1}{4}$$

となる。

さあ、この点に関してズーム・インする準備ができた。点 $(x, y) = (0.5, 0.25)$ を顕微鏡の中心に置こう。コンピュータ・グラフィックスの助けを借りて、この点周辺の曲線の微小部分にズーム・インする。最初の拡大結果をここに示す。

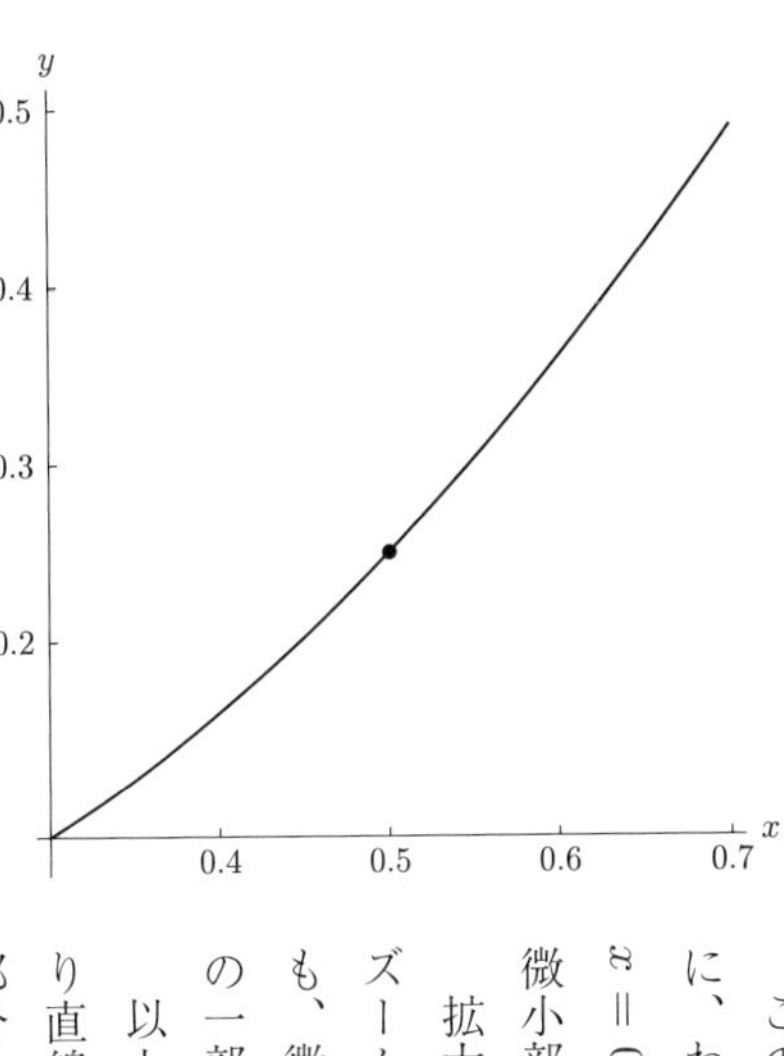

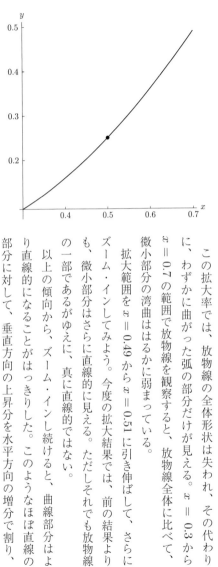

この拡大率では、放物線の全体形状は失われ、その代わりに、わずかに曲がった弧の部分だけが見える。$x = 0.3$ から $x = 0.7$ の範囲で放物線を観察すると、放物線全体に比べて、微小部分の湾曲ははるかに弱まっている。

拡大範囲を $x = 0.49$ から $x = 0.51$ に引き伸ばして、さらにズーム・インしてみよう。今度の拡大結果では、前の結果よりも、微小部分はさらに直線的に見える。ただしそれでも放物線の一部であるがゆえに、真に直線的ではない。

以上の傾向から、ズーム・インし続けると、曲線部分はより直線的になることがはっきりした。このようなほぼ直線の部分に対して、垂直方向の上昇分を水平方向の増分で割り、$\Delta y/\Delta x$ を計算する。そしてさらにズーム・インして、水平増分 Δx が0に漸近すると、私たちは実質的には、微小部分の傾き $\Delta y/\Delta x$ の極限を計算していることになる。コンピュータ・グラフィックスによると、ほぼ直線的な微小部分の傾きは、1に近づいている。これは45度の角度を持った直線に対応する。

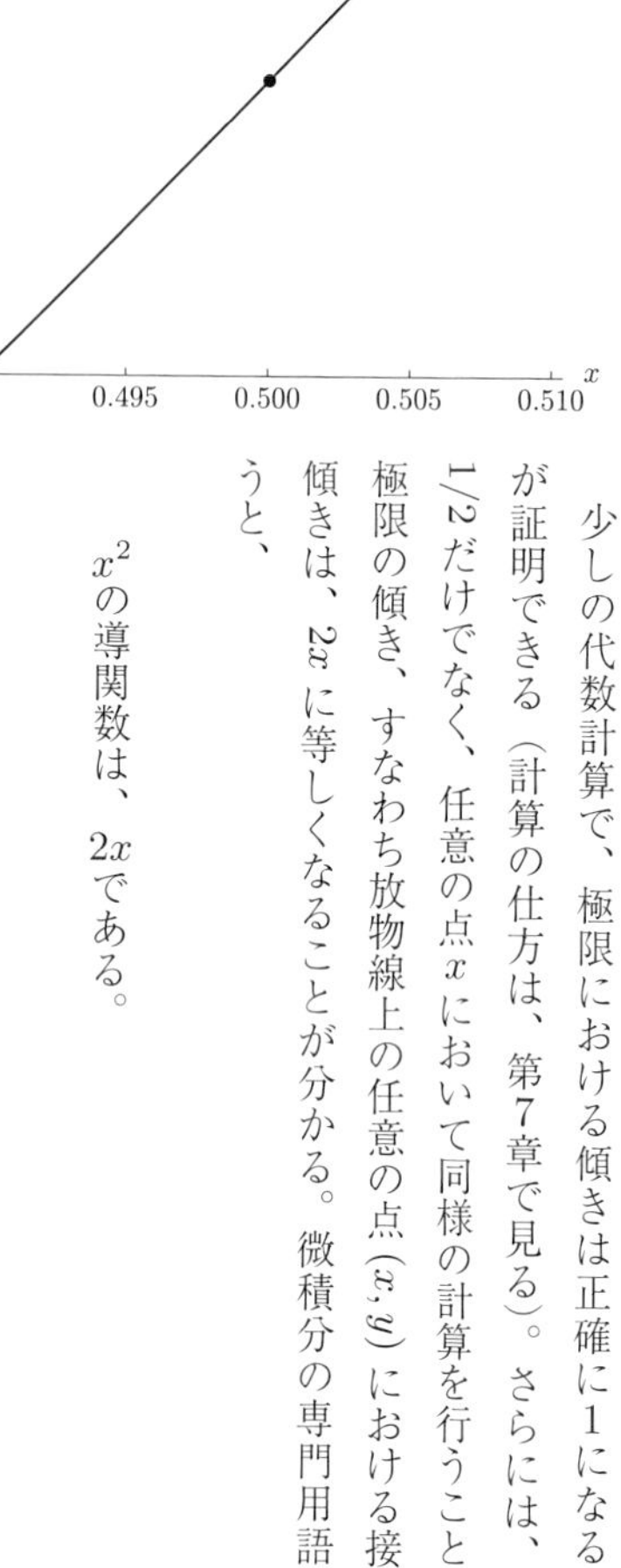

少しの代数計算で、極限における傾きは正確に1になることが証明できる（計算の仕方は、第7章で見る）。さらには、$x = 1/2$だけでなく、任意の点xにおいて同様の計算を行うことで、極限の傾き、すなわち放物線上の任意の点(x, y)における接線の傾きは、$2x$に等しくなることが分かる。微積分の専門用語でいうと、

x^2の導関数は、$2x$である。

先に進む前に、この微分則を証明する誘惑に駆られるが、ここではいったん受け入れることにして、この微分則が何を意味するか考えよう。一ついえるのは、$x = 1/2$における点では、傾きは$2x = 2 \times (1/2) = 1$に等しくなり、コンピュータ・グラフィックスの結果と一致することである。さらに、$x = 0$における放物線の頂点では、傾きは2×0、すなわち0となることが予測できるが、これもすでに考察した通りで正しい。最後に、$2x$の式によると、放物線を右方向に登ってゆくと、傾きは増加すると予測される。xの値が大きくなれば、傾きの$2x$も大きくなり、これは放物線がより急峻になることを意味し、そして実際にそうである。

放物線を用いた実験から、導関数に関するいくつかの注意点も分かる。導関数が定義できるのは、曲線にズーム・インすると、極限で直線に近づく場合のみである。病的な曲線では、そうならない場合もあ

る。例えば、曲線が、一点で鋭く角張ったV字形状をしている場合、その角張った点にズーム・インしても、角のように見え続ける。どれだけ曲線を拡大しても、角は決してなくならない。このため、この角の点においては、V字曲線の接線およびその傾きは定義できない。したがってその点の導関数は存在しない。

一方、任意の点で十分にズーム・インしたときに、曲線が次第に直線に見えてくるとき、その曲線は「滑らかである」という。本書を通して私は、曲線とその生成プロセスは滑らかと仮定している。これは、先駆者たちが初期にそう仮定していたのに倣っている。しかし、現代の微積分では、滑らかでない曲線への対処法についても分かっている。物理系の運動で生じる突然のジャンプや不連続性のために、滑らかでない病的な曲線が出現する例も存在する。例えば、電気回路のスイッチを入れると、電流がまったく流れていない状態から、唐突に大量の電流が流れる状態に推移する。時間に対して電流のグラフを描くと、スイッチが入ったときに、不連続なジャンプの近似として、電流が突然にほぼ垂直に上昇するのが見られるであろう。このような唐突の遷移は、真に不連続なジャンプとしてモデル化するのが便利な場合もある。このとき電流を時間の関数とすると、スイッチが入った瞬間は、電流の導関数は存在しない。

高校や大学の初級コースでは、ここで扱ったx^2だけでなく、電卓の他のボタンにある関数についても、導関数の計算規則を学ぶ。「$\sin x$ の導関数は $\cos x$ に等しい」、「$\ln x$ の導関数は $1/x$ に等しい」といったものである。しかし、私たちにとっては、導関数の考え方を理解し、その抽象的な定義が実際にどう応用されるかを見る方が重要である。したがって次節では、実世界に目を向けることにしよう。

日長変化の導関数

第4章では、日長の季節変化に関するデータを扱った。その際の目的は、正弦関数、曲線のフィッティング、データ圧縮について解説することだった。ここでは別の目的に日長データを用い、変動する変化率に光を当て、現実の問題として導関数を考えることにする。

以前に示したデータは、2018年のニュー・ヨークにおいて、日の出から日の入りまでの、陽の当たる分数を、日々表したものであった。この文脈で導関数に直結するのは、ある日からその次の日にかけて、日が長くなる、あるいは短くなる変化の大きさである。例えば、1月1日の日の出から日の入りまでの長さは、9時間19分23秒であった。1月2日には、9時間20分5秒と少し長くなることが分かる。42秒の余分の日長（0・7分と等価）は、1年の内の特定の日において、どれだけ速やかに日が長くなるかを測ったものである。つまり、1日当たり約0・7分の変化率で日は長くなっていたことになる。

比較のために、2週間後の1月15日の変化率を見てみよう。その日と次の日の間で、日長は90秒増えており、これは1日当たり1・5分の伸長率に対応する。2週間前に測った1日当たり0・7分の2倍以上だ。したがって、1月の日長は、日ごとに長くなっているだけでなく、長くなる速さが、日付の経過に伴ってより速やかになることが分かる。

このような喜ばしい傾向は、次の数週間持続する。春の訪れまで日は長くなり、長くなる速さも上昇する。3月20日の春分の日に、増加率は、1日当たり2・72分増しの輝かしいピークに達する。第4章に出てきたグラフにおいて、対応する点に印を付けてみるとよい。左端の日から、約四半期の79日目で、日長が最も急峻に上昇している。グラフの勾配が最大の点で、日長は最も急速に上昇しており、これは理にかなっている。ここにおいて導関数は最大となり、日長が可能な限り最も速やかに延びることを意味する。これらはすべて、春の最初の日に起こっている。

これとは対照的に、1年で最も日の短い、憂鬱な日々を考えてみよう。二重苦の日々だ。これら冬の暗い日々は、滅入るほど日が短いだけでなく、ある日からその次の日までの日長があまり変わらず、無力感が倍増する。しかしこれも理にかなっている。日長の波形の底に、最も日の短い日があり、そこで波形は平坦になる（そうでなければ底にはならず、日長は長くなるか、短くなるかのどちらかであろう）。このように底は平坦であるため、底における導関数は0になる。これは、日長の変化が少なくとも一時的に止むことを意味する。春が二度とこないように感じられる日々だ。

これまでは、1年のうちで、私たちの多くにとって情緒的な意味を持つ、春分と冬至付近の二つについて強調した。ただし、1年全体について考えることは、さらに有益である。日長変化率の季節変動を追うために、1月1日から始めて、それ以降は2週間おきの周期的な間隔をおいて、1年を通した変化率を求めた結果が次のページのグラフである。

縦軸は日々の変化率、つまり、ある日から次の日に掛けて、日長の増した分数を表す。横軸は、1（1月1日）から365（12月31日）までの日付を示す。

変化率は波のように浮いたり沈んだりする。冬の後半から早春にかけて日が長くなり始めると、変化率は正の領域に飛び出し、春分の79日目（3月20日）付近でピークとなる。ここで最も急速に、1日当たり約2·72分の割合で日が長くなる。しかしその後、すべては下り坂となる。変化率は落ち始め、夏至の172日目（6月21日）以降は負に転じる。負に転じるのは、これ以降に日が短くなり始めるからである。9月22日付近において日が最も早く陰るとき、変化率は底を打ち、冬至の355日（12月21日）まで変化率は負のままである。そして冬至以降、（気づかない程度であるが）再び日は長くなり始める。

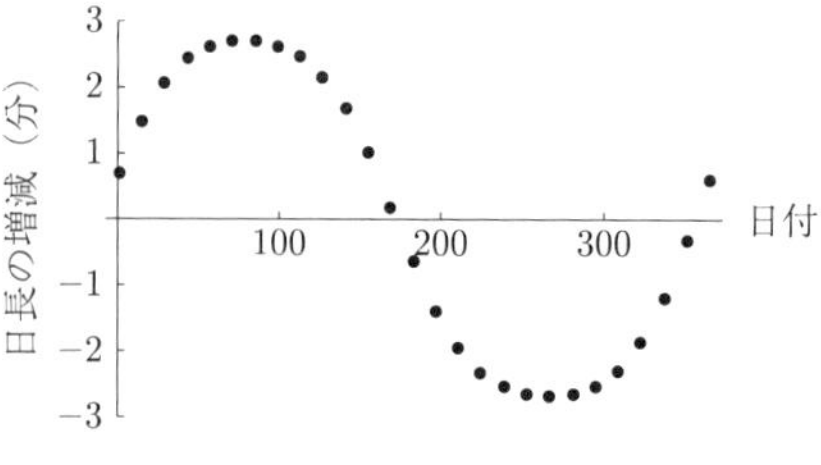

日長の増減（分）
日付

この波形を、私たちが第4章で出会った波形と比較してみるのは興味深い。二つの波形を、振幅が同程度になるように縮尺を調整して、同時に描いたのが次のページの図である（波形の繰り返しを強調するため、2年分のデータを示している。比較しやすいように小さな点を結び、波形の形状とタイミングに着目するため縦軸の数字は除いた）。

最初に気づくのは、波形同士が、同期していないことである。二つの波形は、同時にはピークに到達していない。日長の波形は1年の中間点でピークに達するのに対して、変化率のピークは3か月早まっている。各波形が12か月で上下動することを考えると、ピークのずれは、1サイクルの4分の1に対応する。

さらに気づくのは、わずかの違いはあるものの、二つの波形が互いに似通っている点である。二つの波形は家族の絆で結ばれてはいるが、破線は実線ほどは対称でなく、山と谷もより平坦な形をしている。

詳細の特徴について述べるのは、これらの実世界の波形が、正弦波の注目すべき性質を垣間見せてく

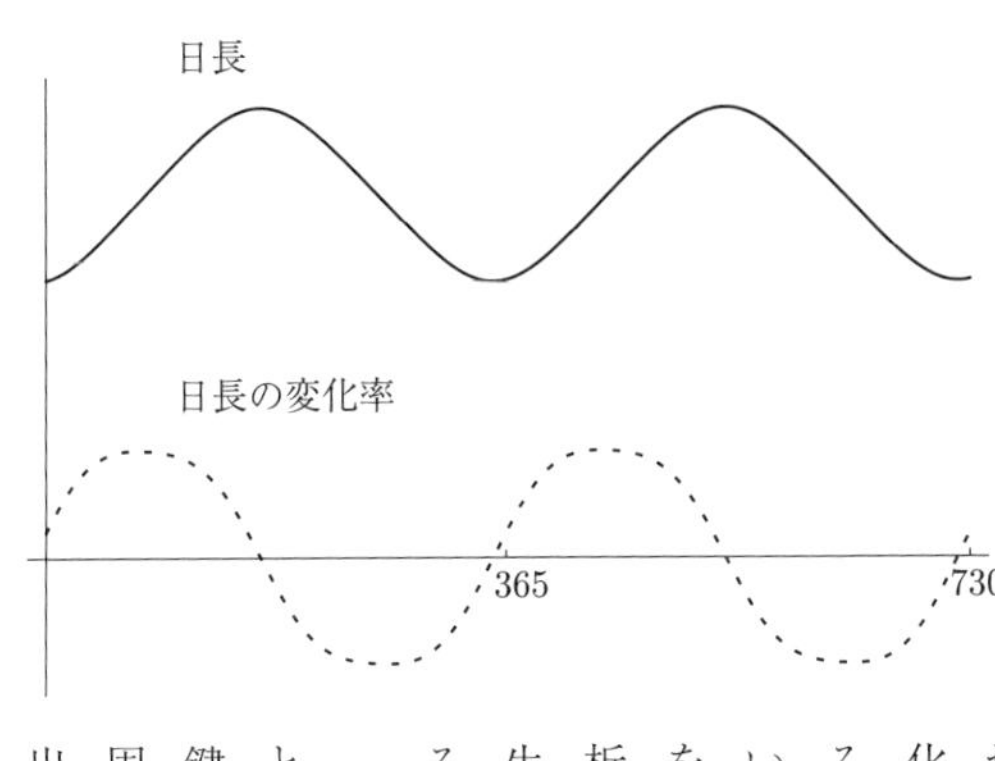

れるからだ。変数が完全な正弦波のパターンに従う場合には、その変化率も完全な正弦波となり、4分の1サイクルだけタイミングが前進する。この**自己再生**は、正弦波に特有の性質であり、正弦関数の定義に用いることもできる。完全な正弦波に固有の再生という素晴らしい現象を、私たちのデータは示しているのだ。（この点についてはフーリエ解析との関連で再び言及することにする。フーリエ解析は微積分から派生した強力な手法で、最もエキサイティングな微積分の応用の一つである。）

4分の1サイクルの起源について洞察してみよう。変化率を計算するとなぜ、正弦波が正弦波を生み出すのかについても同様に説明できる。鍵となるのは、正弦波が一様な円運動と結び付いていることだ。点が円周上を一定速度で移動するとき、その上下動は正弦波に従うことを思い出してほしい（左右方向の運動についても同じことがいえる）。このことを念頭に置いて、次のページの略図について考えよう。

この図は、円周上を時計回りに移動する点を示している。点は、物理的な対象物や天体を表しているわけではない。太陽を周回する地球でもなければ、季節とも関係ない。円を周回する抽象的な点にすぎない。点の東方向の位置（簡単のため、「東座標」と呼ぶことにする）は、正弦波のように増減する。図に示されるように、点が東座標の最大値に到達すると、これは正弦波の最大値、あるいは1年で最も日の長い日に対応する。では、点が最も東側に位置し、正弦波が東座標のピークにあるとき、次には何が起こるだろう？　図の下向きの矢印に示されている通り、最も東側に位置するとき、点は南の方向に向かっている。しかし、羅針盤において、南と東には90度の開きがある。90度は1サイクルの4分の1だ。なるほど！　4分の1サイクルのずれはここからきているのか。円の幾何学形状から、正弦波と、その導関数、すなわち変化率として得られた波形の間には、4分の1サイクルのずれがいつも存在する。この例では、点の移動方向を、点の変化率と同様に捉えている。点の移動方向すなわち、点がどのように位置を変えるかを定めているのだ。さらには矢

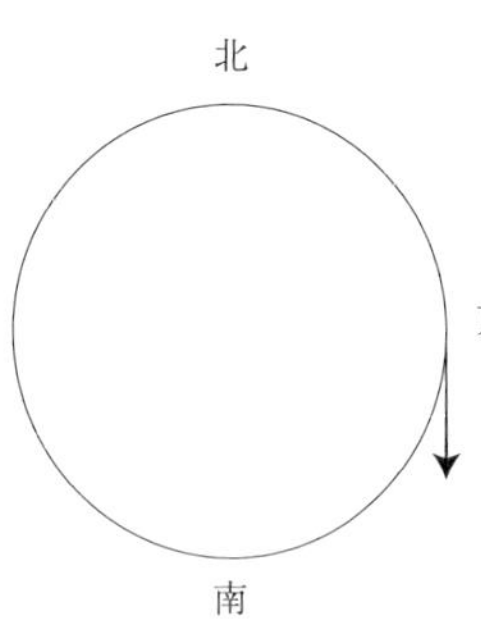

は、点が次にどこに向かうか、印の示す点の移動方向自体も、点が周回するにつれて一定速度で巡回する。したがって、点の移動方向も点の移動方向は変化率と同様に扱ってよかったことから、じゃじゃーん！　正弦波のパターンに追従する。変化率も正弦波のパターンに追従することが分かる。これが自己再生の性質だ。すなわち、正弦波は90度のずれを伴って正弦波を生み出す。（ここでは、正弦関数の導関数は余弦関数であり、余弦関数は正弦関数を4分の1サイクルずらしたものであることを、数式なしで説明していることに専門家は気づくであろう。）

これと類似した90度の位相遅れは、他の振動系でも起こる。前後に振れる振り子では、振り子が底を通り過ぎるときに、速度は最大となる。その4分の1サイクル後には、振り子は最も右側に位置し、角度が最大となる。時間に対して角度および速度を描くと、二つのグラフは近似的な正弦波を示し、90度の位相

のずれを伴う。

もう一つの例として、捕食者と被食者の相互作用を簡単化した生物のモデルがある。魚の群れを捕食するサメを想像してみよう。魚の個体数が最大になるとき、サメの個体数は最大の速さで増える。これは大量の魚を捕食できるためである。サメの個体数は増え続け、4分の1サイクル後に最大のレベルに到達する。一方で大量に餌食にされたことによって、このときまでに魚の個体数は落ち込む。このモデルを解析すると、二つの個体数は90度のずれを伴って振動することが分かる。同じような捕食者と被食者の振動は、自然界の各所で見られる。1800年代に動物の捕獲会社が記録したカナダの野ウサギとオオヤマネコの個体数年間変動も、その一例である。（生物の問題ではよくあることだが、実際の振動にはもっと複雑な要素が含まれることが多い。）

日長のデータに戻ると悲しいかな、完全な正弦波ではないことが分かる。これらのデータは本質的には、1日ごとの点の離散集合であり、それらの間にデータは存在しない。したがって、微積分が必要とするようなある種の点の連続体は、データに含まれない。そこで導関数の最後の例では、例えばミリ秒まで、好きなだけ細かい解像度でデータを集められる問題について考えることにする。

瞬間速度としての導関数

2008年8月16日の北京は無風であった。10時30分、世界最速の8人の男たちが、オリンピック100メートル走決勝の舞台に並んだ。そのうちの一人、ウサイン・ボルト[122]という名の21歳のジャマイカ走者は、この種目でまだ新参者であった。２００メートル走者としての方が知名度があったが、コーチに頼み込んで数年来、１００メートルに挑戦し、過去1年にわたって速さに磨きが掛かっていた。

彼は他の短距離走者とは異なって見えた。ひょろっとして、６フィート5インチ（1.96メートル）の身長があり、大またのゆったりした走法であった。少年期には、サッカーとクリケットに熱中したが、クリケットのコーチが彼の速さに気づき、陸上競技を勧めた。10代では走者として向上し続けたが、陸上競技にそれほど真剣には取り組まなかった。彼はおっちょこちょいのいたずら好きで、悪ふざけが好きだった。

その夜の北京[123]で全選手が紹介され、ＴＶカメラへの大袈裟なポーズが終わると、スタジアムは静まり返った。短距離走者たちはスターティング・ブロックに足を置き、身をかがめて位置に着いた。スターターが、「位置について、用意」と呼び、そしてスターター・ピストルが鳴った。

ボルトはブロックを飛び出したが、他のオリンピック選手ほど爆発的な飛び出しではなかった。反応時間の遅れで、スタート付近の順位は8人中7番目であった。スピードを上げ、30メートルまでに集団の真ん中まで追い上げた。そこからさらに超特急列車のように加速して、他の競技者に水を開けた。

80メートル地点でライバルの位置を確認しようと、右を一瞥した。自分がどれだけ先んじていたかを悟ると、ボルトは目に見えて減速し、腕を脇に下ろし、胸を叩きながらゴール・ラインを流した。これを傲りと見る解説者もいれば、歓喜の儀式と捉える者もあった。いずれにせよ明らかなのは、ボルトは最後まで懸命に走る必要はなかったということだ。このことは、彼が（減速しなければ）どれくらい速く走ることができたのだろうかという憶測を呼ぶ。実際には、祝いの儀にもかかわらず（シューズひもも解けていたが）、彼は9・69秒の世界記録を樹立した。スポーツ選手にふさわしくないと批判した役員もいたが、ボルトに無礼の意図はなかった。後に記者たちには、「あれが素の自分[124]。嬉しくて、リラックスしただけ」と語った。

画像提供：WENN Ltd/Alamy.

ボルトはどれだけ速く走ったのだろう？　100メートル9・69秒は、$100/9.69 = 10.32$ メートル毎秒に換算される。より使い慣れた単位では、これは時速37キロメートル、あるいは時速23マイルに相当する。しかしこれはレースを通した平均速度である。彼の最初と最後の走りはこれよりも遅かったし、中間地点では、これ以上の速さであった。

10メートルごとのトラック所要時間の記録から、より詳細な情報が入手可能である。彼は最初の10メートルを1・83秒で進んだが、この区間の平均速度は毎秒5・46メートルに対応する。50メートルから60メートル、60メートルから70メートル、70メートルから80メートルの区間にかけて、最速のスプリット・タイムが出た。これらの10メートル区間を、彼は各0・82秒で駆け抜け、これらの平均速度は毎秒12・2メートルに上った。彼が速度を落とし、フォームを崩した最後の10メートルでは、平均速度は毎秒11・1メートルに減じた。

人類は、パターンを発見するように進化を遂げた。数を凝視する代わりに、視覚化する方が情報を得やすいことが多い。左のグラフは、ボルトが10メートル、20メートル、30メートルなどを横切った際の経過時間を、100メートルのゴール・ラインを越えた9・69秒まで示したものである。

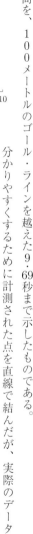

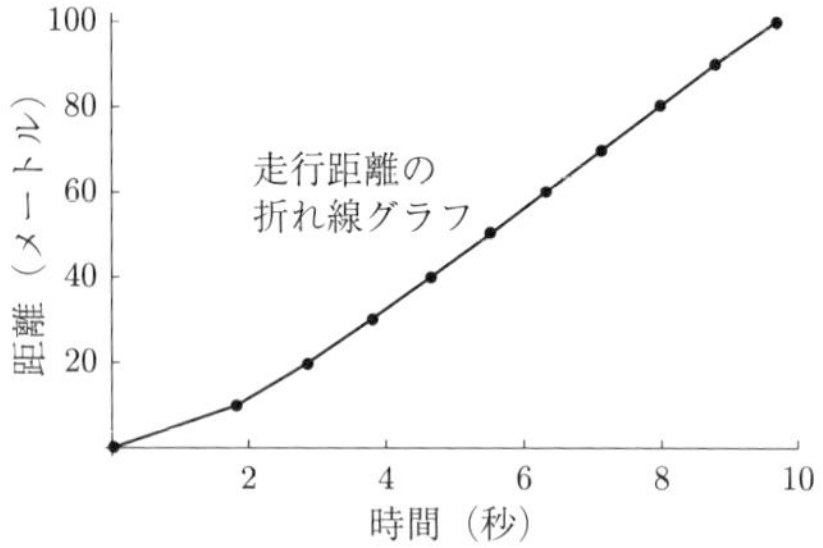

走行距離の折れ線グラフ
距離（メートル）
時間（秒）

分かりやすくするために計測された点を直線で結んだが、実際のデータは点のみであることに留意してほしい。点と点の間の線分が一緒になって、折れ線を形成している。線分の傾きは左で最も緩くなっており、これはレース・スタート時のボルトの低速度に対応する。右に移動するにつれて、グラフは上に曲がり、これは彼が加速していることを意味する。そしてグラフはほぼ直線を形成する。これは、ほとんどの区間で、彼が高速で安定した速度を維持していたことを示す。

最高速度が出たのはどの時点で、それはトラックのどこで起こったのかを知りたいと思うのは自然であろう。10メートル区間の平均速度の最高値は、50メートルから80メートルの間で記録されたことを私たちは知っているが、私たちが知りたいのは10メートルの平均速度ではない。興味があるのは、彼の最高速度だ。ウサイン・ボルトが速度計を身につけていたと想像しよう。正確にどの瞬間において、彼は最も速く走行していたのだろうか？　そして、その正確な速度はいくつだろう？

私たちがここで求めているのは、瞬間速度を測る方法である。この概念には、パラドックス的な問題が含まれる。任意の瞬間に、ウサイン・ボルトは正確にある場所にいた。スナップショットをとると、彼は凍結されていた。したがって、その瞬間の彼の速度というのは、何を意味するのだろうか？　速度は、時間間隔においてのみ発生し、単一の瞬間に生じるものではない。

瞬間速度の謎は、数学および哲学の歴史をはるかに遡り、紀元前約450年のゼノンと彼の手強いパラドックスまで行きつく。**アキレスと亀のパラドックス**において、ゼノンは、速い走者は遅い走者を決して追い抜くことができないと主張したことを思い出してほしい。ウサイン・ボルトが北京の夜に証明した事実にもかかわらずである。そしてゼノンは**矢のパラドックス**で、飛んでいる矢は決して動くことはできないと論じた。数学者たちは、このパラドックスで彼が何を主張しようとしていたのか未だに判断を迷っているが、私が推測するに、ある瞬間における速度という概念固有の微妙さが、ゼノン、アリストテレス、その他のギリシャの哲学者たちには問題だったのではないだろうか。ギリシャ数学で、運動と変化に関する言及がほとんど見られないのは、このためだったのかもしれない。無限と同様、このように不穏な主題は、きちんとした場では廃止されてしまったように思われる。

ゼノンから2000年後、微分法の創始者たちは瞬間速度の謎を解決した。彼らの直観的な解決策は、瞬間速度を極限として定義することであった。具体的には、短く設定した時間間隔における平均速度の極限を取ったのである。

放物線上の点をズーム・インしたのと同じ要領だ。その際には、滑らかな曲線の微小部分を、直線で近似し、拡大率を無限にする極限で、何が起こるかを調べた。直線の傾きの極限値を求めることで、滑らかに曲がる放物線上の特定の点における導関数を定義できた。

放物線の方法からの類推で、滑らかに時間変化するものを近似したい。ここで変化するのは、ウサイン・ボルトのトラック上の距離である。考え方としては、時間に対するボルトの距離のグラフを、短時間間隔に一定の平均速度で変化する折れ線グラフで置き換えるのである。もしも各時間間隔における平均速度が、時間間隔が短くなるにつれて極値に近づくならば、その極値が、与えられた時刻における瞬間速度ということになる。ある点における傾きのように、ある瞬間における速度も導関数である。

これがすべてうまくいくには、トラックにおけるボルトの距離が滑らかに変動すると仮定しなければならない。さもなくば、私たちの調べている極限も導関数も存在しないであろう。時間間隔を短くしても、理にかなった結果には近づかないであろう。だが実際のところ、ボルトの距離は、時間の関数として滑らかに変動したであろうか？　正確には分からない。私たちが持っている唯一のデータは、トラック上の10メートル間隔地点における、ボルトの経過時間の離散標本点である。瞬間速度を推定するには、データを超えて、離散点の間の時刻に彼がいた場所について根拠ある推測をする必要がある。

そのような推論を体系的に行う方法は、**補間**として知られている。得られたデータの間に滑らかな曲線を引くという考え方である。ここでは、すでに行ったように点を直線の線分で結ぶのではなく、最も妥当な滑らかな曲線が点（少なくとも点の近く）を通るようにしたい。この曲線に対する制約は、（1）ピンと張っていて、あまり波打つものではないこと、（2）すべての点のできるだけ近くを通ること、（3）ボルトの初速度は0であることである。（3）の制約はクラウチング・スタートの姿勢では静止していたことを

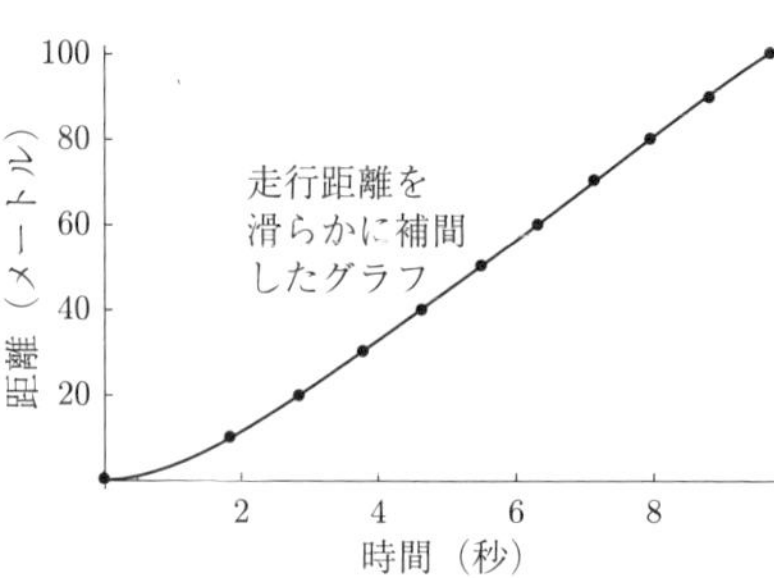

知っているためである。これらの基準を満たす曲線は多数存在する。統計学者たちは、滑らかな曲線をデータにフィッティングする技法を多数考案した。それらの結果はすべて類似しており、いずれにせよ多少の当て推量を含んでいるので、どの方法を用いるかで思い悩むのはやめよう。

　前ページの図は、すべての基準を満たした滑らかな曲線の一例である。この曲線は滑らかに設計されていることから、各点で導関数が計算できる。上の結果のグラフを見ると、北京の夜に新記録を打ち立てたレースでの、各瞬間におけるウサイン・ボルトの速度の推定値が分かる。

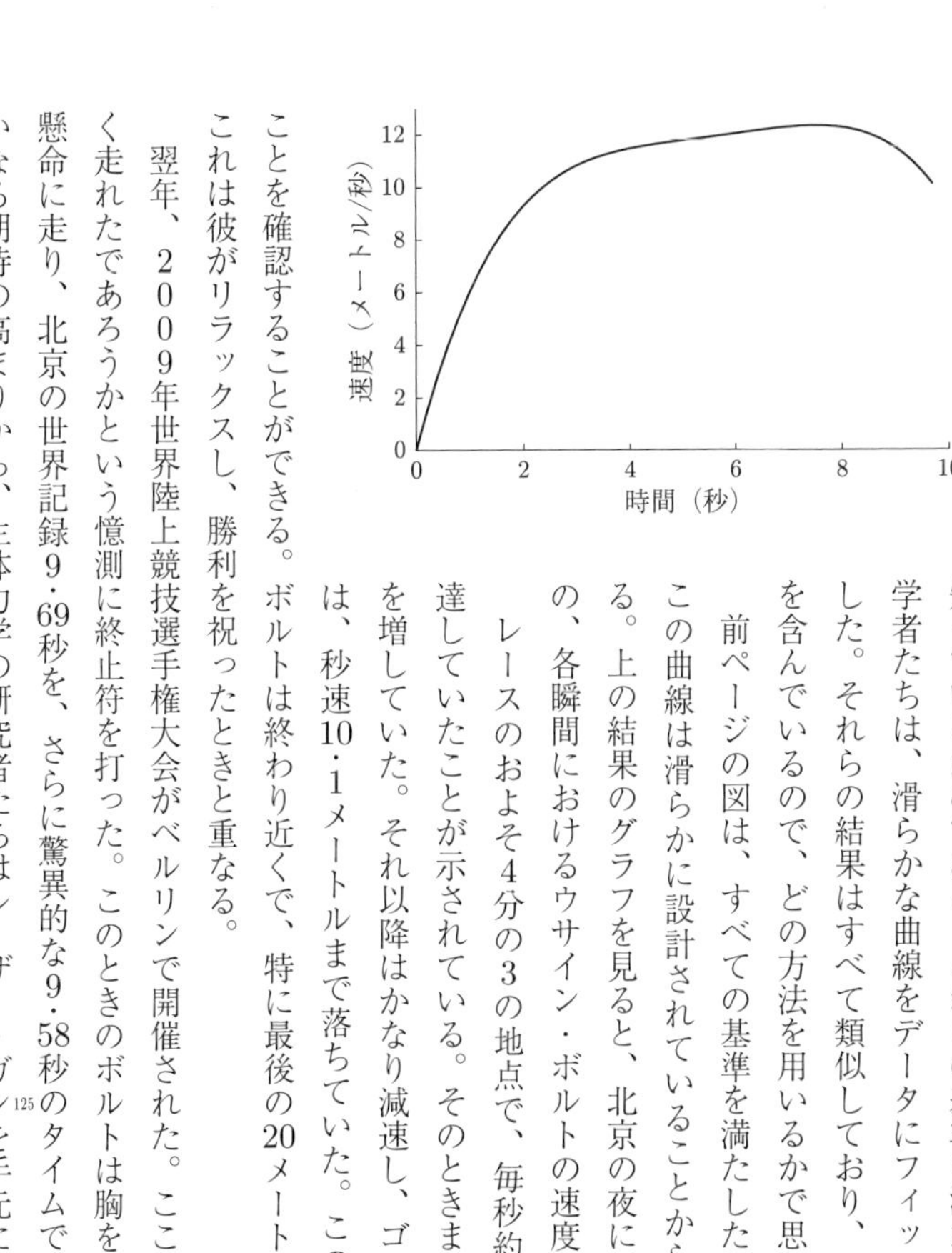

　レースのおよそ4分の3の地点で、毎秒約12・3メートルの最高速度に達していたことが示されている。そのときまで彼は加速し、各瞬間で速度を増していた。それ以降はかなり減速し、ゴール・ラインを横切った際には、秒速10・1メートルまで落ちていた。このグラフで、群衆が目撃したことを確認することができる。ボルトは終わり近くで、特に最後の20メートルで、劇的に減速したのだ。これは彼がリラックスし、勝利を祝ったときと重なる。

　翌年、２００９年世界陸上競技選手権大会がベルリンで開催された。ここで、ボルトは彼がどれだけ速く走れたであろうかという憶測に終止符を打った。このときのボルトは胸を叩かなかった。彼は最後まで懸命に走り、北京の世界記録9・69秒を、さらに驚異的な9・58秒[125]のタイムで破ったのだ。記録更新への大いなる期待の高まりから、生体力学の研究者たちはレーザー・ガンを手元に置いていた。警察がスピード

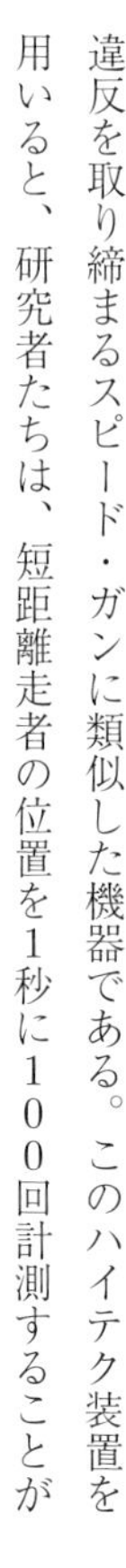

違反を取り締まるスピード・ガンに類似した機器である。このハイテク装置を用いると、研究者たちは、短距離走者の位置を1秒に100回計測することができた。ボルトの瞬間速度を計算した結果が上の図だ。

全体の流れの中で小刻みに動いているのは、ストライド（1歩の歩幅）の間に必然的に起こる速度の上下動だ。結局のところ走る動きは、跳躍と着地の連続なのである。足を地面に着地し、ほんの一瞬ブレーキをかけ、そして自身を前方に推進し、再び空中に発射する。この一連の動作のたびに、ボルトの速度は少し変動した。

これらの小刻みの変動は好奇心をそそるものではあるが、データ解析には厄介で煩わしい。私たちが本当に見たいのは走りの大勢であって、小変動ではない。この目的のためには、前出の滑らかな曲線をデータにフィッティングする技法を用いた方がよいであろう。このような高解像データを集め、データに小刻みの揺れを観測した後、研究者たちは変動成分を除去しなければならなかった。より意味のある走りを表出させるため、彼らは小刻みの揺れを取り除いた。

私にとって、この小刻みの揺れは大いなる教訓を与えてくれる。実際の現象を微積分でモデル化することに対する、ある種の教育的寓話のように思える。現象の計測において、耐えがたいほど細部まで、時間あるいは空間の解像度を上げすぎてしまうと、滑らかさが破綻し始める。ウサイン・ボルトの速度データでは、変動成分によって滑らかな走行が失われ、パイプ・クリーナーのようなモジャモジャの様相が現れた。分子スケールまで観測することができれば、どのような形式の運動についても同様のことが起こるであろう。分子のレベルまで下がると、運動はジッター（訳注：信号波形の時間軸方向に発生する短時間変動成分のこと）を含んだようになり、滑らかさとはかけ離れてしまう。微積分が、少なくとも直接的に私たちに教示できることはもはやなくなるであろう。ただしそれでも、私たちの関心が走りの大勢にあるならば、このようなジッターを取り除くのは問題ないであろう。微積分が、宇宙における変動の本質について私たちに大いなる洞察を与えてくれるのは、滑らかさの賜物なのである。ただしその滑らかさは、近似的なものなのかもしれない。

ここで、最後の教訓だ。すべての自然科学においてそうであるが、数理モデルの構築で、私たちは何を強調し、何を無視するかの選択に迫られる。抽象化の技巧は、何が本質で何が些細なことか、何が信号で何がノイズか、何が大勢で何が小変動かを私たちが知っているかに懸っている。これは人為的なものであり、これらの選択には常に危険の要素が伴う。都合のよい考え方や知的不誠実さに接近する危険性だ。ガリレオやケプラーなどの偉大な自然科学者たちは、このような崖に沿いながらも、何とか歩き通したのだ。

「芸術とは、私たちに真実を気づかせてくれる嘘である」[126]とピカソはいった。自然を模擬する微積分についても同じことがいえるであろう。17世紀前半において、微積分は変動を抽象化する強力な手法として使われ始めた。17世紀の後半では、このような人為的な選択、すなわち真実を明らかにする嘘が、革命への下地を作った。

第7章　秘密の泉

17世紀後半、イングランドのアイザック・ニュートン[127]とドイツのゴットフリート・ライプニッツによって、数学の針路は永遠に変わった。彼らは、ばらばらの寄せ集め状態だった運動と曲線の概念を取り上げ、**微積分**に発展させた。

微積分という言葉には物語性がある。微積分の英語名は〈カルキュラス〉であるが、これはラテン語の〈カルクス〉を語源とし、「小さな石」を意味する。人々が小石を用いて数を数えていた、つまり計算に用いていた太古を思い起こさせるものである。カルシウム、チョーク、コーキング材も同じ語源を持つ。歯のクリーニングにいくと、固化した歯垢を衛生士が削り取ってくれるが、その小さな石のことを歯科医は、〈カルキュラス〉（歯石）と呼ぶ。一方で医師たちも、胆石、腎臓結石、膀胱結石のことを〈カルキュラス〉と呼ぶ。皮肉で残酷なことに、微積分の先駆者であるニュートンとライプニッツは、2人とも結石の激しい痛みで亡くなっている。ニュートンは膀胱結石、ライプニッツは腎臓結石であった。

面積、積分、基本定理

微積分は、石で数を数えることだった時代もあるが、ニュートンとライプニッツの時代には、曲線と解析幾何学に注力されていた。その30年前、フェルマーとデカルトは代数学を用いて、最大値、最小値、曲線の接線を求める方法を発見した。未知だったのは曲線の面積、より正確には、曲線で境界される領域の面積を求める方法であった。

このような面積の問題は古典的には、曲線の求積あるいは積算として知られ、２０００年もの間、数学者たちを疲弊し挫折させてきた。アルキメデスの円の面積や放物線の求積に関する仕事から、フェルマーの曲線 $y = x^n$ の下の部分の面積に至るまで、特殊な場合の解法については、多くの巧妙なトリックが考案されていた。しかし、欠けていたのは体系であった。面積の問題に対しては、その場しのぎ的な個別の取り組みがなされ、数学者たちは毎回、一からやり直すようなありさまであった。

湾曲した立体の体積や、曲線の弧の長さに関する問題にも、同様の困難が付きまとっていた。実際、デカルトは、弧の長さは人知を超えると考えていた。幾何学に関する本で、「直線と曲線の長さの間に存在する比率は未知であり、私の考えでは、人の知り得ることですらない[128]」と記述している。面積、弧の長さ、体積のすべての問題において、無限小の断片を無限に加算する必要があった。現代用語でいうと、これらの問題はすべて積分を含んでいた。どの問題に対しても必ずうまくいく体系を持っている者はいなかった。

この状況が変わったのは、ニュートンとライプニッツ以降であった。彼らは独立に、**基本定理**を発見し、その証明を行い、これらの問題を日常的な課題（ルーチン）にしてしまった。この定理によって、面積は傾きと結び付けられ、これにより積分は導関数と結び付けられた。これは驚異であった。チャールズ・ディケンズの小説から出てきた二つのかけ離れた登場人物が、最も近い血縁関係にあったようなものだ。積分と導関数は、血がつながっていたのだ。

この基本定理の衝撃に誰もが息を飲んだ。ほぼ一夜にして、面積は従順な問題になった。数学の先人たちが懸命に解いた問題は、いまやわずか数分で片付けられるものとなった。ニュートンは、「式で表せない曲線は存在しない[129]……しかし、私は15分の半分も掛からずに、それが求積できるか分かる」と友人に書いた。同世代の人間にとって、この主張がどれだけ信じがたいものかに気づいて、彼はこう続けた。「これは大胆な主張に聞こえるかもしれない……しかし、あの泉[130]から式を取り出せば簡単だ。他者にそれを証明する約束はできないが」

ニュートンの秘密の泉は、微分積分学の基本定理であった。この定理に最初に気づいたのは、彼とライプニッツではなかった[131]が、彼らの功績が認められたのは、彼らが最初に一般の形で定理を証明し、その圧倒的な実用性と重要性を認識し、その周りに演算体系を構築したからであった。彼らの開発した方法は、いまやありふれたものとなった。積分は牙を抜かれ、ティーンエイジャーの宿題になった。

現在、世界中の高校や大学で学ぶ無数の生徒たちは、微積分の問題集に取り組み、基本定理の力を借りながら次から次へと積分を解いている。それにもかかわらず彼ら彼女らの大多数は、自分に与えられた贈り物に気づかないでいる（当然のことではあるが）。まるで古いジョークのようだ。ある魚が、「君は水に感謝している?」と尋ねたところ、もう一方の魚は答えた。「水って何だ?」微積分を学ぶ生徒は、常に基本定理の中を泳いでいる。あまりにも自然なことで、彼らはそれを当たり前と思っているのだ。

運動による基本定理の視覚化

基本定理を直観的に理解するには、走者や車のような動く物体の移動距離について考えればよい。このような考え方に習熟することで、基本定理が何をいっているのか、なぜそれが正しく、なぜ重要なのかを学ぶことになる。これは、単に面積を求めるためのトリックではない。私たちが関心を持つ対象の未来を予測し、宇宙における運動と変化の謎を解き明かす鍵となる。

ニュートンが基本定理を思いついたのは、面積の問題を動的に捉えたときだった。彼のひらめきは、時間と運動を視覚化することだった。「面積を流れさせた」と彼は説明する。つまり面積を連続的に拡げたのだ。

彼のアイデアを最も簡単に説明するには、これまでに慣れ親しんだ、一定速度で移動する車の問題に立ち戻るのがよい。この問題では、速度に時間を掛けると移動距離に等しくなる。初歩的な例ではあるが、それでも基本定理の本質を捉えることができるので、よいスタート地点だ。

高速道路を時速60マイルで走る車を想像しよう。時間に対して距離のグラフを描き、その下に、時間に対する速度のグラフを描く。その結果、距離と速度のグラフはこのように見える。

まずは、時間に対する距離のグラフを見よう。車は1時間後に60マイル、2時間後には120マイル移

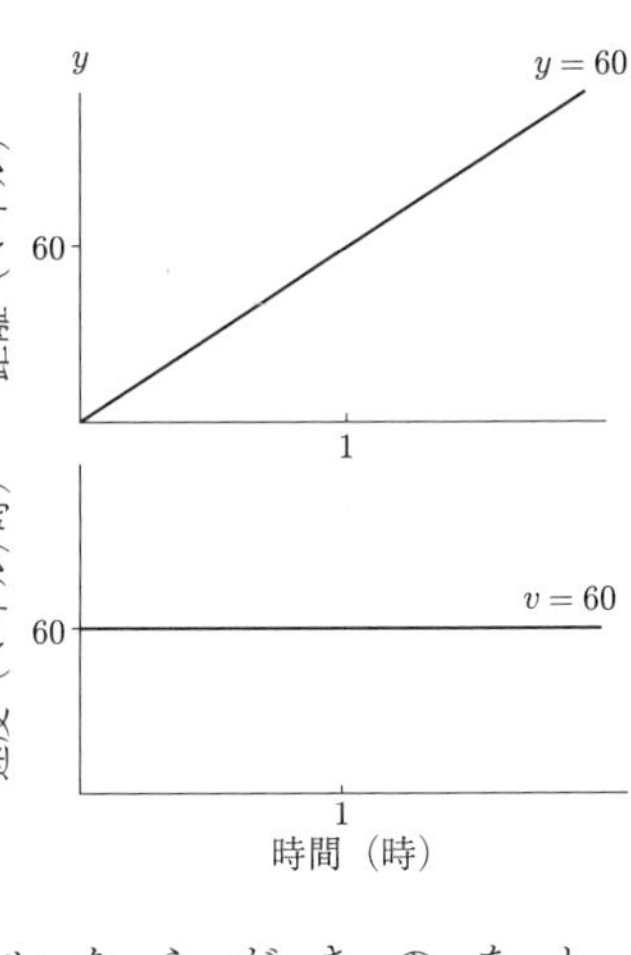

動する。一般に距離と時間は、$y = 60t$ の関係にある。ただし、yは、時間tの間に車の移動した距離を表す。$y(t) = 60t$ を距離の関数ということにする。上の図に示される通り、距離の関数のグラフは、傾きが時速60マイルの直線になる。この傾きは、すべての瞬間における車の速度を教えてくれる（私たちが速度を知らなかった場合に）。より難しい問題では速度は揺らぐかもしれないが、ここではすべての時間tにおいて、単純な定関数$v(t) = 60$となり（vは速度を表す）、図の下のパネルにおける平坦な直線のグラフで表される。

速度が距離のグラフ上でどのように（直線の傾きとして）表出するかを見たので、今度は質問を変えよう。距離は、速度のグラフ上でどのように表出しているだろうか？ 別の言い方をすると、速度のグラフの視覚的あるいは幾何学的特徴で、与えられた任意の時間t内に車がどれだけ移動したかを類推できるものはあるだろうか？ 答えはイエスだ。移動距離は、速度曲線（ここでは水平直線）の下の部分で、時間tまでに蓄積された面積に等しい。

なぜかを考えるため、車がある特定の時間、例えば30分走ったとしよう。この場合、移動距離は30マイルになるであろう。距離は、速度掛ける時間で、$60 \times \frac{1}{2} = 30$だ。素晴らしいことに、そして最重要な点として、この距離は、二つの時点$t = 0$時間から$t = 1/2$時間までの間の、水平直線下の灰色の長方形面積から読み取ることができる（次のページの図）。

速度（マイル/時）
面積は 30 マイル
60
t
$\frac{1}{2}$　1
時間（時）

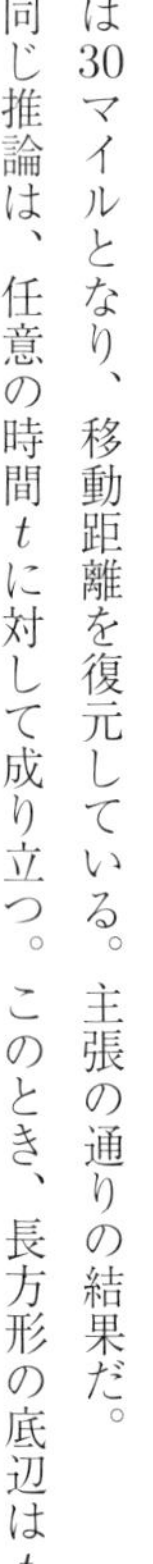

長方形の高さの時速60マイルに、底辺の1/2時間を掛けると、長方形の面積は30マイルとなり、移動距離を復元している。主張の通りの結果だ。

同じ推論は、任意の時間tに対して成り立つ。このとき、長方形の底辺はtとなり、高さは依然として60であることから、面積は$60t$となり、確かに、これは期待していた距離$y = 60t$を与える。

したがって少なくとも、速度が完璧に一定で速度曲線が平坦な直線になるこの例では、速度から距離を復元する鍵は、速度曲線の下の部分の面積を計算することになる。ニュートンは、面積と距離の間の等式は、たとえ速度が一定でない場合にも、常に成り立つと洞察した。物体がどれだけ不規則に動いたとしても、速度曲線の下で時間tまでに蓄積された部分の面積は、物体がその時間までに移動した総距離に常に等しい。これが、基本定理の一つ目の捉え方である。話が簡単すぎるように思えるが、これが真実なのである。

ニュートンは面積を、流れ動く量として考えることによって、この定理に導かれた。それまでの幾何学の慣習のように、面積を、ある形状に関する凍結した測度としては考えなかったのである。彼は、時間を幾何学に持ち込み、それを物理のように眺めた。彼が今日生きていたら、おそらく上記のような描写をスナップ写真ではなく、パラパラ漫画のようなアニメーションで視覚化したであろう。こうするために、上の図を最後にもう一度見てほしい。ただ今度は、動画の1コマ、あるいはパラパラ漫画の1ページとして見よう。心の中でアニメーションを再生すると、灰色の長方形はどうなるだろうか？　横向きに拡がるで

あろう。なぜか？　長方形の底辺の長さは t であり、時間が経つと、増加するからである。各時間のコマ写真を作り、パラパラ漫画のように順番に再生できたら、アニメ版の長方形は、右に引っ張られているように見えるであろう。膨張するピストンか、あるいは横に置かれた注射器で、灰色の液体を器内に注入している様子に似ているだろう。

この灰色の液体が、拡大する長方形の面積を表す。この面積が、速度曲線 $v(t)$ の下で**蓄積されている**と考える。この場合、時間 t までに蓄積された面積は $A(t) = 60t$ であり、これは車の移動距離 $y(t) = 60t$ に等しくなる。したがって、速度曲線の下で蓄積される面積は、距離を時間の関数として与える。これが基本定理の運動バージョン（運動版）である。

一定の加速度

ニュートンの基本定理は、抽象曲線 $y(x)$ とその下に蓄積された面積 $A(x)$ の観点から表現することもできる。これを基本定理の一般幾何学バージョン（一般幾何学版）と呼ぶことにする。定理を理解する鍵となるのは蓄積面積であるが、この考え方に慣れるには時間を要する。そこで、抽象的な幾何学バージョンの話をする前に、ニュートンの基本定理を、運動に関するもう一つの具体的問題に応用してみよう。

ここでは、一定の加速度で動く物体を考える。これは、物体がより速く移動し続け、速さが一定の割合で増えることを意味する。大雑把には、静止状態から始めて車のアクセルを目いっぱい踏みこんだ状況に似ている。車は、1秒後に時速10マイル、2秒後に時速20マイル、3秒後に時速30マイルといった具合に走行するであろう。この仮想例では、１秒ごとに時速10マイル、車の速さは増加する。この速度の変化率、すなわち毎秒時速10マイルが、車の加速度と定義される。（簡単のため、実際の車には超えられない最高速度があることや、アクセルを床まで踏みこむときの加速は厳密には一定ではないことは無視している。）

この理想化された例では、各瞬間における車の速度は、線形の関係 $v(t) = 10t$ で与えられる。ここで数10は、車の加速度を意味する。加速度が別の定数、例えば a であったならば、式は次のように一般化される。

$$v(t) = at$$

このように急発進する車が、時間0から時間 t までの間にどれだけ遠くまで移動するかを知りたい。言い方を変えると、スタート地点からの車の距離は、時間の関数としてどのように増加するであろうか？ここで、「距離は速度掛ける時間」という、中学で習う公式を使うのは大間違いである。なぜなら、この式が成り立つのは、車の速度が一定の場合のみであり、ここではそうではないからである。それどころかこの場合、車の速さは、各瞬間ごとに増大しているのだ。私たちは、一定速度という穏やかな世界にはもういない。ここは定加速度というスリル満点の世界なのだ。

中世の学者たち[132]はこの答えをすでに知っていた。オックスフォード大学マートン・カレッジの哲学者で論理者のウィリアム・ヘイティスベリーが、１３３５年ころにこの問題を解いている。そして、フランスの聖職者で数学者のニコル・オレームは、問題のさらなる解明を行い、絵を用いて解析した。残念ながら彼らの仕事はあまり広まらず、すぐに忘れられてしまった。それから約250年後、ガリレオは、一定の加速度が、単なる学術的な仮定ではないことを実験的に証明した。鉄のボールのような重い物体が、地球表面付近を自由落下するとき、あるいは緩やかな傾斜面を転げ落ちるときが、これに相当する。両方の場合、ボールの速さは時間に比例して $v = at$ と増大する。これは、定加速度運動で期待される速度である。

速度が $v = at$ に従って線形に増大することが分かったが、では次に、距離はどう増えるだろう？ 基本定理によると、移動距離は、速度曲線の下の部分の時間 t までの蓄積面積に等しい。ここでの速度曲線は傾斜した直線 $v = at$ であるから、対応する面積を計算するのは簡単だ。上のグラフの三角形の面積で与えられる。

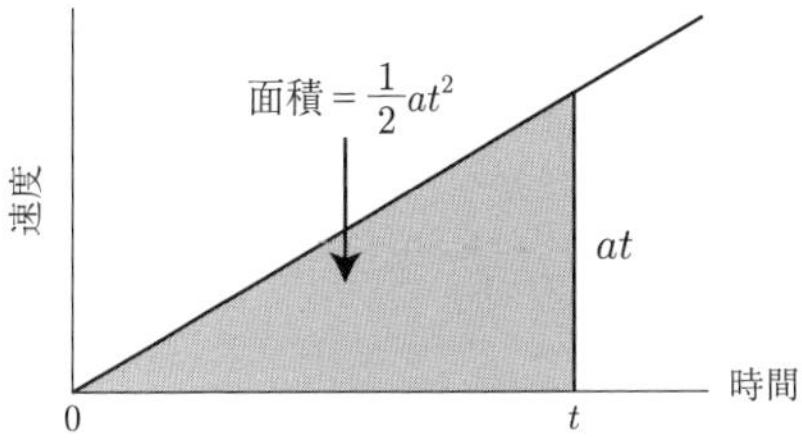

面積 $= \frac{1}{2}at^2$

速度

at

時間

0

t

前出の灰色の長方形の問題のように、灰色の三角形も時間が経過するにつれて拡大している。二つの違いとして、長方形は水平方向のみに拡がるのに対して、三角形は水平方向と垂直方向の両方に広がる。この面積がどれだけ速く拡大するかを計算するため、任意の時間 t において、三角形の底辺は t、高さは物体の現在の速さ $v = at$ であることを用いる。三角形の面積は、底辺掛ける高さの半分であるから、蓄積された面積は $\frac{1}{2} \times t \times at = \frac{1}{2}at^2$ に等しくなる。基本定理によると、このように計算した速度曲線下の面積は、物体がどれだけ移動したかを教えてくれる。

$$y(t) = \frac{1}{2}at^2$$

したがって、静止状態からスタートし、一定の割合で加速する物体において、その移動する距離は、経過時間の2乗に比例する。これはまさにガリレオが実験的に発見し、奇数の法則を用いてチャーミングに表現したものである（第3章で見たように）。中世の学者たちもこのことを知っていた。

しかし中世において、あるいはガリレオの時代でさえも知られていなかったのは、加速度が単純な定数でないときに、速度がどう振る舞うかという点であった。別の言い方をすると、任意の加速度 $a(t)$ で物体が動くとき、その速度 $v(t)$ について私たちは何がいえるであろうか?

これは、前章で言及した逆方向問題のようなものである。難しい問題だ。この問題を適切に理解するには、私たちが知っていることと、知らないことを正しく認識することが極めて重要である。

加速度は、速度の変化率として定義される。したがって、速度 $v(t)$ が与えられれば、対応する加速度 $a(t)$ を求めるのは容易であろう。これを、順方向問題を解くと呼ぶ。加速度を求めるには、与えられた速度関数の変化率を計算すればよい。前章で放物線の傾きを求めた際に、放物線を顕微鏡の下に置いたのとまったく同じ要領だ。既知の関数の変化率を求めるには、導関数の定義を発動して、さまざまな関数の導関数を計算する規則を適用すればよい。

しかし逆方向問題が難しいのは、私たちには速度関数が与えられていないからである。にもかかわらず、速度関数を求めることが要求されている。私たちには、速度の変化率、すなわち加速度が、時間の関数として与えられている。そして、その加速度関数を変化率として持つ速度関数が何かを見つけ出そうとしている。どうすれば既知の変化率から、未知の速度関数を逆方向に推測できるだろうか? 子供のゲームのようだ。「ぼくが考えている速度関数は、その変化率がこれこれこうだ。ぼくが考えている速度関数を当ててみて？」

速度から距離を推論するときにも同様に、逆方向に類推しなければならなくなる。ちょうど加速度が速度の変化率であるように、速度は距離の変化率である。順方向に推論するのは簡単だ。動く物体の距離を時間の関数として知っていれば、各瞬間における物体の速度を計算するのはたやすい。前章では、ウサイン・ボルトが北京のトラックを走ったデータに対してそのような計算を行った。しかし、逆方向の推論は難しい。ウサイン・ボルトがレースの各時点でどのような速さで走っていたかが分かったら、各瞬間に、ボルトがトラックのどこにいたかを類推できるだろうか？　より一般には、任意の速度関数 $v(t)$ が与えられたとき、それに対応する距離関数 $y(t)$ を推論できるだろうか？

ニュートンの基本定理は、与えられた変化率から、そのもととなった未知関数を推論する困難な逆方向問題に光明を投じ、多くの場合、完全に解いてしまった。逆方向問題を、流動し拡大する面積の問題として捉え直すことが鍵であった。

基本定理の塗装ローラー証明

微積分の基本定理は、18世紀の長きにわたる数学的思考の頂点であった。基本定理は、動的な手段を用いて、静的な幾何学の問題に答えを与えた。この幾何学の問題は、紀元前２５０年に古代ギリシャのアルキメデスが問いかけることもできたであろうし、あるいは、西暦２５０年に中国の劉徽（りゅうき）が、１０００年にカイロのイブン・ハイサムが、あるいは、１６００年にプラハのケプラーが思いつくこともできたであろう。

ここに示されている灰色の領域のような形を考えてみよう。上部に描かれている曲線は、（ほとんど）どのようなものでもよいとしたとき、このような任意形状の面積を厳密に計算する方法はあるだろうか？特に、古典的な曲線である必要はないし、フェルマーとデカルトによって開かれたxy平面のジャングルで、ある式によって定義される新種の曲線でもよい。あるいは、動く粒子の軌道や光線の経路のような、物理的興味から定義される曲線はどうだろう？　そのような任意の曲線の下の部分の面積を求め、さらに、それを体系的に行う方法はあるだろうか？

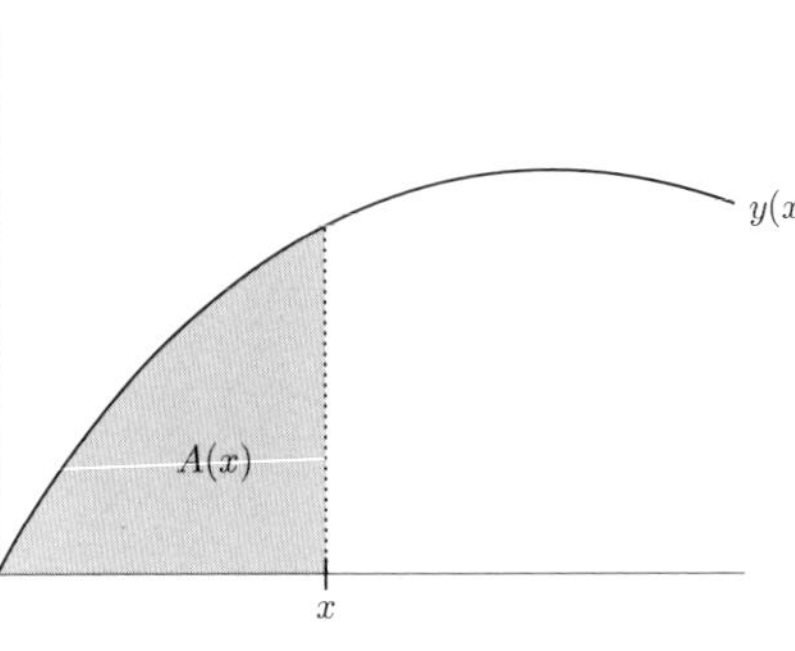

この面積の問題は、私が第6章で言及した、微積分の中心的問題の3番目であり、1600年代中ごろにおいて最も切迫した数学課題であった。曲線の謎の中で、最後に残されたパズルであった。アイザック・ニュートンは、運動と変化の謎にアイデアを触発され、新規の方向からアプローチを行った。

歴史的には、このような問題を解く唯一の方法は、賢くあることであった。アルキメデスが行ったように、曲がった領域を細長く切り刻み、あるいは、粉々に破壊して、心の中で破片を再構築し、あるいは空想上のシーソーで重みを測るといった狭い方法を見つけなければならなかった。しかし1665年ころ、ニュートンはこの面積問題に対して、ほぼ2000年の歴史の中で、初めて大きな進歩をもたらした。彼はイスラムの代数学とフランスの解析幾何学の洞察を取り入れ、それらを凌駕した。

ニュートンの新しい体系に従うと、最初のステップは、面積をxy平面に寝かせ、その上の曲線の式を定めることであった。これには、曲線がx軸からどれだけ離れているかを計算し、対応するyを求める必要があった（図の垂直な点線に示されるように）。この計算によって、曲線を、yをxに関係づける式に変換することで、代数学の手段を用いる余地ができる。フェルマーとデカルトは、30年前にすでにこの考えをよく理解していたし、これらの技法を用いて、曲線の接線を求めていた。これだけでも大きなブレークスルーであった。

しかし彼らが見落としていたのは、接線自体はそれほど重要ではないという点であった。接線よりも重要なのは、その傾きであった。なぜなら、傾きが導関数の概念を導くからだ。前章で見たように、幾何学において導関数は、曲線の傾きとしてごく自然な形で現れる。そして物理学においては、例えば速度などの物理量の変化率として現れる。したがって導関数は、傾きと速度の間の結び付き、より広くいうと、幾何学と運動の間の結び付きを示唆する。ニュートンの頭の中で、導関数の概念がいったん明確になると、導関数の威力によって、幾何学と運動の間に橋が架かり、最後のブレークスルーにつながった。最終的に面積問題を解き明かしたのは、導関数であった。

ニュートンが面積の問題を動的に捉えたとき、深遠に隠されていた概念――傾きと面積、曲線と関数、比率と導関数――これらすべてを結び付ける関係性が、影から浮かび上がってきた。前の2節で問題を考察した精神で前ページの図を熟考し、xを右方向に一定速度でスライドさせると想像しよう。ニュートンがしばしばそうしたように、xを時間と考えてもよい。すると、xが動くにつれて、灰色領域の面積は連続的に変化する。この面積はxに依存するので、xの関数と見なされるべきである。そこで$A(x)$と書く。この面積が、（凍結した数値ではなく）x の関数であることを強調するとき、$A(x)$ を**面積の定積分関数**、あるいは単に**面積関数**と呼ぶ。

私の高校時代の微積分の教師だったジョフレー先生は、x がスライドし、面積が変化する流動的な見方に対して、忘れがたいたとえを教えてくれた。彼は私たちに、横向きに動く魔法の塗装ローラーを想像してみるようにいった。ローラーは右方向に徐々に転がると、曲線の下の領域を灰色に塗りつぶす。

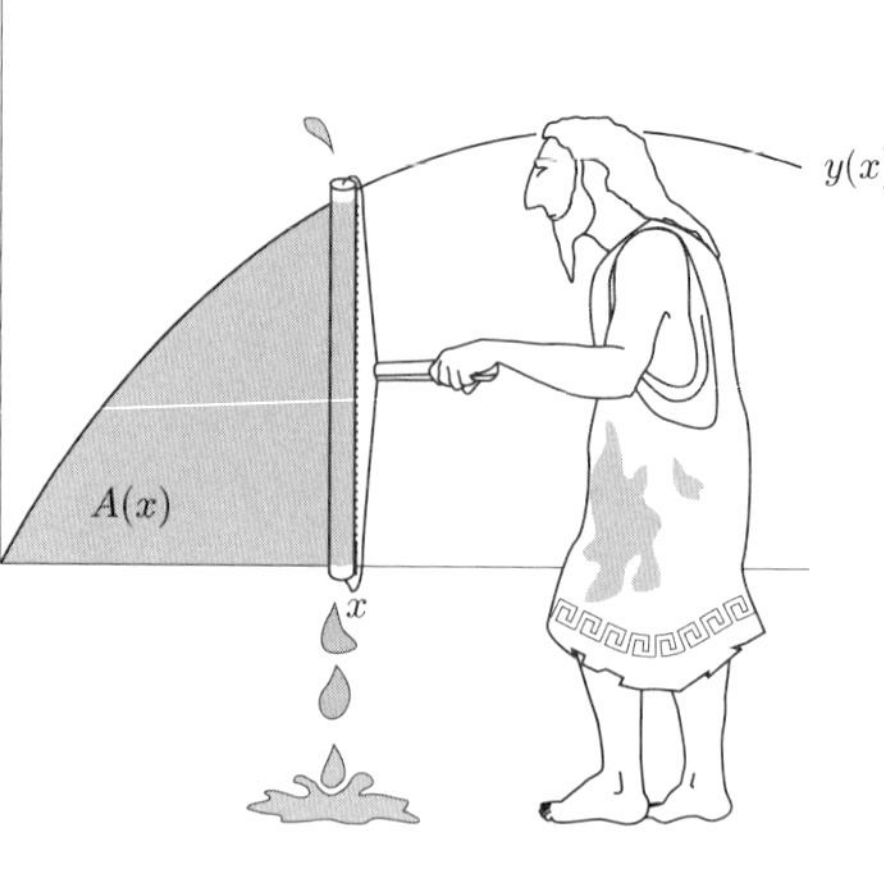

x における点線は、右に転がる仮想ローラーの現在位置を示す。ただし、領域がきちんと塗られるように、瞬間ごとに、ローラーは垂直方向に伸び縮みする。上の曲線と下の x 軸にぴったりと届き、決してこれらの境界をはみ出さないものとする。ローラーは回転するにつれて長さ $y(x)$ を調整するので、この面積を完全無欠に塗ることができる点が魔術的である。

この現実離れした設定をした後に、次のような問いかけを行う。x が右に動くと、灰色の面積はどのような割合で増大するだろう？　言い換えると、ローラーが x にあるとき、ペンキが塗りつけられる速さは何か？　これに答えるため、次の微小時間間隔において、何が起こるかを考えよう。ローラーは、微小距離 dx 分だけ、右に転がる。一方、その微小距離を横断する際にローラーは微小回転するが、その垂直方向の長さyはほぼ一定に保たれる（詳細は次の章で議論する）。この短い時間間隔において、ローラーが実質的に塗るのは、高くて薄い長方形部分であり、その高さはy、幅はdxである。したがって、面積の増加分は$dA = y\,dx$となる。この式をdxで割ると、面積が累積する率が明らかになる。

$$\frac{dA}{dx} = y$$

この小ざっぱりした定式は、曲線の下の塗装領域の総面積は、塗装ローラーの現在の長さで与えられる割合で増加することを示している。これは理にかなっている。ローラーの現在の長さが長いほど、次の瞬間に塗り付けられる塗料が増し、したがって、面積はより速やかに累積する。

もう少し頑張れば、基本定理の幾何学バージョンは、以前に示した運動バージョンと等価であることを示すことができる。速度曲線の下の面積は、運動する物体の移動距離に等しくなるというのが基本定理の運動バージョンであった。しかしそれよりも差し迫った課題が私たちには控えている。基本定理が何を意味するのか、なぜ重要なのか、どのようにして最終的に世の中を変えたのかについて理解する必要がある。

基本定理の意味

以下の図表は、私たちがいま学んだことの要約である。私たちが興味を持つ、三つの関数とその間の関係が示されている。与えられた曲線は中央に、未知の傾きは右に、そして未知の面積は左に位置する。これらは第6章で見た、微積分の三つの中心的問題に現れる関数である。曲線が与えられたとき、私たちはその傾きと面積を算定しようとしている。

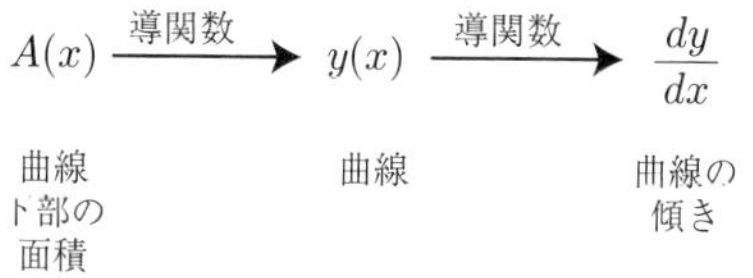

$$\frac{dy}{dx} \xleftarrow{\text{導関数}} y(x) \xleftarrow{\text{導関数}} A(x)$$

曲線の傾き　曲線　曲線下部の面積

なぜ、傾きを求める過程を順方向問題と呼ぶのか、この図表から明確になったであろうか。曲線から傾きを求めるには、右の矢印に従って、順方向に動けばよいのである。yの導関数を計算して、その傾きを求める。前章で議論したように、これは順方向問題（1）である。

前章まででは分からなかったことで、いま基本定理から学んだのは、面積Aと曲線yも、導関数で関係づけられているということだ。基本定理は、Aの導関数はyであることを明らかにした。これは驚くべき事実だ。2000年にもわたり、偉人たちを困らせてきた長年の謎であった任意の曲線の下の部分の面積を見つけ出す手段を、基本定理は与えるのだ。この図表は、その答えへの筋道を示唆している。ただし、シャンパンのコルクを抜く前に、基本定理は私たちの欲しいものを与えるには至らないことに気づかなければならない。基本定理は、直接は面積を与えてくれないが、どうすれば手に入れられるかを教えてくれる。

積分法の聖杯

いま書いたように、基本定理は面積問題を完全に解決するものではない。面積が変化する率に関する情報は得られるが、面積そのものはまだこれから推論しなければならない。

記号で書くと、$y(x)$ を与えられた関数とすると、基本定理がいうのは、$dA/dx = y$ である。この式を満たす $A(x)$ を求めるという面倒な作業が、私たちにはまだ残されている。ちょっと待ってほしい。これは私たちが再び逆方向問題に直面したことを意味するではないか！　驚くべき事態の展開だ。私たちは、面積問題、すなわち、第6章のリスト3番目に挙げられた中心的問題を解こうとしていた。そして唐突に、逆方向問題であるリスト2番目の中心的問題を突きつけられたのだ。私がこれを逆方向問題と呼ぶのは、前ページの図表が示すように、y から A を求めることは、矢印に逆らって、導関数と反対の逆方向にいくことだからである。この設定では、子供のゲームはこんな感じであろうか。「ぼくが考えている面積関数は、その導関数が $12x + x^{10} - \sin x$ だ。ぼくが考えている面積関数を当ててみて？」

$12x + x^{10} - \sin x$ に限らず、どのような曲線 $y(x)$ に対しても、逆方向問題を解く方法を創造するのは、微積分の聖杯となった。もっと正確にいえば、積分法の聖杯となった。逆方向問題が解ければ、任意の曲線 $y(x)$ が与えられたとき、その下の部分の面積 $A(x)$ も求まるであろう。したがって、逆方向問題を解くことによって、面積問題も解決するであろう。私がこれら二つの問題を、生き別れになった双子、表裏一体の問題と呼んだのは、このためである。

逆問題の解は、面積の問題以上の結果ももたらすであろう。次のような理由だ。アルキメデスの立場からすると、面積は、無限小の長方形領域を無限個加算したものである。それゆえに、面積は積分である。面積は、すべての無限小領域をもとに戻して積分した集まり、あるいは無限小変化の累積である。そして導関数が傾きよりも重要であるように、積分は面積よりも重要である。面積は幾何学にとって極めて重要であるが、この先の章で見るように、積分はすべてにとって極めて重要なのだ。

難しい逆問題にアプローチする一つの方法は、それを無視することである。先送りにするのだ。より簡単な順方向問題に置き換える。つまりAが与えられたら、その変化率dA/dxを順方向に計算する。基本定理から、この変化率がyに等しくなればよい。この順方向問題は、はるかに簡単だ。私たちは、どこから始めればよいかを知っている。既知の面積関数$A(x)$から始めて、微分の標準公式を適用して、変化率を次から次へと計算する。結果として得られた変化率dA/dxは、パートナー関数yの役割を果たすに違いない。これは基本定理より、$dA/dx = y$と保証されている。これをすべて行うと、面積関数$A(x)$と対応する曲線を表すパートナー関数$y(x)$が、一組得られる。ここで期待するのは、この特定の曲線$y(x)$の下の面積を求める問題に、運よく出くわすことだ。これは体系的なアプローチではないし、運次第ではあるが、まだ最初の試みだし、単純だ。成功の公算を増やすには、多数の面積関数とそれに対応する曲線を、$(A(x), y(x))$の組としてリストにした、大きな参照表を作ればよい。こうして大規模で多様な表を作れば、私たちが解く必要のある、本物の面積問題の組に出くわす可能性も増える。必要な組を見つけたらそれ以上することはない。答えは表の通りとなる。

例えば、次の章では、x^3の導関数が$3x^2$ということを見る。順方向問題を解いて、導関数を求めればこの結果が得られる。この結果が素晴らしいのは、x^3が$A(x)$の役割を果たし、$3x^2$が$y(x)$の役割を果たし得ることが分かる点である。汗をかかなくても、私たちは曲線$3x^2$に対する面積問題を解いたことになる（私たちがこの曲線に興味を持っていればであるが）。このようなやり方を続ければ、他のxの冪関数で表を埋めることができる。同様の計算によって、x^4の導関数は$4x^3$、x^5の導関数は$5x^4$、そして一般に、x^n の導関数は nx^{n-1} であることが分かる。これらはすべて、冪関数に関する順方向問題の簡単な解である。したがって、参照表はこのようになるだろう。

曲線 $y(x)$	その面積 $A(x)$
$3x^2$	x^3
$4x^3$	x^4
$5x^4$	x^5
$6x^5$	x^6
$7x^6$	x^7

21歳のアイザック・ニュートンは、大学ノート[133]に似たような表を、自分に向けて書いていた。

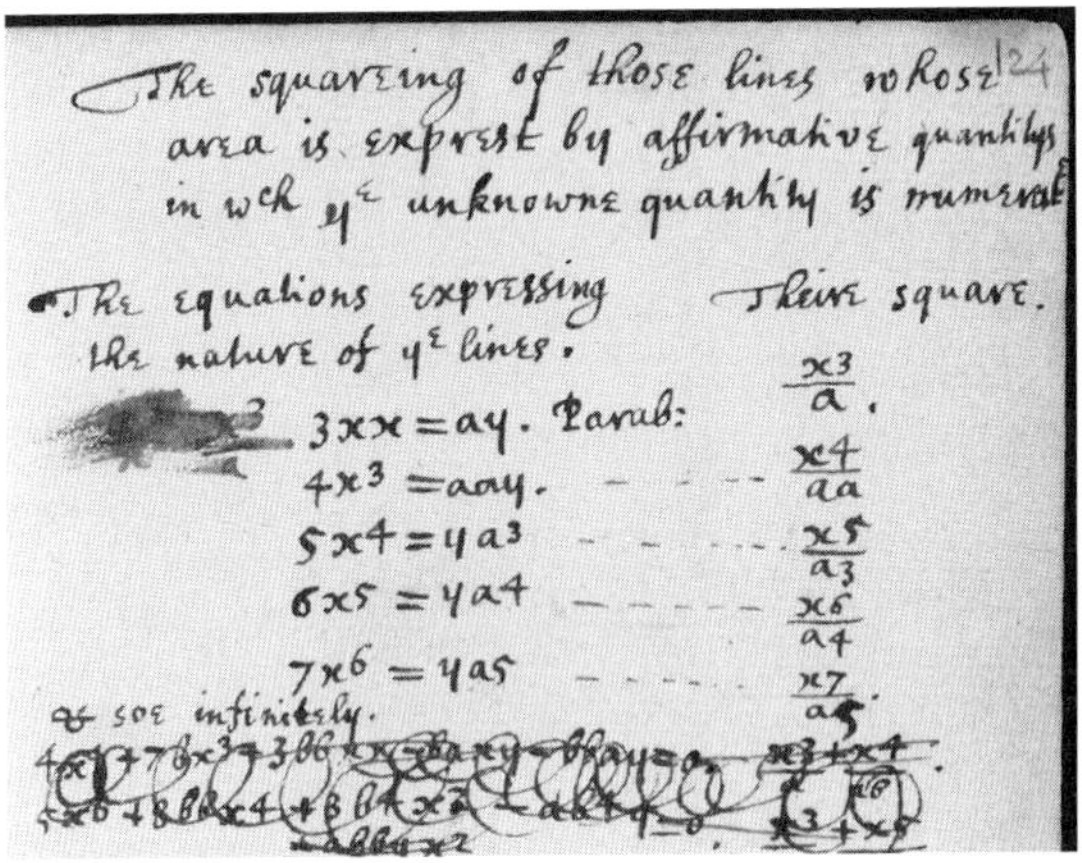
The squaring of those lines whose area is exprest by affirmative quantitys in wch ye unknowne quantity is numerall. 124

The equations expressing the nature of ye lines. Their square.

$3xx = ay$. Parab: $\frac{x^3}{a}$.

$4x^3 = aay$. ---- $\frac{x^4}{aa}$

$5x^4 = ya^3$ ---- $\frac{x^5}{a^3}$

$6x^5 = ya^4$ ---- $\frac{x^6}{a^4}$

$7x^6 = ya^5$ ---- $\frac{x^7}{a^5}$

& soe infinitely.

画像提供：Cambridge University Library.
MS-ADD-04000-000-00259.tif (MS Add. 4000, page 124r).

彼の言語は私たちとは、少し異なっていることに注意してほしい。左列の曲線は、「ye 線の性質を表す方程式」。それらの面積関数は、「その2乗（彼は面積の問題を**曲線の2乗**と捉えていたため）」とある。彼はすべての量が、適切な次元数を持つことを保証するため、長さの任意単位 a に関するさまざまな冪乗数を挿入する必要も感じていた。例えば、右底の $A(x)$ で、最上欄から5行下には、「x^7/a^5」とある（私たちが単純に x^7 とした代わりに）。彼は $A(x)$ が面積を表すためには、長さの2乗の単位を持たせる必要があると考えたのだ。

これらすべてが出てくる数ページ前に、「これらの曲がった線を2乗する方法」と記載がある。これが基本定理誕生の宣言であった。この定理を携えてニュートンは、さらなるページを、「曲がった線」とそれらの「2乗」のリストで埋め尽くした。ニュートンの手の中では、微積分の装置が唸りを上げ始めていた。

まさにファンタジーといってよいであろう次の課題は、冪関数だけでなく、任意の曲線を2乗することであった。一聞するとこの課題は、それほど眩いファンタジーのようには聞こえないかもしれない。特別に響かないのは、一般的な問題として設定されているからである。実際には、ここには積分をとてもやり甲斐ある問題にする本質が抽出されているのだ。この問題が解けたら、連鎖反応が起こるであろう。ドミノ倒しのようなもので、次から次へと問題が倒壊するであろう。もしもこの問題が解けたら、デカルトが人知を超えると諦めた、任意の曲線の孤の長さを求める問題にも答えることができるであろう。アメーバ状の xy 平面領域の面積を求めることもできるであろう。球、放物体、骨つぼ、樽、さらには轆轤（ろくろ）に置かれた花瓶のような、軸の周りに曲線を回転させてできる立体図形の表面積、体積、重心を求めることができるであろう。アルキメデスが熟考し、その後18世紀にわたって才気溢れる数学者たちが挑んだ曲線形状に関する古典的問題が、一瞬にして、たったの一撃で、扱いやすいものに変わるであろう。

それだけでなく、ある種の予測問題も克服できるであろう。この問題が解けさえすれば、動く物体のはるか未来の位置を予測することも可能となる。例えば、惑星が軌道上のどこに位置するか、私たちの銀河系とは異なる引力に従う惑星についてですら、未来予測ができるであろう。私がこの問題を積分法の聖杯と呼ぶのは、この意味においてである。それ以外の大多数の問題も、結局のところはこの問題を解くことに行き着く。この問題がうまくいけば、それらもすべてうまくいく。

任意の曲線下の面積を求めることがそれほど重要なのは、このためである。逆方向問題と本質的につながっているということは、面積の問題が、単に面積にかかわる問題ではないことを意味している。形状の問題、距離と速度の間の関係、あるいは、このような狭い対象だけにかかわる問題ではない。まったく一般的なのである。現代の視点からすると面積の問題は、ある変化率で変化するものと、それが時間経過につれてどのように増大するかの間の関係を予測することなのである。銀行口座に流入する額と、その口座に累積される残額に関するものであり、世界の人口成長率と、地球の純人口にかかわるものなのである。患者における化学療法薬の血中濃度変化と、時間経過に伴う薬への累積曝露にもかかわる（総曝露は、化学療法薬の効能だけでなく、毒性にも影響する）。面積が重要なのは、未来が重要だからなのだ。

ニュートンの新しい数学体系は、変動する世界を扱うのに見事に適合した。このことから、彼はこの体系を流率と命名した。流動的な量（私たちがいま時間の関数と考えているもの）とそれらの流率（流動量の導関数、時間変化）について彼は議論し、二つの中心的な問題を見いだした。

1　流動量が与えられたとき、それらの流率はどのように求まるか？（これはすでに言及した順方向問題と等価である。与えられた曲線に対して、その傾きを求める容易な問題。より一般的には、変化率、あるいは既知の関数の導関数を求める問題で、今日でいうところの、微分演算である。）

2　流率が与えられたとき、それらの流動量はどのように求まるか？（これは逆方向問題と等価であり、面積の問題を解く鍵である。傾きから曲線を推測する難しい問題であり、より一般的には、変化率からそのもととなる未知の関数を推測する、今日でいうところの、積分演算である。）

問題2は問題1よりもはるかに難しい。予測を行うためや、宇宙の法則を理解するためにも、問題2ははるかに重要である。ニュートンが問題2をどこまで攻略したかを見る前に、なぜそれほど難しいのかを明らかにしよう。

局所 *vs.* 大域

積分が微分よりもそれほどに難しい理由は、局所と大域の違いに関係している。局所的な問題は容易なのに対して、大域的な問題は難しい。

微分は局所的な演算である。すでに議論したように、導関数の計算は、顕微鏡を覗くような作業であった。曲線、あるいは関数にズーム・インして、視野を繰り返し拡大する。局所的な小さな区域にズーム・インするにつれて、曲線の湾曲は減っていく。引き伸ばされた曲線はほぼ完全な直線に見え、微小斜面の上昇分Δyと水平増分Δxで特徴づけられた。無限に拡大した極限において、曲線は、直線、すなわち顕微鏡の中心点における接線に漸近する。そのような極限における直線の傾きが、その点における導関数を与える。顕微鏡の役割は、私たちが関心を持つ曲線の特定部分に焦点を当てることである。それ以外はすべて無視される。これが、微分を求めるのが局所演算という意味である。点の無限小近傍外の詳細はすべて捨て去られ、点のみが興味の対象となる。

積分は大域的な演算である。顕微鏡の代わりに、今度は望遠鏡を使うことになる。私たちは、はるか彼方を凝視しようとしているのだ。あるいは、はるか先の未来を見つめると考えてもよい。自然とこれらの問題はより大変になる。介在するすべての事象が問題となり、捨て去ることができない。

局所と大域の違い、すなわち、微分と積分の違いを浮き彫りにするたとえ話をしよう。なぜ積分がそれほどに困難で、科学的に重要なのかが理解できる。北京でウサイン・ボルトが記録更新したレースの話を思い出してほしい。私たちは各瞬間におけるボルトの速さを求めるために、トラックにおける彼の位置を時間の関数として表示したデータに、滑らかな曲線を当てはめた。そしてある時点、例えばレース開始後7.2秒における速さを求めるのにこの曲線を用いた。短時間の後、例えば7.25秒後における位置を曲線から推定し、変化した距離を変化した時間で割ることによって、その瞬間における速度を推定した。これらはすべて局所的な計算である。唯一用いたのは、与えられた時点の100分の数秒付近で、彼がどのように走っていたかに関する情報であった。その前後に、彼がレースで行った動作はすべて無関係であった。これが私が局所という意味である。

これに対して、レースにおける各瞬間の彼の走行速度を示した無限に長いデータ表を渡され、スタートから7・2秒後に彼がどこにいたかを再構成するように頼まれたらどうであろう。彼がスタート・ブロックから出た際には、最初の速度を用いて、例えば、100分の1秒後にボルトがどこにいたかを推定できる。距離は、速度掛ける時間に等しいことを用いれば、彼を前進させることができる。このように得られた新しい位置と新しい経過時間から、再び100分の1秒間、彼を前進させることができる。100分の1秒後の彼の速度と、その間に彼が進むであろう距離を計算すればよい。このように延々と少しずつトラックを進み、100分の1秒ごとの情報を累積すれば、レースを通した彼の位置を更新することができる。これは計算としては根気のいる作業であろう。大域計算が困難なのはこのためだ。遠い未来、この場合はスタートの合図が鳴ってから7・2秒後の答えにたどり着くためには、私たちはすべてのステップを計算する必要がある。

しかし何らかの形で早送りして、関心ある時点まで素早く動けるとしたらどうだろう。これは有用であろう。逆方向問題の積分が解ければ、これが可能となるのだ。積分は、私たちに近道、いわば瞬間移動可能なワームホールを与えてくれるであろう。積分は、大域問題を局所問題に変換してくれるであろう。だから逆方向問題を解くのは、積分法の聖杯を見つけるようなものなのだ。

この問題を最初に解いたのは、多くの事柄がそうであるように、一人の学生であった。

寂しい少年

アイザック・ニュートンは1642年のクリスマスの日に、石造りの農家に生まれた。[134]クリスマスの日付以外、彼の誕生に関して幸先のよいことは何もなかった。彼は早産で生まれたため小さかった。1クォート（訳注：0.946リットル）のマグカップに入るほどだったといわれる。彼には父親がいなかった。自作農家を営む父親のアイザック・ニュートンは、彼の生まれる3か月前に亡くなり、後に遺されたのは、大麦、家具、そして数匹の羊であった。

彼がまだ3歳のとき、母親のハナは再婚し、残されたアイザックは母方の祖父母に育てられた。（彼の母親の新しい夫、牧師のバーナバス・スミスがこのような取り決めを主張した。彼は裕福で、ハナの倍の年齢があり若い妻を望んだが、若い息子は欲しがらなかった。）当然のことだが、アイザックは義父をひどく嫌い、母親に捨てられたと感じた。後の人生で、19歳までに犯した罪を書き出したリストには、「13・父と母のスミスを家ごと焼き殺すと脅した」という項目が含まれていた。次の項目はさらに暗く、「14・死を望み、期待した。」そして、「15・たくさん叩いた。16・汚れた考え、言葉、行動、夢を持った」と続く。

彼は、問題を抱えた孤独な少年で、友達もおらず、あまりにも時間を持て余していた。彼は一人で学問研究を追求し、農家で日時計を組み立て、壁に映った光と影の動きを計測した。彼が10歳のとき、母親が再び夫と死別し、3人の新しい子供（娘2人と息子1人）を連れて戻ってきた。彼女はニュートンを、グランサムの学校に行かせた。学校は家から8マイル離れており、毎日歩くには遠すぎだ。ニュートンは、薬屋の薬剤師だったウィリアム・クラーク氏の家に下宿し、クラーク氏から、治療と治癒、沸騰と混合、そしてモルタルと擂粉木（すりこぎ）で砕く方法について学んだ。教師のヘンリー・ストークス氏は、ラテン語、神学を少々、ギリシャ語、ヘブライ語をニュートンに教えた。エーカー数を測量する方法に関する農家のための実践的数学だけでなく、アルキメデスが円周率を推定した方法など、より深い事柄も教えた。学校の成績表では、彼は不真面目で怠慢な生徒と評価されていたが、夜に部屋で一人になると、アルキメデス図形の円と多角形を壁に描いた。

彼が16歳のとき、母親はニュートンに学校をやめさせ、農家を営むように強いた。ニュートンは農業を嫌った。豚を近隣の農家に不法侵入させて柵を破壊させたことにより、彼は領主裁判所から正式に罰金を科せられた。母親や腹違いの妹と喧嘩した。彼はしばしば農場に寝そべり、本を読み耽った。また、水路に水車を建て、流れによって生じる渦巻きについて研究した。

彼の母親はついに正しい判断を下した。彼女の弟とストークス教師に促されて、ニュートンが学校に戻ることを許可したのだ。彼の学業成績は優良で、１６６１年にケンブリッジ大学のトリニティ・カレッジにサイザーとして入学することができた。サイザーの身分は、彼が生活費を稼ぐため、給仕をして裕福な生徒に仕えなければならなかったことを意味する。残飯を食べることもあった（彼の母は、生活費を支援することもできたが、そうしなかった）。大学で、彼にはほとんど友達がいなかったし、このパターンはニュートンのその後の人生でもずっと続いた。彼は一度も結婚することなく、私たちが知る限りは恋愛もしなかった。彼はほとんど笑わなかった。

カレッジでの最初の2年間は、当時の標準であったアリストテレスのスコラ哲学に時間を取られた。占星学の本を読み、数学に好奇心をそそられるようになった。数学を理解するには、三角法の知識が必要で、三角法を理解するには、幾何学の知識が必要であることに彼は気づいた。そこで、ユークリッド原論に目を通した。最初、すべての結果は彼にとって自明に思えたが、ピタゴラスの定理にきたとき、考えを変えた。

1664年には奨学金を授与され、数学に真剣に打ち込んだ。当時の標準的テキスト6冊を自学し、10進演算、記号代数学、ピタゴラス数、組合せ論、3次方程式、円錐曲線、無限小の基礎に精通した。特に2人の著者、解析幾何と接線について著述したデカルトと、無限と求積法について著したジョン・ウォリスに夢中になった。

冪級数と戯れて

1664年から65年の冬にかけて、ウォリスの『無限算術』に熱中するうち、ニュートンは魔術のようなものを偶然発見した[135]。それは、曲線の下の部分の面積を求める新しい方法で、簡単かつ体系的であった。

彼の方法の本質は、無限の原理をアルゴリズムにしたことだった。伝統的な無限の原理によると、複雑な面積を計算するには、それを単純な面積の無限級数と捉え直せばよい。ニュートンはこの戦略に従い、ただし、構成要素には形状ではなく記号を用い、これによって原理を一新した。これまでに用いられてきた破片や多角形の代わりに、x^2やx^3などの、記号xの冪乗を用いた。ニュートンのこの戦略は、現在では、**冪級数の方法**と呼ばれる。

ニュートンは冪級数を、無限小数を自然な形で一般化したものと捉えた。結局のところ、無限小数は、10と1/10の冪乗の無限級数にほかならない。10進数の各桁は、10と1/10のそれぞれの冪乗の大きさを表している。例えば、円周率＝3.14…は次のような混ぜ合わせに対応する。

$$3.14\cdots = 3\times 10^0 + 1\times\left(\frac{1}{10}\right)^1 + 4\times\left(\frac{1}{10}\right)^2 + \cdots$$

もちろん、任意の数をこのように書き下すためには、私たちは無限に多くの桁を用いなければならない。これは無限小数の要請である。ニュートンは、任意の曲線あるいは関数を、無限に多くのxの冪乗で作り上げることができると類推した。秘訣は、混ぜ合わせるのに、それぞれの冪乗をどの程度用いるかを算定することである。研究する中で、彼は正しい混ぜ合わせを見つける方法をいくつか開発した。

彼は円の面積について考えているときに、この方法を思いついた。この古典的な問題を一般化することによって、それまでに誰も気づかなかった、問題に内包される構造を解き明かした。円全体や四分円のような標準形状に考えを限定せず、奇妙な形をした、幅xの**円の領域**を検討した。ここで円の半径1に対して、xは0から1までの任意の値をとった。

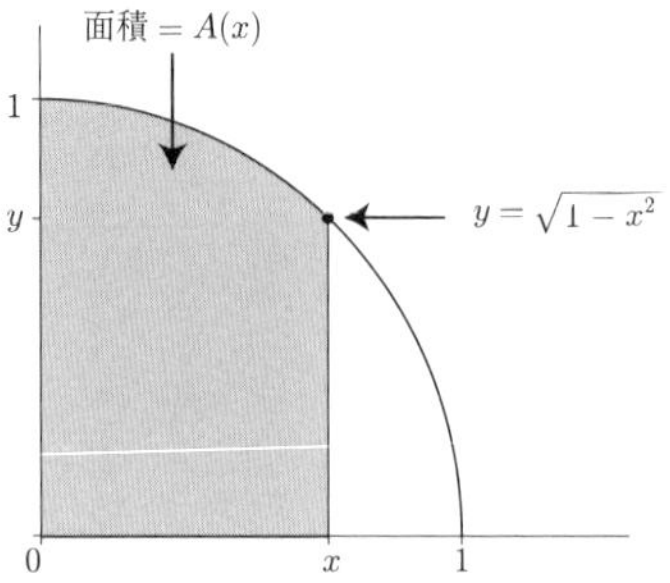

面積 $= A(x)$

$y = \sqrt{1-x^2}$

これが彼の最初の創造的な指し手だった。変数xを用いる利点として、ニュートンはあたかもドアノブを回すように、領域の形状を連続的に調整することができた。xが0付近の小さな値をとるときは、薄い直立の円領域になり、薄く細長い領域が、端に立っているように見える。xを増大させると、円の領域は太くなり、塊状の領域を形成する。xの値が1になるまで増やすと、馴染み深い、四分円となる。このようにxを上げたり下げたりすることで、中間の自分の好きなところに合わせることができた。

自由気ままな思考実験とパターン認識、そして創造的思考に基づく当て推量（ウォリスの本から学んだ思考スタイル）から、ニュートンは円の領域面積が以下のような冪級数で表されることを発見した。

$$A(x) = x - \frac{1}{6}x^3 - \frac{1}{40}x^5 - \frac{1}{112}x^7 - \frac{5}{1152}x^9 - \cdots$$

これらの奇妙な小数はどこからきたのか、なぜxの冪数はすべて奇数なのかという点について疑問に思うであろう。この答えがニュートンの秘伝のソースだったのだ。彼の議論は[136]、次のようにまとめることができる。（もしも彼の議論に特に興味がなければ、この段落の残りは飛ばしてもよい。ただし、詳細が知りたければ、参考文献の注釈を確認してほしい。）ニュートンは解析幾何を用いて、円の領域計算を始めた。彼は、円を$x^2 + y^2 = 1$と表し、これをyについて解き、$y = \sqrt{1 - x^2}$を得た。次に、平方根は、2分の1乗に等しいことから、$y = (1 - x^2)^{1/2}$（丸括弧右上の指数に注意してほしい）と論じた。2分の1乗の領域に対する面積の求め方は、ニュートンを含めて誰も知らなかったため、彼は問題を回避した。これが彼の2番目の創造的な指し手だった。その代わりに彼は、整数を指数に持つ冪関数に対して問題を解いたのだ。整数を指数に持つ冪関数に対して、面積を求めるのは容易だった。ニュートンはウォリスの本からどうすればよいか知っていた。そこでニュートンは、$y = (1 - x^2)^1$, $(1 - x^2)^2$, $(1 - x^2)^3$などに対する領域の面積を次から次へと計算した。すべての項は、丸括弧の外側で1、2、3のような整数の指数を持っている。彼は、二項定理を用いて式展開し、これらが冪関数の和になっていることを見た。個々の冪関数の面積関数については、ニュートンの手書きノートのページで見たように、すでに表にまとめていた。そして彼は、xの関数として表される一連の領域の面積に、パターンを探した。整数乗について見たことに基づいて、彼は2分の1乗に対する答えを推測し、推測結果をさまざまな方法で照合した。彼の3番目の創造的な指し手であった。その答えとして、$A(x)$ に関する彼の定式、奇妙な分数を持つ、驚きの冪級数を導いたのだ。

円領域に対する冪級数の微分を計算すると、円そのものに対しても同様に驚くべき冪級数が導かれた。

$$y = \sqrt{1 - x^2} = 1 - \frac{1}{2}x^2 - \frac{1}{8}x^4 - \frac{1}{16}x^6 - \frac{5}{128}x^8 - \cdots$$

さらなる結果が待ち受けていたが、これだけでもすでに注目に値する結果だった。彼は、無限に多くの、より単純な小片から、円を作り上げたのだ。ここで「より単純」というのは、微分と積分の立場からの意味である。すべての構成要素は、x^n の形をした冪関数（ただし、n は整数とする）であった。個々の冪関数に関する、微分と積分（面積関数）の計算は単純であった。同様に、x^n の数値も、掛け算を繰り返す単純な算術で計算でき、それらを、足し算、引き算、掛け算、割り算のみで級数にまとめることができた。平方根やその他の面倒な関数について心配する必要はなかった。円以外の他の曲線についてもこのように冪級数を求めることができたら、それらの積分も楽になるであろう。

弱冠22歳で、アイザック・ニュートンは聖杯への道筋を発見したのだ。曲線を冪級数に変換することで、体系的に面積を求めることができた。彼がまとめた関数の組の表があれば、冪関数に対する逆方向問題は朝飯前だった。したがって、冪関数の級数で表すことのできる曲線はすべて容易に解けた。これが彼のアルゴリズムであった。極めて強力であった。

そして、彼は別の曲線として、双曲線 $y = 1/(1 + x)$ についても計算を試し、これについても冪級数で書き表すことができた。

$$\frac{1}{1+x}=1-x+x^2-x^3+x^4-x^5+\cdots$$

この級数を積分すれば今度は、双曲線の下の部分の、０からxまでの領域の面積が導かれた。この級数は、彼が双曲線対数と呼び、今日私たちが自然対数と呼ぶ以下の関数の定義を与えた。

$$\ln(1+x)=x-\frac{1}{2}x^2+\frac{1}{3}x^3-\frac{1}{4}x^4+\frac{1}{5}x^5-\frac{1}{6}x^6+\cdots$$

二つの理由から、ニュートンは対数関数に興奮した。一つ目は、これらを用いることで、計算を非常に高速化できること。二つ目は、彼が研究していた音楽理論で物議を醸している問題に直結していたことであった。音楽の問題では、伝統的な音階で最も心地よい和音を犠牲にすることなく、１オクターブを、完全に等しい音程に分割する方法が議論されていた。（音楽理論の専門用語でいうと、伝統的なイントネーション（音調）の調律を、オクターブの平均律で、どれだけ忠実に近似できるかを評価するのに、ニュートンは対数を用いた。）

インターネットとニュートン・プロジェクトの歴史学者たちの驚くべき働きのおかげで、いますぐに１６６５年まで時間を遡り、若かりし日のニュートンが戯れる様子を見ることができる。（ニュートンの手書きノートは、以下から自由に閲覧可能である。http://cudl.lib.cam.ac.uk/view/MS-ADD-04000/）ノートの２２３ページ（原書では１０５ｖページ）を彼の肩越しに眺めてみると、彼が、音楽と幾何学的な進行を比較している様子が見て取れるであろう。そのページの一番下にズーム・インすると、彼がどのように計算結果を対数に結び付けたかが分かる。そして、43ページ（原書では２０ｒページ）にいくと、「双曲線を2乗」し、冪級数を用いて、１・１の自然対数を50桁まで計算した様子が見られる。

対数を50桁、手計算するとはなんたることか。冪級数によって新たに獲得した力を、ニュートンは大いに楽しんでいたようだ。後にこのような浪費的な計算をしたことを回顧した際、彼は少しきまり悪そうにいった。「これらの計算をどれだけ行ったかを考えると恥ずかしい。当時は他にすることもなかった。この発明が本当に嬉しかったのだ」[137]

気休めになるか分からないが、完璧な人などいない。最初にこれらの計算を行ったとき、ニュートンはわずかの計算ミスを犯した。このため彼の計算は、28桁までしか正しくなかった。その後で間違いを見つけて修正した。

自然対数に進出した後、ニュートンは三角関数に対しても冪級数を拡張した。三角関数は、天文学、測量学、航海などで、円や周期、三角形が出てくる問題に頻繁に現れる。ただしここでは、ニュートンは最初ではなかった。2世紀以上前、インドのケーララ学派の数学者たちが[138]、正弦関数、余弦関数、逆正接関数の冪級数を発見していた。１５００年初期の著述において、ジイェーシュタデーヴァとニーラカンタは、これらの定式がサンガマグラーマのマーダヴァ（１３５０年―１４２５年）によるものと記している。マーダヴァは、ケーララ学派と呼ばれる数理天文学派の創始者であり、ニュートンよりも約２５０年早くこれらの式を導き、詩に表していた。世界に先駆けて冪級数に着手していたのがインドであったのは、ある意味で理にかなっている。10進数はインドで発展したものであったし、すでに見たようにニュートンは、彼の曲線計算を、無限小数を算術に用いる手法の類似と捉えていた。

ニュートンの冪級数は、微積分にスイスのアーミー・ナイフをもたらした。これによってニュートンは、積分を行い、代数方程式の平方根を求め、そして、正弦関数、余弦関数、対数関数などの超越関数の値を計算することができた。ニュートンの言葉を借りると、「これらの助けがあれば[139]、すべての問題が解析できると思わずいいいたくなる」

マッシュアップ・アーティストとしてのニュートン

ニュートンが自覚していたとは思わないが、冪級数の仕事において、彼は数学のマッシュアップ・アーティストのようであった（訳注：マッシュアップは、ポピュラー音楽で、二つの既存楽曲の要素を取り出して組み合わせ、一つの新しい楽曲を作り上げるリミックス手法）。彼は幾何学の面積の問題に対して、古代ギリシャの無限の原理を用いたアプローチを行い、そしてインドの10進数、イスラム圏の代数学、フランスの解析幾何学を問題に注入した。

彼が数学上で受けた恩恵は、数式の構造にも見てとれる。例えば、アルキメデスが、放物線の求積で用いた数の無限級数

$$\frac{4}{3} = 1 + \frac{1}{4} + \frac{1}{16} + \frac{1}{64} + \cdots$$

を、ニュートンが双曲線の求積に用いた、記号の無限級数

$$\frac{1}{1+x} = 1 - x + x^2 - x^3 + x^4 - x^5 + \cdots$$

と比較してみよう。ニュートンの級数に $x = -1/4$ を代入すると、アルキメデスの級数になる。この意味でニュートンの式は、アルキメデスの級数を特別な場合として含んでいる。

さらに彼らの仕事の類似性は、幾何学の問題にも広がっている。両者ともに領域計算を好んだ。アルキメデスは、放物線領域を2乗する（あるいは、面積を求める）のに数列を用いたのに対して、ニュートンは、冪級数

$$A_{\text{円}}(x) = x - \frac{1}{6}x^3 - \frac{1}{40}x^5 - \frac{1}{112}x^7 - \frac{5}{1152}x^9 - \cdots$$

を用いて、円の領域を2乗し、そして別の冪級数

$$A_{\text{双曲線}}(x) = x - \frac{1}{2}x^2 + \frac{1}{3}x^3 - \frac{1}{4}x^4 + \frac{1}{5}x^5 - \frac{1}{6}x^6 + \cdots$$

を用いて、双曲線の領域を2乗した。

実際のところ、ニュートンの級数は、アルキメデスのものよりもはるかに強力であった。ある特定の面積を求めるのではなく、円および双曲線の領域を、連続的に無限の大きさまで求めることが可能であった。これは、抽象記号 x のおかげである。x によってニュートンは、彼の問題を連続的に、苦労せずに変化させることができた。x を左から右へスライドさせることによって、領域の形状を調整することができた。これは、単一の無限級数に見えるものが、実は無限級数の無限の族であり、x を選ぶごとに族の要素

が変わることを意味する。これは、冪級数の威力であった。冪級数によって、ニュートンは無限に多くの問題を一撃で解くことができた。

とはいうものの、偉人たちを手本にすることなしには、ニュートンは、これらについて何一つ成し遂げることはできなかったであろう。彼は、偉大な先人たちのアイデアを統合し、合成し、そして一般化した。アルキメデスから、無限の原理を継承し、フェルマーから接線について学んだ。彼の10進数はインドからきたもので、変数はアラブ圏の代数学に由来する。方程式を xy 平面上の曲線として表す方法は、デカルトの本で知った。無限との自由奔放な狂騒、彼の実験精神、そして当て推量と数学的帰納法への寛容さは、ウォリスの本から学んだ。これらすべてを一緒に揺り潰して、私たちが微積分の問題を解くのに現在も依然として用いている新鮮な方法を創造した。それが、万能の冪級数法なのである。

個人的な微積分

1664年から65年にかけた冬、ニュートンが冪級数の研究に打ち込んでいた最中、恐ろしいペストの嵐がヨーロッパを北上して激しく吹き荒れ、波動のように地中海からオランダに伝播した。腺ペストがロンドンに到達すると、1週間に数百人が亡くなり、その後に死者は数千人と増えた。1665年夏、感染症防御のためにケンブリッジ大学は一時閉鎖された。ニュートンは、故郷のリンカンシャーにある家族のもとに戻った。

それからの2年間、彼は世界最高の数学者となった。しかし、現代微積分を発明するだけでは彼は飽き足りなかった。彼はさらに重力の逆二乗の法則を発見し、月に応用した。反射型望遠鏡を発明し、白色光は、虹の七色すべてからなっていることを実験的に示した。彼はまだ25歳にも満たない年齢だった。その後になってニュートンは、「これらの日々、私は発明の絶頂期[140]にあり、それ以来のどのようなときよりも、数学と哲学に注意を払った」と回想している。

1667年にペストが弱まると、彼はケンブリッジに戻り孤高の研究を続けた。1671年までに、彼は微積分における異質な部分を、途切れのない一続きのものに統合した。幕級数法を発展させ、運動の概念を用いて接線に関する従来理論を大幅に改良し、基本定理を発見・証明した。基本定理によって面積問題を解明し、曲線とその面積関数の表を編集し、これらすべてを、きめ細かい調整の施された体系的な計算機械にまとめ上げた。

トリニティ・カレッジの回廊の向こう側では、ニュートンは目立たなかった。彼がそのような生活を好んだのだ。彼は、自分の見つけた秘密の泉を胸に秘めていた。引きこもりがちで疑い深い彼は、批判に対して過敏で、他人と、特に彼を理解しない人との言い争いを嫌った。後の彼の言葉によると、「生半可な数学知識しか持たない人にからかわれる[141]」のは嫌だった。

用心深くなるには、もう一つ理由があった。彼は自分の研究が、論理的根拠に基づいて攻撃され得ることを知っていた。彼は、幾何学ではなく代数学を用い、無頓着に無限と戯れた。これは微積分の原罪であった。学生時代のニュートンにその著書で大きな影響を与えたジョン・ウォリスは、同じ罪で容赦なく批判されていた。政治哲学者で二流数学者のトマス・ホッブズ[142]は、ウォリスの『無限算術』を、代数学を頼りにする「記号の瘡蓋（かさぶた）[143]」と非難し、無限を用いた「卑劣な本」と攻撃した。そしてニュートンは、自身の研究が単なる解析で、合成ではないことを認めなければならなかった。それは発見のためにのみに有効で、証明するためのものではなかった。彼は、自身の無限級数の方法を、「公式発言の価値」[144]がないと軽視し、何年も経った後で、「私たちのもっともらしい代数学は、見つけ出すには十分適しているが、書物に託したり、後世に捧げるにはまったくふさわしくない」と述べている。

この他の理由も含めて、ニュートンは彼の研究を秘匿した。それにもかかわらず、功績を認められたいと欲する部分もあった。１６６８年にニコラス・メルカトルが、対数に関する小冊子を出版したとき、ニュートンは気が動転して、身を引き裂かれる思いをした。その本には、彼が３年前に発見したものと同じ、自然対数の冪級数が含まれていたのだ。出し抜かれたことに対するショックと失望から、ニュートンは１６６９年に冪級数に関する短い原稿を書き、数人の信用のおける取り巻きに私的に回覧した。それは対数をはるかに超えたものだった。『無限個の項を持つ方程式による解析について』（以下、『解析について』）と題した論文として知られる。１６７１年には、微積分を主題とする論文『流率と無限級数の方法について』（以下、『方法について』）へと拡張したが、この原稿が、彼の存命中に日の目を見ることはなかった。彼はこの原稿を厳重に保護し、私的に用いた。『解析について』は、１７１１年まで出版されなかった。『方法について』は、彼の死後、１７３６年に現れた。ニュートンの遺産には、５０００ページもの未発表の数学原稿が含まれていた。

このため、世界がアイザック・ニュートンを発見するのには時間を要した。ただしケンブリッジの中では、ニュートンは天才として知られていた。１６６９年に、初代ルーカス教授で、ニュートンを最も親密に指導したアイザック・バローが、教授の身を引き、ニュートンをルーカス教授職に推薦した。

これはニュートンにとって理想的な地位であった。彼は人生で初めて、経済的に安定した。教育については、はとんどする必要のない教授職であった。ニュートンは大学院生もとらず、彼が学部学生向けに行った講義に出席する学生はわずかであった。これはかえってよかった。どのみち、学生は彼の講義を理解しなかった。緋色の法服をまとい、厳格な表情で、肩まで届かんばかりの銀色の髪をしたニュートンの、奇妙で痩せこけた修道士のような姿に、学生たちはどうしてよいか分からなかった。

『方法について』の仕事を完成させた後、ニュートンの心は以前と同様の活気に満ちていたが、微積分はもはや興味の中心ではなかった。彼は、聖書の予言と年代学、光学と錬金術に深く没頭した。プリズムで光を色に分割し、水星の実験を行い、化学薬品の匂いを嗅ぎ、味見することもあった。昼も夜もブリキの溶鉱炉に火を入れ、鉛を金に変えようと試みた。アルキメデスのように寝食を忘れた。彼は宇宙の神秘を追い求め、邪魔されることに我慢がならなかった。

1676年のある日、そんな彼を邪魔するものがパリからの一通の手紙として届いた。それは、ライプニッツという名の人物からで、冪級数に関するいくつかの質問状だった。

第8章　心の創作

ライプニッツはどのようにニュートンの未発表研究の評判を聞きつけたのだろう？　難しいことではなかった。ニュートンの発見の噂は、何年もの間、外に漏れていたのだ。1669年、アイザック・バローは彼の愛弟子の昇進を想い、『解析について』の原稿写しを匿名で、ジョン・コリンズという数学者気取りに送った。コリンズは、イギリスとヨーロッパにおける数学者ネットワークの中心人物であった。彼は『解析について』の結果に圧倒され、バローに著者を問い合わせた。ニュートンの許しを得て、バローは筆者の正体を明かした。「友よ、論文にそこまで満足してくれて嬉しい。この筆者はニュートン氏だ。私たちのカレッジのフェロー（研究員）でとても若く……しかし、類いまれな天才で、これらの計算に熟達している」

コリンズは秘密を守れるような人物ではなかった。彼は通信ネットワークの仲間たちを、『解析について』の抜粋でもったいぶり、出典を明らかにすることなく、ニュートンの結果で彼らをあっといわせた。1675年、彼は、逆正弦関数と正弦関数に対するニュートンの冪級数を、ジョージ・ボーアという名のデンマークの数学者に紹介し、今度はボーアが、ライプニッツにこの結果を伝えた。ライプニッツは、ロンドン王立協会の事務総長に問い合わせた。ドイツ生まれのおしゃべりで、科学を振興するヘンリー・オルデンバーグという名の人物だった。「彼（ボーア）が私たちに紹介したこれらの研究はとても独創的に思われます。特に後者の級数は、まれに見るほどエレガントです。貴職におかれましては、その証明を私まで送っていただけますと幸いです[146]」

オルデンバーグがニュートンにこの依頼文を送ったところ、ニュートンは喜ばなかった。証明を送る？笑わせるな。その代わり、オルデンバーグを介して、ライプニッツに返答した。『解析について』を完全武装した、何ページにもわたる暗号化された威圧的な式を添えることも忘れなかった。ニュートンの側近以外にこのような数式を見たものはいなかった。さらに加えて、この題材は時代遅れだと強調した。「手短に書いたが、私はかなり前から、これらの理論には嫌気が差していて、この5年というもの差し控えている[147]」

これにもめげず、ライプニッツは返信してニュートンを突つき、もう少し聞き出そうとした。彼はこの分野ではまったくの新参者だった。外交官であり、論理学者、言語学者、哲学者でもあったライプニッツが高等数学に興味を持ったのはつい最近のことだった。ヨーロッパにおける数学の第一線にいた、クリスティアーン・ホイヘンスの下で学び、最新の展開に追いついた。わずか3年の研究で、ライプニッツはヨーロッパ大陸の誰をも凌いでいた。後は、ニュートンが何を知っていたか、そして何を公表しないでいるかを知りさえすればよかった。

ニュートンから情報を引き出そうと、ライプニッツは違うアプローチを試み、ニュートンを感服させるという間違いを犯した。彼は独自の売り物、特に彼の誇る無限級数を生み出し、表向きは贈答品として、しかし実際には、彼が秘密を受け取るに値することを示すものとして、ニュートンに提示した。

2か月後の1676年10月24日、ニュートンはオルデンバーグを介して返答した。彼はお世辞から始めて、ライプニッツを「秀逸」[148]と呼び、無限級数を称賛して、「彼の素晴らしい進展を期待させる」と記した。これらの賛辞は、真剣に受け取ってよかったのだろうか？　明らかにそうではなく、その次の行は辛辣な皮肉で焦げついていた。「同じ目標にアプローチする方法が多様に存在するのは喜ばしい。この類いの級数に到達する三つの方法は、私のすでに知るところであった。したがって、もう一つ新しい方法が伝えられるとは予期していなかった。」要するに、**何かを示してくれたのはありがたいが、それを行う別の方法を私はすでに三つ知っていた**ということだ。

手紙の残りで、ニュートンはライプニッツを弄んだ。無限級数に対する独自の方法のいくつかを明らかにし、学校の生徒に教えるような教育的な説明をつけた。後世にとって幸運なことに、手紙のこの行（くだり）はとても明快で、ニュートンが何を考えていたのか、私たちにも正確に理解できた。

しかし、核心部（まだ漏れていなかった基本定理を含め、『方法について』の主題である微積分の第二の柱をなす革新的手法）に差しかかったとき、ニュートンの穏やかな解説は止まった。「これらの演算の基礎については、実際、十分に明らかである。しかし、いまその説明を続けることはできないので、そこは秘密にしたい。したがって、6accdae13eff7i3l9n4o4qrr4s8t12vx[149]。これを基礎に、私は曲線の2乗に関する理論を簡約化し、ある一般的な定理に到達した」

そしてこの暗号化された符号で、ニュートンは彼の一番大事な秘密を、ライプニッツの前にほのめかした。ライプニッツに伝えた本質は次のようなものだった。**私は君の知らない何かを知っており、たとえ君がそれを後で発見したとしても、この暗号は、私が先にそれを知っていたことを証明するであろう。**

ニュートンが気づかなかったのは、ライプニッツがすでに独自の秘密を発見していたことだった。

瞬きする瞬間に

1672年から1676年にかけて、ライプニッツは彼独自のバージョンの微積分を作り出した。ニュートンのように、基本定理を見抜き、証明を行い、その重要性を認識して、その周辺にアルゴリズム体系を構築した。彼の記述によると、この援用によって、求積や接線などの当時知られていたほぼすべての定理を、「瞬きする瞬間に」[150]導くことができた。ただし、ニュートンが隠匿していた定理を除いてである。

ライプニッツが1676年に2通の手紙をニュートンに書き、陰で嗅ぎ回り、証明を求めた際、彼は自分の強引さに気づいていたが、どうすることもできなかった。一度、友人に語ったことには、「私は、世の中でかなり重要とされるものを欠いている自分を重荷に感じる。[151]私は、礼節を欠くところがあり、このため、第一印象を台無しにしてしまうのだ」

青ざめた表情を浮かべ、痩せこけて猫背だったライプニッツは、見た目にはあまり魅力がなかったかもしれないが、彼の心は美しかった。デカルト、ガリレオ、ニュートン、バッハを含む天才の世紀にあって、ライプニッツは最も万能の天才[152]だった。

微積分の発見はニュートンの10年後ではあったが、いくつかの理由で、ライプニッツは微積分の共同発明者と一般に考えられている。出版したのは彼が最初で、優美な分かりやすい形式で書かれた論文には、注意深くデザインされたエレガントな表記が用いられた。この表記は今日でも使われている。さらには弟子たちを魅了し、彼らは福音伝道的な情熱を持って、微積分の言葉を広めた。彼らの書いたテキストは強い影響力を持ち、微積分を豊かに詳細にわたり発展させた。後年、ライプニッツがニュートンから微積分を盗んだと糾弾されたとき、彼の弟子たちはライプニッツを力強く擁護し、同じ熱烈さでニュートンに反撃した。

ライプニッツの微積分へのアプローチ[153]は、ニュートンよりも初歩的で、ある意味でより直観的だった。導関数の研究がなぜ長い間、微分法と呼ばれたのか、そして、なぜ導関数を求める演算が微分と呼ばれるのかについても理解できる。ライプニッツのアプローチでは、微分と呼ばれる概念が微積分の真の中心だったのだ。導関数は二番手で、結果論でしかなかった。

今日の私たちは、ともすると微分の重要性を忘れてしまいがちになる。現代の教科書で微分は軽んじられ、再定義されるか、あるいは消し去られている。その理由は、微分が無限小だからである。このため微分は逆説的で、慣習に逆らった恐ろしいもののように見られてしまうのだ。安全を期すためというだけの理由から、多くの本で微分は屋根裏部屋に閉じ込められている。まるで映画『サイコ』のノーマン・ベイツの母親のようだ。でも、まったく怖がることはないのだ。本当に。

さあ、母親に会いに行こう。

無限小

無限小ははっきりしないものだ。想像し得る最も小さな数で、実際にはゼロではないとされる。より簡潔には、無限小はあらゆるものよりも小さく、ただし無よりは大きい。

さらに逆説的なことに、無限小は、さまざまな大きさを取り得る。無限小の無限小部分は、比較にならないほど小さい。これを、2次の無限小と呼んでもよい。

無限小の数があるのと同じように、無限小の長さや無限小の時間も存在する。無限小の長さは点ではないが、想像し得るいかなる長さよりも短い。同様に、無限小の時間は瞬間ではなく、時間における単一の点ではない。しかし、考え得るいかなる時間間隔よりも短い。

無限小の概念は、極限の話をする手段として出現した。第1章の例で、正多角形の列を見たのを思い出してほしい。私たちは、正三角形と正方形から始めて、五角形、六角形、そしてさらに多くの辺を持つ正多角形を通って極限に進んだ。辺の数が増えるに従い、辺の長さはより短くなり、正多角形はより円のように見え始めた。このことから円は、無限小の辺を持つ、無限の正多角形であるという誘惑に駆られたが、私たちが口を閉ざしたのは、この考えが無意味に通じるように見えたからだ。

私たちはまた、円の周上の任意の点を選び、顕微鏡で覗くと、その点を含む極小の弧は、倍率が上がるにつれてより直線的になることを見た。この意味で円を、線分の無限の集まり、そして無限小の辺を持つ無限の正多角形と考えることは、本当に役立ちそうに思える。

ニュートンもライプニッツも無限小を用いたが、ニュートンがその後、流率（流率は1次の無限小同士の比で表され、したがって有限で、導関数のように人前に出せる量であった）を好んで、無限小を否定したのに対して、ライプニッツはより現実的な見方をした。[154] 彼は、無限小が本当に存在するかについては思い悩まなかった。彼は無限小を便利な簡略表記と捉え、極限に関する議論を作り直す有効な手段と考えた。さらには、より生産的な研究のための想像力を解放してくれる、便利な道具と見なした。同僚に対してライプニッツはこう説明している。「哲学的にいえば、無限大よりも無限小を信じることはない。両方とも、簡潔に話を進めるための心の創作（フィクション）[155] であり、微積分には適していると思う」

では、現代の数学者たちはどう考えているだろう？　無限小は本当に存在するだろうか？　物理学者は、実世界には無限小は存在しないという（しかしまた一方で、微積分以外の数学もそう考える）。理想化された数学の世界では、実数の体系において無限小は存在しないが、実数を一般化した非標準の数の体系において無限小は存在する。ライプニッツと彼の学徒たちにとって無限小は、有用な心の創作として存在していた。このような考えに従って、これから無限小について考えていこう。

2に近い数の3乗

無限小がいかにはっきりしたものたり得るかを見るため、具体的な問題から始めよう。次のような算術問題を考える。2の3乗（つまり2×2×2）はいくつか？　もちろん、8だ。では、2.001×2.001×2.001はどうだろう？　8よりも少し大きな値。まあそうだろう。でもどれくらい大きいだろう？

私たちがここで求めているのは考え方であって、数字の答えではない。一般的な質問として問い直すと、問題への入力を変える（ここでは、2を2・001に変える）と、出力はどれだけ変わるだろう？（ここでは、8から8に何かを加えたものに変わるが、その何かの構造を理解したい。）

覗き見する誘惑に抗えないので、先に進んで、電卓が出す答えを見てみよう。2・001を入力して、x^3のボタンを押すと、

$$(2.001)^3 = 8.012006001$$

が得られる。小数点以下の余分は、三つの異なる大きさを持つ余分からなることに気づく。

$$.012006001 = .012 + .000006 + .000000001$$

これを、小さいもの、足すとても小さいもの、足すとてもとても小さいもの、と考えよう。

私たちが考えている構造は、代数を使って理解できる。xの量（ここでは、数の2）が$x + \Delta x$と少しだけ変化する（ここでは、2・001になる）としよう。記号のΔxは、xにおける小さな変化（ここでは、$\Delta x = 0.001$）を表す。こうすると、$(2.001)^3$が何かを考えるとき、私たちは$(x + \Delta x)^3$を考えていることになる。冪乗を計算すると（あるいは、パスカルの三角形か二項定理を用いると）、

$$(x + \Delta x)^3 = x^3 + 3x^2 \Delta x + 3x(\Delta x)^2 + (\Delta x)^3$$

となる。私たちの問題では$x = 2$であることから、この方程式は以下になる。

$$(2+\Delta x)^3 = 2^3 + 3(2)^2\Delta x + 3(2)(\Delta x)^2 + (\Delta x)^3$$
$$= 8 + 12\Delta x + 6(\Delta x)^2 + (\Delta x)^3$$

これでなぜ、8以上の余分が、三つの異なる大きさの余分から構成されているかが分かる。小さいが、三つの中では一番大きい支配的な余分は、$12\Delta x = 12 \times (.001) = .012$である。残りの余分の$6(\Delta x)^2$と$(\Delta x)^3$は、**とても**小さい値の.000006と、**とてもとても**小さい値の.000000001に相応する。因数としてのΔxの数が増えるほど、対応する余分の値は小さくなる。だから三つの余分は、大きさごとに分けられているのだ。小さな因数Δxを掛けるごとに、小さな余分の値はさらに小さくなる。

微分法の基礎を洞察する鍵は、まさに、このささやかな例題に示されている。原因と結果、投与量と応答、入力と出力、あるいは、変数xとxに依存する別の変数yの間の関係を考えるとき、これらの問題では多くの場合、入力におけるわずかの変化Δxが、出力の変化Δyを生み出す。この小さな変化は、私たちが見たような構造に組織化されているのが一般的である。つまり出力の変化は、余分の階層からなっている。余分は、小さい寄与から、**とても**小さい寄与、そして**さらに**小さい寄与まで、大きさで等級分けされている。この等級づけに従って、私たちは、小さいが支配的な変化に焦点を当てて、それ以外（**とても**小さいもの、そして**さらに**小さいもの）はすべて無視することができる。これが洞察の鍵だ。小さな変化は小さいが、他と比べると膨大なのである（.000006や.000000001と比べると、.012が膨大なように）。

微分

正しい答えを得るのに、一番大きい寄与以外はすべて無視する**獅子の分け前**（最大の分け前）の考え方は、近似でしかないように見える。前節で2に付加した.001のように入力の変化が有限ならば、確かにそうだ。しかし、入力に対する無限小の変化を考えると、私たちの考え方は厳密になる。いかなる誤差も生じない。獅子の分け前がすべてとなる。そして、本書を通じてすでに見たように、傾き、瞬間速度、曲線の面積を理解するのに必要なのは、まさに無限小の変化なのである。

これが実際にどう機能するかを見るため、上記の問題に戻って、2よりもわずかに大きな数の3乗を計算しよう。ただし今回は、2を$2+dx$に変化させる。ここでdxは、無限小の変化Δxを表すものとする。この表記に本質的な意味はないので、あまり考えすぎないことにしよう。この使い方を学ぶことで、微積分が容易（たやす）くなるのが要点だ。

特に、前出の計算の$(2+\Delta x)^3$で$8+12\Delta x+6(\Delta x)^2+(\Delta x)^3$とした部分は、以下のように大幅に短縮化される。

$$(2+dx)^3 = 8+12\,dx$$

$6(dx)^2+(dx)^3$などの他の項はどうしたのだろう？　他の項は捨ててしまった。無視可能なのである。

それらは、**とても**小さい無限小と、**とてもとても**小さい無限小であり、$12\,dx$と比べるとまったく重要ではないのだ。8と比べると、$12dx$ も同様に無視可能ではないのか？ そうではあるが、$12dx$ も捨ててしまったら、私たちはいかなる変化も考慮に入れないことになってしまう。答えは、8で凍結されてしまう。したがって、秘訣はこれだ。無限小の変化を調べるためには、dx の1次を含む項のみを残し、それ以外は無視する。

dx のような無限小を使った考え方は、極限においても言い換えることが可能で、完全に合法で厳密な操作を与える。現代の教科書では、無限小はこのように扱われる。無限小を用いた方が簡単で速い。このような無限小のことを専門用語では、**微分**と呼ぶ。微分は、極限でゼロに近づく変化 Δx や Δy のようなものと捉えられる。放物線を顕微鏡で眺めたとき、ズーム・インするにつれて、曲線がより直線に近づくのを見たが、この小片のようなものである。

微分による導関数

微分で表すと考えが簡単になる場合があることを示そう。例えば、xy 平面のグラフにおける、曲線の傾きはどうなるだろう？ 第6章の放物線の例で学んだように、傾きは y の導関数で与えられ、Δx が0に近づくときの、$\Delta y/\Delta x$ の極限として定義される。しかし微分の観点からはどうであろう？ 単純に dy/dx である。曲線が、短い線分で構成されているようなものだ。dy を無限小の上昇分、dx を無限小の水平増分と考えると、これまでと同様に傾きは、上昇分を水平増分で割ったものであり、したがって dy/dx である。

この方法を特定の曲線（例えば $y = x^3$ としよう。これは、2よりも少し大きな数を3乗する問題で扱ったのと同じである）に応用すると、dyを次のように計算できる。

$$y + dy = (x + dx)^3$$

と書くと、右辺は

$$(x + dx)^3 = x^3 + 3x^2dx + 3x(dx)^2 + (dx)^3$$

と展開できる。ここで先ほどの秘訣に従い、$(dx)^2$ および $(dx)^3$ の項を捨てる。二つの項は、獅子の分け前には含まれない。したがって、

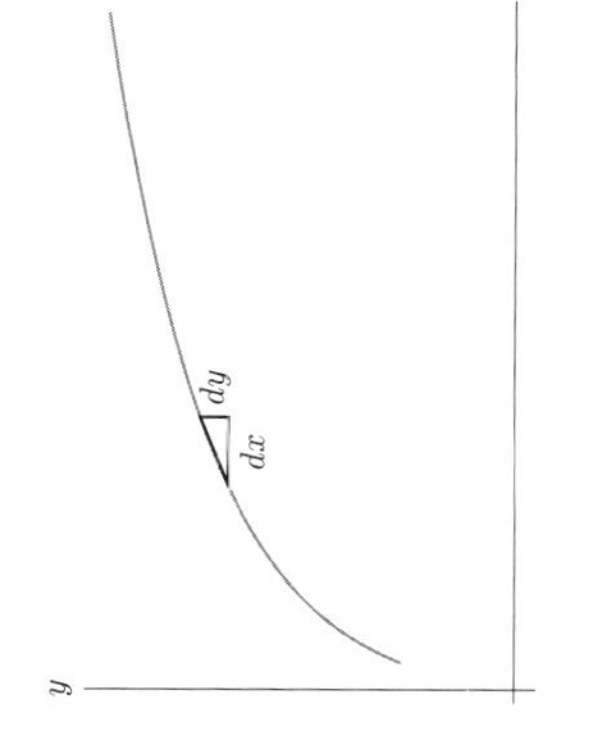

$$y + dy = (x + dx)^3 = x^3 + 3x^2\,dx$$

$y = x^3$ より、上の式を簡単化して

$$dy = 3x^2\,dx$$

を得る。両辺をdxで割ると、対応する傾きが次のように求まる。

$$\frac{dy}{dx} = 3x^2$$

$x = 2$における傾きは、この式より、$3(2)^2 = 12$となる。これは、私たちが前に見た12と同じである。2を2.001に変えることで、$(2.001)^3 \approx 8.012$となるのはこのためである。この結果が意味するのは、2の近くにおけるxの無限小変化（これをdxと呼ぶ）が、8の近くにおけるyの無限小変化（これをdyと呼ぶ）に変換され、変化は12倍になる（$dy = 12\,dx$）ということである。

ちなみに同様の推論によって、任意の正の整数nに対して、$y = x^n$の導関数は、$dy/dx = nx^{n-1}$となることが示される。これはすでに言及した結果に等しい。もう少し計算すると、この結果をnが負の場合、分数の場合や、無理数の場合にも拡張することができる。

一般に、無限小を用いること、特に、微分を用いることの大きな利点は、計算が簡単になることである。これによって近道ができる。前時代に代数学が幾何学にしたように、微分によって、私たちはさらに独創的な考えに心を解き放つことが可能になる。ライプニッツが微分を敬愛したのはこのためだ。彼は恩師のホイヘンスに宛ててこう書いている。「私の微積[156]分を用いれば、この主題に関してこれまでに発見された結果の大部分が、あまり熟慮することなく得られる。微積分で一番好きなのは、アルキメデスの幾何学に関して、古代の数学者たちよりも、私たちを有利な立場に置いてくれる点だ。これは、ビエトとデカルトが、ユークリッドやアポロニウスの幾何学について、想像を駆使して研究しなければならないことから私たちを解放してくれたのと同じだ」

無限小の唯一の欠点は、少なくとも実数の体系ではそれが存在しないことである。あともう一つあった。無限小は逆説的でもある。たとえ無限小が存在したとしても、辻褄が合わない。dxは0でないにもかかわらず、$x + dx = x$のような理にかなわない式を満たさなければならないであろうことに気づいたのは、ライプニッツの弟子の一人、ヨハン・ベルヌーイであった。ふうむ。まあ、何もかも手に入れることはできないということだ。一度使い方を覚えれば、無限小は私たちに正解を教えてくれるし、無限小が引き起こす精神的苦悩を補って余りある利益をもたらしてくれる。真実を気づかせてくれるピカソの嘘のようなものだ。

無限小の威力を示すさらなる証拠として、ライプニッツは無限小を用いて、光の反射に関するスネルの正弦関数の法則を導いた。第4章を思い出すと、光がある媒体から別の媒体に通過するとき（例えば空気から水としよう）数学的な法則に従って光は曲がる。この法則は数世紀にわたって、数回の発見と再発見を繰り返した。フェルマーは、最小時間の原理を用いてこれを説明したが、原理から導かれた最適化問題を解くのに、非常に苦労した。ライプニッツは、正弦関数の法則を難なく推論し[157]、いかにも誇らしそうに書き留めている。「非常に博学な人たちが、多くの遠回りな方法で探し求めたものを、この微積分に熟知している人ならば、魔法のように成し遂げることができる」

微分による基本定理

ライプニッツの微分のもう一つの勝利は、基本定理を分かりやすくしたことであった。基本定理は、曲線 $y = f(x)$ の下の 0 から x までの領域の面積を与える、面積累積関数 $A(x)$ に関するものであった。定理によると、x を右方向にスライドすると、曲線下の面積は、$f(x)$ 自身で与えられる率で累積する。したがって、$f(x)$ は $A(x)$ の導関数である（次のページの図）。

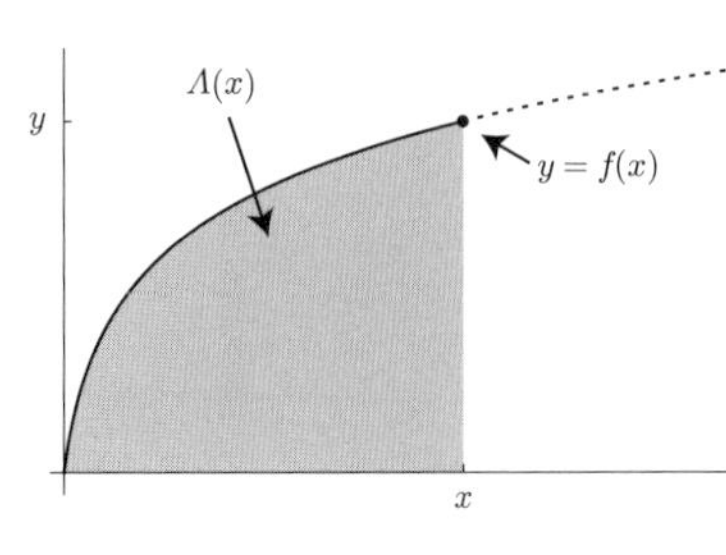

この結果がどこからきているかを見るため、x を $x + dx$ まで、無限小 dx だけ変化させる。面積 $A(x)$ はどれだけ変化するだろう？ 定義から、その変化量は dA である。新しい面積は、古い面積に面積の変化分を加えたものに等しいので、$A + dA$ となる。

dA が何であるべきかを視覚化した途端に、基本定理が明らかとなる。次のページの絵が示唆するように、面積の無限小変化 dA は、x と $x+dx$ の間に直立した、限りなく薄い領域の面積で与えられる。この細長い領域は、高さ y、底辺 dx の長方形で、その面積は、高さ掛ける底辺の $y\,dx$、あるいは $f(x)\,dx$ となる。

実際には、無限小として見たときのみ、細長の領域は長方形となる。現実には有限の幅 Δx を持つ細長の領域に対して、面積の変化 ΔA に寄与するものは、二つある。一つ目は長方形の面積 $y\,\Delta x$ で、これが支配的な寄与を与える。二つ目は長方形の上にある、小さな曲がった三角形のように見える蓋の面積で、長方形よりもはるかに小さい寄与となる。

無限小の世界が実世界よりもよいもう一つの事例がこれである。実世界では、蓋の面積も説明しなければならないであろう。ただし、その面積は曲線形状に依存するため、その推定は容易ではない。しかし、長方形の幅がゼロに近づき、dx になると、蓋の面積は、長方形の面積に比べて無視可能となる。長方形の面積が小さいのに対して、蓋の面積は、至極小さいのだ。

その結果、$dA = y\,dx = f(x)\,dx$ ということになる。これは微積分の基本定理だ！ あるいは、現代風のより丁寧な表現では（導関数のために微分を捨てた、誤った方向に導かれた私たちの時代では）、次のようになる。

$$\frac{dA}{dx} = y = f(x)$$

これは、第7章の塗装ローラーの議論で見いだしたものとまったく同じである。

最後の1点。曲線の下の面積を、無限小の長方形領域の無限和と捉えて、

$$A(x) = \int_0^x f(x)\,dx$$

と書く。この長い首をした白鳥のような記号は、実際には、S字が引き伸ばされたものである。S字は、総和（SはSummationの頭文字）を取っていることを気づかせてくれる。これは、無限に多くの無限小領域の総和を取り、すべてを一つの密着した面積に統合する、積分法に独特の演算を表す。積分のための記号という意味で**積分記号**と呼ばれる。ライプニッツは1677年の原稿でこの記号を導入し、1686年に出版された。微積分において、誰もが知っている象徴である。記号の右下にある0と右上にあるxは、無限小の長方形領域が立つx軸区間の二つの終点を示す。これらの終点は、積分の端点と呼ばれる。

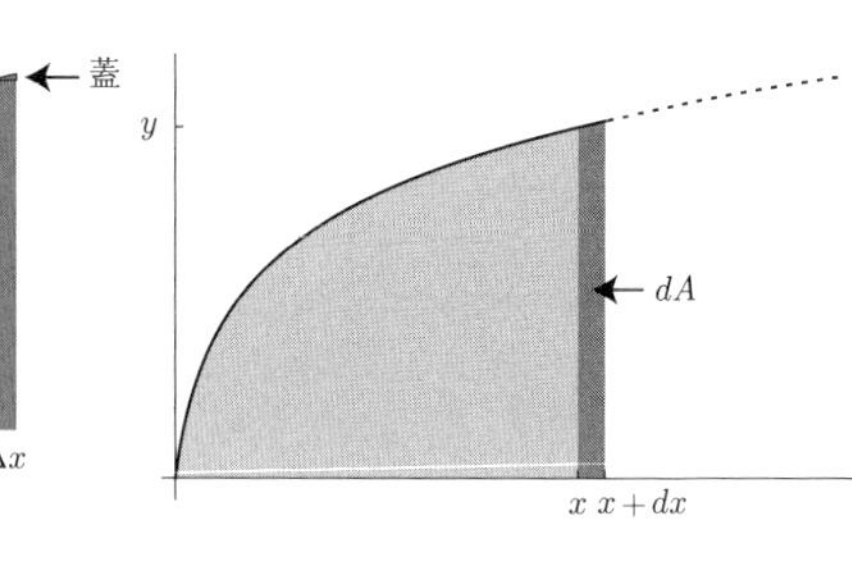

何がライプニッツを微分と基本定理に導いたか？

ニュートンとライプニッツは微積分の基本定理に二つの別々のルートで到達した。ニュートンは、運動と流れを考えることで定理にたどり着いた。ライプニッツは、それとは別の側面から到達した。彼は、数学の専門教育は受けなかったが、人生の早い段階から、離散数学について考察していた。整数と数え上げの数学、順列と組合せ、分数と計算といったものである。

クリスティアーン・ホイヘンスと出会った後、彼は深海に入り込んでいった。当時のライプニッツはパリで外交の任務についていたが、ホイヘンスから教わった数学の新展開に魅了され、さらに学びたいと思った。驚くべき教育的先見（あるいは巡り合わせか？）から、ホイヘンスは、この教え子にある問題を提示し、これがライプニッツを基本定理に導くことになる[158]。

その問題とは、以下のような無限級数の和を計算することだった。

$$\frac{1}{1\cdot 2}+\frac{1}{2\cdot 3}+\frac{1}{3\cdot 4}+\cdots+\frac{1}{n\cdot(n+1)}+\cdots=?$$

（分母におけるドットは乗算を意味する。）問題を現実的なものにするため、準備運動のバージョンから始めることにしよう。無限級数の代わりに、例えば99個の項に対する和を考える。こうすると、以下の計算をすればよいことになる。

$$S = \frac{1}{1\cdot 2} + \frac{1}{2\cdot 3} + \frac{1}{3\cdot 4} + \cdots + \frac{1}{n\cdot(n+1)} + \cdots + \frac{1}{99\cdot 100}$$

仕掛けが分からないとこれは面倒な、ただし単純な計算問題になる。十分な忍耐力（あるいはコンピュータ）があれば、コツコツと99個の分数を足し合わせることができるであろう。しかしそれでは的外れになってしまう。ここではエレガントな解を見つけるのが重要なのだ。数学においてエレガントな解に価値があるのは、美しさもあるが、それが強力だからである。そのような解が問題に投じる光は、他の問題に対しても光明を与えることが多い。この場合、ライプニッツの発見したエレガントな光は、ただちに彼を基本定理へと導いた。

彼はホイヘンスの問題を秀逸な仕掛けを使って解いた。これを最初に見たとき私は、手品師が帽子からウサギを取り出すのを見ているような錯覚に陥った。これと同じ感覚を味わいたければ、私がいままさに伝えようとしている比喩は読み飛ばしてほしい。でもその手品の背後に何があるかを知りたければ、これがその仕掛けだ。

誰かがとても長い、不規則な階段を上っているのを想像してみよう。上る人は、階段の一番下から頂上までの、垂直方向すべての上昇分を測りたいとする。どうすればよいだろう？　うーん、階段を一段上がるたびに、個々の段の間の上昇幅を足し合わせていくことはできるだろう。このような退屈な戦略は、上の式の総和Sについて、99個の項を一つひとつ足し合わせていくようなものだ。やればできるが、階段が不規則なことを考えると心地悪い作業であろう。そして、階段が無数の段からなっていたら、それらすべての上昇幅を足し合わせるのはお手上げになる。もっとよい方法があるはずだ。

より賢い方法とは、高度計を使うやり方である。高度計とは標高を測る機器だ。絵に示されるゼノンが高度計を持っていたら、階段の頂上の標高から一番下の標高を引くことによって、問題を解くことができるであろう。これだけだ。すなわち垂直方向における階段の総上昇幅は、これら二つの標高の差に等しい。これらの標高差は、すべての段の上昇幅の和と等しくなければならない。どれだけ階段が不規則であろうとも、この仕掛けは常にうまくいくであろう。

この仕掛けが成功するかどうかは、高度計の表示する値が、各段の上昇幅と深く関係しているという事実に掛かっている。任意の段についてその上昇幅は、高度計が立て続けに表示した値の差に等しいという事実だ。つまりある段の高さは、その段の上部の標高から底部の標高を引いたものに等しい。

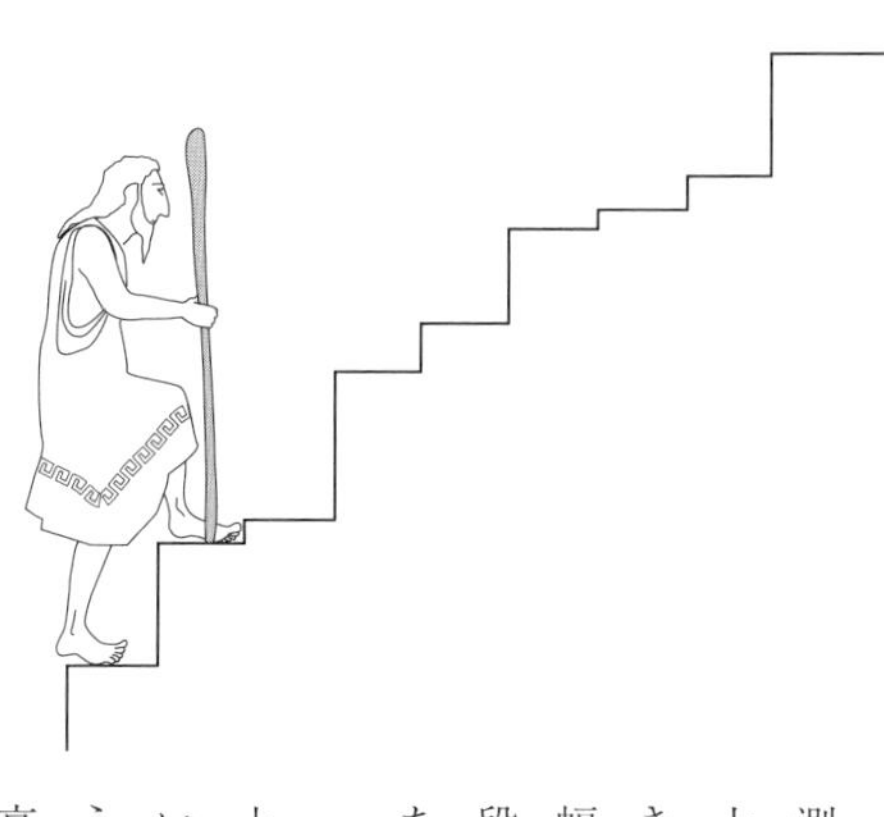

ではこの高度計は、複雑で不規則な数字の長い列を足し合わせるという、もともとの数学の問題とどう関係しているだろう？　複雑で不規則な和に対して、私たちが何らかの形で、高度計に類似するものを見つけることができれば、和を求めるのは簡単になるであろう。高度計が表示する、最高高度と最低高度の差を求めればよいことになる。ライプニッツが行ったことの本質はこれである。彼は総和Sに対する高度計を見つけたのだ。これによって彼は、総和の式における各項を、高度計が立て続けに表示した値の差として書き下すことができ、次に上で述べたアイデアを使い、求めたい総和を計算することができた。そし

て彼は、ここで見つけた高度計を他の問題に一般化したのだ。最終的には、これがライプニッツを微積分の基本定理に導いた。

このような比喩を念頭に、もう一度Sについて調べよう。

$$S = \frac{1}{1\cdot 2} + \frac{1}{2\cdot 3} + \frac{1}{3\cdot 4} + \cdots + \frac{1}{n\cdot(n+1)} + \cdots + \frac{1}{99\cdot 100}$$

各項を二つの異なる数字の差として書き直す。これは、各段の上昇幅は、その上部と底部における高度計の表示する値の差であるといっているようなものだ。最初の段については、このような書き換えができる。

$$\frac{1}{1\cdot 2} = \frac{2-1}{1\cdot 2} = \frac{1}{1} - \frac{1}{2}$$

これからどのような展開になるかまだ明らかでないが、少し待ってほしい。$1/(1\cdot 2)$の分数を二つの連続した単位分数$1/1$と$1/2$の差として書き直すことが、どれだけ有用かすぐに分かる。（単位分数とは1を分子に持つ分数を意味する。これらの連続した単位分数は、高度計が立て続けに表示する値の役割を果たす。）また、上記の算術が分からなければ、下の段から上の段に式を計算してみればよい。一番下の段では、単位分数$1/1$からもう一つの単位分数$1/2$を引いている。真ん中の段では、それらの分母を共通にしている。そして一番上の段では、分子を簡単化している。

それ以外のSの項もすべて同様に、連続した単位分数の差として書くことができる。

$$\frac{1}{2\cdot 3}=\frac{3-2}{2\cdot 3}=\frac{1}{2}-\frac{1}{3}$$

$$\frac{1}{3\cdot 4}=\frac{4-3}{3\cdot 4}=\frac{1}{3}-\frac{1}{4}$$

などである。これらの単位分数の差を足し上げると、Sは以下のようになる。

$$S=\left(\frac{1}{1}-\frac{1}{2}\right)+\left(\frac{1}{2}-\frac{1}{3}\right)+\left(\frac{1}{3}-\frac{1}{4}\right)+\cdots+\left(\frac{1}{98}-\frac{1}{99}\right)+\left(\frac{1}{99}-\frac{1}{100}\right)$$

さあ、一見すると奇妙なことをしているように見えるが、そこにはそれなりの理由がある。この和の持つ構造を注意して見てほしい。ほとんどすべての単位分数が2回現れ、1回はマイナス記号、もう1回はプラス記号を伴っている。例えば、1/2は引かれ、そして足し戻されている。正味の影響として、1/2の項は相殺する。1/3についても同様だ。2回現れ、相殺する。それ以外のほとんどすべての単位分数についても、1/99まで、同様である。唯一の例外は、最初と最後の単位分数1/1と1/100である。級数和Sの最初と最後の位置では、相殺する相手がいない。煙が晴れた後には、この二つの単位分数のみが残る。したがって結果は、以下のようになる。

$$S=\frac{1}{1}-\frac{1}{100}$$

階段の比喩の観点からすると、これは完全に筋が通っている。すべての段の総上昇幅は、階段頂上の標高から階段底の標高を引いたものである。

Sは99/100と簡単化される。これが、99個の項を考えた場合の答えである。ライプニッツは、同じ仕掛けを用いることで、項数をいくらでも増やせることに気づいた。99個の代わりに、N個の項について考えると、結果は次のようになるであろう。

$$S=\frac{1}{1}-\frac{1}{N+1}$$

これより、無限和に関するホイヘンスのもともとの問題に対する答えは明らかとなった。Nが無限に近づけば、$1/(N+1)$の項は0に近づき、したがってSは1に近づく。この極限値1が、ホイヘンスのパズルに対する答えである。

ライプニッツが和を求めることができた鍵は、和の式が持つ特別な構造にあった。つまり、連続した差（この場合は、連続した単位分数の差）の和として式を書き換えることができた。この差分構造が、上で見たような大量の相殺を引き起こした。このような性質を持つ和のことを、いまでは、**望遠鏡級数**（畳み込み級数）和と呼ぶ。級数が、海賊映画で見るような、自由自在に引き伸ばしたり縮めたりできる見張り用の古い折り畳み式の望遠鏡を想起させることに由来する。類似点として、もともとの和の式は、望遠鏡が引き伸ばされた形に見える。ただし、その差分構造のために、もっとコンパクトな形に縮めることができる。このように潰されるのを唯一免れるのは、相殺する相手のいない項、つまり、望遠鏡の最も端の項である。

当然ながらライプニッツは、望遠鏡の仕掛けを他の問題に使えないか考えた。仕掛けの強力さからして、追求する価値のあるアイデアであった。長い数列を足し合わせる問題に直面したときに、各数字を連続した数の差として書き表すことができれば、望遠鏡の仕掛けは再びうまくいくであろう。

このことが動機となり、ライプニッツは面積について考えた。xy平面における曲線の下の部分の面積を近似することは、結局のところ、多数の薄い垂直な長方形領域の面積を求めることであり、これは長い数列の和をとることを意味する。

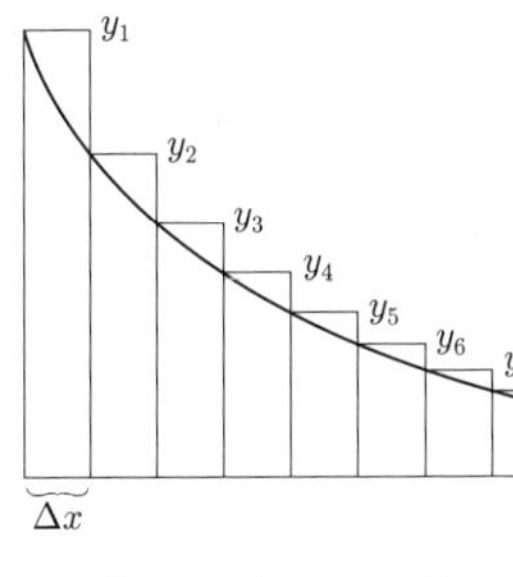

彼の考えの背後には、上の図に明示されているようなアイデアがあった。ここでは、八つの長方形面積だけが示されているが、同じ要領で、たくさんのとても薄い長方形を想像してみてほしい。あるいはいっそのこと、無限に多くの無限に薄い長方形でもよい（無限小を描いて視覚化することは残念ながらできない）が、とりあえずここでは、8片の長方形を用いることにする。

簡単化のため、すべての長方形は同じ幅を持つとする。この幅をΔxと呼ぼう。長方形の高さはy_1、y_2、……、y_8である。このとき、長方形の総面積は、

$$y_1\Delta x + y_2\Delta x + \cdots + y_8\Delta x$$

となる。この八つの数字の和を望遠鏡のように都合よく縮めるには、その差が長方形の面積を与えるような、魔法の数字A_0、A_1、A_2、……、A_8を何とかして見つければよい。つまり、

$$y_1\Delta x = A_1 - A_0$$

$$y_2\Delta x = A_2 - A_1$$

$$y_3\Delta x = A_3 - A_2$$

などの式が、$y_8\Delta x = A_8 - A_7$まで成り立てばよい。こうすると、長方形の総面積は、以下のように縮められる。

$$\begin{aligned} y_1\Delta x + y_2\Delta x + \cdots + y_8\Delta x &= (A_1 - A_0) + (A_2 - A_1) + \cdots + (A_8 - A_7) \\ &= A_8 - A_0 \end{aligned}$$

さあ、無限に薄い長方形領域の極限を考えよう。ここでは、長方形領域の幅Δxは、微分dxになる。変化する長方形領域の高さy_1、y_2、……、y_8は、$y(x)$となる。つまり、関数$y(x)$は、変数xでラベルづけされる点の上に立つ長方形領域の高さを与える。無限に多くの長方形面積の和は、積分$\int y(x)\,dx$となる。そして望遠鏡を縮めて得られた$A_8 - A_0$は、いまや$A(b) - A(a)$となる。ここでaとbは、計算している面積の左端と右端のxの値に対応する。無限小版で望遠鏡を縮め込んだ結果、曲線下の厳密な面積は以下となる。

$$\int_a^b y(x)\,dx = A(b) - A(a)$$

そしてこのことをすべて可能にする魔法の関数$A(x)$は、どのようにして見つければよいだろう？　では、前出の $y_1 \Delta x = A_1 - A_0$ のような式を見てみよう。長方形が無限小に薄くなるにつれて、これらの式は

$$y(x)\,dx = dA$$

と変形できる。この両辺を dx で割り、微分の代わりに導関数を用いて同じ結果を書き表すと

$$\frac{dA}{dx} = y(x)$$

となる。つまり魔法の関数は、与えられた曲線 $y(x)$ を導関数に持つ、未知の関数 $A(x)$ で与えられるのである。このようにして、望遠鏡級数の縮め込みを引き起こす、魔法の数字 A_0、A_1、A_2、……、A_8 に類似したものを見つけることができる。

これが、ライプニッツ版の逆方向問題と基本定理のすべてだ。彼の言葉を借りると、「図形の面積を求める問題[159]は、このように縮約できる——級数が与えられたとき、その和を求めよ。あるいは（もう少し分かりやすく説明すると）、級数が与えられたとき、差分が級数の項と等しくなるような、別の級数を求めよ。」このようにして、差分と望遠鏡級数和はライプニッツを微分と積分に導き、ここから基本定理が生まれた。

微積分を援用したＨＩＶとの闘い

微分は心の創作（フィクション）であるが、ライプニッツの発明以来、私たちの世界、社会、命に対して、実話（ノンフィクション）としても微分は大きな影響を及ぼしてきた。ここではＨＩＶ（ヒト免疫不全ウイルス）[160]を解明し、治療するのに、微分が補助的な役割を果たした事例について考えよう。

１９８０年代、得体の知れない疾患が出現し、毎年、アメリカで何万人もの人々が、世界的規模では何十万もの人々が亡くなった。この疾患が何なのか、どこからきたのか、何が疾患を引き起こしているのか、知っているものは誰一人いなかった。ただし、その進行ははっきりしていた。患者の免疫系を著しく弱め、このため患者は、稀少ながん、肺炎、日和見感染症に脆弱になった。この疾患による死亡は遅く、苦痛を伴いながら、外観を損なってゆくものだった。医師たちは、後天性免疫不全症候群あるいは、エイズと名づけた。治療の目処が立たず、患者や医師たちは絶望していた。

基礎研究により、犯人はレトロウイルスだということが判明した。ウイルス感染は知らぬ間に進行した。このウイルスは、ヘルパーT細胞と呼ばれる白血球を攻撃して感染させた。ヘルパーT細胞は、免疫系の鍵を握る重要な要素であり、この細胞にいったん入り込むと、ウイルスは遺伝機構を乗っ取り、さらにウイルスを作り出す仕組みの中に組み入れた。新たに作られたウイルス粒子は細胞から逃れ、血流やそれ以外の体液に便乗して、さらなるT細胞を探して感染を広げた。この侵略に対する反応として、体の免疫系はウイルス粒子を血液から追い払い、できるだけ多くの感染T細胞を殺した。こうすることで免疫系は、自身の重要要素を殺していた。

１９８７年に、ＨＩＶ治療の承認を受けた最初の抗レトロウイルス薬が現れた。細胞の乗っ取りプロセスに干渉することで、この薬剤はＨＩＶの働きを鈍くすることはできたが、期待されたほどの効果は得られなかった。さらに、ウイルスが耐性を持つことも多かった。１９９４年に、プロテアーゼ阻害剤と呼ばれる別のクラスの薬が現れた。この薬は、新しく生成されたウイルス粒子に干渉し、成熟を防ぎ、感染力を失った状態にすることでＨＩＶを阻害した。治癒には至らなかったが、プロテアーゼ阻害剤は天の恵みであった。

プロテアーゼ阻害剤が出回った直後、デビッド・ホー博士（カリフォルニア工科大学の物理専攻出身で、おそらく微積分に習熟しているであろう人物）とアラン・ペレルソンという名の数理免疫学者が率いる研究チームが共同研究を行い、ＨＩＶに対する医師たちの考え方を大きく変え、治療法に大変革をもたらした。ホーとペレルソンの研究以前には、治療を受けていない患者のＨＩＶ感染は典型的には、（１）数週間の急性期、（２）10年以下の慢性の無症候期、（３）エイズ発症期の3段階[161]で進行することが知られていた。

急性期において、ＨＩＶ感染直後の患者は、発熱、発疹、頭痛を伴うインフルエンザのような症状を示し、血流におけるヘルパーＴ細胞（ＣＤ４細胞としても知られる）の数が急落する。正常な人で、１立方ミリメートルの血液中に含まれるＴ細胞の数は約１０００であるのに対して、ＨＩＶ初感染後は、Ｔ細胞数が数百まで落ちる。Ｔ細胞は身体が感染と戦うのを助けるため、Ｔ細胞の枯渇は免疫系を著しく弱める。それと同時に、ウイルス量として知られる血液中のウイルス粒子の数は急上昇し、免疫系がＨＩＶ感染との戦いを始めると、ウイルス量は急落する。インフルエンザのような症状はなくなり、患者は楽になる。

急性期の最後には、ウイルス量はあるレベルに固定し、不可解なことに、この状態が長い間続く。治療を受けていない患者でも10年間生存することができ、この間にはＨＩＶ関連症状も示さない。ウイルス量が持続することと、Ｔ細胞数が低レベルでゆっくり低下すること以外は、検査所見に異常は見られない。しかし最終的には無症候期が終わり、Ｔ細胞数のさらなる減少とウイルス量の急上昇を目印に、エイズが発症する。治療を受けていない患者がいったん末期のエイズになると、日和見感染症、がん、それ以外の合併症で、通常は2–3年以内に死亡する。

謎を解く鍵は、10年にも及ぶ無症候期にあった。このとき一体何が起こっているのだろう？ ＨＩＶは身体の中で休止状態にあるのだろうか？ このように冬眠するウイルスが他にあることは知られている。例えば性器ヘルペス・ウイルスは、免疫系から逃れるために神経節に身を潜める。水痘ウイルスも同じように、何年もの間、神経細胞に潜伏し、ときどき目覚めて発疹を発症させる。ＨＩＶに見られる潜伏期間の原因は分かっていなかったが、ホーとペレルソンの研究で明らかになった。[162]

1995年の研究で、彼らは患者に、治療としてではなく精密検査のためにプロテアーゼ阻害剤を与えた。阻害剤によって、患者の状態を設定値から逸らせることより、ホーとペレルソンは史上初めて、ＨＩＶと戦う免疫系の動態を追跡することができた。それぞれの患者がプロテアーゼ阻害剤を服用した後、血流におけるウイルス粒子の数が指数関数的な速さで下落することを彼らは見つけた。この減衰率は驚くべきものであった。2日おきに、血流中の全ウイルス粒子の半分がクリア（排出）されたのだ。

微分法を用いることによって、ペレルソンとホーは、この指数関数的減衰をモデル化し、その驚くべき性質を抽出することができた。まず最初に彼らは、変動する血中ウイルス濃度を、未知の関数$V(t)$として表現した。ここで、tはプロテアーゼ阻害剤投与後の経過時間を表す。次に、無限小の時間間隔dtで、ウイルス濃度がどれだけ変化（dV）するかを仮定した。彼らのデータによると、血中におけるウイルスは、毎日一定の比率でクリアされる。したがって、無限小の時間間隔dtまで外挿しても、おそらく同様の一定性が成り立つであろう。ウイルス濃度の分数変化率はdV/Vで表せることから、彼らのモデルは次のような方程式に翻訳できる。

$$\frac{dV}{V} = -c\,dt$$

ここで、比例定数cはクリアランス率を表し、身体がウイルスをクリアする速さの尺度である。

この方程式は、**微分方程式**の一例である。微分dVは、V自身と経過時間の微分dtに関係づけられている。基本定理を用いて方程式の両辺を積分することによって$V(t)$を求め、ペレルソンとホーは$V(t)$が

$$\ln[V(t)/V_0] = ct$$

を満たすことを見いだした。ここで、V_0は、初期のウイルス量を表し、lnは自然対数を示す（ニュートンとメルカトルが１６６０年代に研究したものと同じ対数関数である）。この逆関数をとると、

$$V(t) = V_0 e^{ct}$$

が得られる。ここで、e は自然対数の底を表す。したがって、このモデルにおいて、ウイルス量は確かに指数関数的な速さで減衰することが確認できた。最後に、指数関数的減衰曲線を実験データに当てはめることによって、ペレルソンとホーは、それまで知られていなかったクリアランス率 c を推定した。

　微分よりも導関数を好む人には、モデルの方程式は

$$\frac{dV}{dt} = -cV$$

と書き直せる。ここで、dV/dt は V の導関数で、ウイルス濃度がどれくらい速く増大あるいは減少するかを測る。導関数の値が正のときは増大を、負のときは減少を意味する。濃度 V は正であることから、$-cV$ は負でなければならない。したがって、導関数も負ということになり、ウイルス濃度が減少することを意味する。これは実験の通りである。さらに、dV/dt と V の間の比例関係は、V がゼロに近づくほど、減少はより緩やかになることを意味する。直観的には、V の減少がこのように緩やかになるのは、台所の流しに溜まった水が流れ出すときの状況に似ている。流しの中の水が少なくなるほど、水を押し出す水圧が下がるため、水はよりゆっくりと流れ出す。この比喩では、水がウイルスの量、水の流出が免疫系によるウイルスのクリアランスに対応する。

　プロテアーゼ阻害剤の効果をモデル化した後、ペレルソンとホーは、阻害剤投与前の条件を表せるように方程式を修正した。彼らは方程式が、

$$\frac{dV}{dt} = P - cV$$

になると仮定した。この式でPは、阻害されていない状態での、新しいウイルス粒子の生成率を表す。これも当時知られていなかった、もう一つの極めて重要な係数であった。プロテアーゼ阻害剤の投与前、感染した細胞は、絶えず新しい感染性のウイルス粒子を放出し、これらが他の細胞を感染させるとペレルソンとホーは想像していた。このように燃え盛る炎を起こす可能性が、ＨＩＶをそれほどに破壊的なものにするのである。

しかし、無症候期においては、ウイルスの生成と免疫系によるクリアランスの間で、明らかにバランスが取れている。この設定値において、ウイルスが生成される速さは、クリア（排出）される速さと同じになる。このことが、何年もの間、ウイルス量が同じ値に留まる理由に、新たな洞察を与えてくれた。流しの中の水の比喩でいうとこれは、蛇口を開けるのと同時に、排水管を開くような状況だ。水の流出量と流入量が等しい定常状態のレベルにやがて到達する。

この設定値においてウイルス濃度は変化しないため、その導関数はゼロでなければならない（$dV/dt = 0$）。したがって、定常状態におけるウイルス量V_0は以下を満たす。

$$P = cV_0$$

ペレルソンとホーはこの簡易な式$P = cV_0$を用いて、免疫系によって毎日クリアされるウイルス粒子の数を推定した。それ以前は、誰もどう計測してよいか分からなかった極めて重要な係数である。結果、1日当たりクリアされるのは、10億個のウイルス粒子であることが判明した。

この数は予想外で、真に驚くべきことだった。一見して穏やかな10年の無症候期の間、患者の身体の中では、巨大な戦闘が行われていたことを意味するからだ。毎日、免疫系は10億のウイルス粒子をクリアし、感染した細胞は10億の新しい細胞を放出していたのだ。免疫系は、ウイルスと激しい総力戦を繰り広げており、ほぼ立ち往生の状態で戦っている。

ホーとペレルソンのチームは、1995年の結果をより深く追究するため、1996年に追跡実験を行ったが、当時は問題解決しなかった。そこで今度は、プロテアーゼ阻害剤の投与後に、より短時間の間隔でウイルス量のデータを収集した。薬剤の吸収、配分、標的細胞への侵入で見られる時間遅れの詳細を彼らは知りたかった。研究チームは薬剤投与後、2時間ごとに6時間まで、その後は、6時間ごとに2日目まで、そして、1日ごとに7日目まで、患者のウイルス量を測定した。数学の方では、ペレルソンが微分方程式のモデルを改良して時間遅れを考慮に入れ、もう一つ重要な変数である感染したT細胞の数の挙動を追跡できるようにした。

研究者たちが、再度実験を行い、データをモデルの予測に当てはめ、その係数を再び推定したところ、以前よりもさらに圧倒的な結果が得られた。毎日100億のウイルス粒子が生成され、そして血流からクリアされていたのだ。それに加えて、感染したT細胞の生存期間はわずか2日程度であった。T細胞の枯渇がHIV感染とエイズの特質であることから、この驚くほど短いT細胞の生存期間は、パズルを解くためのピースをもう一つ付け加えた。

HIVの複製が驚くほど速いという発見は、HIV陽性患者に対する医師たちの治療方法を変えた。ホーとペレルソンの研究が行われるまで、内科医たちは、想定されていた冬眠からHIVが表出するまで、抗ウイルス薬の処方を留めていた。ウイルスは薬に対して耐性を持つことが多く、こうなると手の施しようがなかったため、患者の免疫系が本当に助けを必要とするまで、力を温存する考えだった。したがって、患者の病気がかなり進行するまで待つのが、一般には賢いと考えられていた。

ホーとペレルソンの研究は、この概念をひっくり返した。冬眠などなかったのだ。ＨＩＶと身体は常に激しい争いを展開しており、危機的な初期感染後、免疫系は、可能な限りの助けを、できるだけ早く必要としていた。そしていまや、なぜ単一の投薬治療が長続きしないのかも明らかとなった。ウイルスがそれほど速く複製されて突然変異が起こるため、いかなる治療薬剤からも逃げ出す術を見つけ出すことができるのだ。

ペレルソンの数学を用いれば、ＨＩＶを打ち負かして下火の状態に保つのに、何種類の薬を組み合わせればよいかを定量的に見積ることができる。彼は、測定されたＨＩＶの突然変異率、ＨＩＶのゲノムの大きさ、毎日生成されるウイルス粒子の推定数を考慮に入れた。そして、ＨＩＶは１日に何度も、ゲノム上のすべての塩基配列において、可能なすべての突然変異を引き起こしていることを数学的に証明した。単一の突然変異でさえも薬への耐性をウイルスに与え得ることから、単一の投薬治療にはほとんど望みがないことが判明した。二つの薬剤を同時に投与すれば、うまくいく可能性が高まるが、ペレルソンの計算によれば、可能なすべての二重突然変異のうちのかなり割合が、毎日起こっていることが分かった。しかし、三つの薬剤を組み合わせれば、ＨＩＶウイルスが薬を克服するのは困難になるであろう。数学の示唆するところでは、ＨＩＶが、必要な三つの突然変異を同時に起こして、３薬剤の併用療法[163]を逃れる賭け率は、約１０００万対１であった。

ホーとその同僚が、３種混合薬をＨＩＶ感染患者に臨床研究で試したところ、目覚ましい結果が得られた。血中のウイルス・レベルは2週間で100分の1に低下した。翌月も、ウイルスは検出されなかった。

だからといって、HIVが根絶されたというわけではない。その直後の研究が明らかにしたのは、患者が治療を中断したら、ウイルスは攻撃的に跳ね返ってくることだった。問題は、HIVが身体のさまざまな場所に潜伏できる点だ。薬剤が容易には侵入できない保護区域で身を隠したり、潜伏感染した細胞に潜んで、複製することなく休止することができる。治療から逃れるための、コソコソしたやり方だ。これらの休止状態の細胞は、いつでも目を覚まして、新しいウイルスを作り始めることができる。たとえウイルス量が低く、検知できない程度だとしても、HIV陽性の人たちが薬の服用を続けるのが重要なのはこのためだ。

感染治癒には至っていないが、それでも3薬剤の併用療法により、少なくとも治療を受けられる人にとって、HIVは手懐けることが可能な慢性疾患に変わった。それ以前はほとんど何も存在していなかったところに、薬剤併用療法は希望を与えたのだ。

1996年、デビッド・ホー博士は、アメリカのニュース雑誌『タイム』のパーソン・オブ・ザ・イヤー[164]に選ばれた。アラン・ペレルソンは、『洞察をもたらし命を救った数理免疫学に対する偉大な貢献』に対して、マックス・デルブリュック賞[165]を受賞した。彼はいまでも微積分と微分方程式を用いて、ウイルスのダイナミクスを解析している。彼の最新の仕事は、世界中で約1億7000万の人々が感染し、毎年35万の人々が亡くなるC型肝炎に関するものである。C型肝炎は、肝硬変と肝臓がんの主因である。2014年に、ペレルソンの数学の助けを借りて、C型肝炎[166]に対する新しい治療法が開発された。安全で、1日1回薬を服用する簡易療法により、驚くべきことに、ほとんどすべての患者において、感染を治癒するに至っている。

第9章　宇宙の論理

17世紀後半、微積分は変容を遂げた。微積分は、洞察力に優れた強力な数学体系となり、多くの歴史家は、微積分がそのときに発明されたという。この観点によると、ニュートンとライプニッツ以前には、原始微積分があり、その後、微積分になったということになる。私自身はそのような言い方はしない。

何と呼ばれようが、微積分は１６６４年から１６７６年の間に劇的に進化し、それと同時に世の中を変えた。自然科学において、人類は微積分を用いて、ガリレオが夢見た自然の本を解読し始めた。科学技術では、微積分を契機に産業革命が起こり、情報化時代が幕を開けた。哲学と政治では、人権、社会、法律における現代の概念に強い影響を与えた。

私は17世紀後半に微積分が発明されたとはいわない。むしろその時代に起こったことを、革新的なブレークスルーと表現する。生物進化における重要な出来事にたとえると分かりやすい。生命の初期において、生命体は比較的単純だった。それらは、今日のバクテリアのような単細胞生物だった。単細胞生物の時代は約35億年続き、地球の歴史の大半を占める長さであった。しかし、約5億年前、生物学者がカンブリア爆発と呼ぶ、多細胞生物の驚くべき多様化が急激に進んだ。わずか数千万年、進化において一瞬の間に、九つの主要な動物門の多くが、突如出現した。微積分はこれと同様、数学におけるカンブリア爆

[167]発であった。いったん到来すると、驚くほど多様な数学分野が進化を始めた。それらの血統は、微積分に基づく名前から一目瞭然である。例えば、微分幾何、積分方程式、解析的整数論の形容詞に見られる「微分」、「積分」、「解析的」は、微積分に由来する。これらの高等数学の分野は、多細胞生物でいう属や種のようなものである。この比喩では、数学における微生物は、最初期の主題であった、数、形、文章問題に対応する。単細胞生物のように、これらは数学の歴史の大半を占めた。しかし、350年前に微積分のカンブリア爆発が起きると、新しい数学の生命体が急増し、繁栄し、周辺の状況を様変わりさせた。

生命の物語のほとんどは、先駆者たちを足場にした、さらなる高度化と複雑性に向けた進歩の話である。微積分についても同様のことがいえる。しかし、微積分の物語はどこに向かっているのだろう？　微積分の進化に方向性はあるのだろうか？　あるいは、生物の進化についていわれるように、方向づけはなく、ランダムなのだろうか？

純粋数学において、微積分の進化は、異種交配とその利益の物語であった。数学の古い部門は、微積分との交配後に活性化された。例えば、積分、無限和、冪級数などの微積分を基礎とする道具が注入されたことによって、数とそのパターンに関する古代の研究には新しい活力が与えられた。このハイブリッドの結果として生まれた分野は、解析的整数論と呼ばれる。同様に、微分幾何学では、微積分を用いて、滑らかな表面の構造に光明が照らされ、知る由もなかった従兄弟の存在が明らかとなり、想像もつかなかった4次元の湾曲形状、さらにその先へと発展した。このように、微積分のカンブリア爆発は、数学をより抽象的に、そしてより強力にした。また、数学を、家族のようにまとめた。微積分によって、あらゆる数学分野をつなぎ合わせる、隠れた関係網が明らかとなった。

応用数学において、微積分の進化は、変化に対する理解が拡大してゆく物語であった。すでに見たように、微積分は曲線の研究から始まったが、そこでの主題は、方向の変化だった。さらに微積分は運動の研究へと続き、ここにおいて主題は、位置の変化となった。カンブリア爆発の余波で、微分方程式が進歩し、微積分は、さらに一般的な変化の研究に向かった。今日、微分方程式を用いれば、どのように伝染病が広がるか、ハリケーンはどこを襲来するか、将来的に株を買う権利（オプション）にいくら払うかといった問題も予測することができる。人間の挑戦するあらゆる分野において、原子よりも小さな領域から、宇宙に届く範囲まで、私たちの内外で物事がどのように変化するかを記述するための共通の枠組みとして、微分方程式は出現した。

自然の論理

1687年、アイザック・ニュートンは、**世界の体系**[168]を提案した。これは微分方程式の挙げた最初の勝利であり、西洋文化の針路を様変わりさせた。ニュートンの体系は推論の力を実証し、啓蒙主義を先導するものであった。[169]彼は、少数の組の方程式で表される、運動と引力の法則を発見した。ガリレオとケプラーが、地上を落下する物体と太陽系の惑星軌道で見つけた神秘的なパターンは、この法則で説明できた。発見の過程で彼は、天上と地上の領域の区別を消し去った。ニュートンの後、残されたのは一つの宇宙のみだった。同じ法則がどこにでも常に適用できた。

3巻からなる最高傑作『自然哲学の数学的諸原理』（「プリンキピア」として知られる）において、ニュートンは彼の理論をさらに多くの問題に応用した。自転による遠心力でわずかに膨らんだ地球の胴回り、潮汐（ちょうせき）のリズム、彗星の奇妙な軌道、月の運動などである。困難を極めた問題もあった。ニュートンは友人のエドモンド・ハレーに、この問題で[170]「頭痛がして眠れない日が続くので、これ以上は考えたくない」と愚痴をこぼすほどであった。

今日、物理学専攻の学生たちは最初に、古典力学、つまり、ニュートンと彼の継承者たちの力学を学ぶ。その後で古典力学に取って代わるのが、アインシュタインの相対性理論と、プランク、アインシュタイン、ボーア、シュレディンガー、ハイゼンベルグ、ディラックの量子論であると教わる。ここには確かに多くの真実が含まれている。これらの新しい理論は、空間と時間、質量とエネルギーに関するニュートンの概念を覆すものであった。量子論の場合は、決定論そのものの概念が、より確率的で統計的に自然を記述する概念に取って代わった。

しかし、変わっていないのは微積分の役割である。相対論では、量子力学と同様、自然の法則は依然として、微積分の言語で、文章には微分方程式を用いて書かれる。私から見て、これはニュートンの最も偉大な功績である。彼は自然が論理的だということを示した。自然界における原因と結果は、幾何学の証明に似ている。幾何学の証明では、論理によって、ある真実の結果として別の真実が生じる。自然においては、ある事象の結果として別の事象が生じる。

自然と数学の間の不思議なつながりは、ピタゴラスの夢を彷彿させる。ピタゴラス派の発見した、音楽のハーモニーと数の間の関係は、彼らを「万物は数なり」という宣言に導いた。彼らはよいところに気づいた。数は宇宙の仕組みにとって重要なのだ。形も重要である。ガリレオが夢見た自然を記述する本で用いられた言葉は、幾何学図形であった。ただし、数や形も重要かもしれないが、これらは劇中の真の牽引役ではない。宇宙を演劇にたとえると、形や数は俳優のようなものだ。俳優を静かに監督する見えない存在が、微分方程式の論理なのである。

ニュートンは、このような宇宙の論理に入り込んだ最初の科学者であり、論理の周辺に体系を構築した。これはニュートン以前には不可能であった。必要な概念がまだ生まれていなかったためである。アルキメデスは微分方程式について知らなかったし、ガリレオ、ケプラー、デカルト、フェルマーもまたしかりである。ライプニッツは知っていたが、ニュートンのようには自然科学に傾倒していなかった。あるいは、それほど数学には熟練していなかった。宇宙の秘密の論理はニュートンただ一人に与えられた。

彼の理論の中心的存在は、次のような運動の微分方程式だった。

$$F = ma$$

これは、歴史上で最も重要な方程式の一つと考えられている。動く物体に作用する力Fは、物体の質量mにその加速度aを掛けたものと等しいことを、この式は意味する。この式が微分方程式であるのは、加速度が導関数（物体の速度の変化率）だからだ。ライプニッツの観点から書くと、加速度は二つの微分の比となる。

$$a = \frac{dv}{dt}$$

ここでdvは、無限小の時間間隔dtにおける、物体の速度vの無限小変化である。したがって、物体にかかる力Fと物体の質量mを知っていれば、$F=ma$を用いて、物体の加速度を$a=F/m$と求めることができる。この加速度が今度は、物体がどう動くかを決定する。加速度は、物体の速度が次の瞬間にどう変わるかを決め、速度は物体の位置がどう変わるかを決める。このように$F=ma$は予言者なのである。この式で物体の未来の挙動を、一回につき極小ステップ分、予測できる。

想像し得る最も簡単でわびしい状況を考えてみよう。隔離された物体が一つだけ、空っぽの宇宙に存在する。物体はどう動くだろう？　まず、周りに押したり引っ張ったりするものはないので、物体に掛かる力はゼロである――$F=0$。次に、mはゼロではない（物体は何らかの質量を持つと仮定する）ので、ニュートンの法則は、$F/m=a=0$となり、これは$dv/dt=0$を示唆する。$dv/dt=0$は、一人ぼっちの物体の速度が、無限小の時間間隔dtで変化しないことを意味する。次の時間間隔でも変わらないし、その次の時間間隔でも変わらない。結論として、$F=0$のとき、物体はその速度を永遠に維持することになる。これは、ガリレオの慣性の法則である。つまり外部の力が存在しないとき、静止物体は静止したままである。一方で、動く物体は動き続け、一定の速度を保つ。物体の速度と方向は決して変わらない。ここでの議論で私たちは、ニュートンの**より深い**運動法則$F=ma$の論理的結果として、慣性の法則を演繹したことになる。

ニュートンは早い段階で、彼のカレッジ時代に、加速度が力に比例することを理解していたようだ。もしも物体に掛かる力が存在しなければ、物体は静止するか、あるいは、直線的に一定の速度で動き続けることを、ガリレオの研究から知っていた。力は運動を生成するのに必要ではない、と彼は気づいた。力は運動に**変化**を作り出すために必要なのだ。物体の速さを上げ下げし、あるいは、物体を直線の経路から外れさせる要因は、力にあるのだ。

この洞察は、古代アリストテレスの考えから、大きな前進であった。アリストテレスは慣性を正当に評価しなかった。彼は、物体を動かし続けるためだけに、力は必要だと想像した。公平のためにいうと、摩擦で支配された状況ではその通りである。床の上で机を滑らせるとき、私たちは机を押し続けなければならない。いったん押すのをやめると、机の動きは止まる。しかし、宇宙を静かに動く惑星や、地面に落下するりんごにとって、摩擦はほとんど関係しない。この場合、摩擦力は無視可能となる。現象の本質を損なうことなく、無視できる。

ニュートンの描く宇宙像において、支配的な力は引力であって、摩擦ではなかった。人々の心で、ニュートンと引力は密接に結び付いていることからもそうあるべきだった。ニュートンのことを考えるとき、自分が子供のころに聞いた話を思い出す人は多いだろう。りんごが頭の上に落ちたとき、ニュートンは引力を発見したとする物語[171]だ。しかし、これは嘘だ。ニュートンは引力（重力）を発見したわけではない。重い物体が地上を落下することは当時すでに知られていた。だが、その引力がどれだけ遠くまで及ぶかを知っている人はいなかった。引力は上空で途切れるだろうか?

ニュートンには、引力が月まで延び、おそらくその先にも延長するという直観があった。月の軌道はある種、終わることのない地球への落下であるというのが彼のアイデアであった。ただし、落下するりんごとは違い、落下する月は、地面に衝突しない。なぜなら、落下すると同時に、慣性によって月は横向きに巡回しているからである。ガリレオの砲弾のようなものだ。砲弾は横に動きながら、同時に落下し、曲がった経路をたどる。砲弾との違いは、非常に速く巡回しているため、月は地球表面には決して到達せず、地表から離れながら曲がる点である。軌道が直線から外れるとき、月は加速する。ここでいう加速は、速さが変化するという意味ではなく、運動の方向が変化するという意味である。直線の経路から外れるように引っ張るのは、地球からの絶え間ない引力である。その結果生じるこのようなタイプの加速度は、向心加速度と呼ばれ、中心（この場合は地球の中心）に向けて引っ張られる動きを表す。

ケプラーの第三法則から、引力は距離によって弱められるとニュートンは推論した。これにより、なぜ、より離れた惑星ほど、太陽を周回するのに時間が掛かるのかが説明できる。彼の計算によると、太陽が惑星を引っ張る力が、地球がりんごを引きつけ、月の軌道を保つ力と同じ種類であるならば、その力は、距離の2乗に反比例して弱められなければならない。したがって、地球と月の間の距離を何らかの方法で2倍にできれば、その間の引力は、4倍（2ではなく、2の2乗）だけ弱められるであろう。距離が3倍になったら、力は3倍ではなく、9倍減少するであろう。確かにニュートンの計算には怪しい仮定があった。特に、空間の広大さはあたかも無関係であるかのように、離れていても引力は瞬時に作用すると仮定した。

この法則を定量的に検証するため、彼は、地球の周りを回る月の向心加速度を、地球から月までの距離（地球の半径の約60倍）と月の回転周期（約27日）を用いて推定した。そして月の向心加速度を、ガリレオが傾斜面の実験で計測した、地上を落下する物体の加速度と比較した。ニュートンは、二つの加速度の比が3600倍に近いことを発見した。これは、60の2乗に等しく、まさに逆二乗の法則が予測する心強い結果だった。何といっても、地表で木から落下するりんごよりも、月は、地球の中心から60倍遠く離れていた。したがって、その加速度は、約60の2乗倍だけ小さくなければならない。後年、ニュートンは、

「月がその軌道を保つのに必要な力を、地球表面における引力と比べ、それらの答えがとても似ていたのを見つけた」と回想している。[172]

引力が月まで届くという考えは、当時は大それたアイデアであった。アリストテレスの教義では、月下の世界において、万物は堕落的で不完全であったのに対して、月より上の世界（天界）において、万物は完全、永遠、そして不変であったことを思い出してほしい。ニュートンはこの概念を打ち砕いた。彼は天界と地球を統一し、同じ物理法則で両方を記述できることを示した。

逆二乗の法則を洞察してから約20年後、ニュートンは、錬金術と聖書年代学の研究を小休止して、引力による運動の問題について再検討した。彼は、ロンドン王立協会の同僚やライバルたちの挑戦を受けていた。彼がそれまでに考えたいかなる問題よりもはるかに難しい問題を解くことを挑まれていた。誰もどう解いてよいか分からなかった。太陽から放出されている引力が、逆二乗の法則に従って弱められているならば、惑星はどのように動くであろうか？「楕円上だ」[173]というのが、友人のエドモンド・ハレーがこの問題を提示したときのニュートンの回答と云われている。仰天したハレーが、「しかし、どうして知ってるんだ？」と尋ねると、「なぜかというと、その計算を私はしたんだ」とニュートンは答えた。ハレーが彼の論理を説明するように促すと、ニュートンは昔の仕事の再構築に取り掛かった。熱情を迸（ほとばし）らせ、ペストの流行した学生時代の熱狂をもって創造を湧き出させ、ニュートンは『プリンキピア』を執筆した。

運動と引力の法則を公理として仮定し、微積分を演繹の道具に用いることで、ニュートンは、ケプラーの三つの法則がすべて、論理的必要性の帰結[174]であることを証明した。ガリレオの慣性の法則、振り子の等時性、斜面を転落するボールに対する奇数の法則、投射物の描く放物線軌道も同じであった。それぞれは、逆二乗の法則と $F = ma$ から導かれる帰結であった。演繹的推論に訴えたやり方は、ニュートンの同僚にショックを与え、彼らは哲学的根拠からこれらを妨害した。彼らのほとんどは経験主義者だった。論理は数学の中で閉じているというのが彼らの考えだった。自然の研究は、実験と観測によるものでなければならない。自然が数学的な核を内包し、引力と運動の法則のような経験的公理から、自然現象が論理的に演繹されるという考えに、彼らは言葉を失った。

二体問題

ハレーがニュートンに提示した問題は、困難を極めた。第7章で議論した、積分法の難しさを象徴する、局所情報を大域情報に変換する問題を解決しなければならなかった。二つの物体の間の引力相互作用を予測するのに、何がかかわってくるか考えてみよう。簡約化のため、片方の物体である太陽は無限の質量を持っており、このため動かないとしよう。もう一方の物体である惑星は、太陽の周りを回る。最初、惑星は、太陽からある距離だけ離れた位置にあり、与えられた速度で、与えられた方向に動いている。次の瞬間、惑星は、自身の持つ速度に従って、一瞬前にいた場所から、無限小の距離だけ次の位置に移動する。わずかに異なる場所に移ったため、今度は、(方向と大きさも)わずかに異なる引力を太陽から感じる。逆二乗の法則から計算できるこの新規の力は、惑星を再び引っ張り、次の無限小時間間隔で、惑星の移動速度と方向を、無限小分($F = ma$ から計算できる)だけ変化させる。このようなプロセスが際限なく続く。惑星の軌道全体を生成するには、これら無限小の局所的ステップを、何らかの方法ですべて積分して足し合わせなければならない。

したがってこの二体問題で、$F = ma$ を積分するのは、無限の原理を用いる練習問題である。アルキメデスを始めとする研究者たちは、無限の原理を用いて曲線の謎を解いたが、ニュートンは、それを運動の謎に応用した最初の研究者であった。二体問題は絶望的に見えたが、ニュートンは基本定理の助けを借りて何とか解いた。心の中で惑星を一瞬ごとに少しずつ進ませるのではなく、微積分を用いて魔法のように、急ピッチで前進させた。彼の公式は、好きなだけ遠くの未来に惑星がどこにいるか、そしていかなる速さで動いているかを予測することができた。

無限の原理と微積分の基本定理に基づいて、ニュートンは、別の新しい観点の問題についても検討した。二体問題に対する最初の挑戦で彼は、惑星と太陽を、点のような粒子に理想化した。実際と同じような巨大な球として現実的なモデルを仮定しても、問題を解くことができたであろうか？　そしてそれができたとして、結果は変わったであろうか？

これは微積分の発展当時には、極めて難しい問題であった。太陽の巨大な球が、少し小さいがそれでも巨大な地球に及ぼす正味の引力を集計するには何が必要か考えてみよう。太陽におけるすべての原子は、地球のすべての原子を引き寄せる。難しいのは、これらの原子がすべて互いに異なる距離にある点である。太陽の裏側にある原子は、地球からより遠くに離れており、そのため、太陽の表側にある原子よりも、地球の原子に及ぼす引力は弱くなる。さらに太陽の左側と右側にある原子は、地球を相反する方向に引き付け、地球からの距離に依存して引力の強さも変わる。これらすべての効果を足し合わせなければならない。これらの断片をもう一度もとに戻して問題を解くのは、積分法でこれまでに行われたいかなる計算よりも大変だった。私たちが現在このような問題を解くときには、三重積分と呼ばれる方法を用いる。厄介な計算だ。

ニュートンはこの三重積分を解き、（今日であったとしても）信じがたいほどに美しくシンプルな結果を見いだした。彼は、球形状をした太陽の総質量が中心に集中しているかのように嘯（うそぶ）いた罪から逃げ果（おお）せることを発見した。地球についても同様だった。いずれの方法で計算しても、地球の描く軌道は同じだったのだ。別の言い方をすると、巨大な球を無限小の点で、誤差なしに置き換えることができた。これこそが真実を暴き出す嘘だ！

ニュートンの計算にはその他にも多くの近似が用いられていたが、それらの効果には、より深刻な問題が含まれていた。簡単のために彼は、他のすべての惑星からの引力を完全に無視した。これに加えて、引力が瞬時に作用するという仮定を続けた。これらの近似が正しいはずもないことを彼は知っていたが、これ以外にどう計算を進めればよいか分からなかった。引力の正体が何なのか、あるいは、なぜ引力が彼の与えた数学表現に従うのか説明できないとも彼は告白している。批評家たちが彼の計算過程全体を疑うであろうことも知っていた。そこで、彼の仕事にできるだけの説得力を持たせるため、安心感のある幾何学の言語を用いて結果を表現した。当時の理解では、厳密さと確実性に関して、究極の判断基準を与えるのは幾何学であった。しかし彼の用いたのは、伝統的なユークリッド幾何学ではなく、古典幾何学と微積分の混合した特異なものだった。幾何学の衣をまとった微積分だった。

それでも、ニュートンは古典的なうわべを装うのにできるだけの努力を払った。『プリンキピア』のスタイルは、ユークリッドの伝統的なものだった。古典幾何学の形式に従い、ニュートンは公理から始め、彼の運動と引力の法則を仮定し、それらを疑う余地のない基本原理として扱った。これらの上に、補題、命題、定理、証明の殿堂（体系）を構築した。すべては論理的に演繹され、次から次へと、切れ目のない鎖のように、公理に戻ってゆく。ユークリッドが13巻からなる不朽の名作『原論』を世に出したのとまさに同じように、ニュートンは独自の著作を3巻、世に送り出した。そして、謙虚を装うことなく、第3巻を**世界の体系**と呼んだ。彼の体系は、自然を**メカニズム**として描写した。その先何年にもわたって、彼の体系は、時計仕掛けとよく比較された。ギアが回転し、ばねが伸び、すべてのパーツが順次作動する、原因と結果の奇跡だった。ニュートンは、微積分の基本定理を応用し、冪級数、巧妙なアイデア、そして運を味方につけ、彼の微分方程式の多くを厳密に解くことができた。カニ歩きのように瞬間ごとに前進するのではなく、躍進して、無制限に遠い将来まで、彼の時計仕掛けの状態を予測することができた（惑星が太陽を周回する二体問題で行ったように）。ニュートンの死後数世紀にわたり、彼の体系は、多くの数学者、物理学者、天文学者によって洗練された。彼の体系への信頼は深く、惑星の運動が理論予測に一致しないと、天文学者たちは何か重要なものが欠けていると推測した。1846年に海王星[175]が発見されたのは、このような経緯からだった。天王星の軌道の示す不規則性は、その向こうに未知の惑星が存在することを示唆していた。まだ見ぬ近くの惑星が、天王星に引力の摂動を加えているのかもしれない。微積分は、行方不明の惑星がどこに存在するべきかを予測し、天文学者たちが見ると、確かにそこに存在していたのだ。

ニュートンの隠した地球の形

20世紀中ごろ、物理学は、ついにニュートン力学から次の枠組みに移行したように思われる。量子力学と相対性理論は、老いた馬車馬をお払い箱にした。ただしそのようなときでも、老兵は有終の美を飾ることができた。アメリカ合衆国とソビエト連邦の宇宙開発競争のおかげだった。1960年代初期、アフリカ系アメリカ人の数学者で、映画『ドリーム』（原題 *Hidden Figures*）の主人公キャサリン・ジョンソン[176]は、二体問題を用いて、宇宙飛行士のジョン・グレンを無事に地球に帰還させた。グレンは地球を周回した最初のアメリカ人であった。ジョンソンは、さまざまな面で新天地を切り開いた。彼女の解析において、引力で引きつけられる二つの物体は、宇宙船と地球だった（ニュートンの考えた惑星と太陽ではなく）。彼女は微積分を用いて、地球を周回する宇宙船の位置を予測し、首尾よく大気圏に再突入するための軌道を計算した。このためには、彼女はニュートンの省いた複雑な要素を計算に含める必要があった。中でも最も重要だったのは、地球が完全には球形状をしていないことであった。地球は赤道でわずかに膨れ上がり、両極では平坦になっている。これらの詳細を正しく把握することは、人命にかかわることだった。宇宙カプセルは、正しい角度で大気圏に再突入しなければ燃え上がってしまう。そしてまた、大洋の正しい場所に着水しなければならなかった。決められた場所から離れすぎたところに着水すると、助けが来るまでに、グレンは宇宙カプセルで溺れ死んでしまうかもしれない。1962年2月20日、ジョン・グレン大佐は地球を3回周回飛行した後、ジョンソンの計算に導かれて大気圏に再突入し、北大西洋に無事着水した。彼は国民的英雄であった。その数年度、彼はアメリカ合衆国上院議員に選出された。歴史的快挙を成し遂げたその当日、グレンが飛行任務に就くのを拒否していたことはあまり知られていない。彼は、キャサリン・ジョンソン本人が土壇場の計算結果をすべて確認するまでは納得しなかった。コンピュータが機械ではなく女性であった当時、キャサリン・ジョンソンは、航空宇宙局（ＮＡＳＡ）にとってのコンピュータであった。アラン・シェパードのアメリカ初の宇宙飛行を手伝ったのが、彼女のＮＡＳＡでの仕事始めで、世界初の月面着陸のための軌道計算をしたときには、ＮＡＳＡでの仕事の最後に近づいていた。数十年にもわたって、彼女の仕事は、一般には知られていなかった。幸いなことに、彼女の先駆的な貢献（そして、刺激的な生涯）は、いまや広く認知されるに至った。２０１５年、97歳で彼女は、大統領自由勲章をバラク・オバマ大統領から授与された。1年後、ＮＡＳＡは彼女にちなんだ名前を建物につけた。落成式において、ＮＡＳＡの当局者は聴衆に喚起した。[177]「世界中の無数の人々が、シェパードの飛行を目撃したが、その当時に知られていなかったのは、彼を宇宙に誘い、無事帰還させた計算は、本日の主賓キャサリン・ジョンソンによるものということだ」

微積分と啓蒙主義

数学に支配させるというニュートンの世界観は、自然科学をはるかに超える反響を呼んだ。人文科学では、ウィリアム・ブレイク、ジョン・キーツ、ウィリアム・ワーズワースなどのロマン派の詩人たちの引き立て役となった。とりわけワーズワースとキーツは、１８１７年の騒がしい晩餐会で、ニュートンが光をプリズムの色に分類したことで、虹の詩を台無しにしたと断罪した。彼らは、「ニュートンの健康と数学の混乱を祝して」、荒々しく乾杯のグラスを上げた。[178]

哲学ではニュートンは温かく迎え入れられた。彼の考えは、ヴォルテール、デイヴィッド・ヒューム、ジョン・ロックといった啓蒙思想家たちに影響を与えた。彼らは、理性の力とニュートンの体系の説得力、そして因果律で駆動される時計仕掛けの宇宙の虜になった。事実に支えられ、微積分に駆り立てられたニュートンの経験的な演繹のアプローチは、古代の哲学者たち（アリストテレス、あなたのことです）の先験的形而上学を一掃した。自然科学を超えて、決定論、自然法則、人権の自由といった啓蒙思想に強い影響を与えた。

例えば、ニュートンのトーマス・ジェファーソン[179]に対する影響力を考えてみよう。ジェファーソンは、建築家、発明家、農家、第3代アメリカ合衆国大統領、そして、アメリカ独立宣言の作者であった。独立宣言には、ニュートンの影響が繰り返し現れている。最初の「我々は、以下の事実を自明のことと信じる」という言い回しでは、修辞構造が宣言されている。ユークリッドが『原論』で、ニュートンが『プリンキピア』で行ったように、ジェファーソンも公理すなわち、彼の主題である自明の事実から始めている。次に論理の力によって、一連の必然的命題を、これらの公理から演繹する。中でも最も重要なのは、植民地がイギリスの支配から分離される権利を持つことである。独立宣言は、「自然の法と自然神の法」に訴えることで、分離を正当化する。（ちなみに、ジェファーソンの順序づけには、ニュートン後の理神論が暗示されている。神は「自然の法」の後にきており、「自然神」のように、従属的な役割しか担っていない）。この議論は、「イギリス国王から分離せざるを得なくなった理由」に結び付けられている。これ

らの理由がニュートンの力の役割を果たし、時計仕掛けの動きを押し進め、次にくる効果、この場合はアメリカ革命を決定する。

もしもこれらが極端な議論に思えるならば、ジェファーソンがニュートンを崇敬していたことを心に留めておいてほしい。不気味な傾倒として、彼はニュートンのデス・マスク（死面）のコピーを入手している。大統領ではなくなった後の1812年1月21日、ジェファーソンは古くからの友人ジョン・アダムズに、政治の世界を後にした喜びについて書いている。「新聞はやめて、その代わり、タキトゥスとトゥキュディデス、ニュートンとユークリッドを読むことにした。[180] この方が私にははるかに幸せだと分かった」

ニュートンの法則に対するジェファーソンの陶酔は、彼の農業への興味に引き継がれた。彼は、モールドボード・プラウ[181]にとって最良の形状は何か考えた（刃で切断された土壌を持ち上げ、掘り返す洋式の犂（プラウ）の曲がった部分をモールドボードという）。ジェファーソンはこの問いを、効率の問題として定式化した。上昇する芝土に対する抵抗を最も小さくするには、モールドボードはどのように曲がっているべきか？　切断された土壌の下に入り込んで持ち上げるには、モールドボードの先端表面は、水平でなければならない。土壌を掘り返して脇へ押しやるには、水平表面は緩やかに曲げられ、後方に行

© Thomas Jefferson Foundation at Monticello.

くに従って、地面と垂直にならなければならない。

ジェファーソンは、数学者の友人にこの最適化問題に取り組むよう依頼した。いろいろな意味でこの問いは、ニュートン自身がプリンキピアで、水中移動の抵抗を最も小さくする物体形状について提示した問題を想起させる。その理論に導かれて、ジェファーソンは彼自身でデザインした木製のモールドボードにプラウを当てはめた。１７９８年に彼は、「５年間の経験で、理論で約束されたもの[182]と実際に一致するといえるようになった」と報告している。ニュートンの計算が農業に役立った例だ。

離散から連続なシステムへ

振り子の揺れ、砲弾の飛行、太陽を周回する惑星など、ニュートンが微積分を応用したのは、大半が一体問題か、あるいは多くても二体問題であった。三体あるいはそれ以上の問題について微分方程式を解くのは、身をもって知った通り、悪夢のようであった。太陽、地球、月が互いに引力で引き合う問題は、彼にとって偏頭痛の種だった。なので、太陽系全体を解析するのは問題外で、ニュートンが微積分でできることをはるかに超えていた。彼の未発表論文の一つには、「私が間違っていなければ[183]、それほど多くの運動の要因を同時に考えるのは、人知の力を超えているであろう」と記されている。

しかし驚くべきことに、さらに数を増やして無限に多くの粒子まで到達すると、微分方程式は再び扱いやすい問題になる。ただし、これらの粒子は離散的に集まっているのではなく、連続的な媒体を形成していなければならない。この二つの違いについて考えよう。粒子の離散的な集合は、床の上に広がっているビー玉の集まりのようなものである。離散というのは、一つのビー玉に触れてから、空中で指を動かし、別のビー玉に触れるなどの操作ができるという意味である。ビー玉の間には隙間がある。これとは対照的に、例えばギターの弦のような連続的な媒体では、弦の長さに沿ってたどる以外に、指を弦から離すことはできない。ギターの弦における粒子はすべて一緒に固まっている。いや、もちろんそうとは限らない。なぜなら、他のすべての物質と同様に、ギターの弦も原子のスケールでは、離散的で粒状になっているためだ。しかし私たちの考えでは、ギターの弦は連続体として扱う方がより適切である。このような便利な創作（フィクション）で、膨大な数の粒子について熟慮しなければならない大変な作業から、私たちは解放される。

ギターの弦はどのように振動して、あのような温かな音色を奏でることができるのだろう？　温かい地点から冷たい地点に熱はどう流れるのだろう？　このような連続的な媒体の動きと変化に関する謎に取り組むことによって、微積分は世の中を変える次の大きな発展を遂げた。これには、微分方程式の概念とその記述対象を拡大する必要があった。

常微分方程式 *vs.* 偏微分方程式

アイザック・ニュートンが惑星の楕円軌道を説明したとき、そしてキャサリン・ジョンソンがジョン・グレンの宇宙カプセルの軌道を計算したとき、2人は、あるクラスの微分方程式を解いていた。これらは、常微分方程式[184]として知られる。「常」の語は、軽蔑的な意図を表しているわけではない。ただ一つの独立変数に依存する微分方程式に対する、専門用語である。

例えば、二体問題に対するニュートンの方程式で、惑星の位置は時間の関数であった。位置は、$F = ma$ の指示に従って刻一刻と変化し続けた。この常微分方程式は、無限小だけ時間が増大する間に、惑星の位置がどれだけ変化するかを決定する。この例では位置が時間（独立変数）に依存するため、惑星の位置が従属変数となる。同様にアラン・ペレルソンのＨＩＶダイナミクスのモデルにおいても、時間が独立変数であった。彼は、血中のウイルス粒子濃度が、抗レトロウイルス薬の投与後にどのように減少するかをモデル化していた。ここでの関心もやはり時間変化、すなわちウイルス濃度が刻一刻どう変化したかであった。濃度は従属変数の役割を果たし、独立変数は依然として時間だった。

より一般的には、常微分方程式は、あるもの（惑星の位置、ウイルスの濃度など）が、別のものの無限小変化（時間の無限小増大など）の結果として、どれだけ無限小変化するかを表す。このような微分方程式に「常」が付くのは、別のもの、すなわち独立変数がちょうど一つあるからである。

奇妙なことに、従属変数がいくつあるかは関係ない。独立変数がただ一つ存在する限りにおいては、微分方程式には「常」が付く。例えば、3次元空間を移動する宇宙船の位置を正確に示すには、三つの数が必要となる。これらの数をx、y、zと呼ぼう。これらは、与えられた時間に宇宙船がどこにいるかを、左右、上下、前後の位置で示し、原点と呼ばれる任意の参照点からどれだけ離れているかを教えてくれる。宇宙船が移動すると、x、y、z座標は刻一刻と変化する。したがってこれらは、時間の関数である。時間への依存性を強調するため、$x(t)$、$y(t)$、$z(t)$と書くことができる。

常微分方程式は、1体あるいはそれ以上の多体から構成される離散システムに適合している。大気圏に再突入する単一の宇宙船、前後に揺れる単一の振り子、あるいは太陽を周回する単一の惑星の運動は、常微分方程式で表すことができる。ここでの問題は、個々の物体について、それぞれを点のような物体、空間的な広がりを持たない無限小の点と理想化する必要があることだ。こうすることによって私たちは、物体がx、y、z座標で表される点に存在する、と考えることができる。点のような粒子が多数存在する場合でも、このアプローチは機能する。極小の宇宙船の群れ、ばねでつながれた振り子集団の鎖、八つあるいは九つの惑星と無数の小惑星からなる太陽系がその例である。これらの系はすべて常微分方程式で表される。

ニュートン後の数世紀の間、数学者や物理学者たちは、常微分方程式を解くための多くの巧妙なテクニックを開発し、常微分方程式で表される実世界のシステムの未来を予測してきた。数学的なテクニックには、ニュートンのアイデアを拡張した冪級数、ライプニッツの微分のアイデア、微積分の基本定理を発動できるような賢い変換などが含まれる。これは巨大産業で、今日でも続いている。

しかしすべてのシステムが離散的というわけではない。少なくとも離散的な見方をするのが、すべてのシステムにとって最良というわけではない。すでに考察したように、ギターの弦がその例だ。結果として、すべてのシステムを常微分方程式で表すことはできない。なぜできないかを理解するため、台所のテーブルの上で冷却している仮想的な1杯のスープについてもう一度考えてみよう。

1杯のスープはあるレベルで見れば、不規則に飛び回る分子の離散的な集まりである。しかしそれらを目で見たり、測ったり、あるいはそれらの運動量を計るのは絶望的に難しい。スープの冷却をモデル化するのに常微分方程式を用いようとは、誰も考えないであろう。扱わなければならない粒子の数が単純に多すぎるし、粒子の運動は不規則ででたらめで、未知の要素がありすぎる。

ここで起こっていることを記述するのにはるかに実用的な方法は、スープを連続体と考えることである。これは必ずしも真実ではないが、有用な考えである。連続体の近似では、スープ・ボウルの3次元体積内のすべての点にスープが存在するかのように考える。与えられた点(x, y, z)における温度Tは、時間tに依存する。関数$T(x, y, z, t)$を用いれば、これらの情報をすべて捉えることができる。この後すぐに見るように、この関数が、時間および空間においてどのように変化するかを表すための微分方程式が存在する。そのような微分方程式は、常微分方程式ではない。そうであってはならないのは、この式が依存する独立変数が、ただ一つではないからだ。実際には、四つの独立変数x、y、z、tに依存する。新しく出てきたこの厄介な微分方程式が、**偏微分方程式**[185]である。この名前は、各独立変数が、変化を引き起こすためにそれぞれに「偏った独自の」役割を担うところからきている。

偏微分方程式は、常微分方程式よりもはるかに豊かである。空間および時間に関して、同時に変動する連続なシステムを表す。冷却するスープに加えて、垂れ下がったハンモックの形状もこのような方程式で表される。湖における汚染物質の拡散や、戦闘機の翼上を流れる空気流もそうである。

偏微分方程式の扱いは極めて難しい。常微分方程式でも十分難しいが、偏微分方程式と比べると、子供の遊びのように見えてしまうほどだ。だがしかし、偏微分方程式はとても重要である。空を飛ぶとき、私たちの命運はいつも偏微分方程式に左右されている。

偏微分方程式とボーイング787

現代の航空機飛行は、微積分の奇跡である。だが、常にそういうわけではなかった。飛行の黎明期において、鳥や凧との類似から発明された初期の飛行機械には、熟練した技術者の粘り強い試行錯誤が必要だった。例えばライト兄弟は、自転車の知識を用いて飛行中の飛行機を制御し、内在する不安定性を克服するための3軸システムを考案した。

しかし飛行機が次第に洗練されるにつれて、より高度な設計法が必要となってきた。風洞によって技術者たちは、機体を地面から離すことなく、飛行機の空気力学特性をテストすることが可能となった。スケール・モデル（縮尺模型）によって、設計者は本物の飛行機の極小モデルを作り、実物大の高価なモデルを作ることなく、耐空性をテストすることができた。

第二次世界大戦後、航空技術者たちは、彼らの設計兵器にコンピュータを加えた。暗号解読、砲撃計算、天気予報に用いられていた真空管の巨獣は、近代ジェット機の開発を支えるために配備された。設計のプロセスで必然的に生じる複雑な偏微分方程式を解くのに、コンピュータは用いられた。

航空飛行にかかわる数学を解くのが恐ろしく困難な理由にはいくつかある。一つには、飛行機の幾何学形状が複雑という点がある。球、凧、バルサ材グライダーのような単純なものではない。それらよりもはるかに複雑な形状に加えて、翼、機体、エンジン、尾翼、フラップ（翼の後部に付いている細い可動部分）、着陸装置が付いている。これらの各器機が、機体を高速に通過してゆく空気を偏向させる。そして、突進してくる空気が偏向されるたびに、空気を偏向した器機に負荷が掛かる（高速道路を走行する車の窓から、手を突き出したことのある人なら分かるであろう）。飛行機の翼が適切な形状をしていれば、突進してくる空気は機体を持ち上げるであろう。飛行機が十分な速さで滑走路を走行していれば、この上向きの力は機体を地面から持ち上げ、空中飛行を維持する。揚力が、接近する空気に垂直な力であるのに対して、抗力と呼ばれる別の種類の力は、流体と平行な方向に作用する。抗力は摩擦のようなものである。飛行機の運動に抵抗して速度を落とし、エンジンの稼働を上げ、より多くの燃料を燃焼させる。これらの揚力と抗力の大きさを計算するのは、残酷なまでに難しい微積分の問題である。本物に近い形状をした飛行機に対してこの問題を解くのは、いかなる人の能力をもはるかに超えたものである。しかし、そのような問題を解かなければならない。飛行機の設計にとって極めて重要な問題なのだ。

ボーイング７８７『ドリームライナー』[186]について考えよう。２０１１年、ボーイング（世界最大の航空宇宙機器開発製造会社）は、長距離飛行で２００人から３００人の輸送を目的とした、次世代の中型ジェット機を公開した。ボーイング７６７の後継機として設計された７８７型機は、７６７型機よりも60％静かで、20％燃費が低いと謳われていた。最も革新的な特徴の一つは、炭素繊維強化プラスチックが機体と翼に使用されている点にあった。これら宇宙時代の複合材料は、ジェット機に用いられてきた従来型材料のアルミニウム、鋼鉄、チタンに比べて、軽量かつ頑強だった。鋼鉄に比べて軽量なため、燃料を節約し、より容易に、より高速での飛行を可能にした。

しかしボーイング７８７で最も革新的だったのは、開発に投入された数学とコンピュータ計算の先見性にあったと思われる。それ以前の旅客機設計の方法を凌駕したものであった。微積分とコンピュータのおかげで、ボーイング社は膨大な時間を節約できた。新型のプロトタイプ（試作品）をシミュレートするのは、実機を製造するよりもはるかに速いのだ。これによってコストも削減することができた。コンピュータ・シミュレーションは、この数十年間でコストの跳ね上がった風洞テストよりも、はるかに安上がりであった。ボーイング社の主任技師ダグラス・ボールは、１９８０年代、ボーイング７６７設計当時のインタビューで、会社は77機のプロトタイプ翼を組み立ててテストした、と指摘している。25年後、スーパーコンピュータを用いてボーイング７８７の翼をシミュレートすることによって、彼らはたった7機を組み立て、テストするだけで済んだ。

偏微分方程式は、設計プロセスの無数の箇所にかかわっていた。例えば揚力と抗力の計算過程で、ボーイングの応用数学者たちは微積分を用いて、毎時６００マイルの速さで移動するときに、どのように飛行機の翼が曲がるかを予測した。揚力を受けると、翼は上向きに曲がり、捻れる。技術者たちの防ぎたい現象の一つに、空力弾性フラッタ[187]と呼ばれる危険な効果がある。そよ風が通り過ぎると、ベニス風すだれがパタパタとはためくが、このようなフラッタリングの質の悪いものと思えばよい。最善の場合でも、このような望ましくない翼の振動によって機体はガタガタ揺れ、乗り心地は不快になる。最悪の場合、この振動は正のフィードバック・ループを生み出す。翼がフラッタを起こすと、翼の上の空気流に影響を与え、これによってさらに翼のフラッタが強められる効果だ。空力弾性フラッタは、テスト飛行機の翼を損傷し、構造破損を引き起こして墜落に至らしめることが知られている（航空ショーで、ロッキード社の開発したステルス攻撃機F-117『ナイトホーク』に起こったように）。激しいフラッタが民間飛行便で起こった場合、数百の乗客の命を危険に晒すことになる。

空力弾性フラッタを支配する方程式は、第2章の顔面手術に関する議論の内容と深く関係している。顔面モデルの研究者たちは、アルキメデスの魂を呼び起こし、数百もの宝石形状をした多面体と多角形を用いて、患者の軟組織と頭蓋骨を近似した。同じ精神でボーイングの数学者たちは、何十万もの極小の立方体、角柱、四面体を用いて、翼を近似した。これらの単純な形状は、基本要素となる積み木の役割を果たした。顔面手術のモデルと同様に、各積み木には剛性特性と弾性特性が割り当てられ、それらは隣接する積み木に押され、引っ張られた。弾性理論に基づく偏微分方程式は、各要素がこれらの力の作用にどう応答するかを予測した。最後に彼らはスーパーコンピュータの助けを借りて、これらの応答すべてを結び付け、翼全体の振動を予測するのに用いた。

同様に、航空エンジンの燃焼プロセスを最適化する際にも、偏微分方程式が用いられた。燃焼プロセスをモデル化するのは特に複雑な問題である。三つの科学分野の相互作用を伴うためである。三つとは、化学（燃料は数百もの高温の化学反応を経る）、熱流（化学エネルギーが機械エネルギーに変換され、タービン翼を回転させると、エンジン内部では熱が再配分される）、流体（燃焼室で高温ガスは旋回する。ガス乱流という観点から、これらのガスの挙動を予測するのは極めて難しい）を指す。以前と同様、ボーイングのチームはアルキメデスのアプローチを採用した。彼らは問題を小片に切り刻み、各小片で問題を解き、小片を再び合わせてもとに戻した。これは無限の原理の応用であり、すべての微積分の基礎となる分割統治戦略に基づいている。計算には、スーパーコンピュータおよび、有限要素解析として知られる数値計算法の助けを借りている。しかしすべての中心は依然として、微分方程式に具現化された微積分なのである。

遍在する偏微分方程式

現代科学への微積分の応用は、大部分が、偏微分方程式による定式化とその求解、解釈だということができる。例えば、電磁気に対するマクスウェルの方程式は、偏微分方程式である。弾性の法則、音響、熱流、流体、そして空気力学の式もそうである。まだまだある。金融オプションの価格づけ問題のためのブラック―ショールズ方程式[188]、神経繊維に沿った電気インパルスの伝搬を表したホジキン―ハクスレー方程式[189]、これらはすべて偏微分方程式だ。

現代物理の最先端においてさえ、偏微分方程式は数学的基盤を与えている。アインシュタインの一般相対性理論[190]を考えてみよう。理論では重力を、4次元構造を持った時空間の湾曲が顕在したものと捉え直す。標準的な例えとしては、時空間を、トランポリンの表面のような、伸縮性のある変形可能な構造として頭の中に描けばよい。通常この時空間構造は、ピンと張られた状態にあるが、何か重いものが載せられると、その重みで曲げられる。例えば、巨大なボウリング用のボールが真ん中に居座る感じだ。同じように、太陽のような巨大な天体は、その周りの時空間構造を曲げることができる。ではもっと小さいもの、例えば小さなビー玉（これが惑星を表す）が、トランポリンの曲がった表面を転がる様子を想像しよう。ボウリング玉の重みで表面は弛んでいるため、ビー玉の軌道は偏向される。直線を移動する代わりに、ビー玉は曲がった表面の等高線をたどり、ボウリング玉の周りを繰り返し回る。これが惑星が太陽の周りを回る理由だと、アインシュタインはいう。惑星は力を感じているのではなく、曲がった時空間構造において、最も抵抗の少ない経路をたどっているにすぎない。

この理論と同様に驚かされるのは、相対性理論の数学的な核には偏微分方程式が存在することだ。微視領域の理論である量子力学についても同じことがいえる。その支配方程式であるシュレーディンガー方程式[191]も、偏微分方程式である。次の章ではこのような方程式についてより詳しく考え、式の意味や由来を理解し、私たちの日々の生活にもかかわるその重要性を実感しよう。偏微分方程式が、台所のテーブルに置かれたスープ1杯が冷えてゆくのを表す以上のものだということが分かるであろう。電子レンジではどのようにスープを温めているのかも、偏微分方程式で理解できる。

第10章　波動を作る

１８００年代初頭まで、熱は謎であった。熱とは一体何か？　水のような液体か？　熱は流れるようにみえる。でも手で握ったり、見たりすることはできない。何か熱いものが冷えてゆく過程の温度を追跡すれば、間接的に測ることはできるが、冷えてゆく物体の内部で何が起こっているかを知る者はいなかった。

熱の難問を解き明かしたのは、寒さに過敏な男だった。10歳で孤児となったジャン・バティスト・ジョゼフ・フーリエ[192]は、病弱な、消化不良性喘息を患った10代を過ごした。彼は成人すると、熱は健康にとっての本質だと考えた。彼は自室を過熱状態にして、重い外套を体に巻き、夏でさえもそう過ごした。科学者人生のあらゆる局面で、フーリエは熱に執着していた。地球温暖化の概念を創出し、温室効果がどのように地球の平均気温を調節するかを最初に説明したのは、フーリエだった。

１８０７年、フーリエは微積分を用いて、**熱流**[193]の謎を解決した。彼は、赤熱した鉄棒のような物体の温度が、冷却するにつれてどう変わるかを予測可能な偏微分方程式を考え出した。驚いたことに、冷却過程の初期に、鉄棒の温度が、その丈に沿ってどれだけ不規則に変動していても、この類いの問題が解けることを彼は見いだした。開始時の棒には、熱い箇所と冷たい箇所が混在していてもよかった。汗を掻くまでもなく、フーリエの解析方法は問題を処理できた。

鍛冶屋の加熱炉で不均一に熱せられた、長く薄い円筒形の鉄棒を想像してほしい。棒の丈に沿って、熱い箇所と冷たい箇所が散らばっている。単純化のため、完全な絶縁スリーブが棒の周りを囲っていて、熱は逃げないものとする。熱が流れる唯一の方法は、棒の丈に沿って、熱い箇所から冷たい箇所へ拡散することである。フーリエは、与えられた点における棒の温度の変化率は、その点における温度とその両近傍の平均温度の不一致に比例すると仮定した（この仮定は実験的にも確認された）。ここで近傍といったときには、本当に近傍を意味する。私たちが視点を合わせている点の無限小近くに隣接した2点を思い描いてほしい。

このような理想化された条件において、熱流の物理は単純である。ある点がその近傍よりも冷たければ、その点は熱くなる。ある点がその近傍よりも熱ければ、その点は冷たくなる。不一致が大きければ大きいほど、より速やかに温度は一様になる。もしもある点の温度が、その近傍の平均温度に一致するなら、すべては釣り合い、熱は流れず、その点における温度は次の瞬間も同じ値に留まる。

ある点における瞬時温度を近傍と比較するプロセスは、フーリエを偏微分方程式に導いた。この式は現在、熱伝導方程式として知られ、二つの独立変数に関する導関数を含む。一つは時間 t の無限小変化、もう一つは棒に沿った位置 x の無限小変化である。

フーリエが設定した問題の大変な部分は、熱い箇所と冷たい箇所が、初期状態ではゴチャゴチャに混在していてもよかった点である。このような一般的な問題を解くためにフーリエは、極めて楽観的で、ほとんど無謀に思える手法を提案した。彼は、任意の初期温度パターンを、単純な正弦波の和で、等価なもの

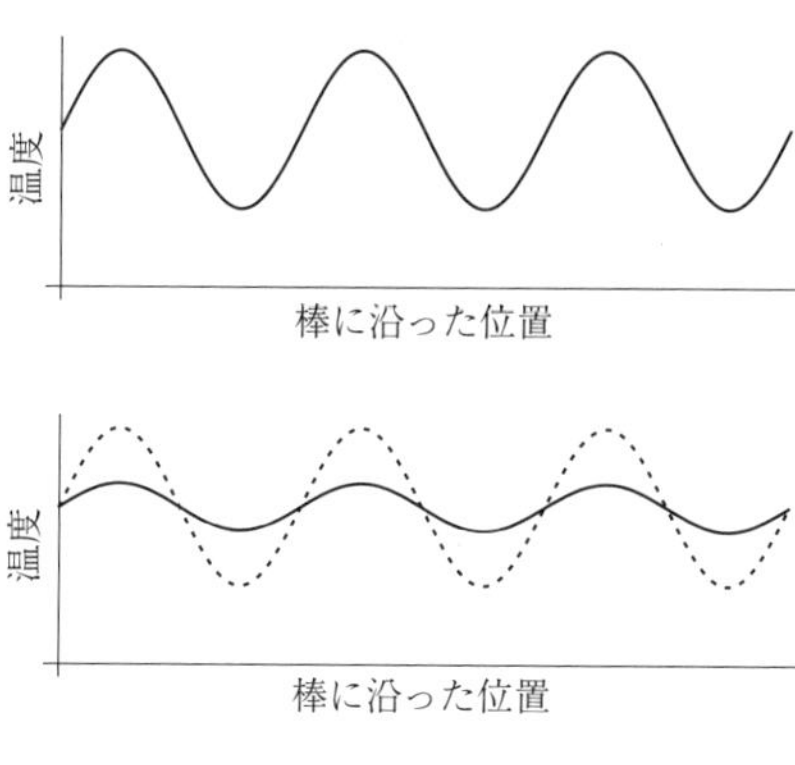

として置き換えることができると主張した（上の図）。

正弦波が、彼の積み木であった。正弦波を選んだ理由は、その方が問題が簡単だったからだ。温度分布が正弦波のパターンから始まると、冷える過程でも、棒の温度分布は正弦波のパターンに留まることをフーリエは知っていた。

これが鍵であった。正弦波は動き回らず、そのままでいた。確かに熱い箇所が冷やされ、冷たい箇所が温められるにつれて、正弦波は弱まったが、そのような減衰を扱うのは容易であった。これは単に時間が経つと、温度のばらつきが平坦になることを意味していた。下の図に描かれるように、最初は破線の正弦波のように見えていた温度パターンが弱まって、実線の正弦波のようになる。

温度
棒に沿った位置

重要なのは、正弦波は弱められながらも、じっと静止していることだ。これらを定常波と呼ぶ。

したがって、初期の温度パターンを正弦波に分解することができれば、各正弦波について別々に問題を解くことができる。彼は、その答えをすでに知っていた。各正弦波は指数関数的な速さで減衰し、その減衰率は、正弦波がいくつの山と谷を持つかに依存した。より多くの山を持つ正弦波はより速く減衰した。なぜなら、熱い箇所と冷たい箇所がより近くに集約され、それらの間の熱交換が促進されて、平衡状態が早まるためだ。各正弦関数の積み木がどのように減衰するかを知っていたので、次にフーリエがしなければならないのは、それらをもとに戻して、もともとの問題を解くことだけであった。

なかでも厄介だったのは、フーリエが正弦波の無限級数を平気で使っていたことだ。彼は無限のゴーレムを再び微積分に呼び出し、先人たちよりもさらに向こう見ずな使い方をしていた。三角形の破片や数の無限和を用いる代わりに、彼は大胆にも、波動の無限和を用いたのだ。これは、ニュートンが冪関数x^nの無限和で行ったことを思い起こさせるが、ニュートンは、不連続なジャンプや、鋭い角を含むような任意の複雑な曲線を無限和で表現できるとは決して主張しなかった。フーリエはまさにそう主張していた。不連続なジャンプや、鋭い角を恐れなかった。さらにフーリエの波動は、方程式そのものから自然な形で現れた。方程式における振動の固有モード、固有の定常波パターンを表していた。フーリエの波動は、熱流にぴったりだったのだ。ニュートンの冪関数には、積み木としての特別な主張はなかったが、フーリエの正弦波にはあった。それらは目の前にある問題に、有機的に適合していた。

積み木として正弦波を大胆に用いた手法は物議を醸し、厳密性に関する厄介な問題を引き起こし、数学者たちが問題解決するのに1世紀を費やすこととなった。しかし、私たちの時代にあって、フーリエの革新的なアイデアは、電子音声合成器や医用画像のためのMRI撮像などの技術で、中心的な役割を果たしている。

弦の理論

正弦波は音楽にも現れる。ギター、バイオリン、ピアノの弦の振動の固有モードは正弦波である。弦の振動に対する偏微分方程式は、ニュートン力学とライプニッツの微分を、ピンと張った弦の理想化モデルに応用することによって得られる。このモデルにおいて弦は、無限小の粒子を隣り合わせに並べ、近傍同士を弾性力で接合した、連続した粒子の配列と捉えられる。任意の瞬間tで、弦における各粒子は、自身に作用する力に従って変動する。これらの力は、近傍の粒子同士が互いに引っ張り合う際の、弦の張力によって生み出される。力が与えられると、各粒子はニュートンの法則$F = ma$に従って動く。これが弦に沿ったすべての点xで起こる。結果として微分方程式は、xとtの両方に依存し、したがって偏微分方程式となる。振動する弦の典型的な運動が波動であることから、この式は波動方程式[194]と呼ばれる。

熱流の問題でもあったように、正弦波は有用である。これは、振動の際に、正弦波を自己再生するためである。弦の端がピン留めされている場合、これらの正弦波は伝搬しない。単純にそこに留まって、同じ場所で振動する（上の図）。もしも空気抵抗や弦の内部摩擦が無視できるならば、理想化された弦は、正弦波のパターンで振動を始めると永遠にその正弦波のパターンで振動する。さらに振動の周波数は決して変わらない。これらすべての理由から、正弦波は、弦の問題でも、理想的な積み木ブロックの役割を果たす。

他の振動形状も正弦関数の無限和から作られる。例えば、１７００年代に広く使用されたチェンバロでは、弦は撥で引っ張られ、放たれるまで三角形状に引き込まれる。

三角波は鋭い角を持っているにもかかわらず、完全に滑らかな正弦波の無限和で表すことができる。つまり、鋭い角を作るのに、鋭い波は必要ない。301ページの図は、三角波を正弦波で近似した結果を示す。1番下に破線で表示された三角波に対して、徐々に忠実度が上がる順番に三つの近似波形を並べている。

最初の近似は、最良の振幅を持った単一の正弦波を示す（ここでいう最良とは、第4章の最適化規範と同様、三角波からの総二乗誤差を最小にするという意味である）。2番目の近似は、二つの正弦波の和を最適にしたもの。3番目は、三つの正弦波の和を最適にしたものである。最適な正弦波の振幅は、フーリエが発見した以下の処方箋に従う。

$$\text{三角波} = 1\sin 1x - \frac{1}{9}\sin 3x + \frac{1}{25}\sin 5x - \frac{1}{49}\sin 7x + \cdots$$

この無限和は、三角波に対するフーリエ級数と呼ばれる。この式の粋な数値パターンに気づいてほしい。正弦波には、奇数の周波数（1、3、5、7、……）のみが現れ、対応する振幅（$1, -\frac{1}{9}, \frac{1}{25}, -\frac{1}{49}, \ldots$）は、奇数の逆2乗数をとり、プラスとマイナスの符号が交互に表れている。残念だが、この処方箋がなぜうまくいくかを説明するのは容易ではない。微積分の核心部分の計算を苦労しながら進まないと、これらの魔法の振幅がどこからきたのかは理解できない。しかし要点は、フーリエがこの計算の仕方を知っていたということだ。この計算によって彼は、三角波やそれ以外の任意の複雑な曲線を、はるかに単純な正弦波で合成することができた。

フーリエの偉大なアイデアは、ミュージック・シンセサイザーの基礎になっている。これを理解するため、音階について考えよう。中央ハの上のイの音を例にする（訳注：日本式音名表記に基づく）。イの正

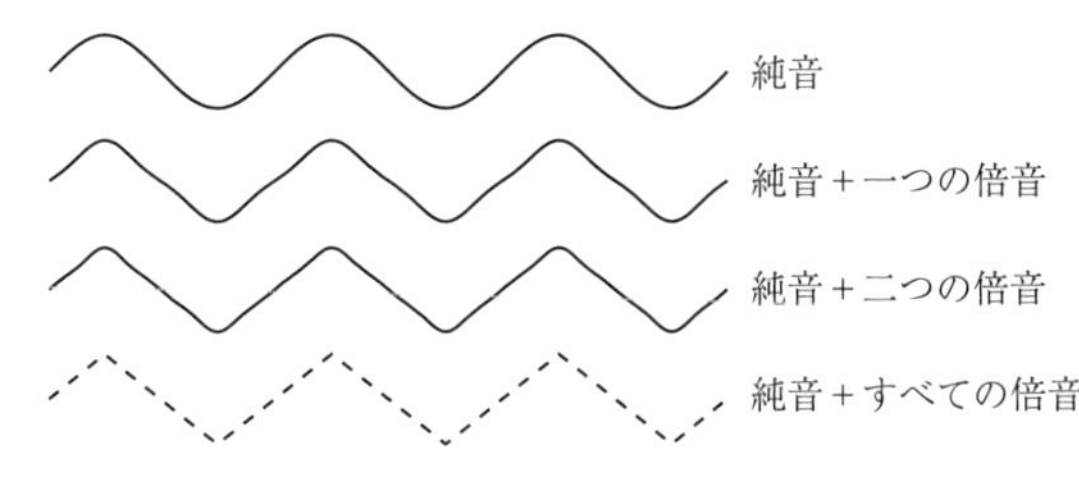

確な音高を生成するためには、４４０サイクル毎秒の周波数で振動するように設定された音叉を叩けばよい。音叉は、柄の部分と二つの金属製の歯からなり、音叉をゴム製ハンマーで叩くと、歯は毎秒４４０回、前後に振動する。これらの振動は、付近の空気を励起する。歯が外に向けて振動すると、空気は圧縮され、振動がもとに戻ると、周囲の空気を希薄にする。空気の分子が前後に揺れると、正弦関数の圧力分布波形を生成し、私たちの耳は、退屈で音色のないイの純音を知覚する。ここには音楽家たちのいう、音色がない。一方で、同じイの音をバイオリンかピアノで演奏すると、どちらも音色豊かに、暖かく響くであろう。これらの楽器も毎秒４４０サイクルの基本周波数で空気の振動を放射するのにもかかわらず、音叉とは異なる音を出す（そして、バイオリンとピアノの音同士も異なる）のは、倍音成分が異なるためである。倍音とは、三角波の式で出てきた、$\sin 3x$ や $\sin 5x$ などの波動に対する音楽用語である。倍音は、基本周波数の倍数を組み入れることによって、音に色を付加する。４４０サイクル毎秒の正弦波に加えて、合成された三角波には、その3倍の周波数（$3 \times 440 = 1320$ サイクル毎秒）を持つ正弦波の倍音が含まれている。この倍音は、$\sin x$ の基本モードほど強くはない。相対的な振幅は、基本モードのわずか 1/9 で、その他の奇数モードはさらに弱くなる。音楽理論では、これらの振幅が、倍音の音の大きさを決める。バイオリンの音の豊かさは、大きい倍音と小さい倍音の組み合わせに関係している。

フーリエのアイデアの統合力によって、無限に多くの音叉を配置することで、任意の楽器の音が合成可能となった。私たちは音叉を正しい強さで、適切なタイミングで叩くだけで、バイオリンやピアノ、トランペットやオーボエの音ですらも作り出すことができる。使っているのは、音色のない正弦波にすぎないことから考えると驚きである。これが初期の電子シンセサイザーの機能の本質である。多数の正弦波を組み合わせることによって、任意の楽器音を再生したのである。

遡ること高校時代、私は電子音楽の授業を受講し、正弦波で何ができるかについて感覚を掴んだ。1970年代の暗黒時代、電子音楽が、古い配電盤の様相を呈した大きな箱で作られていたときのことだ。級友たちと私が、ケーブルをさまざまなジャックにつなぎ、つまみを上げ下げすると、正弦波、矩形波、三角波の音が飛び出した。私の記憶では、正弦波はフルートのような明瞭な開放音を出した。矩形波は火災報知機のような甲高い音、三角波は金管楽器のような音だった。あるつまみを調節すると、波の周波数を変え、音高を上げ下げすることができた。別のつまみでは、振幅を変えて、音の大きさを上げ下げすることができた。いくつかのケーブルを同時につなぐことによって、波動とその倍音を異なる組み合わせで足し合わせることもできた。フーリエはこれらの操作を数学を用いて抽象的に行ったが、私たちにとってこの実験は感覚的だった。音を聴くと同時に、その波形をオシロスコープで見ることもできた。インターネットを使えば、あなたもいますぐにこれらを試すことができる。「三角波の音」というようなキーワードで検索すれば、対話型のデモが見つかり、1974年の私の教室に座って、波の遊びを疑似体験できるであろう。

フーリエの仕事の大いなる意義は、微積分を用いて、粒子の連続体がどのように動き変化するかを予測する、最初の一歩を踏み出したことにある。これは、離散的な粒子の集まりの運動を解析したニュートンを超えた、計り知れない進歩であった。その後の数世紀にわたり、研究者たちはフーリエの方法を拡張して、他の連続媒体の振る舞いを予測した。ボーイング787翼のフラッタ、顔面手術後の患者の容姿、動脈を流れる血流、地震後の地鳴りなどがその例である。現在これらの技術は、理工学分野の至る所に姿を現す。解析の応用例には、熱核反応爆発から生じる衝撃波、通信電波、栄養素を吸収し老廃物を正しい方向に送る腸の消化管運動の波、癲癇やパーキンソン病の振戦にかかわる病的な脳波、幹線道路の渋滞の波（はっきりした理由なしに交通量が落ちる自然渋滞のような腹立たしい現象に見られる）がある。フーリエのアイデアとそこから派生した手法によって、これらの波動現象を数学的に理解することが可能となった。ときには方程式の助けを借り、ときには大規模コンピュータ・シミュレーションを援用することによって、私たちは波動現象を説明予測し、場合によっては、波動を制御あるいは制止できるようになった。

なぜ正弦波？

正弦波の問題から、その2次元版、3次元版の問題に進む前に、何が正弦波を特別なものにしているのかを明らかにするのは意義深い。結局のところ、他の曲線でも積み木の役割を果たすことは可能で、場合によっては、正弦波よりも良好に機能することが分かっている。例えば、指紋の隆線のような局在した特徴を捉えるには、ウェーブレットがＦＢＩからのお墨つきを得た。地震解析、美術修復や美術鑑定、そして顔認識などの分野の画像解析や信号解析では、ウェーブレットの方が、正弦波よりも優れている場合が多い。

では、波動方程式、熱伝導方程式、その他の偏微分方程式の解に、なぜ正弦波はそれほどよく適合するのだろう？　正弦関数の長所として、導関数と相性がよい点が挙げられる。特に正弦関数の導関数は、4分の1サイクルぶんシフトした別の正弦関数である。これは、注目に値する性質である。他の波動関数ではこのようなことは成り立たない。どのような曲線でも、導関数を取ると、曲線は微分によって歪められるのが常である。以前と同じ形状は得られない。微分されるのはほとんどの曲線にとって、トラウマのような経験なのだ。しかし、正弦波は違う。導関数を取った後も、平然と体のほこりを払って、相変わらずの正弦波のままである。唯一受ける損傷は（損傷とはいえないようなものだが）、正弦波の時間がシフトする点である。以前よりも4分の1サイクル早い点にピークが現れる。

この性質については、第4章と第6章で考察した。2018年のニュー・ヨークにおける日長（日照時間）の季節変動を、日長の変化率、すなわち、ある日から次の日までの日照時間の変化と比較した。両方の曲線がほぼ正弦関数に従うことを見たが、ある日から次の日までの日照時間の変化は、そのもととなったデータよりも3か月早くシフトしていた。簡単にいうと、2018年で最も日長の長かった日は6月21日であったのに対して、最も日長の伸びが大きかった日は、3か月前の3月20日だった。これは正弦関数から予期されることである。もしも日長のデータが完璧な正弦波であったならば、そしてある日からその次の日ではなく、ある瞬間からその次の瞬間の差を見ていたならば、日長の瞬間変化率（日長データの導関数）は完璧な正弦波で、正確に4分の1サイクル早くシフトしていたであろう。第6章では、4分の1サイクルのシフトが、正弦波と一様な円周運動の間の深い結び付きからくることも理解した（忘れていたら、その議論を読み返すとよい)。

この4分の1サイクルのシフトは、魅力的な結果を引き起こす。正弦波に対して導関数を2回取ると、4分の1サイクルに加えて、もう4分の1サイクルのシフトが起こる。合計すると、2分の1サイクルのシフトが起こることになる。これは、以前の山が谷になり、谷は山になることを意味する。正弦波の上下が逆さになる。数学的には以下の式で表される。

$$\frac{d}{dx}(\frac{d}{dx}\sin x) = -\sin x$$

ここで、ライプニッツの微分記号 d/dx は、右に現れる式の導関数を取ることを意味する。上の式は、$\sin x$ の導関数を2回取ることは、-1を掛けることにほかならないことを示している。このように2回の導関数を、簡単な掛け算で置き換えられるのは、素晴らしい簡略化である。2回微分を取るには、微積分の計算を全力で行わなければならないが、-1を掛けるのは中学で習う算術だ。

でも、2回も導関数を取るようなことがあるだろうか? 自然界はこの操作を行っているのだ。しかも頻繁に。あるいは、自然に対する私たちのモデルではこの操作が頻繁に行われるといった方がよいであろう。例えばニュートンの運動の法則 $F = ma$ で、加速度には2回の微分が含まれている。なぜかというと、加速度は速度の導関数であり、速度は距離の導関数だからだ。これは、加速度が、距離の導関数の導関数、簡潔にいうと、距離の2次導関数であることを意味する。2次導関数は、物理や工学の至る所に現れる。ニュートンの方程式に従って、2次導関数は、熱伝導方程式や波動方程式でも主役を演じる。

だから正弦波は、これらの式にとても適しているのだ。正弦関数に対して、2次導関数は単なる-1の掛け算になる。この効果により、熱伝導方程式や波動方程式の解析で大変な微積分の計算は、正弦関数に的を絞ればもはや問題でなくなる。微積分は剥ぎ取られ、掛け算に取って代わられる。このため、弦の振動の問題や熱流の問題を、正弦波について解くのは、はるかに簡単なのだ。任意の曲線を正弦波から構成することができれば、これらの曲線も正弦波の長所を受け継ぐであろう。唯一引っ掛かるのは、任意の曲線を構成するには、無限に多くの正弦波を足し合わせなければならない点だが、これは小さな代償である。

これが微積分の観点から見た、正弦波が特別な理由である。物理学者たちには独自の視点があり、これも知っておく価値がある。物理学者にとって正弦波が注目に値するのは（振動や熱流の問題の文脈で）、正弦波が定常波（定在波）を形成する点である。定常波は、弦あるいは棒に沿って移動せずに、同じ場所に留まる。定常波は上下に振動するが、決して伝搬しない。さらに注目するべきは、定常波が、固有の周波数で振動することだ。これは波動の世界ではまれなことである。白色光が、虹の7色すべての組み合わせで構成されているように、ほとんどの波動は、多数の周波数の組み合わせでできている。この意味で、定常波は純粋で、混じり気がない。

振動モードの視覚化——クラドニ・パターン

ギターの温か味のある音やバイオリンの哀調を帯びた音は、楽器の腹や本体で作られる振動に関係している。本体の木材やその空洞の内側で、音波が振動して共鳴を起こし、これらの振動パターンが楽器の音質を決める。ストラディバリウスのバイオリンが特別な理由の一部もここにある。心を揺さぶるのは、木材と空気の作り出す唯一無二の振動パターンである。特定のバイオリンがその他のバイオリンよりも、なぜよく響くのかについては、まだよく分かっていないが、その鍵は振動モードにあるはずだ。

1787年、ドイツの物理学者で楽器の製作者でもあったエルンスト・クラドニは、これらの振動パターンを巧みに視覚化する方法を論文で発表した。ギターやバイオリンのような複雑な形状を用いる代わりに、彼はもっと単純な楽器、すなわち薄い金属板を用いて、バイオリンの弓でその末端を引くことによって演奏した。こうすることで、板を振動させ鳴らすことができた(半分注がれたワイングラスの縁の周りを指で擦るのに似ている)。振動を視覚化するため、クラドニは弓を引く前に、砂の細塵を板の上に撒いた。板を鳴らしたところ、最も振動している部分で砂は跳ね返り、まったく振動していない部分に落ち着いた。結果として得られた曲線は、いまではクラドニ・パターン[195]と呼ばれる。

画像提供：Matemateca IME-USP/Rodrigo Tetsuo Argenton.

科学博物館で、クラドニ・パターンのデモを見たことがあるかもしれない。スピーカーの上に金属板を設置し、砂で覆った状態で、電子信号発生器の振動で駆動する。スピーカーから出てくる音の周波数を調整すると、板は異なる共振パターンに励起される。スピーカーが新しい共振周波数に設定されるたびに、砂は異なる定常波パターンを編成する。板は、隣り合って反対方向に振動する領域に分割され、振動の起こっていない節の曲線が、板を分割する境界を形成する。

板で動かない部分があるのは変に思えるかもしれないが、驚くことではない。弦の正弦波でも同じことを見た。この場合、弦の動かない点が、振動の節に当たる。板にも同様の節が存在するが、板の節は孤立した点ではなく、節同士がつながり合って、節の直線や曲線を形成する。クラドニが実験で明らかにしたのは、このような節の曲線が存在することであった。クラドニが発明した当時、この曲線は驚異的なものと考えられ、皇帝ナポレオンに招かれたほどであった。数学と工学の勉強をしていたナポレオンは好奇心をそそられ、コンテストを開催して、ヨーロッパ随一の数学者たちにクラドニ・パターンを説明するように挑んだ。

当時これに必要な数学は存在していなかった。数学者として突出した存在だったジョゼフ＝ルイ・ラグランジュは、この問題が手の届かないもので、誰も解決できないだろうと感じた。確かに挑戦したのはたった一人だった。彼女の名を、ソフィ・ジェルマン[196]といった。

崇高な勇気

ソフィ・ジェルマンは若い時分より微積分を独学していた。裕福な家庭に生まれた彼女は、父の書斎にあったアルキメデスに関する本を読み、数学に夢中になった。彼女が数学を愛し、夜遅くまで数学に取り組んでいるのを見つけた両親は、ろうそくを取り上げ、火を消し、室内着を没収した。それでもソフィは貫き通した。キルト布に包まり、盗んだろうそくの灯りで勉強した。徐々に彼女の家族は折れ、彼女を認めた。

彼女の時代におけるすべての女性と同様、ジェルマンは大学への入学を許可されなかった。このため彼女は独学を続けた。近くにあったエコール・ポリテクニーク（訳注：パリ市近郊パレゾーに位置するフランスの公立高等教育・研究機関）の開講するコースの講義ノートを、すでに学校を去った男子生徒アントワーヌ＝オーギュスト・ルブランの名前を拝借して手に入れたこともあった。彼が在籍していないことに気づかずに学校管理者たちは、講義ノートと問題集を彼のために印刷し続けた。彼の名の下で彼女が研究結果を提出し続けたところ、学校教師の一人であった高名なラグランジュの目に止まった。彼は、ルブランのそれまでのひどい成績からの目覚ましい向上に気づいた。ラグランジュはルブランとの面会を要請し、彼女の本当の正体に喜ぶとともに驚愕した。ラグランジュは彼女の面倒を見ることにした。

ジェルマンの初期の成果は数論に関してであった。フェルマーの最終定理として知られるこの分野で最も難しい未解決問題の一つに対して、彼女は重要な貢献をした。彼女はブレークスルーを成し遂げたと感じると、世界で最も偉大な数論研究者（そして全時代を通しても最も偉大な数学者の1人）であるカール・フリードリヒ・ガウスに手紙を送った。差出人の名前は、再びアントワーヌ・ルブランだった。ガウスは謎めいた文通相手の才気を賞賛し、3年にわたって活発な文通を行った。1806年、ガウスの命を脅かす事件が起こったある日、事態は暗転した。ナポレオンの軍隊はプロイセンを襲撃し、ガウスの住むブラウンシュヴァイクが占領された。家族の人脈を伝ってジェルマンは、フランス軍の将軍であった友人に手紙を書き、ガウスの身の安全の確保を懇願した。ソフィ・ジェルマン女史の介在によって、自身の命が守られたことを聞いたとき、ガウスは感謝すると同時に訝しんだ。そのような名前の人は知り合いにいなかったからだ。ジェルマンは彼女の次の手紙で、自身の正体を明かした。ガウスは、自分が女性と文通していたことを知って仰天した。彼女の洞察の深さを鑑み、彼女が耐え忍ばなければならなかったであろう偏見や障壁を認識した上で、ガウスは彼女に伝えた。「疑いもなく、彼女は崇高な勇気[197]、並外れた才能、優れた天賦の才を持つに違いない」

クラドニ・パターンの謎を解くコンテストを聞きつけると、ジェルマンは挑戦を受けて立った。必要な理論を一から展開することに挑戦する勇気があるのは彼女だけだった。彼女の解は、力学の新しい分科を創造するほどのスケールであった。平らで薄い2次元プレート（板）に対する弾性理論は、1次元の弦や梁（はり）に対する単純な初期理論を超えていた。彼女は、力、変位、曲率の原理に基づいて理論を構築した。クラドニの振動板とその作り出す不思議なパターンに対して、微積分の技法を用いて、偏微分方程式を定式化し、解いた。しかし、ジェルマンの受けた教育の格差と、数学の訓練を正規に受けていなかったことから、彼女の試みた解には欠陥が見つかった。審査員たちは問題が十分に解けたと感じ、コンテストをさらに2年間延長し、そしてさらに2年間延長した。3回目の挑戦で、ジェルマンは賞を授与され、パリ科学アカデミーの栄誉を受けた最初の女性となった。

電子レンジ

クラドニ・パターンを用いることで、2次元における定常波を視覚化できることが分かった。一方で私たちは、日常生活で電子レンジ[198]を使うとき、いつも3次元版のクラドニ・パターンのお世話になっている。電子レンジの内部は3次元空間である。開始ボタンを押すと、レンジ内は電磁波の定常波パターンで満たされる。これらの電磁波の振動を目で見ることはできないが、クラドニが砂で行ったことを模倣すれば、間接的に視覚化することはできる。

次のような要領だ。耐熱皿を取り出して、細切りチーズの薄い層で完全に覆う（それ以外でも、薄い板チョコレートやミニサイズのマシュマロを散りばめたものなど、水平に広がり、簡単に溶けるものであればよい）。この皿をレンジに置く前に、回転するターンテーブルを必ず取り出してほしい。熱い箇所を検出するには、チーズ皿は静止していなければならないため、これは重要だ。ターンテーブルを取り出し、皿を内側に入れたら、ドアを閉め、電子レンジをオンにする。30秒程度、そのままにする。それ以上は必要ない。そして皿を取り出す。チーズが完全に溶けている場所が見られるであろう。これらは熱い箇所だ。振動が最も激しい、電磁波パターンの腹に対応する。正弦波の山と谷、あるいは、クラドニ・パターンで砂のない場所（振動の激しい場所では、砂は振り払われる）に対応する。

2・45GHz（1秒間で24・5億回、波動が行き来して振動することを意味する）で動作する標準的な電子レンジでは、溶けた場所の隣同士の間隔は約6センチメートルになっているはずだ。これは山から谷までの距離でしかないので、波長の半分ということに留意してほしい。全波長を得るには、この距離を倍にしなければならない。したがって、電子レンジの定常波パターンの波長は約12センチメートルということになる。

ついでながら、電子レンジを使って、光の速さを計算することができる。振動の周波数（レンジのドア枠に表示されている）に、この実験で測った波長を掛け合わせれば、光速かあるいはそれに近いものが得られるはずだ。私が挙げた数字を使うと、次のような計算になる。周波数は、毎秒24・5億サイクルで、（1サイクルの）波長は12センチメートルだ。これらを掛け合わせると、毎秒２９４億センチメートルが得られる。一般に認められている光速が毎秒３００億センチメートルであるから、これはかなり近い値になっている。大雑把な計測の結果としては悪くない。

電子レンジがかつてレーダー・レンジと呼ばれた理由

第二次世界大戦が終わり、レイセオン（アメリカの軍需製品メーカー）は、レーダーに用いられる強力な真空管マグネトロンの新しい応用を模索していた。マグネトロンは、笛の機能に類似した電子機器である。笛が音波を放出するように、マグネトロンは電磁波を放出する。これらの波動は上空の飛行機に反射され、飛行物体がどれだけ離れた場所にあり、いかなる速さで移動しているかを検出できる。現在ではレーダーは、船、速度違反車、速球、テニスのサーブ、気象パターンなど、あらゆるものの運動を追跡するのに用いられている。

大戦後の１９４６年、レイセオンは、それまで自社で製造していたマグネトロンをどうしてよいか途方に暮れていた。ある日、パーシー・スペンサーという技術者がマグネトロンで仕事をしている最中に、彼のポケットに入っていたピーナッツ・バーが、ねばねばした粘着物になったことに気づいた。彼はマグネトロンの放射する電磁波が、食品を温めるのにとても効果的ということを悟った。このアイデアをさらに調査するため、マグネトロンを卵に向けてみたところ、人の目の前で破裂するほどに熱くなった。スペンサーは、マグネトロンでポップコーンを作れることも実証した。最初の電子レンジがレーダー・レンジと呼ばれたのは、レーダーと電磁波の間にこのようなつながりがあったためである。電子レンジは、１９６０年代後半まで商業的なヒットには至らなかった。初期の電子レンジは大きすぎた。６フィート（約１８３センチメートル）近い高さがあり、とても高価で、今日で換算すると数万ドルに相当する価格であった。しかし徐々に電子レンジは小型化し、普通の家庭でも十分に購入できるくらいに安価となった。現在の先進工業国では、少なくとも90パーセントの世帯が、電子レンジを所有している。

レーダーと電子レンジの話は、科学で異分野が相互に関連していることの証しである。電子レンジに何がかかわっているか考えてみよう。物理学、電気工学、材料科学、化学、そして昔ながらの偶然から生まれた発明。微積分も重要な役割を担った。波動を表現する言語とそれを解析するための道具は、微積分に基づくものだった。音楽から派生し、弦の振動の問題で定式化された波動方程式は、最終的にはマクスウェルによって、電磁波の予測に用いられた。そこからは真空管、トランジスタ、コンピュータ、レーダー、そして電子レンジとトントン拍子で進んだ。ここに至るまでに、フーリエの方法は必要不可欠であった。そしてこれから見るように、彼の技法は、高エネルギー電磁波の新たな用途を発見する際にも重要な役割を果たす。これらの高エネルギー波動は、20世紀の変わり目に偶然発見された。これらの波動が何ものなのか誰も分かっていなかったため、数学で未知を表す記号に敬意を表して、X線と名づけられた。

コンピュータ断層撮影と脳イメージング

電子レンジは調理に役立つが、Ｘ線は私たちの身体を覗き込むのに役立つ。Ｘ線によって、折れた骨、頭蓋骨骨折、曲がった脊椎を非侵襲に診断することができる。白黒フィルムに記録される伝統的なＸ線は、組織密度の微妙な差を検出するには、残念ながら感度が低い。このため、軟組織や臓器の検査に用いるには限界がある。ＣＴスキャン[199]と呼ばれるより近代的な医用画像方式は、従来のＸ線フィルムよりも数百倍、感度が高い。この精度は医学に革新をもたらした。

ＣＴのＣはコンピュータ化（Computerized）、Ｔは断層撮影（Tomography）を表し、物体をスライス状に輪切りにすることによって、視覚化するプロセスを意味する。ＣＴスキャンではＸ線を用いて、１回に１スライスの臓器あるいは組織が撮影される。ＣＴスキャナーに患者が入ると、さまざまな異なる角度からＸ線が放出され、患者の身体を通過し、反対側にある検出器で記録される。これらすべての情報、つまり異なる角度から撮影された画像から、Ｘ線が透過した物質の情報を明瞭に再構成することができる。つまりＣＴは単に見るものではなく、推論し、演繹し、計算するものなのである。実際、ＣＴの最も秀逸で革新的な部分は、洗練された数学を用いている点にある。微積分、フーリエ解析、信号処理、コンピュータを援用したＣＴのソフトは、Ｘ線が透過した組織、器官、骨の性質を推定し、その部分の身体の詳細画像を生成する。

これらの過程で微積分がどのような役割を果たしているかを見るためには、まず、ＣＴが解く問題とその解き方について理解する必要がある。

照射したX線のビームが、脳組織のスライスを透過する様子を想像しよう。X線が進入すると、灰白質、白質、場合によっては脳腫瘍、血栓などに出くわす。これらの組織はX線のエネルギーを吸収し、この吸収度合いは組織の種類に依存する。CTの目標は、スライス全体について、この吸収パターンの地図を作ることである。この情報から、CTは腫瘍や血栓がどこにあるかを明らかにする。CTは脳を直接見るのではなく、脳におけるX線の吸収パターンを見るのだ。

数学は次のように働く。脳スライスのある与えられた点をX線が透過すると、強度の一部が損なわれる。この損失は、通常の光がサングラスを透過して、輝きが抑えられるようなものである。ここで複雑なのは、X線の経路に沿って、異なる脳の組織が配列されている点である。このため組織の配列は、不透過率の異なるサングラスが、1枚の前に別の1枚といった要領で、順番に並べられたように振る舞う。そして私たちは、これらのサングラスの不透過率を知らない。つまり、これが私たちが見つけ出そうとしているものなのだ！

このように異なる組織で吸収特性にばらつきがあるため、X線が脳から出てきて、反対側にあるX線検出器に衝突すると、その強度は、経路に沿って異なる分だけ弱められる。これらの減弱をすべて合わせた正味の効果を計算するためには、X線が組織を進むにつれて、無限小ステップごとにどれだけ弱められるかを把握し、そして得られた結果すべてを適切に結び付けなければならない。この計算が積分ということになる。

ここで積分法が現れるのは驚きではない。このように非常に複雑な問題を扱いやすくするには最も自然な方法である。いつもと同様に、無限の原理に訴えればよい。まず、X線経路を無限に多くの、無限小のステップに切り刻むことを想像しよう。各ステップで強度がどれだけ減衰するかを把握し、最後にすべての計算結果をもとの状態に戻し、与えられた進行方向に沿った正味の減衰量を計算する。

悲しいかなこれを行ったとしても、私たちは1片の情報しか得たことにはならない。X線が透過した特定の経路に沿った、X線の総減衰量しか分からないのだ。これでは、脳のスライス全体についてはよく分からない。それどころかX線が進んだ特定の経路についてですらよく分からない。私たちが分かるのは、この経路に沿った正味の減衰量だけで、経路に沿った、点ごとの減衰パターンについては分からないのである。

この難しさを比喩を用いて説明しよう。足し合わせて6になるような数の配置方法を考えればよい。数字の6は、1＋5でも、2＋4でも、3＋3でも出てくることから、多数の異なる組み合わせが可能ということが分かる。これと同じように、X線の総減衰量が同じになるような、局所減衰の配置方法は多数存在する。例えば、X線経路の始めに大きな減衰が現れ、終わりに小さな減衰が出現するかもしれない。あるいは、その反対かもしれない。あるいは、経路全体で、中程度の減衰が一様に分布しているかもしれない。単一の計測からは、これらの可能性の違いを区別することはできない。

ただし、いったん問題の難しさを認識してしまえば、どう解決すればよいかはすぐに分かる。多数の異なる方向に沿って、X線を照射すればよいのだ。これがコンピュータ断層撮影の核心部分だ。複数の方向から、組織上の同じ点を通るようにX線を照射し、他の点についても同様の計測を繰り返すことによって、原理的には、脳のあらゆる点における減衰係数を精密に求めることができるはずだ。これは脳を見ることと必ずしも同じではないが、ほぼ同じくらいに有効である。脳のどの領域に、どのような種類の組織が存在するかに関する情報を与えてくれる。

ここでの数学的な挑戦は、さまざまな方向から計測されたすべての情報を、脳のスライス全体を表す２次元画像に、整然と再構成することである。ここで、フーリエ解析の出番だ。南アフリカ共和国の物理学者アラン・コーマック[200]は、フーリエ解析を用いて再構成問題を解いた。フーリエ解析が出てきたのは、この問題には円が潜んでいたからである。ここでいう円とは、２次元スライスに照射されたＸ線のすべての入射角度から構成される円を指す。

円は常に正弦波と関連していること、そして正弦波は、フーリエ級数の積み木であることを思い出してほしい。再構成問題をフーリエ級数で書き表すことによってコーマックは、２次元の再構成問題を、より簡単な１次元の問題に帰着させた。実質的に彼は、３６０度の角度を取り除いたのだ。そして積分法の見事な腕前で、彼は１次元の再構成問題を解くことができた。結果として、与えられた３６０度の計測データから、内部組織の性質を演繹し、吸収特性の地図を推定することが可能となった。あたかも脳そのものを見ているかのような推定結果であった。

１９７９年、コーマックはゴッドフリー・ハウンズフィールドとともに、彼らの開発したコンピュータ断層撮影に対して、ノーベル生理学・医学賞を受賞した。いずれの受賞者も医師ではなかった。コーマックは、１９５０年代後半に、フーリエ級数に基づいたＣＴスキャンの数学理論を構築した。イギリスの電子技術者ハウンズフィールドは、１９７０年代前半に、放射線科医と共同でＣＴスキャナーを発明した。

スキャナーの発明でも、数学が理不尽なほどに効果的であることが実証された。この場合、ＣＴスキャンを可能にするアイデアは半世紀以上前から存在していたが、医学とは何の関係もなかった。話の第二部は、1960年代後半に始まる。ハウンズフィールドは、自身の発明した試作品を、豚の脳にすでに試していた。彼は、自分の仕事を人間の患者に拡張する手助けをしてくれる放射線科医を必死で探していた。しかし、医師たちはことごとく彼との面会を拒んだ。彼らは皆、ハウンズフィールドを狂気じみた人間と思っていた。医師たちは、軟組織がX線では可視化できないことを知っていた。例えば伝統的なX線で頭を撮像すると、頭蓋骨は明瞭に表示されるが、脳は、何の特徴もない雲のように見えた。ハウンズフィールドの主張に反して、腫瘍、出血、血栓は見当たらなかった。

ついに一人の放射線科医が、ハウンズフィールドの話を聴くことに合意した。会話は不調に終わった。会合の終わりに、懐疑的な放射線科医は、腫瘍を含む人間の脳の入った瓶をハウンズフィールドに手渡し、彼のスキャナーで撮像するように促した。ハウンズフィールドがすぐに脳の画像を送り返したところ、そこには腫瘍だけでなく、出血している領域もが正確に示されていた。

放射線科医は驚愕した。噂は広がり、すぐに他の放射線科医たちも乗り込んできた。ハウンズフィールドが1972年に最初のコンピュータ断層撮影を発表すると、医学の世界に衝撃が走った。突如として、放射線科医たちは、X線で脳における腫瘍、嚢胞、灰白質、白質、液体で満たされた空洞を見ることができるようになった。

波動理論やフーリエ解析が音楽の研究から始まったことを考えると、コンピュータ断層撮影の開発の鍵を握る瞬間に、音楽がやはり必要不可欠であったのは、運命のいたずらだ。ハウンズフィールドは1960年代中ごろには、ブレークスルーを生み出すアイデアを持っていた。当時の彼は、EMI（訳注…1931年から2012年まで存在したイギリスのレコード会社）で働いていた。最初のプロジェクトでは、EMIのレーダーを開発し、兵器の誘導に用いた。そして次に、イギリス初の全トランジスタ式コンピュータの開発に目を向けた。これが大成功を収めた後、EMIはハウンズフィールドを支援することを決め、次のプロジェクトでは何でも好きなことを許可した。当時のEMIは金回りがよく、リスクを冒す余裕があった。リバプール出身のバンドと契約を結んだ後、EMIの利益は倍増していたのだ。そのバンドはビートルズ[201]といった。

ハウンズフィールドがEMIの経営陣に、X線を用いて臓器を撮像するアイデアを持ち掛けたところ、EMIの潤沢な資金は、彼が第一歩を踏み出すのを支援した。彼は、再構築問題を解くための独自の数学的アプローチを考え出した。コーマックがその問題を10年前に解いていたことは知らなかった。同様にコーマックも、彼の40年前に、ヨハン・ラードンという名の純粋数学者が、応用は念頭に置かずにその問題を解いていたことを知らなかった。純粋数学の知的好奇心を探求した結果、半世紀も時代を先んじて、CTスキャンに必要な数学的準備は整っていたのだ。

ノーベル賞の受賞演説でコーマックは、彼と彼の同僚のトッド・クイントが、ラードンの結果を研究し、3次元、さらには4次元領域までにも、理論の一般化を試みていたことに言及した。この試みは、聴衆には理解し難かったに違いない。私たちは3次元の世界に生きている。どうして、4次元の脳を研究したい人がいるだろうか？ コーマックは説明した[202]。

「これらの結果が何の役に立つだろう？ その答えは、私も知らない。偏微分方程式の理論で、何らかの定理を生み出すものであることは確かだ。ＭＲＩや超音波を用いた撮像に応用されることもあるかもしれないが、確実なことはない。そのような質問は的外れでもある。クイントと私がこれらのテーマの研究をしているのは、それ自体が数学の問題として面白いからであり、それが科学研究のすべてなのだ」

第11章　微積分の未来

微積分は終わったと思っている人たちには、この章の題目は驚きかもしれない。「微積分に未来なんてある？」「もう終わったんじゃない？」数学の世界では、驚くほど頻繁にこのような発言を耳にする。この本の物語では、ニュートンとライプニッツの成し遂げたブレークスルーによって、微積分は華々しく幕を開けた。１７００年代になると、彼らの発見は、ゴールド・ラッシュに火をつけた。この時期には、遊び心に満ちた目の回るような探検が行われ、無限のゴーレムは自由に動き回ることが許された。無限のゴーレムを野放しにすることで、数学者たちはたくさんの目を見張るような成果を生み出すと同時に、無意味な結果や混乱もしばしば招いた。このため１８００年代には、より厳密性に注力した新世代の数学者たちが、無限のゴーレムを檻に戻した。彼らは、微積分から無限および無限小を抹消し、微積分の基盤を固め、最終的には、極限、導関数、積分、実数の真の意味を明らかにした。１９００年ころまでには、掃討作戦は完了した。

私の考えでは、微積分に対するこのような視座は、視野が狭すぎるように思われる。微積分は、ニュートン、ライプニッツ、彼らの継承者たちの仕事に留まるものではない。それよりもはるか昔に始まったし、現在でも強化されている。私にとっては次のような信条で定義されるのが、微積分だ。つまり、連続なものに関する困難な問題を解くには、それを無限小の部分に切り刻み、それらを解く。得られた結果を合わせてもとに戻し、もともとの全体の意味を理解する。この信条を無限の原理と呼んだ。

アルキメデスの曲線の研究においても、無限の原理は最初から存在していたし、科学革命でも、ニュートンの世界体系でも存在していた。今日も、家庭、仕事場、車の中でも、私たちとともにある。無限の原理によって、GPS、携帯電話、レーザー、電子レンジがもたらされた。無限の原理を用いて、FBIは無数に存在する指紋のファイルを圧縮し、アラン・コーマックはCTスキャンの理論を作り出した。FBIもコーマックも、困難な問題を単純な部分に、指紋ならウェーブレット、CTなら正弦波に分解することによって問題を解決した。このような視点から見ると、微積分はアイデアや方法の広大な集まりであり、無限の原理を適用できる、滑らかで連続に変化するあらゆるもの（パターン、曲線、運動、自然のプロセス、自然の体系、自然現象など）を研究対象としてきた。このような幅広い定義は、ニュートンやライプニッツの微積分を超え、そこから派生したものも包含する。多変数微分積分学、常微分方程式、偏微分方程式、フーリエ解析、複素解析を始め、極限、導関数、積分の現れるそれ以外の高等数学の分野なども微積分に含まれる。このように見ると、微積分は終わっていない。これまで同様に飢えている。

しかし、このような考え方は少数派だ。実際には、私一人だけの少数派だ。数学教室の私の同僚は誰一人として、これらがすべて微積分だということには賛同しないであろう。そうだとすると、ばかげたことになるというもっともな理由だ。教科課程の半分以上の科目は、名前を変えなければならなくなるだろう。微積分1、2、3とともに、微積分4から微積分38までになるであろう。これはあまりよい分類ではない。では代わりに、微積分から派生したものに違う名前をつけて、それらの間の連続性を目立たなくしてはどうか。微積分全体を、消化可能な細かい部分に分割するのだ。微積分自体が、連続なものを理解の容易な部分に切り刻むことを考えると、これは皮肉ではあるが、適しているかもしれない。はっきりさせておくと、私は、現在の科目の名前に異論があるわけではない。私がいいたいのは、このように切り刻んでしまうと、それぞれの部分は、ある大きなものの一部をなしていることを忘れてしまう危険があるということだ。この本の目的は、微積分の全体像を示して、その美しさ、統一性、壮大さを感じてもらうことであった。

では、微積分を待ち受けている未来とはどのようなものだろう？　よくいわれるように、予測することと、特に未来を予測するのは難しい。しかし、これから数年の間に重要になるであろう動向について、いくつか想定することは可能であろう。次の項目が考えられる。

- 社会科学、音楽、芸術、人文学への微積分の新しい応用
- 現在進行中の、医学および生物学への微積分の応用
- 金融、経済、気象に内在する乱雑性への対処
- ビッグ・データとの協働
- 非線形、カオス、複雑系に対する継続的な挑戦
- 人工知能（ＡＩ）を含む、微積分とコンピュータの間の進化的な協力関係
- 微積分の境界を量子論の領域に押し拡げる

問題は山積みだ。ここではそれぞれの話題について少しずつ言及するのではなく、このうちのいくつかに的を絞って話すことにする。まずは、曲線の謎が生命の謎に遭遇する、DNAの微分幾何学について簡潔に触れる。その後で、哲学を刺激するような事例について考察する。具体的には、カオス、複雑系の理論、コンピュータ、人工知能（AI）の隆盛によって引き起こされる洞察および予測について取り上げる。ただしこれらを理解するには、非線形動力学の基礎について概観する必要がある。以上のような手順で検討することで、微積分を待ち受ける未来の問題について、正しく認識できる。

DNAのライジング数

伝統的に微積分は、物理学、天文学、化学などのハード・サイエンス（訳注：数量化できるもののみを対象に考える学問の総称）に応用されてきた。しかし、ここ数十年間、疫学、集団生物学、神経科学、医用画像のような分野を含む、生物や医学の問題にも、微積分は入り込んできた。私たちの物語でも、顔面手術の結果予測から免疫系と戦うＨＩＶのモデルまで、数理生物の例を多数見てきた。しかしこれらは、現代微積分の中心課題である、変化に関する問題ばかりであった。これに対して、曲線に関する古代の問題に、生物学が新しい息吹を吹き込んだ例がある。ＤＮＡの3次元経路に関する謎解き問題だ。

ＤＮＡは、ヒトを作り出すのに必要なすべての遺伝情報を含む膨大な長さの分子である。このＤＮＡがどのように細胞内に収納されているかが謎解きの問題だ。私たちの身体に10兆個存在するといわれる細胞の一つひとつには、約2メートルのＤＮＡが含まれている。端と端をつなげてＤＮＡを並べると、太陽まで何十回も往復できる長さになる。疑い深い人は、このような比較は、驚くほどのものではないというかも知れない。確かにこのたとえは、私たち一人ひとりに含まれている細胞の数を示すものにすぎない。より有益なのは、ＤＮＡを格納する細胞核の大きさとの比較だ。典型的な細胞核の直径は、約５００万分の1メートルであり、これは、その内側に収納するべきＤＮＡより40万分の1も短い長さになる。この圧縮率は、20マイルの弦をテニス・ボールの中へ詰め込むことと等価である。

それに加えて、ＤＮＡは細胞核の中にでたらめに詰め込まれているのではない。ＤＮＡは縺(もつ)れてはいけない。ＤＮＡが酵素に解読され、細胞の維持に必要なタンパク質に翻訳されるように、包装は規則的に行われなければならない。規則的な包装は、細胞が分裂する際に、ＤＮＡが整然と複製されるためにも重要である。

この包装の問題を進化は、**スプール**（糸巻き）を用いて解決した。私たちが長い糸を収納するのと同じやり方だ。細胞中のＤＮＡは、ヒストンと呼ばれる特別なタンパク質でできた分子のスプールに巻き付けられる。さらに圧縮するため、ネックレスのビーズ玉のように、スプールは端と端をつなげられ、そして（スプールで構成された）ネックレスは、ひも状の繊維構造に巻き付けられ、それらが染色体に巻き付けられる。このように3重の巻き付けを行うことで、ＤＮＡを十分に圧縮し、窮屈な細胞核に適合することが可能となる。

しかしスプールは、もともとの自然界における包装問題の解決策ではなかった。地球における最初の生き物は、核と染色体を持たない単細胞生物であった。今日の細菌やウイルスと同様、スプールを持たなかった。このような場合には、幾何学と弾性に基づくメカニズムで遺伝物質を圧縮する必要がある。輪ゴムをピンと引っ張り、指の間で固定しながら、一端から捻ることを想像してほしい。最初は、輪ゴムを回転させるごとに新たな捻れが導入される。累積された捻れが閾値を超すまで、捻れは累積し、ゴムは直線の形状を保つ。そして唐突に、輪ゴムは3次元に潰れる。痛みに悶えるかのように、輪ゴムはゴム自体に巻き付き始める。このような捻転によって、輪ゴムは収縮し、コンパクトになる。DNAもこれと同じことをする。

この現象は**超らせん**として知られている。環状ループ構造をとるDNAによく見られる。私たちはDNAを、自由端を持つ直線的ならせん形と想像しがちだが、多くの場合は、閉じて円環を形成している。この円環は、私たちがベルトを外し、数回捻り、バックルで締め、再び閉じた状態に似ている。閉じた後は、ベルトの捻れの巻き数は固定されたまま変化しない。ベルトを外すことなくどこかを捻ると、それを相殺するような反捻れが別の箇所に形成される。ここには保存則が働くのだ。同様のことは、水まき用ホースを収納するときにも起こる。コイル状にたくさん巻かれた状態で、ホースを床の上に積み上げる。ホースを真っ直ぐに引っ張ると、手の中で捻れる。つまり、コイル巻きは捻れに転換される。捻れからコイル巻きの方向にも、転換は起こる。輪ゴムがさらに捻られて捻転するのと同様である。初期の生物のDNAはこのような捻転（超らせん）を活用する。DNAを切断し、捻り、閉じてもとに戻す酵素も存在する。DNAが捻れを緩めてエネルギーを下げるときには、保存則によって、超らせん構造はさらに強められ、したがってDNAはよりコンパクトになる。その結果、DNAの分子の経路はもはや平面には乗らなくなり、3次元の捻転となる。

1970年初期、アメリカの数学者ブロック・フラーは、このようなDNAの3次元捻転を、始めて数学的に表現した。彼はライジング数を発明した。積分と導関数を用いてライジング数の定式を導き出し、ある定理を証明し、ライジング数が、捻れとコイル巻きの保存則を定式化することを証明した。それ以来、DNAの幾何学とトポロジーは好況産業である。数学者たちは、結び目理論を用いて、DNAを捻る酵素、あるいは切断する酵素、あるいは結び目と絡み目を導入する酵素の機能を説明した。これらの酵素はDNAのトポロジーを変化させるため、DNAトポイソメラーゼと呼ばれる。これらはDNAのらせん構造を破壊し、再封鎖し、細胞の分裂と増殖に必須である。がんの化学療法薬の標的として効果的であることも証明されている。この作用機序は完全には明らかになっていないが、DNAトポイソメラーゼの作用をブロックすることによって、薬剤（トポイソメラーゼ阻害剤として知られる）は、がん細胞のDNAに選択的にダメージを与え、アポトーシス（細胞の自然死）を引き起こすと考えられている。患者にはよいニュースだが、腫瘍には悪いニュースだ。

微積分の超らせんDNAへの応用において、二重らせんは連続曲線としてモデル化される。例によって、微積分は連続な物体の扱いを好む。現実には、DNAは原子の離散的な集まりであり、真に連続なものではない。しかし、良好な近似により、理想的な輪ゴムのような、連続な曲線のように扱うことができる。この近似の利点として、微積分から派生した弾性理論と微分幾何学を応用して、DNAが、タンパク、環境、それ自体との相互作用による力を受けた際に、どのように変形するかを計算することができる。

重要な点としては、これまでと同様に微積分は、離散的な物体を連続であるかのように扱うことで、それらがどのような挙動を示すかを明らかにする。このモデル化は近似的ではあるが、有用だ。いずれにせよ、これ以外に選択の余地はない。連続性を仮定することなしに、無限の原理を展開することはできない。そして無限の原理なくしては、微積分も微分幾何も弾性理論もない。

将来においては、本来は離散的な生物の問題（遺伝子、細胞、タンパク質、その他の生物ドラマの役者たち）に、微積分と連続数学が影響を与える事例がさらに増えていくと期待される。連続体の近似を使わないよりも、使うことによって得られる洞察は計り知れない。離散系にも適用できるような新しい微積分の様式が開発されるまで、無限の原理は、生き物の数理モデル研究を先導し続けるであろう。

決定論とその限界

次に扱う主題は、非線形動力学の隆盛と、コンピュータが微積分にもたらすインパクトについてである。これらを話題に選んだのは、二つの暗示するところが哲学的な興味をそそるためである。これらは予測の本質を永遠に変える可能性を持ち、微積分（より一般には自然科学）に新しい時代を導く可能性がある。ここにおいて科学自体はそのまま続くが、人の洞察は衰え始めるかもしれない。このようなやや終末論的な警告の意味するところを解説するには、予測について理解を深める必要がある。予測とはいかにして可能なのか、その古典的な意味は何か、そしてその古典観念が過去数十年の間に、非線形、カオス、複雑系の研究でどのように修正されたのかについて紹介する。

１８００年代初期、フランスの数学者であり天文学者であったピエール＝シモン・ラプラス[207]は、ニュートンの時計仕掛けの世界の決定論を、論理の極限まで持っていった。彼は、宇宙におけるすべての原子の位置やそれらに作用している力を把握できる神のような知能（いまでは、「ラプラスの悪魔」として知られる）を想像した。「もしもこれらのデータを解析できる知能が存在すれば、この知能にとっては不確実なことは何もなくなり[208]、過去と同様、未来もその目には見えるであろう」とラプラスは記した。

20世紀の始まりが近づくにつれて、この時計仕掛けの宇宙の極端な定式化は、いくつかの根拠から、科学的にも哲学的にも擁護できなくなってきたように思われる。一番の理由は微積分からきており、ソフィア・コワレフスカヤ[209]によるところが多い。１８５０年に生まれた彼女は、モスクワの貴族の家系に育った。11歳のとき、彼女は文字通り、自分が微積分に囲まれていることに気づいた。彼女の寝室の壁一面は、彼女の父が若いころに出席した微積分の講義ノートで覆われていた。「子供のころはその不思議な壁の前で時間を過ごし、一文でも理解し、どのページがどのページに続くべきか並び順を見つけようとした」と彼女は回顧している。彼女は歩みを続け、数学の博士号を取得した歴史上最初の女性となった。

コワレフスカヤは早くから天賦の才能を見せたが、ロシアの法律では大学への入学を許可されなかった。彼女は偽装結婚し、これがその後の人生に苦悩をもたらすが、少なくともドイツに渡ることができ、その類いまれな才能で教授たちをうならせた。しかしそこでも、講義への出席は正式には認められなかった。数学者のカール・ワイエルシュトラスの下で個人的に学び、彼の推薦で、解析、力学、偏微分方程式におけるいくつかの未解決問題を解決したことから博士号を授与された。彼女は最終的にストックホルム大学の教授となり、41歳でインフルエンザで亡くなるまでの8年間、教鞭をとった。２００９年、ノーベル賞受賞作家のアリス・マンローは、『あまりに幸せ』と題した、コワレフスカヤに関する短編小説を出版した。

決定論の限界に関するコワレフスカヤの洞察は、彼女の剛体力学の研究に由来する。剛体は曲げたり変形したりすることのできない物体を、数学的に抽象化したものである。剛体におけるすべての点は、互いに堅く結合している。一例に独楽（こま）がある。独楽は、完全な固体で、無限に多くの点から構成されており、したがってニュートンが考察した点状の粒子よりも、複雑な機械的物体である。剛体の運動は、天文学や宇宙科学の分野で重要であり、剛体で記述できる現象は、ヒペリオン（土星の第7衛星）のカオス的自転[210]から、宇宙カプセルや衛星の規則的自転まで多岐にわたる。

コワレフスカヤは、剛体の運動の研究で二つの主要な結果を出した。一つ目は、（ニュートンが二体問題を解いたのと同じ意味で）運動を完全に解析的に解くことができる独楽の一例を発見したことであった。そのような積分可能な独楽の例は他にも二つ知られていたが、彼女の例はより巧妙で、驚きであった。

さらに重要なことに、それら以外には可解な独楽は存在しないことを彼女は証明した。彼女が見つけたのが最後の例であった。それ以外の独楽は非可積分、すなわちニュートン型の定式で運動を解くことは不可能ということを意味する。賢さが足りないという問題ではない。彼女は、独楽の運動を表すあるタイプの定式（専門用語では、時間の有理型関数）が、未来永劫ありえないことを証明したのだ。このようにして彼女は、微積分でできることに制約を加えた。独楽（のような単純なシステム）ですらラプラスの悪魔に逆らうことができるなら、宇宙の運命を表す定式を見つけることなど原理的にも無理であろう。

非線形性

コワレフスカヤの発見した非可解性は、独楽の方程式の構造的特徴と関係している。**方程式は非線形であるという特徴である。**ここで、非線形の技術的な意味は、私たちにとっては重要でない。私たちに必要なのは、線形システムと非線形システムの違いを感覚的に掴むことである。日々の生活における家庭的な例を考えればよい。

線形のシステムがどのようなものかを説明するため、2人の人間が（お遊びで）同時に体重計に乗って、体重を計るとする。2人を合わせた重さは、2人の個別の体重の和になるであろう。なぜなら体重計は、線形の機器だからだ。人の体重は、互いに相互作用しないし、私たちが注意しなければならないようなことはない。例えば2人の身体が共謀してより軽く見せたり、あるいは互いに妨害しあってより重く見せるということはない。単純に足し合わされるだけだ。体重計のような線形システムでは、全体は、その部分の総和に等しい。これが線形性の最初の鍵となる性質である。2番目は、原因と結果は比例するという性質である。アーチェリーの弓の弦を引っ張ることを想像しよう。弦をある距離だけ後方に引っ張るのに、一定量の力が必要だとすると、その倍の距離だけ後方に引っ張るのには、倍の力が必要となる。つまり、原因と結果が比例している。これら二つの性質、すなわち、原因と結果の比例関係と、全体と部分和の同値性が、線形であることの本質的な意味である。

しかし、自然においてこれよりも複雑なものは多数存在する。システムの部分同士が邪魔し合ったり、協力し合ったり、あるいは競合すると、非線形の相互作用が生じる。日々の生活のほとんどは、見事なほど非線形である。例えば、お気に入りの歌を2曲同時に聴いても、得られる喜びは倍にはならない。アルコールと薬物の摂取についても同じで、この場合の相互作用は命取りにもなり得る。これとは対照的に、ピーナッツ・バターとゼリーは一緒の方がよい。二つは単純に合わさるのではなく、相乗効果をもたらす。

世界の豊かさ、美しさ、複雑さ、そして不可解さは、非線形であるがゆえのことである。例えば、すべての生物学は非線形であり、社会学もそうである。だから、ソフト・サイエンス（訳注：価値観など数量化できないものを重要な対象とする学問）は難しいのだ。非線形性が存在するため、ソフトで（やさしく）なくなる。

微分方程式においても、線形と非線形の間には同じような違いがある。直観的には理解しづらいかもしれないが、ここでいいたいのは、微分方程式が非線形のとき、コワレフスカヤの独楽がそうであったように、方程式の解析はとても難しいということである。ニュートン以来、数学者たちは可能な限り、非線形の微分方程式を避けてきた。不快で扱いにくいものと見なされていた。

これとは対照的に、線形の微分方程式は可愛らしく、従順である。解析が容易であったため、数学者たちは線形の微分方程式を寵愛した。線形方程式を解くための理論は膨大に存在する。事実、1980年代ころまで、応用数学の伝統教育はほとんどが、線形性を用いた手法について学ぶことに当てられていた。フーリエ級数や線形方程式に適合した技法を習得するのに年月が費やされた。

線形性の大きな利点は、還元主義者の考え方が可能となる点である。線形の問題を解くためには、問題を最も単純な部分に分割して、各部分を個別に解き、それらをもとに戻して答えを得る。フーリエは、還元主義者の方法論で、（線形である）熱伝導方程式を解いたのである。彼は複雑な温度分布を正弦波に分割し、各正弦波が個別にどう変化するかを求めて、これらの正弦波を再結合させた。そして熱された鉄棒の長さに沿って、全体の温度がどのように変わるかを予測した。この戦略がうまくいくのは、熱伝導方程式が線形だからである。本質を損なうことなく、小さく切り刻むことができる。

私たちがついに非線形性と対峙するときに世界がどう変わるかを、ソフィア・コワレフスカヤは教えてくれた。非線形性があるために、人の思い上がりには限度があることに彼女は気づいた。システムが非線形であるとき、たとえその挙動が完全に決定されたものであったとしても、それを方程式で予測することは不可能である。つまり、決定論だからといって予測可能とは限らない。子供の遊び道具である独楽の運動を通して、私たちは自分が知りたいと望むことには限りがあることを知った。

カオス

ニュートンが三体問題を解こうと試みたときになぜ頭を痛めたのか、いまならよく分かる。この問題は必然的に非線形なのだ。線形に揉みほぐすことのできる二体問題とは違った。ここでの非線形性は、二体から三体に問題が跳躍したために生じたものではない。方程式の構造自体によるものであった。引力で引かれる物体が二つの場合は、新しい変数を適切に選ぶことによって、非線形性を取り除くことができた。

非線形性の難しさを正しく認識するのに、私たちはどれだけ長い時間を費やしたことだろう。数学者たちは三体問題を解こうと、数世紀にわたりのたうち回った。進展は得られたものの、問題を完全に解明することは誰にもできなかった。1800年代後半、アンリ・ポアンカレは三体問題が解けたと思った[211]が、間違いを犯していた。その誤りを正したところ、依然として三体問題は解けなかったが、それよりもはるかに重要なことを発見した。私たちが現在、カオス[212]と呼ぶ現象である。

カオス・システムは気難しい。始まりのわずかの違いが、最終的には大きな違いを生む。これは、初期条件のわずかな差異が、指数関数的な速さで増幅されるためである。いかにわずかの誤差や擾乱でも雪だるま式に増大し、長期的なシステムの予測は不可能になる。カオス・システムはでたらめではなく、決定論に従うため、短期間の予測は可能である。しかし長期的には、わずかな擾乱に対しても鋭敏なため、実質的にはさまざまな側面で、でたらめに見える。

カオス・システムは、予測可能領域[213]として知られる時間までは、完璧に予測できる。それ以前までは、システムの決定論によって、予測が可能である。例えば、太陽系全体の予測可能領域[214]は、約400万年と算出されている。これよりもはるかに短い時間について、例えば、地球が太陽の周りを公転する1年では、すべては時計仕掛けのように振る舞う。しかし、数百万年を経過してしまうと、すべてが白紙に戻る。太陽系の天体間の微かな引力の擾乱が累積し、システムを正確に予測することはもはや不可能になる。

予測可能領域の存在は、ポアンカレの仕事から生まれた。彼以前、誤差は時間に対して、(指数関数的にではなく)たかだか線形に増大するものと考えられていた。この場合、時間を倍にすると誤差も倍になる。誤差が線形に増大する場合には、測定方法を改善することで、望んだ長期予測に追従できる。しかし誤差が指数関数的に増大すると、システムは初期値鋭敏性を持つといわれる。このとき、長期予測は難しくなる。これは哲学的に憂慮すべきカオスの教訓である。

これのどこが新しいのかを理解しておくのは重要だ。気象のような大規模で複雑なシステムを予測することが困難なのは、すでに知られていた。驚きは、独楽や三体問題のような単純なものですら、同様に予測不能であったという点だ。これはショッキングであり、決定論と予測可能性を安直につなげたラプラスには、さらなる一撃となった。

肯定的な側面として、カオス・システムには、その決定論的な性質ゆえに、秩序の痕跡が存在する。ポアンカレは、カオスを含めた非線形システムを解析するための新しい方法を開発し、その中に隠れた秩序を抽出する方法を見つけた。彼は公式や代数の代わりに、図や幾何学を用いた。彼の定性的なアプローチは、現代数学の位相幾何学や力学系の種を蒔く一助となった。以降では、ポアンカレが後世に影響を与えた仕事に基づいて、秩序とカオスについて理解をより深めることにしよう。

ポアンカレの視覚的アプローチ

ポアンカレの方法[215]がどのように機能するかを示す例として、ガリレオの研究した単振り子について考えてみよう。ニュートンの運動法則を用い、振り子が振れる際に作用する力に着目すると、振り子の角度と速度が、どのように刻一刻と変化するかに関して、抽象的な図を描くことができる。この図は本質的には、ニュートンの法則を視覚的に翻訳したものである。微分方程式にすでに含まれる情報を超えるような新しい内容は、この図にはない。同じ情報に対して、別の見方をしているにすぎない。

この図は田舎を横切る気象パターンのように見える。図面を見ると、矢印が伝播の局所方向を示し、瞬間ごとに前線がどちらの方向に向かうかが分かる。これは微分方程式がもたらすのと同じ情報である。ダンスの指示で与えられる情報とも似ている。左足をここに置いて、右足をそこに置く云々、といった具合である。このようなグラフは、ベクトル場と呼ばれる。グラフ上の小さな矢印は、振り子の角度と速度がその矢印の位置にあるならば、一瞬後に振り子が行くべき場所を示している。振り子に関するベクトル場は次に示す通りだ。

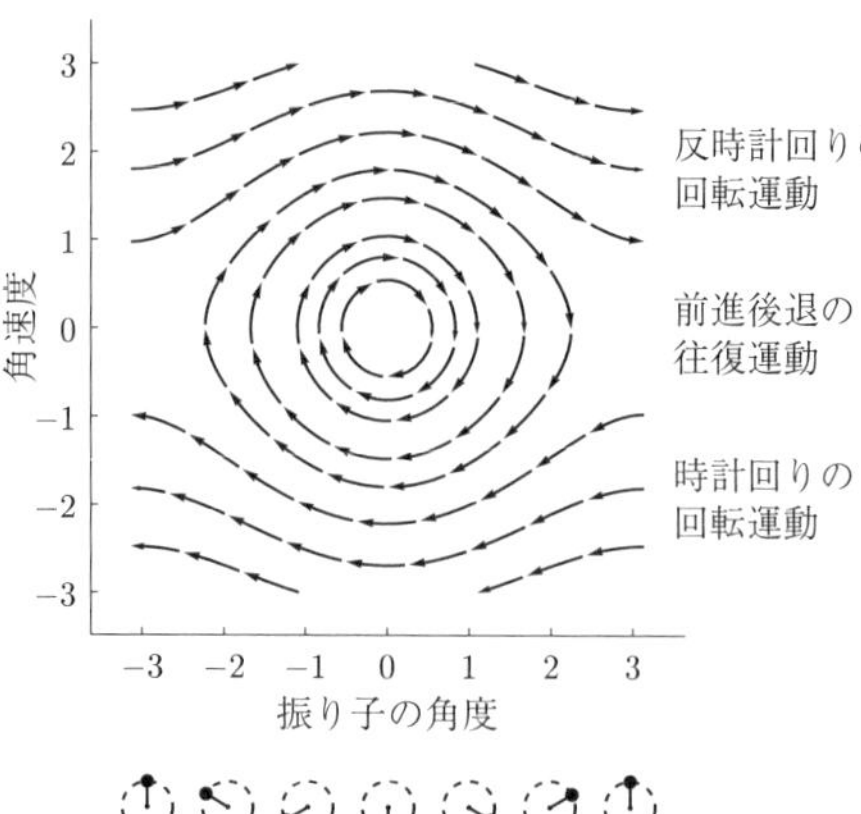

この図について解釈をする前に、これは抽象的な図であることを理解しておいてほしい。本物そっくりな振り子が描かれているわけではない。渦巻き状の矢印パターンは、ひもから吊り下がる重りにも似ていない。振り子の写真を撮ったときにどう見えるかを示した図ではない（そのような振り子のスナップショット漫画は、ベクトル場の意味を感覚的に掴む目的で下図に示されている）。ベクトル場は、振り子を本物そっくりに描写するのではなく、振り子の状態が瞬間ごとにどう変わるかを抽象的な地図に示している。地図上の各点は、ある瞬間における、振り子の角度と速度の組み合わせを表している。横軸は振り子の角度、縦軸はその速度を表す。任意の瞬間における振り子の状態は、角度と速度を表す二つの数で規定することができ

る。二つの数は、一瞬後、さらにその一瞬後に、振り子の角度と速度がどうなるかを予測するのに必要な情報を与えてくれる。私たちは矢印に従うだけでよい。

中心付近に渦巻き状に配置された矢印は、ほぼ真下に吊るされたときに振り子が示す、単純な前進後退の往復運動に対応する。上部および下部に見える波状の構造をした矢印は、ひもの固定軸を越えて力強く回転し、プロペラのように旋回する振り子に対応する。ニュートンは、そのような振れ回り運動については考慮しなかったし、ガリレオもまたしかりであった。このような運動は、古典的な方法で計算できる範囲外にあった。それにもかかわらず振れ回り運動は、ポアンカレの図でははっきりと見ることができる。このように定性的に微分方程式を見る方法論は、レーザー物理から神経科学まで、非線形動力学の現れるあらゆる分野で、いまや主流となっている。

戦争と非線形性

非線形動力学は極めて実用的になり得る。イギリスの数学者メアリー・カートライト[216]とジョン・リトルウッドの手中に収まったポアンカレの方法は、ナチスの空襲に対するイギリスの戦時防衛に貢献した。１９３８年、イギリス政府の科学産業研究庁は、電波探知測距（現在のレーダーとして知られる技術）の極秘開発に関連した問題解決の支援を、ロンドン数学会に要請した。このプロジェクトに携わるイギリス政府の技術者たちは、増幅器で観測される、雑音を含んだ不規則振動に困惑していた。増幅器が高出力、高周波の電波で駆動される際に、特に顕著な現象であった。彼らは装置に問題があることを恐れていた。

カートライトは政府の支援要請に関心を持った。彼女はすでに類似した振動系のモデルについて研究していた。彼女の後述によると、「とても好ましくない様相を呈する微分方程式」[217]に支配されるシステムを扱っていた。彼女とリトルウッドは、レーダー電子回路に見られる不規則振動の原因究明に取り掛かった。増幅器は非線形で、高速に強く駆動されるとカオス的な応答を示した。

数十年後、物理学者のフリーマン・ダイソンは、カートライトの1942年の仕事に関する講演を聴講した際のことを、次のように回顧している。

「第二次世界大戦中のレーダーの開発は、高出力増幅器にすべてが懸かっていた。そして設計通りに作動する増幅器を手に入れることは、生死にかかわる重大問題だった。兵士たちは誤作動する増幅器に悩まされ、その不規則振動を製造業者の責任にしていた。カートライトとリトルウッドは、製造業者の責任ではないことを発見した。方程式自体に問題があった[218]」

カートライトとリトルウッドの洞察により、イギリス政府の技術者たちは、想定範囲の挙動を示す領域で増幅器を作動させることによって、問題に対処することができた。カートライトは彼女の特質上、自身の貢献について謙虚であった。彼女の仕事に関するダイソンの手記を読んで、扱いが大袈裟すぎると苦言を呈したほどであった。

1998年、デイム・メアリー・カートライト（訳注…カートライトは大英帝国勲章を授与されている）は97歳で亡くなった。彼女は、王立協会のフェローに選出された最初の女性数学者であった。彼女は自身の追悼式に弔辞は不要とする厳しい指示を残した。

微積分とコンピュータの同盟

微分方程式を解く必要性が戦時中に高まると、コンピュータの開発には拍車が掛かった。電子機械の脳（当時そう呼ばれることもあった）を用いることによって、空気抵抗や風向のような複雑な要因を考慮に入れた現実的な条件の下で、ロケット弾や砲弾の軌道を計算することが可能であった。戦地で砲兵が標的に命中させるための補助に、このような情報が必要であった。必要な弾道のデータはすべて事前に計算され、標準表にまとめられていた。高速のコンピュータは、標準表の計算に必須であった。シミュレーションに際してコンピュータは、経路上を飛行する理想化された砲弾を、一回にわずかなステップずつ前進させる。適切な微分方程式を用いて、砲弾の位置と速度を少しずつ更新する操作を繰り返し、解軌道に向かって、膨大な数の演算を力ずくで行う。休むことなく作業を進め、必要な加算と乗算を速やかに、正確に、延々と実行できるのは機械だけであった。

このような計算機開発における微積分の功績は、最初期のコンピュータのいくつかの名前に顕著に表れている。一つは微分解析機と呼ばれる機械装置で、射撃表の計算に必要な微分方程式を解くのが仕事だった。もう一つは、ＥＮＩＡＣ（電子式数値積分・計算機の意味）と呼ばれる電子計算機である。ＥＮＩＡＣの名称には「積分」の語が用いられたが、これは積分計算を行う、あるいは微分方程式を積分する用途からきている。１９４５年に完成すると、ＥＮＩＡＣは世界初の再プログラム可能な汎用コンピュータの一つとなった。射撃表の計算と併せて、水素爆弾の技術的な実現可能性を評価する用途にも用いられた。

微積分および非線形動力学の軍事応用はコンピュータ開発を促進したが、もう一方では、数学とコンピュータのさまざまな平和利用も見つかった。１９５０年代になると、科学者たちは物理学以外の分野で生じる問題に、これらの応用を始めた。例えば、イギリスの生物学者アラン・ホジキンとアンドリュー・ハクスリーは、神経細胞がどのように互いに情報を伝え合うか、より具体的には、電気信号がどのように神経線維上を伝搬するかを理解するために、コンピュータを必要とした。彼らは徹底した実験を行い、ナトリウム・イオンとカリウム・イオンが神経線維膜を透過する流れを計算した。実験には、巨大な神経線維を測定対象にするのが便利なことから、イカの巨大軸索を用いた。そしてこれらのイオンの流れが膜電位にどう依存するか、また、膜電位がイオンの流れでどのように変化するかを実験的に解明した。しかし彼らがコンピュータなしでできなかったのは、軸索を伝搬する活動電位の速度や形状を計算することであった。この計算には、電位を時間と空間の関数として扱う、非線形の偏微分方程式を解く必要があった。アンドリュー・ハクスリーは、手動クランクの機械式計算機を用いて、３週間以上かけて式を解いた。

１９６３年、ホジキンとハクスリー[219]は、『イオンに基づく神経細胞の働きを発見した功績』により、ノーベル賞を共同で受賞した。彼らのアプローチは、数学を生物学に応用することに興味を持つすべての人たちにとって、大いなる動機づけとなっている。これは間違いなく、微積分応用の成長分野である。数理生物学[220]は、非線形の微分方程式を無制限に行使できる場である。ニュートン流の解析手法やポアンカレ流の幾何学的方法を駆使し、コンピュータを信頼し、数理生物学者たちは、心臓のリズム、疫病のまん延、免疫システムの働き、遺伝子の制御、がんの発生、その他多数の生命の謎を支配する微分方程式を追求し、歩みを進めている。これらの問題は、微積分なしには対処の仕様がない。

複雑系と高次元の呪い

ポアンカレの方法の最も深刻な限界は、3次元を超える空間を想像できない人間の脳と関係がある。自然淘汰によって、私たちの神経系は、通常の空間における3方向（上下、前後、左右）を知覚できるようにできている。試してみれば分かるように、私たちは4番目の次元を、心の目で見て想像することはできない。ただし抽象的な記号を用いれば、私たちも任意の数の次元を扱うことができる。フェルマーとデカルトが示したやり方だ。彼らのxy平面が教えてくれたのは、数は次元に付随させることができることだ。左右は数xに対応する。上下は数yに対応する。もっと数を取り入れるには、対応する次元を増やせばよい。3次元に対しては、x、y、zで十分だ。4次元か5次元でも大丈夫だ。まだまだたくさんの文字が残っている。

読者の中には、時間は4番目の次元という話を聞いた人がいるかもしれない。確かにアインシュタインの特殊相対性理論および一般相対性理論では、空間と時間は、単一の実体である**時空**に融合され、4次元の数学の舞台で表現されている。大まかにいえば、通常の空間は最初の3軸に描かれ、時間は4番目の軸に描かれる。この構成は、フェルマーとデカルトの2次元xy平面の一般化と考えることができる。

しかしここで話しているのは、時空についてではない。ポアンカレの方法に内在する限界は、より抽象的な舞台と関係している。前の節では振り子の状態空間を見たが、この空間を一般化したものを考えているのだ。振り子の例では、一つの軸を振り子の角度、もう一つの軸を振り子の速度として、抽象的な空間を構成した。各瞬間で、振り子の角度と速度はある値をとる。したがってその瞬間、二つの値は、角度と速度の平面上の一点に対応する。平面上の矢印（ダンスの指示のように見えた矢印）は、ある瞬間から次の瞬間までに状態がどのように変化するかを決定する（振り子に対するニュートンの微分方程式によって状態が決まるように）。矢印を追跡することによって、振り子がどのように動くかを予測することができる。どこから開始したかに依存して、前後に振動するかもしれないし、あるいは回転軸を越えて振れ回り運動するかもしれない。これらすべては、図に含まれていた。

ここで気づくべき点は、振り子の状態空間が2次元ということである。なぜなら、振り子の角度と速度の2変数があれば、未来の予測をするのに必要かつ十分だからである。二つの情報があれば、一瞬後、その一瞬後など、未来における振り子の角度と速度を予測できる。この意味で、振り子は本質的に2次元のシステムである。2次元の状態空間を持つ。

高次元の呪いが現れるのは、振り子よりもさらに複雑なシステムを考えるときである。例えばニュートンの頭痛の種だった、相互に引力を及ぼし合う三体の問題を考えよう。この状態空間は18次元である。なぜそうなるかを見るために、三体のうちの一つに注目しよう。任意の瞬間でこの一体は、3次元の物理空間のどこかに位置する。したがってその位置は、三つの数x、y、zで特定できる。さらにこの一体は、三つの方向のそれぞれに動くことも可能で、これは三つの速度に対応する。したがって、位置のための3座標に、3方向の速度のための3座標を加えて、六つの数が単一の物体の状態を表すのに必要となる。

これら六つの数で、一つの物体がどこにいて、どのように動いているかを特定できる。このような物体が三つある問題では、6に物体の数を掛けて、6×3＝18次元の状態空間が必要ということになる。したがってポアンカレの方法では、相互に引力を及ぼし合う三体の状態は、18次元の空間を移動する単一の抽象的な点で表される。時間が経過するとこの抽象的な点は、本物の彗星や砲弾の軌道と類似した軌道をたどる。本物との唯一の相違点は、この抽象的な軌道が、ポアンカレの空想的な舞台、すなわち、三体問題を表す18次元の状態空間に生きている点である。

私たちが非線形動力学を生物に応用するときにはほんどの場合、それ以上の高次元空間を想像する必要が生じる。例えば、ホジキンとハクスリーの神経膜電位方程式では、ナトリウム、カリウム、カルシウム、塩素などのイオン濃度の経過をすべて追う必要がある。現代版の方程式に含まれる変数は、数百にも上る。これらの変数には、神経細胞におけるイオン濃度や細胞の膜電位に加えて、さまざまなイオンが細胞膜を伝導し、細胞内に侵入するか否かを決める状態量も含まれる。この場合の抽象的な状態空間は、数百次元にも及ぶ。一つの次元が各変数に対応し、例えば、1番目はカリウム濃度、2番目はナトリウム濃度、3番目は膜電位、4番目はナトリウム・コンダクタンス、5番目はカリウム・コンダクタンスといった具合である。与えられた任意の瞬間において、これらの変数はすべてある値をとる。ホジキンとハクスリーの方程式（あるいはそれを一般化したもの）は、変数に、ダンスの指示を与え、どのような軌道上を動くかを伝える。コンピュータを援用して、このように状態空間の軌道を前方に進めることによって、神経細胞、脳細胞、心臓細胞の挙動を、ときには驚くべき精度で予測することができる。この枠組みは、神経病理および心不整脈の研究や、より優れた除細動器の設計に応用されている。

現代の数学者たちにとって、任意の次元数を持つ抽象的な空間を考えることは通常のことになっている。私たちはn次元の空間について話し、任意の次元における幾何学や微積分を発展させてきた。第10章で見たように、CTスキャンの理論を発明したアラン・コーマックは、純粋な知的好奇心から、CTが4次元でどのように機能するかを知りたいと思った。偉大なことは、このような純粋な冒険心から生まれてきた。アインシュタインが一般相対性理論の湾曲した時空を理解するために4次元の幾何学を必要としたとき、それがすでに存在することを知って喜んだ。数十年前に、ベルンハルト・リーマンが純粋な数学的理由から、リーマン幾何学をすでに作っていたのだ。

したがって数学において好奇心に従うことは、大いに意味があることなのだ。予見できないような学術的かつ実用的な結果が待ち受けていることがよくある。数学者たちにとっては、自分自身に大いなる喜びをもたらすものでもあるし、数学における異なる部門の間の隠れたつながりを明らかにしてくれる。これらの理由から、高次元空間の数学的探究は、過去２００年にわたって活発に行われてきた。

高次元空間を扱う抽象的な数学体系を私たちは持っているが、しかし数学者たちは、それを視覚化することには依然として苦労している。実際のところを率直にいおう。私たちは高次元空間を視覚化できないのだ。私たちの脳にはできない。私たちの脳はそのようには配線されていないのだ。

このような認知上の制約は、少なくとも3次元よりも高いシステムを考えるとき、ポアンカレの方法に深刻な打撃を与える。彼の非線形動力学へのアプローチは、視覚的な直観に依存している。もし私たちが4次元、18次元、あるいは１００次元で起こっていることが想像できないのであれば、彼のアプローチはあまり助けにはならない。これは複雑系[221]の分野における進展の大きな障害になっている。健康な生体細胞で起こっている数千の生化学反応や、がんによってそれらにどのような狂いが生じるかを理解したいのであれば、高次元空間は、まさに私たちの理解しなければならないものである。微分方程式を用いて細胞生物学を理解したければ、定式を用いて（これはソフィア・コワレフスカヤが不可能であることを示した）、あるいは描写することによって（私たちの脳には限界がある）、これらの方程式を解く必要がある。

つまり、複雑な非線形動力学の数学は悲観的だ。経済、社会、細胞の挙動から、免疫系、遺伝子、脳、意識の働きまで、私たちの時代における最も困難な問題について進展を見るのは、たとえ不可能ではないにしても、常に困難が付きまとうであろう。

さらなる困難としては、これらのシステムに、ケプラーやガリレオが見いだしたパターンと類似のものが隠されているのかすら、私たちは知らないことである。神経細胞は明らかにパターンを隠し持っているが、経済や社会はどうだろう？　多くの分野において、人類の理解は依然として、ガリレオやケプラー以前の段階なのである。まだパターンを見つけていないのだ。だから、これらのパターンについて洞察を与えるような深い理論をどうして見つけられるだろう？　生物学、心理学、経済学を記述できるニュートンのような体系はまだない。なぜなら、ガリレオやケプラーの段階にも至っていないからだ。まだまだ先は長い。

コンピュータ、AI、洞察の謎

現時点で私たちは、コンピュータの勝利者の言葉に耳を傾けなければならない。彼らはいう。コンピユータがあれば、人工知能（ＡＩ）があれば、これまで述べてきたすべての問題は陥落するであろう。そしてそれは本当かもしれない。コンピュータは長い間、微分方程式、非線形動力学、複雑系の研究を助けてきた。１９５０年代、神経細胞の働きを理解することを目指して、ホジキンとハクスリーがこの扉を開けた。彼らが偏微分方程式を解くのに用いたのは、手動クランクの機械であった。２０１１年にボーイングの技術者たちが７８７『ドリームライナー』を設計したとき、彼らはスーパーコンピュータを用いて、機体にかかる揚力と抗力の計算を行い、望ましくない翼の振動の防ぎ方を調べた。

コンピュータは計算する機械として始まったが、いまやそれをはるかに上回る存在となった。コンピュータは、ある種の人工知能を獲得してしまったのだ。例えばグーグル翻訳は、驚くほど優れた機能を持ち、自然な翻訳を提供する。そして最も秀でた専門家よりも正確に、病気を診断する医療ＡＩシステムも存在する。

それでも、グーグル翻訳が言語に対する洞察を持っている、あるいは、医療ＡＩシステムが病気を理解しているという人はいないであろう。そもそもコンピュータは、洞察を持ち得るだろうか？　もしそうならば、私たちが本当に関心のある事柄について、コンピュータはその洞察を私たちと共有できるだろうか？　例えば、科学における最重要未解決問題のほとんどで中心課題をなす複雑系についてはどうだろう？

コンピュータが洞察を持つ可能性の賛否について掘り下げるため、どのようにコンピュータ・チェスが[222]進化したかを考えよう。１９９７年、ＩＢＭのチェス競技プログラム『ディープ・ブルー』は、絶対的世界チャンピオンのガルリ・カスパロフを全６回戦で破った。当時は予想外のことであったが、この達成に大きな不思議はない。機械は1秒当たり2億手を評価することができた。機械に洞察はなかったが、明白な速さがあり、疲れを知らず、計算間違いをせず、1分前に考えていたことを忘れることも絶対になかった。それでも対局の仕方は、コンピュータのように機械的で物質的であった。カスパロフを計算で打ち負かすことはできても、考えで打ち負かすことはできなかった。現世代の世界最強チェス・プログラムは、『ストックフィッシュ』や『コモド』のような威圧的な名前を持つが、依然として人間味のない対局スタイルを示す。これらのプログラムは、駒の獲得を目指し、鉄のように防御する。いかなる人間の競技者よりもはるかに強いが、創造性も洞察も持たない。

機械学習の隆盛ですべてが変わった。2017年12月7日、グーグルのディープマインドの開発チームは、アルファゼロと呼ばれる深層学習プログラムを発表し、チェスの世界に衝撃を与えた。このプログラムは、自身と数百万もの対局を行い、その誤りから学習することによってチェスを独学した。ものの数時間のうちに、歴代最強のチェス競技者となった。最強の名人を簡単に打ち負かすことができた（試すことすらしなかった）だけでなく、コンピュータ・チェスの絶対的世界チャンピオンにも圧勝した。真に手強いプログラムを持つストックフィッシュとの全100回戦で、アルファゼロは28勝し、72引き分けであった。負けは一度もなかった。

最も恐怖を感じた点は、アルファゼロが洞察を示したことである。これまでのコンピュータとはまったく異なる対局を見せ、直観的で美しく、ロマンチックで攻撃的なスタイルだった。ギャンビット（訳注：チェスのオープニングにおける戦術の一つ）を仕掛け、危険を冒した。試合によっては、ストックフィッシュの動きを麻痺させ、弄んだ。邪悪でサディスト的に見えた。そして言葉にできないほど創造的で、グランドマスターやコンピュータが夢にも思わなかったような駒の動かし方を見せた。人間の精神と機械のパワーを持ち合わせていた。人類が初めて見た、恐るべき新種の知能だった。

私たちがアルファゼロか、あるいはそれに類似したもの（ここではアルファ無限と呼ぼう）を解き放つことができたとしよう。目の前には、理論科学における最重要未解決問題、例えば、免疫、がん生物学、意識の問題が横たわっている。この空想を続けるため、ガリレオやケプラーが見つけたのと同様の法則がこれらの現象に存在し、熟して収穫期にあるとする。ただし収穫できるのは、私たちよりもはるかに秀でた知能に限られる。そのような法則が存在すると仮定すると、超人間的な知能はこれらの問題を解決できるであろうか？　私には分からないし、誰にも分からない。そして、すべては空理空論かもしれない。なぜなら、そのような法則は存在すらしないかもしれないのだ。

しかしもしも法則が存在し、アルファ無限がそれらを発見できるとしたら、私たちには予言者のように見えるであろう。私たちはその足元に跪き、予言を拝聴する。予言者がなぜいつも正しいのか、あるいは何をいっているのかすら、私たちには理解できないであろう。ただし私たちは、予言者の計算結果を、実験や観測に照合することができ、これによるとすべてを知っているように思われる。私たちは単なる傍観者に成り下がり、奇跡と混乱に呆然とするであろう。たとえ予言者が己の真意を弁明できたとしても、私たちはその推論に追従できないだろう。その瞬間に、ニュートンから始まった洞察の時代は、（少なくとも人類にとっては）終わりになり、新しい洞察の時代が始まるであろう。

サイエンス・フィクション（SF）？　そうかもしれない。だが、このような筋書きが論外とは私は思わない。数学や自然科学の一部では、すでに洞察の終焉[223]を経験している。コンピュータによって証明されたものの、誰一人としてその証明を理解できない定理が存在するのだ。定理は正しいが、なぜそれが正しいのか、私たちには洞察できない。そして現在のところ、機械は己の真意を説明できない。

四色定理と呼ばれる、長きにわたり未解決だった数学の問題を考えよう。「ある合理的な制約の下では、4色あれば、任意の地図を、隣接する国が異なる色になるように塗り分けできる」というのが定理の主張だ（ヨーロッパ、アフリカなど、オーストラリア以外の大陸の地図を見れば、定理の意味は分かるだろう）。1977年に、四色定理はコンピュータの援用によって証明されたが、誰一人としてその議論の全ステップを確認することはできなかった。証明の正当性は認められ、それ以来、簡約されたが、総当たり計算（アルファゼロ以前のコンピュータ・チェスが行ったような計算）を必然的に伴う証明部分が存在する。この証明が世に出たとき、現役の数学者たちの多くは苛立ちを隠せなかった。彼らはすでに四色定理が正しいと信じていた。彼らはそれが正しいことの保証は必要としていなかった。彼らが欲していたのは、なぜそれが正しいか理解することであった。それにもかかわらず、この証明はその助けにはならなかった。

同様に、ヨハネス・ケプラーによって提起された、400年来の幾何学の問題を考えよう。問題が要求するのは、同じ大きさの3次元球を、最も高密度に充填する方法である。食料雑貨商が、オレンジを木箱に詰める際に直面するのと同種の問題だ。球を同じ層に積み重ね、一つの球の上に別の球を直接置くのが最も効率的だろうか？　あるいは、それぞれの球が、下にある四つの球で形成される凹みに落ち着くように、層をずらして配置する方がよいであろうか？（これは、雑貨商がオレンジを積み重ねるのと同じ方法である。）もしもそうならば、この充填法が最良なのか？　あるいは、不規則な配置かもしれない、それ以外の充填法の方が、より高密度であり得るだろうか？　ケプラーの予想は、雑貨商の充填法が最良というものだった。しかしこの予想は、１９９８年まで証明されなかった。トーマス・ヘイルズは、彼の教え子のサミュエル・ファーガソンと18万行のコンピュータ・プログラムの助けを借りて、有限の組み合わせ計算に簡約した。そして、しらみつぶし計算の援用と巧妙なアルゴリズムによって、彼のプログラムは予想を実証した。数学のコミュニティーは肩をすぼめた。私たちはいまやケプラーの予想が正しいことを知ったが、なぜ正しいのかについては未だに理解していない。私たちは洞察を得ていないし、ヘイルズのコンピュータもそれについては説明できなかった。

　しかし、アルファ無限をこのような問題に対して解き放てばどうだろう？　このような機械であれば、美しい証明を思いつくであろう。アルファゼロがストックフィッシュと対戦したチェスのような美しさだ。その証明は、直観的でエレガントであろう。ハンガリーの数学者ポール・エルデシュ[224]の言葉を借りると、「あの本（the Book）」からきた証明であろう。エルデシュは、神が最上の証明をすべて含んだ本を所持したと想像した。証明は「あの本」からきたという言い回しは、最上級の称賛であった。証明は、なぜ定理が正しいかを明らかにするものであり、醜く難解な議論で、読者に無理やり定理を受け入れさせるようなものではないことを、エルデシュの言葉は意味している。「あの本」からきた証明を、人工知能が私たちにもたらす日が、それほど遠くない将来に訪れるのが私には想像できる。そのときには微積分はどのようになっているだろう？　そして医学、社会学、政治はどうなっているだろう？

結論

無限を正しく行使すれば、微積分を用いることによって、宇宙の謎を解き明かすことが可能となる。このようなことが起こるのを私たちは幾度となく目の当たりにしたが、それでもほとんど奇跡のように思える。人間の発明した推論体系は、どういうわけか自然界の調和に適合している。微積分が発明されたスケール（日常生活のスケールで、独楽から1杯のスープまで）の世界だけでなく、原子の持つ最小スケールの世界でも、宇宙の持つ壮大なスケールの世界でも、推論体系は高い信頼性を示す。したがって、単なる循環論法による錯覚ではありえない。私たちは自分がすでに知っている事柄を微積分に詰め込み、微積分はそれらそのままを私たちに返しているわけではない。微積分が呈示するのは、私たちが未だに見たことのないもの、決して見ることができなかったもの、そしてこの先も見ることができないであろうものである。

私にとっては、とりわけ次の問いが最大の謎である。「なぜ宇宙は理解可能なのか、そしてなぜ微積分は、宇宙の分かりやすさと同期しているのか？」私には答えがないが、熟慮する価値のある謎であることには、読者も賛同してくれるのではないだろうか。このような考えから、微積分が不気味なくらいに有効であることを示す最後の三例を紹介しよう。

小数点以下8桁

最初の例では、本書の物語の始めにあった、「微積分は神の話す言語」といったリチャード・ファインマンの言葉に戻ろう。この例は、量子電磁力学（略称、QED）[225]と呼ばれる、量子力学を拡張したファインマンの仕事と関係している。QEDは、光と物質がどのように相互作用するかを扱った量子論を指す。マクスウェルの電磁気の理論、ハイゼンベルグとシュレディンガーの量子論、アインシュタインの特殊相対性理論が融合したものである。ファインマンは、QEDの主要設計者の一人であった。彼の理論の構造を見ると、なぜ彼が微積分をそれほどまでの称賛したのかがよく分かる。彼の理論には、戦略とスタイルの両面で、微積分がぎっしり詰まっている。冪級数、積分、微分方程式で満ち溢れており、無限が騒ぎを起こしている。

さらに重要なのは、これまでに考え出された理論の中でも、あらゆる事柄について最も正確[226]という点である。物理学者たちはコンピュータを援用して、QEDに現れる級数を足し上げ、ファインマン・ダイアグラムと呼ばれる図を用いて、電子やその他の粒子の性質を予測することに余念がない。これらの予測結果を、極めて精度の高い計測実験と比較することにより、理論は現実と小数点以下8桁まで一致することが示された。これは1億分の1よりも高い精度を意味する。

理論が本質的に正しいことをいうには、少し手が込んだ表現である。それだけ大きな数の意味を理解するのに役立つ比喩はなかなか見つからないが、これはどうだろう。1億秒は3・17年に等しい。したがって、1億分の1以内の正しい精度を確保することは、いまからちょうど3・17年の間、時計やアラームは使わずに、毎秒正確なタイミングで指を鳴らし続けるようなものだ。

哲学的にいうと、ここには驚くべきことがある。量子電磁力学の微分方程式および積分は、人の心が作り出したものである。それらは確かに実験と観測に基づいており、その程度までは現実が組み込まれている。しかしそうはいっても、量子電磁力学は想像の産物である。現実の完全なる模倣ではなく、発明である。そして何が驚きかというと、紙の上に走り書きし、ニュートンやライプニッツの開発したものと類似の計算を行い、ただし21世紀向けにパワーアップすることで、私たちは自然界における最深部の性質を予測することができ、その予測は小数点以下8桁まで正しいということだ。人類がこれまでに予測したものの中で、量子電磁力学ほどに正確なものはかつてない。

これは強調する価値があると思う。なぜならこれは、時折私たちが耳にする言葉が嘘だということを示すものだからだ。「科学は、信仰や他の信念体系のようなもので、真実に対して特別な主張はできない」というセリフだ。冗談じゃない。1億分の1の精度で一致する理論が、単なる信仰や誰かの意見ということがあるだろうか?　小数点以下8桁まで合わせる必要はないであろう。物理学における理論で、それが誤りであることが判明したものはたくさんある。ただしこれは違う。少なくともまだ間違いは判明してない。すべての理論がそうであるように、少しのずれがあることは間違いないが、確実に真実に近づいている。

陽電子を呼び出す

微積分の不気味なほどの有効性を示す2番目の例は、量子力学を拡張した初期の研究と関係する。1928年、イギリスの物理学者ポール・ディラック[227]は、光速に近い速さで移動する電子への応用として、アインシュタインの特殊相対性理論を、量子力学の支配原理と調和させる方法を模索した。彼は自分の見いだした理論の美しさに心を打たれた。その理論を選んだのは、大部分が、彼の美的感覚によるものだった。彼は理論に対して特別な経験的証拠を持ち合わせていたわけではなかった。単純に、理論の美しさがその正しさの証拠であるとする、芸術的な感覚だった。相対論と量子力学の間の親和性があり、数学的にエレガントであるという制約だけで、彼の自由は奪われた。さまざまな理論と悪戦苦闘を重ねた結果、彼の美的欲求にすべて合致するものを見いだした。つまりこの理論は、調和の探求によって導かれたのだ。そして優れた科学者がやるように、ディラックは、彼の理論から予測される事柄を抽出することによって、理論検証を試みた。理論物理学者である彼にとって、これは微積分を用いることを意味していた。

彼の微分方程式(現在では、ディラック方程式として知られる)を解き、数年にわたって解析を続けたところ、いくつかの衝撃的な理論予測が得られた。一つは、反物質が存在するべきということだった。つまり電子と同等で、ただし正の電荷を帯びた粒子が存在するはずだった。最初彼は、この粒子が陽子ではないかと考えたが、陽子の質量は大きすぎた。彼の予測した粒子は、陽子よりも約2000倍小さいものだった。それほどに微かで正の電荷を帯びた粒子を見た者はいなかった。しかし彼の方程式は、その存在を予測していた。ディラックはこれを反電子と呼んだ。１９３１年に彼は論文を発表し[228]、このまだ観測されていない粒子が電子と衝突すると、二つは対消滅するであろうと予測した。「この新しい知見は、量子力学の抽象形式を変更せずに導かれる」と書き、素っ気なく付け加えた。「これらの状況下で、もしも自然がそれを活用しないとしたら、驚きであろう[229]」

翌年、カール・アンダーソンという名の実験物理学者は、宇宙線の研究をしているときに、彼の霧箱に奇妙な飛跡を見た。ある種の粒子が、電子のようにらせん状に動いていた。ただし、正の電荷を持つかのように、曲がる方向は反対だった。彼はディラックの予測を知らなかったが、自分の見ていた粒子の要点を理解した。１９３２年にアンダーソンがこの粒子に関する論文を発表したとき、編集者は、それを陽電子と呼ぶように勧めた。この名前はぴったりはまった。翌年、ディラックは彼の方程式に対して、１９３６年にアンダーソンは陽電子の発見に対して、それぞれノーベル賞を受賞した。

それ以来、陽電子は人命を助ける働きをしている。ＰＥＴ検査（ＰＥＴは陽電子放射断層撮影を表す[230]）は、陽電子に基づく医用撮影である。これによって医師たちは、脳やその他の臓器の軟組織で、異常な代謝活動を起こしている領域を見ることが可能となった。ＰＥＴ検査は開頭手術を必要とせず、非侵襲的に脳腫瘍を見つけ出し、アルツハイマー病と関連するアミロイド斑を検出する助けとなる。

ここにおいても、驚くほど実用的で重要な技術を支える、微積分の優れた例を見た。微積分は宇宙の言語であると同時に、その謎を抽出する論理の原動機でもある。微積分によって、ディラックは電子に対する微分方程式を書き下し、方程式から自然に関する美しく新しい真実を知った。方程式によって、彼は新しい粒子を予想し、それが存在するはずだと気づいた。論理と美しさが、新しい粒子を要求したのだ。ただしこの二つだけではない。論理と美しさは既知の事実と協調し、既知の理論に合致しなければならなかった。これらすべてがポットの中でかき混ぜられると、あたかも記号そのものが陽電子を生み出したかのようであった。

理解可能な宇宙の謎

微積分の不気味なほどの有効性が示された3番目の例として、最後はアルベルト・アインシュタイン[231]とともに、この旅を終えるのがふさわしいように思われる。彼は、私たちがこれまでに触れてきた主題の多くを統合した。自然の調和に対する畏敬の念、数学は想像の勝利であるという強い信念、宇宙が理解可能であることの不思議に驚嘆する感性である。

一般相対性理論[232]ほど、これらの主題が明確に表れている例はない。彼の最高傑作であるこの理論で、アインシュタインはニュートンの空間と時間の概念を覆し、物質と重力の間の関係を再定義した。アインシュタインにとって、重力はもはや離れた距離から瞬間的に作用する力ではなかった。重力はほとんど手で触れられそうなもの、宇宙の仕組みにおける歪み、時空の湾曲の表れであった。湾曲は、微積分の誕生した時代、曲線および湾曲した表面に魅了された古代にまで遡るアイデアだ。しかしアインシュタインの手に掛かると、湾曲は単なる形状の性質ではなく、空間そのものの性質となった。あたかもフェルマーとデカルトの xy 平面が独り歩きしたかのようなものである。空間は演劇の舞台ではなく、空間そのものが役者となった。アインシュタインの理論では、物質が時空を曲げる一方、時空の曲がりは物質を動かす。これらの間のダンスによって、理論は非線形になる。

そして、私たちは非線形の意味を知っている。つまり、方程式が何を暗示するかを理解するのは、必然的に困難となる。今日に至るまで、一般化相対性理論の非線形方程式は多くの謎を隠したままである。アインシュタインは、数学的技能と根気強さから、そのうちのいくつかを掘り出すことができた。例えば星の光は、私たちの惑星に向かう途中で太陽付近を通過する際に、曲げられるであろうと彼は予測した。この予測は、１９１９年の日食の際に確かめられ、アインシュタインは国際的なセンセーションを巻き起こし、ニュー・ヨーク・タイムズの表紙を飾った。

重力が時間に対して不思議な効果[233]を生じ得ることも、理論は予測した。この効果によると、物体が重力場を通過する際に、時間の経過は早まったり遅まったりする。奇妙に響くかもしれないが、これは本当に起こる。ＧＰＳ（全地球測位システム）の衛星が地球の上空を動く際には、この効果を考慮に入れる必要がある。上空では重力場が弱くなり、このため時空の湾曲が減少し、地上よりも時計の進みが早まる。この効果の修正をしないと、ＧＰＳ衛星内の時計は正確な時間を保てないであろう。地上の時計よりも、1日当たり約45マイクロ秒、先に進むであろう。これは大したことではないように聞こえるかもしれないが、ＧＰＳ全体が適切に作動するにはナノ秒の精度が必要であり、45マイクロ秒は４万５０００ナノ秒に相当することに留意してほしい。一般化相対性理論の修正なしでは、地球測位の誤差は、１日当たり約10キロに累積するであろう。ものの数分間でＧＰＳシステムは、ナビゲーションとしての価値がなくなるであろう。

一般化相対性理論の微分方程式は、宇宙の膨張やブラック・ホールの存在など、他の予測も生み出した。予測されたときにはすべてが風変わりに思われたが、それにもかかわらず、結局はすべてが正しいことが判明した。

２０１７年のノーベル物理学賞[234]は、一般化相対性理論の予測した、もう一つの突飛な効果を検出した功績に対して授与された。重力波であった。

理論によると、一組のブラック・ホールが互いの周りを回転すると、その周辺の時空を旋回させ、リズミカルに時空を引き伸ばしたり、押し潰したりする。この結果、時空の骨組みに生じた擾乱は、光速で移動するさざ波のように外側に広がると予測された。アインシュタインは、そのような波がそもそも観測できるか疑っていた。彼は数学的な幻想かもしれないと心配したのだ。ノーベル賞を受賞した研究チームが成し遂げたのは、史上最高感度の検出装置を設計し、構築したことだった。２０１５年9月14日、彼らの装置は、陽電子の直径よりも１０００倍小さな時空の振れを検出した。たとえるなら重力波は、一番近い星までの距離を、人の髪の毛の幅だけ引っ張るようなものだった。

私がこの最後の言葉を書き綴るのは、澄みわたった冬の夜である。席を外し、空を見上げることにした。上空には星が煌めき、漆黒の闇が横たわり、私は畏敬の念を抱かずにはいられなかった。

私たち人類は、中規模の銀河系を漂流する取るに足らない惑星の、取るに足らない種でしかない。そんな私たちが、10億光年前の広大な宇宙で二つのブラック・ホールが衝突した後に、時空が揺れ動くなどということをどうして予測できたのだろう？　時空の揺れがここに到達する前に、私たちは波がどのように響くのか知っていた。そして微積分、コンピュータ、アインシュタインの積み重ねの結果、私たちは正しかった。

その重力波は、これまでに聞いたどの囁きよりも微かだった。この穏やかで小さな波は、私たちが霊長類であったより以前から、私たちが哺乳動物だったより以前から、地球に微生物が誕生した大昔から、私たちに向かって進んでいた。２０１５年のその日に地球に到達したとき、私たちは耳を傾けていたから、そして微積分を知っていたから、この穏やかな囁きが何を意味するのかを理解した。

謝辞

微積分について一般向けに書くことは、素晴らしい挑戦であると同時に、大いなる愉しみだった。高校で習って以来、微積分に夢中になり、私の微積分への愛情を広い読者層と分かち合うのが長年の夢だったが、なかなかその時間を見つけられずにいた。いつも別のことに追われていた。研究論文を書かなければならなかったし、大学院生を指導しなければならなかったし、講義の準備や子育て、犬の散歩などがあった。そして約2年前、私の年齢では（皆さんも同じだが）一年に一歳の割合で歳を取ることが分かり始め、微積分の楽しさを皆と分かち合うのはいまがよいように思えた。したがって私の最初の謝辞は、読者の皆様、あなた方に対してだ。私はもう数十年もの間、あなた方のことを思い描いていた。いまここにいてくれることに感謝する。

ずっと書こうと思っていた本だったが、いざ書いてみると思っていたよりも大変な作業だった。これはいつものことで驚きであるはずはなかったが、それでも驚きだった。長いこと微積分に没頭してきた私には、初学者の視点に立って考えることが大変だった。幸いなことに、とても賢く、寛容で、忍耐強い人たちに助けられた。彼ら彼女らは微積分が何なのか、なぜそんなに重要なのかをまるで知らず、私や私の同僚のようにひっきりなしに数学のことを考えているようなタイプとは明らかに違っていた。

私の著作権代理人のカティンカ・マトソンに感謝する。ずっと以前に私が無造作に、微積分は人類の獲得した最高のアイデアの一つだといったとき、そんな本を読んでみたいといったのは君だった。その本がここにある。私とこの企画を信じてくれたことをありがたく思う。

この仕事では、2人の素晴らしい編集者に恵まれた。イーモン・ドランとアレックス・リトルフィールドだ。イーモン、君にはなんと感謝してよいか分からない。最初から最後まで、君との仕事は素晴らしかった。私が常に頭に思い描く読者は君だった。頭の回転が速く、少し懐疑的で、好奇心が強く、刺激を求めている。何といっても、私に先んじて本書の骨組みを見いだし、揺るぎなく、優しく私を導いてくれた。私に推敲を重ねさせたのは許すことにしよう。何といっても書き直すたびに本はよくなっていった。君なしでは本当にここまでできなかった。アレックス、最後の一行までこの原稿の面倒を見てくれたことに感謝する。あらゆる面で君と一緒に仕事ができたのは楽しかった。

喜びといえば、トレーシー・ローの校閲を受けるのは格別だった。トレーシー、一緒に仕事をするたびに私に快く教えてくれたね。私はもう一冊書きたいと思うほどだった。

編集アシスタントのローズマリ・マクギネス、君の快活さと、効率のよい仕事ぶり、細部への注意に感謝する。そして、ホートン・ミフリン・ハーコート社全員の奮闘と素晴らしいチームワークに感謝する。

私の他の著作同様、本書のイラストはマージ・ネルソンが担当してくれた。斬新なセンスと協調の精神をいつもありがとう。

本書の一部あるいは全原稿に目を通してくれた私の同僚のマイケル・バラニー、ビル・ダナム、ポール・ギンスパーグ、マニル・スリにも感謝する。私の表現を改善し、誤りを修正し（メルカトルが二人も居るなんて誰が知り得たろう?）、有用な示唆をくれた。学術研究者が望むような、詳細にこだわった陽気なやり取りだった。マイケル、君のコメントからは大いに学んだし、もっと早く本を見せればよかった。ビル、君は英雄だ。ポール、君はいつも通りで素晴らしかった。マニル、私の初校を丁寧に読んでくれてありがとう。君の新刊の成功を祈るとともに、読むのを楽しみにしている。

トム・ギロビッチ、ハーバート・フイ、リンダ・ウッダードへ。よき友人でいてくれてありがとう。君たちの励まし、あるいは注目のおかげで、決して揺らぐことはなかった。アラン・ペレルソン、ジョン・スティルウェルへ。君たちの仕事を心から賞賛するとともに、本書について考えを共有してくれたことを光栄に思う。ロドリゴ・テツオ・アルジェントン、トニー・デローズ、ピーター・シュレーダー、ステファン・ザチョー、ツンチ・テゼルにも感謝する。私と議論する機会を作るとともに、彼らの発表済みのイラストの複製を許可してくれた。

（愛犬）マレーへ。私が何度もこういうのを聞いたね。それが何を意味するのか分からないとしても、趣旨は理解しているね。君はいい子だ。

最後に、妻のキャロルと娘のジョーとリアへ。君たちの愛情と、いつにも増して注意散漫だった私に我慢してくれてありがとう。ゼノンの壁に向かって半歩進むパラドックスは、私たちの家では新しい意味を帯びた。このプロジェクトが完成に近づいているように見えて、決してそこには到達できないパラドックスだ。君たちの辛抱強さに大いに感謝している。とても愛している。

ニュー・ヨーク州イサカ市
スティーブン・ストロガッツ

訳者あとがき

原著者のスティーブン・ストロガッツは、非線形科学における中心的存在であり、数々のエポック・メーキングを成し遂げてきた偉大な研究者である。例えば、1998年に彼がNature誌に発表したスモール・ワールド・ネットワークに関する論文は、その後、複雑ネットワーク研究に火をつけ、その研究の勢いは未だに衰えを知らない。研究のインパクトを測る論文の被引用回数は4万を超える化け物となっている（2019年12月現在）。また、研究の面白さを一般の読者に向けて分かりやすく、軽妙洒脱に著す面でも定評があり、『SYNC: なぜ自然はシンクロしたがるのか』はアメリカのディスカバー誌の選んだ2003年のベスト書籍に選ばれ、日本語訳版も話題となった。『非線形ダイナミクスとカオス』は非線形科学を志す学生および専門家への入門書として世界的なロングセラーとなっている。ストロガッツは学問としての数学の啓蒙活動にも熱心であり、ニュー・ヨーク・タイムズでも連載を持ち、アウトリーチ活動に努力を惜しまない。このように研究者として先鋭的であるだけでなく、一般向けにも分かりやすい著作活動のできる存在は稀有である。そのストロガッツが満を持して書き下ろした新著は、微積分を軸とした壮大な数学の歴史物語であった。

本書の醍醐味は、古代ギリシャ以前まで遡る2500年にわたる数学の歴史と、その中で綺羅星のように出現した天才たちの寓話、彼らの成し遂げたブレーク・スルー、そして現代の自然科学とテクノロジーに連綿と受け継がれる彼らのレガシーであろう。アルキメデスから始まり、ガリレオ、ケプラー、フェルマー、ニュートン、ライプニッツなどと続く物語は、天才たちの人間味のある魅力と逆境に負けない力強さに溢れている。理工学を学ぶ学生や技術者に限らず、一般の読者にこそ数学の発展をエンターテインメントとして純粋に楽しんでもらえる内容となっている。訳者は微分方程式について教鞭をとる大学教員でもあるが、微積分の歴史とその意義をどれだけ魅力的に受講生に伝える努力をしてきたか、本書を読むにつけストロガッツの博識と語り口の妙に圧倒される思いであった。学びに最も重要なのは動機づけであり、まずは学問の面白さと躍動感を感じ取ることである。

本書で最も印象に残った点を三つ挙げるならば、一点目は、自然が数学に従うことの不思議さであろう。ピタゴラスの「万物は数なり」とする神秘的思想に始まり、アインシュタインの「宇宙に関する永遠の謎はその分かりやすさにある」とする所感に至るまで、本書に繰り返し現れるテーマである。理工学を学び、研究に勤しむ日々を過ごしていると、数式が自然現象を表現できることは当然のことのように思えてしまう。しかし改めて考えてみると、自然現象にインスパイアされて発展してきたとはいえ、数学は人間の思考の産物であり、自然現象とは独立な体系である。なぜここまで整合するのか、本来は何の保証もないことである。訳者も数学を用いて生物の示す自然現象や機械システムの動作をモデル化する試みを日頃から行っているが、多少の近似の範囲内ではあれ、数学がこれらの対象を表現できることを当然のことと期待している。もしも非整合性が現れたときには、モデルの仮定に問題があるか、あるいは計測データに誤りが含まれていないかを疑う。数学の枠組みそのものについて立ち返ることはほぼない。しかし、ガリレオやニュートン、アインシュタインといった偉人たちは、自分たちの理論が自然と適合したときに、その神秘性を訝しんだ。神は自然を数学で説明できるように創造されたのだろうか？　黎明期に大発見を行った科学者に訪れる神聖な瞬間を感じる。

二点目は、これらの科学者たちを駆り立てていたのは、純粋な知的好奇心だったという点であろう。それは彼ら彼女らの言葉の断片から読み取れる。例えば、微分法を開拓し、最小作用の原理の礎を築いたフェルマーは、数学を実世界の問題に応用することに特別な興味は持っていなかった。彼は数学をすること自体に満足していた。また、コンピュータ断層撮影（ＣＴ）に対して１９７９年にノーベル生理学・医学賞を受賞したアラン・コーマックは、「これらの結果が何の役に立つだろう？　その答えは、私も知らない。（中略）私がこれらのテーマの研究をしているのは、それ自体が数学の問題として面白いからであり、それが科学研究のすべてなのだ」と受賞講演で述べている。科学研究に対して、それが何に応用されるかを問うことは一般的な興味として自然なことであり、本書の魅力の一端も基礎理論がいかに科学を発展させ、宇宙の謎を解明してきたかという点にある。ただし、それに貢献した科学者たちを突き動かしてきたのは知的探究心であり、彼らにその応用を問うても困惑を招くことも多いのが事実なのである。科学研究について具体的な出口を問われることの多い昨今であるが、研究者の内発的な探究心を残す余地が、新しいブレーク・スルーを生み出す土壌であることを本書は警告してくれている。

最後の点として、特に、本書が挑戦的で他の科学読み物と一線を画すのは、グラフを用い、そしてときには数式を用いて、実際にこれらの数学者の解いた問題の筋道を分かりやすく、明快に示している点であろう。第５章では数式に用いられる関数の解説も行われている。序文にある「神の話す言葉」を理解しようとして挫折した作家ハーマン・ウォークのような苦労を強いることなく、数学の面白さを伝えたいというストロガッツの真意がここにある。美食を味わうのにその調理方法を習得する必要はないのだ。とはいえ、数学に苦手意識を抱いている読者にはやや抵抗を感じる部分かもしれない。その場合には、数式の詳細はひとまず読み飛ばしても物語のダイナミズムは伝わるはずであり、数学が人類史にもたらしたインパクトの大きさを味わった上で、数式については改めて読み返してみるのもよいであろう。本書をきっかけに、数学に親近感を抱いてくれる読者が一人でも増えてくれることを期待したい。

翻訳にあたっては、欧米固有の言い回しやストロガッツ独特の軽妙洒脱な語り口について伝えきれていないおそれもあるが、訳者の力量不足としてご容赦いただきたい。丸善出版株式会社企画・編集部の立澤正博氏には、あらゆる面で出版を支援いただきました。校正段階で数々のミスを見つけてくださったことに深く感謝いたします。翻訳を専門としていた母の存在が、訳を進める原動力になりました。原著者に倣い、翻訳期間中、いつにも増してうわのそらの状態だった訳者を暖かく見守ってくれた妻・智子にも感謝します。

２０１９年　12月１日

徳田　功

索　引

●さ行

参考文献

[Ainger (1882)] Alfred Ainger. *Charles Lamb.* New York: Harper and Brothers, 1882.

[Alexander (2014)] Amir Alexander. *Infinitesimal: How a Dangerous Mathematical Theory Shaped the Modern World.* New York: Farrar, Straus and Giroux, 2014.
[邦訳] アミーア・アレクサンダー著，足立恒雄訳『無限小：世界を変えた数学の危険思想』，岩波書店，2015 年.

[Asimov (1972)] Isaac Asimov. *Asimov's Biographical Encyclopedia of Science and Technology.* Rev. ed. New York: Doubleday, 1972.
[邦訳] I. アシモフ著，皆川義雄訳『科学技術人名事典』，共立出版，1971 年.

[Austin (2008)] David Austin. "What Is ... JPEG?," *Notices of the American Mathematical Society* 55, no. 2 (2008): 226–29. `http://www.ams.org/notices/200802/tx080200226p.pdf`.

[Ball (2017)] Philip Ball. "A Century Ago Einstein Sparked the Notion of the Laser." *Physics World* (August 31, 2017). `https://physicsworld.com/a/a-century-ago-einstein-sparked-the-notion-of-the-laser/`.

[Barrow and Tipler (1986)] John D. Barrow and Frank J. Tipler. *The Anthropic Cosmological Principle.* New York: Oxford University Press, 1986.

[Bates and Maxwell (2005)] Andrew D. Bates and Anthony Maxwell. *DNA Topology.* New York: Oxford University Press, 2005.

[Bolt (2013)] Usain Bolt. *Faster than Lightning: My Autobiography.* New York: HarperSport, 2013.
[邦訳] ウサイン・ボルト著，生島淳訳『ウサイン・ボルト自伝』，集英社インターナショナル，2015 年.

[Boyer (1959)] Carl B. Boyer. *The History of the Calculus and Its Conceptual Development.* Mineola, NY: Dover, 1959.

[Bradley and Brislawn (1994)] Jonathan N. Bradley and Christopher M. Brislawn. "The Wavelet/Scalar Quantization Compression Standard for Digital Fingerprint Images." *IEEE International Symposium on Circuits and Systems* 3 (1994): 205–8.

[Bradley et al. (1993)] Jonathan N. Bradley, Christopher M. Brislawn,

and Thomas Hopper. "FBI Wavelet/Scalar Quantization Standard for Gray-Scale Fingerprint Image Compression." Proc. SPIE 1961, Visual Information Processing II (27 August 1993). DOI: 10.1117/12.150973; https://doi.org/10.1117/12.150973; http://helmut.knaust.info/class/201330_NREUP/spie93_Fingerprint.pdf.

[Braun (1983)] Martin Braun. *Differential Equations and Their Applications.* 3rd ed. New York: Springer, 1983.
[邦訳] M. ブラウン著，一樂重雄ほか訳『微分方程式：その数学と応用』(上，下)，丸善出版，2012–2012 年.

[Brislawn (1995)] Christopher M. Brislawn. "Fingerprints Go Digital." *Notices of the American Mathematical Society* 42, no. 11 (1995): 1278–83.

[Bucciarelli and Dworsky (1980)] Louis L. Bucciarelli and Nancy Dworsky. *Sophie Germain: An Essay in the History of Elasticity.* Dordrecht, Netherlands: D. Reidel, 1980.

[Burkert (1972)] Walter Burkert. *Lore and Science in Ancient Pythagoreanism.* Translated by E. L. Minar Jr. Cambridge, MA: Harvard University Press, 1972.

[Burton (2011)] David M. Burton. *The History of Mathematics.* 7th ed. New York: McGraw-Hill, 2011.

[Calaprice (2011)] Alice Calaprice. *The Ultimate Quotable Einstein.* Princeton, NJ: Princeton University Press, 2011.

[Carroll (2016)] Sean Carroll. *The Big Picture: On the Origins of Life, Meaning, and the Universe Itself.* New York: Dutton, 2016.
[邦訳] ショーン・キャロル著，松浦俊輔訳『この宇宙の片隅に：宇宙の始まりから生命の意味を考える 50 章』，青土社，2017 年.

[Child (1920)] J. M. Child. *The Early Mathematical Manuscripts of Leibniz.* Chicago: Open Court, 1920.

[Cipra (1994)] Barry Cipra. "*Parlez-Vous* Wavelets?" *What's Happening in the Mathematical Sciences* 2 (1994): 23–26.

[Clarke (2006)] Desmond Clarke. *Descartes: A Biography.* Cambridge: Cambridge University Press, 2006.

[Cohen (1995)] I. Bernard Cohen. *Science and the Founding Fathers: Science in the Political Thought of Thomas Jefferson, Benjamin Franklin, John Adams, and James Madison.* New York: W. W. Norton, 1995.

[Cooke (1984)] Roger Cooke. *The Mathematics of Sonya Kovalevskaya.* New York: Springer, 1984.

[Cormack (1963)] Allan M. Cormack. "Representation of a Function by

Its Line Integrals, with Some Radiological Applications." *Journal of Applied Physics* 34, no. 9 (1963): 2722–27.

[Daubechies (1992)] Ingrid C. Daubechies. *Ten Lectures on Wavelets.* Philadelphia: Society for Industrial and Applied Mathematics, 1992.
[邦訳] I. ドブシー著，山田道夫，佐々木文夫訳『ウェーブレット 10 講』，丸善出版，2012 年.

[Davies (2005)] Brian Davies. "Whither Mathematics?" *Notices of the American Mathematical Society* 52, no. 11 (2005): 1350–56.

[Davies (2006)] Paul Davies. *The Goldilocks Enigma: Why Is the Universe Just Right for Life?* London: Allen Lane, 2006.

[DeRose et al. (1998)] Tony DeRose, Michael Kass, and Tien Truong. "Subdivision Surfaces in Character Animation." *Proceedings of the 25th Annual Conference on Computer Graphics and Interactive Techniques* (1998): 85–94. DOI: http://dx.doi.org/10.1145/280814.280826; https://graphics.pixar.com/library/Geri/paper.pdf.

[Deuflhard et al. (2006)] Peter Deuflhard, Martin Weiser, and Stefan Zachow. "Mathematics in Facial Surgery." *Notices of the American Mathematical Society* 53, no. 9 (2006): 1012–16.

[Diacu and Holmes (1996)] Florin Diacu and Philip Holmes. *Celestial Encounters: The Origins of Chaos and Stability.* Princeton, NJ: Princeton University Press, 1996.

[Dijksterhuis (1987)] Eduard J. Dijksterhuis. *Archimedes.* Princeton, NJ: Princeton University Press, 1987.

[Dirac (1928)] Paul A. M. Dirac. "The Quantum Theory of the Electron." *Proceedings of the Royal Society of London A* 117 (1928): 610–24. DOI: 10.1098/rspa.1928.0023.

[Dirac (1931)] Paul A. M. Dirac. "Quantised Singularities in the Electromagnetic Field." *Proceedings of the Royal Society of London A* 133 (1931): 60–72. DOI: 10.1098/rspa.1931.0130.

[Drake (1978)] Stillman Drake. *Galileo at Work: His Scientific Biography.* Chicago: University of Chicago Press, 1978.
[邦訳] スティルマン・ドレイク著，田中一郎訳『ガリレオの生涯』(1，2，3)，共立出版，1984–1985 年.

[Dunham (1990)] William Dunham. *Journey Through Genius.* New York: John Wiley and Sons, 1990.
[邦訳] W. ダンハム著，中村由子訳『数学の知性：天才と定理でたどる数学史』，現代数学社，1998 年.

[Dunham (2005)] William Dunham. *The Calculus Gallery: Masterpieces*

from Newton to Lebesgue. Princeton, NJ: Princeton University Press, 2005.
[邦訳] ウイリアム・ダンハム著，一樂重雄，實川敏明訳『微積分名作ギャラリー：ニュートンからルベーグまで』日本評論社，2009 年.

[Dyson (1996)] Freeman J. Dyson. "Review of *Nature's Numbers* by Ian Stewart." *American Mathematical Monthly* 103, no. 7 (August/September 1996): 610–12. DOI: 10.2307/2974684.

[Edelstein-Keshet (2005)] Leah Edelstein-Keshet. *Mathematical Models in Biology.* 8th ed. Philadelphia: Society for Industrial and Applied Mathematics, 2005.

[Edwards (1979)] C. H. Edwards Jr. *The Historical Development of the Calculus.* New York: Springer, 1979.

[Einstein (1917)] Albert Einstein. "Zur Quantentheorie der Strahlung (On the Quantum Theory of Radiation)." *Physikalische Zeitschrift* 18 (1917): 121–28. English translation at http://web.ihep.su/dbserv/compas/src/einstein17/eng.pdf.

[Einstein (1936)] Albert Einstein. "Physics and Reality." *Journal of the Franklin Institute* 221, no. 3 (1936): 349–82.

[Eriksen et al. (2009)] H. K. Eriksen, J. R. Kristiansen, Ø. Langangen, and I. K. Wehus. "How Fast Could Usain Bolt Have Run? A Dynamical Study." *American Journal of Physics* 77, no. 3 (2009): 224–28.

[Ermentrout and Terman (2010)] G. Bard Ermentrout and David H. Terman. *Mathematical Foundations of Neuroscience.* New York: Springer, 2010.

[Ernst and Sumners (1990)] Claus Ernst and DeWitt Sumners. "A Calculus for Rational Tangles: Applications to DNA Recombination." *Mathematical Proceedings of the Cambridge Philosophical Society* 108, no. 3 (1990): 489–515.

[Farlow (1993)] Stanley J. Farlow. *Partial Differential Equations for Scientists and Engineers.* Mineola, NY: Dover, 1993.
[邦訳] スタンリー・ファーロウ著，伊理正夫，伊理由美訳『偏微分方程式：科学者・技術者のための使い方と解き方』，朝倉書店，1996 年.

[Farmelo (2009)] Graham Farmelo. *The Strangest Man: The Hidden Life of Paul Dirac, Mystic of the Atom.* New York: Basic Books, 2009.

[Fermi and Bernardini (2003)] Laura Fermi and Gilberto Bernardini. *Galileo and the Scientific Revolution.* Mineola, NY: Dover, 2003.
[邦訳] ローラ・フェルミ，ジルベルト・ベルナルディーニ著，奥住喜重訳『ガリレオ伝：近代科学創始者の素顔』（ブルーバックス），講談社，1977

年.

[Ferreira (2014)] Pedro G. Ferreira. *Thc Perfect Theory.* Boston: Houghton Mifflin Harcourt, 2014.
［邦訳］ペドロ・G・フェレイラ著，高橋則明訳『パーフェクト・セオリー：一般相対性理論に挑む天才たちの 100 年』，NHK 出版，2014 年.

[Feynman (1986)] Richard P. Feynman. *QED: The Strange Theory of Light and Matter.* Princeton, NJ: Princeton University Press, 1986.
［邦訳］R. P. ファインマン著，釜江常好，大貫昌子訳『光と物質のふしぎな理論：私の量子電磁力学』（岩波現代文庫），岩波書店，2007 年.

[Forbes and Mahon (2014)] Nancy Forbes and Basil Mahon. *Faraday, Maxwell, and the Electromagnetic Field: How Two Men Revolutionized Physics.* New York: Prometheus Books, 2014.
［邦訳］ナンシー・フォーブス，ベイジル・メイホン著，米沢富美子，米沢恵美訳『物理学を変えた二人の男：ファラデー、マクスウェル、場の発見』岩波書店，2016 年.

[Fuller (1971)] F. Brock Fuller. “The Writhing Number of a Space Curve.” *Proceedings of the National Academy of Sciences* 68, no. 4 (1971): 815–19.

[Galilei (1638)] Galileo Galilei. *Discourses and Mathematical Demonstrations Concerning Two New Sciences* (1638). Translated from the Italian and Latin into English by Henry Crew and Alfonso de Salvio, with an introduction by Antonio Favaro. New York: Macmillan, 1914. `http://oll.libertyfund.org/titles/753`.

[Gill (2011)] Peter Gill. *42: Douglas Adams' Amazingly Accurate Answer to Life, the Universe and Everything.* London: Beautiful Books, 2011.

[Gillispie (2008)] Charles C. Gillispie, ed. *Complete Dictionary of Scientific Biography.* 26 vols. New York: Charles Scribner's Sons, 2008. Available electronically through the Gale Virtual Reference Library.

[Gleick (1987)] James Gleick. *Chaos: Making a New Science.* New York: Viking, 1987.
［邦訳］ジェイムズ・グリック著，大貫昌子訳，上田睆亮監修『カオス：新しい科学をつくる』（新潮文庫），新潮社，1991 年.

[Gleick (2003)] James Gleick. *Isaac Newton.* New York: Pantheon, 2003.
［邦訳］ジェイムズ・グリック著，大貫昌子訳『ニュートンの海：万物の真理を求めて』，日本放送出版協会，2005 年.

[Goodman (2010)] Lawrence R. Goodman. “The Beatles, the Nobel Prize, and CT Scanning of the Chest.” *Thoracic Surgery Clinics* 20, no. 1 (2010): 1–7. `https://www.thoracic.theclinics.com/article/S1547-4127(09)00090-5/fulltext`. DOI: `https://`

doi.org/10.1016/j.thorsurg.2009.12.001.

[Goriely (2018)] Alain Goriely. *Applied Mathematics: A Very Short Introduction.* Oxford: Oxford University Press, 2018.

[Gorman (1996)] Christine Gorman. "Dr. David Ho: The Disease Detective." *Time* (December 30, 1996). http://content.time.com/time/magazine/article/0,9171,135255,00.html.

[Grattan-Guinness (1980)] Ivor Grattan-Guinness, ed. *From the Calculus to Set Theory, 1630–1910: An Introductory History.* Princeton, NJ: Princeton University Press, 1980.

[Graubner and Nixdorf (2011)] Rolf Graubner and Eberhard Nixdorf. "Biomechanical Analysis of the Sprint and Hurdles Events at the 2009 IAAF World Championships in Athletics." *New Studies in Athletics* 26, nos. 1/2 (2011): 19–53.

[Greene (1999)] Brian Greene. *The Elegant Universe: Superstrings, Hidden Dimensions and the Quest for the Ultimate Theory.* New York: W. W. Norton, 1999.
[邦訳] ブライアン・グリーン著，林一，林大訳『エレガントな宇宙：超ひも理論がすべてを解明する』，草思社，2001 年.

[Guicciardini (1999)] Niccolò Guicciardini. *Reading the Principia: The Debate on Newton's Mathematical Methods for Natural Philosophy from 1687 to 1736.* Cambridge: Cambridge University Press, 1999.

[Guicciardini (2009)] Niccolò Guicciardini. *Isaac Newton on Mathematical Certainty and Method.* Cambridge, MA: MIT Press, 2009.

[Guthrie (1987)] Kenneth S. Guthrie. *The Pythagorean Sourcebook and Library.* Grand Rapids, MI: Phanes Press, 1987.

[Haberman (2003)] Richard Haberman. *Applied Partial Differential Equations.* 4th ed. Upper Saddle River, NJ: Prentice Hall, 2003.

[A. Hall and M. Hall (1962)] A. Rupert Hall and Marie Boas Hall, eds. *Unpublished Scientific Papers of Isaac Newton.* Cambridge: Cambridge University Press, 1962.

[Hamming (1980)] Richard W. Hamming. "The Unreasonable Effectiveness of Mathematics." *American Mathematical Monthly* 87, no. 2 (1980): 81–90. https://www.dartmouth.edu/~matc/MathDrama/reading/Hamming.html.

[Heath (2002)] Thomas L. Heath, ed. *The Works of Archimedes.* Mineola, NY: Dover, 2002.

[Higham et al. (2015)] Nicholas J. Higham, Mark R. Dennis, Paul Glendinning, Paul A. Martin, Fadil Santosa, and Jared Tanner, eds.

The Princeton Companion to Applied Mathematics. Princeton, NJ: Princeton University Press, 2015.

[Ho et al. (1995)] David D. Ho, Avidan U. Neumann, Alan S. Perelson, Wen Chen, John M. Leonard, and Martin Markowitz. "Rapid Turnover of Plasma Virions and CD4 Lymphocytes in HIV-1 Infection." *Nature* 373, no. 6510 (1995): 123–26.

[Hoffman (1998)] Paul Hoffman. *The Man Who Loved Only Numbers: The Story of Paul Erdős and the Search for Mathematical Truth.* New York: Hachette, 1998.
[邦訳] ポール・ホフマン著，平石律子訳『放浪の天才数学者エルデシュ』（草思社文庫），草思社，2011 年．

[Hofmann (1972)] Joseph E. Hofmann. *Leibniz in Paris 1672–1676: His Growth to Mathematical Maturity.* Cambridge: Cambridge University Press, 1972.

[Isaacson (2007)] Walter Isaacson. *Einstein: His Life and Universe.* New York: Simon and Schuster, 2007.

[Isacoff (2001)] Stuart Isacoff. *Temperament: How Music Became a Battleground for the Great Minds of Western Civilization.* New York: Knopf, 2001.

[Jones (1947)] H. S. Jones. *John Couch Adams and the Discovery of Neptune.* Cambridge: Cambridge University Press, 1947.

[Kaiser (1994)] Gerald Kaiser. *A Friendly Guide to Wavelets.* Boston: Birkhäuser, 1994.

[Katz (1995)] Victor J. Katz. "Ideas of Calculus in Islam and India." *Mathematics Magazine* 68, no. 3 (1995): 163–74.

[Katz (1998)] Victor J. Katz. *A History of Mathematics: An Introduction.* 2nd ed. Boston: Addison Wesley Longman, 1998.
[邦訳] ヴィクター J. カッツ著，中根美知代ほか翻訳『カッツ数学の歴史』，共立出版，2005 年．

[Kevles (1997)] Bettyann H. Kevles. *Naked to the Bone: Medical Imaging in the Twentieth Century.* Rutgers, NJ: Rutgers University Press, 1997.

[Kline (1953)] Morris Kline. *Mathematics in Western Culture.* London: Oxford University Press, 1953.
[邦訳] モリス・クライン著，中山茂訳『数学の文化史』，河出書房新社，2011 年．

[Koestler (1990)] Arthur Koestler. *The Sleepwalkers: A History of Man's Changing Vision of the Universe.* New York: Penguin, 1990.

[Körner (1989)] Thomas W. Körner. *Fourier Analysis.* Cambridge: Cam-

bridge University Press, 1989.
[邦訳] T. W. ケルナー著，高橋陽一郎訳『フーリエ解析大全』（上，下），朝倉書店，1996–2003 年.

[Kwan et al. (2002)] Alistair Kwan, John Dudley, and Eric Lantz. "Who Really Discovered Snell's Law?" *Physics World* 15, no. 4 (2002): 64.

[Laplace (1902)] Pierre Simon Laplace. *A Philosophical Essay on Probabilities.* Translated by Frederick Wilson Truscott and Frederick Lincoln Emory. New York: John Wiley and Sons, 1902.

[Laubenbacher and Pengelley (1999)] Reinhard Laubenbacher and David Pengelley. *Mathematical Expeditions: Chronicles by the Explorers.* New York: Springer, 1999.

[Levin (2016)] Janna Levin. *Black Hole Blues and Other Songs from Outer Space.* New York: Knopf, 2016.
[邦訳] ジャンナ・レヴィン著，田沢恭子，松井信彦訳『重力波は歌う：アインシュタイン最後の宿題に挑んだ科学者たち』（ハヤカワ文庫），早川書房，2017 年.

[Lighthill (1986)] James Lighthill. "The Recently Recognized Failure of Predictability in Newtonian Dynamics." *Proceedings of the Royal Society of London A* 407, no. 1832 (1986): 35–50.

[Liu (1989)] Leroy F. Liu. "DNA Topoisomerase Poisons as Antitumor Drugs." *Annual Review of Biochemistry* 58, no. 1 (1989): 351–75.

[Livio (2009)] Mario Livio. *Is God a Mathematician?* New York: Simon and Schuster, 2009.
[邦訳] マリオ・リヴィオ著，千葉敏生訳『神は数学者か？：万能な数学について』，早川書房，2011 年.

[Mackinnon (1992)] Nick Mackinnon. "Newton's Teaser." *Mathematical Gazette* 76, no. 475 (1992): 2–27.

[Mahoney (1994)] Michael S. Mahoney. *The Mathematical Career of Pierre de Fermat 1601–1665.* 2nd ed. Princeton, NJ: Princeton University Press, 1994.

[Martínez (2011)] Alberto A. Martínez. *Science Secrets: The Truth About Darwin's Finches, Einstein's Wife, and Other Myths.* Pittsburgh: University of Pittsburgh Press, 2011.
[邦訳] アルベルト・A・マルティネス著，野村尚子訳『ニュートンのりんご、アインシュタインの神：科学神話の虚実』，青土社，2015 年.

[Martínez (2012)] Alberto A. Martínez. *The Cult of Pythagoras: Math and Myths.* Pittsburgh: University of Pittsburgh Press, 2012.

[Martínez (2018)] Alberto A. Martínez. *Burned Alive: Giordano Bruno,*

Galileo and the Inquisition. London: Reaktion Books, 2018.

[Mates (1986)] Benson Mates. *The Philosophy of Leibniz: Metaphysics and Language.* Oxford: Oxford University Press, 1986.

[Maxwell (1861)] James Clerk Maxwell. "On Physical Lines of Force. Part III. The Theory of Molecular Vortices Applied to Statical Electricity." *Philosophical Magazine* (April/May 1861): 12–24.

[Mazur (2008)] Joseph Mazur. *Zeno's Paradox: Unraveling the Ancient Mystery Behind the Science of Space and Time.* New York: Plume, 2008.
[邦訳] ジョセフ・メイザー著，松浦俊輔訳『ゼノンのパラドックス：時間と空間をめぐる 2500 年の謎』，白揚社，2009 年.

[McAdams et al. (2010)] Aleka McAdams, Stanley Osher, and Joseph Teran. "Crashing Waves, Awesome Explosions, Turbulent Smoke, and Beyond: Applied Mathematics and Scientific Computing in the Visual Effects Industry." *Notices of the American Mathematical Society* 57, no. 5 (2010): 614–23. https://www.ams.org/notices/201005/rtx100500614p.pdf.

[McMurran and Tattersall (1996)] Shawnee L. McMurran and James J. Tattersall. "The Mathematical Collaboration of M. L. Cartwright and J. E. Littlewood." *American Mathematical Monthly* 103, no. 10 (December 1996): 833–45. DOI: 10.2307/2974608.

[Mitchell (2011)] Melanie Mitchell. *Complexity: A Guided Tour.* Oxford: Oxford University Press, 2011.
[邦訳] メラニー・ミッチェル著，高橋洋訳『ガイドツアー複雑系の世界：サンタフェ研究所講義ノートから』，紀伊國屋書店，2011 年.

[Murray (2007)] James D. Murray. *Mathematical Biology 1.* 3rd ed. New York: Springer, 2007.
[邦訳] James D. Murray 著，三村昌泰総監修『マレー数理生物学入門』，丸善出版，2014 年.

[Murray (2011)] James D. Murray. *Mathematical Biology 2.* 3rd ed. New York: Springer, 2011.
[邦訳] James D. Murray 著，三村昌泰総監修『マレー数理生物学 応用編』，丸善出版，2016 年.

[Netz and Noel (2007)] Reviel Netz and William Noel. *The Archimedes Codex: How a Medieval Prayer Book Is Revealing the True Genius of Antiquity's Greatest Scientist.* Boston: Da Capo Press, 2007.
[邦訳] リヴィエル・ネッツ，ウィリアム・ノエル著，吉田晋治監訳『解読！アルキメデス写本：羊皮紙から甦った天才数学者』，光文社，2008 年.

[Newman (1956)] James R. Newman. *The World of Mathematics.* 4 vols.

New York: Simon and Schuster, 1956.

[Norris and Wagner (2009)] Guy Norris and Mark Wagner. *Boeing 787 Dreamliner.* Minneapolis: Zenith Press, 2009.

[Pais (1982)] A. Pais. *Subtle Is the Lord.* Oxford: Oxford University Press, 1982.
[邦訳] アブラハム・パイス著，金子務ほか訳『神は老獪にして…：アインシュタインの人と学問』，産業図書，1987 年.

[Perelson (2002)] Alan S. Perelson. "Modelling Viral and Immune System Dynamics." *Nature Reviews Immunology* 2, no. 1 (2002): 28–36.

[Perelson and Guedj (2015)] Alan S. Perelson and Jeremie Guedj. "Modelling Hepatitis C Therapy—Predicting Effects of Treatment." *Nature Reviews Gastroenterology and Hepatology* 12 no. 8 (2015): 437–45.

[Perelson et al. (1996)] Alan S. Perelson, Avidan U. Neumann, Martin Markowitz, John M. Leonard, and David D. Ho. "HIV-1 Dynamics in Vivo: Virion Clearance Rate, Infected Cell Life-Span, and Viral Generation Time." *Science* 271, no. 5255 (1996): 1582–86.

[Perelson et al. (1997)] Alan S. Perelson, Paulina Essunger, and David D. Ho. "Dynamics of HIV-1 and CD4+ Lymphocytes in Vivo." *AIDS* 11, supplement A (1997): S17–S24.

[Peskin and Schroeder (1995)] Michael E. Peskin and Daniel V. Schroeder. *An Introduction to Quantum Field Theory.* Boulder, CO: Westview Press, 1995.

[Peterson (1993)] Ivars Peterson. *Newton's Clock: Chaos in the Solar System.* New York: W. H. Freeman, 1993.
[邦訳] アイバース・ピーターソン著，野本陽代訳『ニュートンの時計：太陽系のなかのカオス』，日経サイエンス社，1995 年.

[Pohl (1980)] William F. Pohl. "DNA and Differential Geometry." *Mathematical Intelligencer* 3, no. 1 (1980): 20–27.

[Purcell (2011)] Edward M. Purcell. *Electricity and Magnetism.* 2nd ed. Cambridge: Cambridge University Press, 2011.
[邦訳] Edward M. Purcell 著，飯田修一監訳『電磁気』（復刻版），丸善出版，2013 年.

[Rees (2001)] Martin Rees. *Just Six Numbers: The Deep Forces That Shape the Universe.* New York: Basic Books, 2001.
[邦訳] マーティン・リース著，林一訳『宇宙を支配する 6 つの数』，草思社，2001 年.

[Rich (1997)] Dayton A. Rich. "A Brief History of Positron Emission Tomography." *Journal of Nuclear Medicine Technology* 25 (1997): 4–11.

http://tech.snmjournals.org/content/25/1/4.full.pdf.

[Rickey (1987)] V. Frederick Rickey. "Isaac Newton: Man, Myth, and Mathematics." *College Mathematics Journal* 18, no. 5 (1987): 362–89.

[Rinzel (1990)] John Rinzel. "Discussion: Electrical Excitability of Cells, Theory and Experiment: Review of the Hodgkin–Huxley Foundation and an Update." *Bulletin of Mathematical Biology* 52, nos. 1/2 (1990): 5–23.

[Robinson (2018)] Andrew Robinson. "Einstein Said That—Didn't He?" *Nature* 557 (2018): 30. https://www.nature.com/articles/d41586-018-05004-4.

[Rorres (2017)] Chris Rorres, ed. *Archimedes in the Twenty-First Century.* Boston: Birkhäuser, 2017.

[Sabra (1981)] A. I. Sabra. *Theories of Light: From Descartes to Newton.* Cambridge: Cambridge University Press, 1981.

[Schaffer (2011)] Simon Schaffer. "The Laird of Physics." *Nature* 471 (2011): 289–91.

[Schrödinger (1951)] Erwin Schrödinger. *Science and Humanism.* Cambridge: Cambridge University Press, 1951.
[邦訳] E. シュレーヂンガー著，伏見康治，三田博雄，友松芳郎共訳『科学とヒューマニズム』，みすず書房，1956 年.

[Sheehan and Thurber (2007)] William Sheehan and Steven Thurber. "John Couch Adams's Asperger Syndrome and the British Non-Discovery of Neptune." *Notes and Records* 61, no. 3 (2007): 285–99. http://rsnr.royalsocietypublishing.org/content/61/3/285. DOI: 10.1098/rsnr.2007.0187.

[Shetterly (2016)] Margot Lee Shetterly. *Hidden Figures: The American Dream and the Untold Story of the Black Women Mathematicians Who Helped Win the Space Race.* New York: William Morrow, 2016.

[Simmons (2007)] George F. Simmons. *Calculus Gems: Brief Lives and Memorable Mathematics.* Washington, DC: Mathematical Association of America, 2007.

[Simmons (2016)] George F. Simmons. *Differential Equations with Applications and Historical Notes.* 3rd ed. Boca Raton, FL: CRC Press, 2016.

[Skopinski and Johnson (1960)] Ted H. Skopinski and Katherine G. Johnson. "Determination of Azimuth Angle at Burnout for Placing a Satellite Over a Selected Earth Position." *NASA Technical Report,* NASA-TN-D-233, L-289 (1960). https://ntrs.

nasa.gov/archive/nasa/casi.ntrs.nasa.gov/19980227091.pdf.

[Sobel (1995)] Dava Sobel. *Longitude: The True Story of a Lone Genius Who Solved the Greatest Scientific Problem of His Time.* New York: Walker, 1995.
[邦訳] デーヴァ・ソベル著，藤井留美訳『経度への挑戦』（角川文庫），角川書店，2010 年.

[Sobel (1999)] Dava Sobel. *Galileo's Daughter: A Historical Memoir of Science, Faith, and Love.* New York: Walker, 1999.
[邦訳] デーヴァ・ソベル著，田中勝彦訳『ガリレオの娘：科学と信仰と愛についての父への手紙』，DHC，2002 年.

[Stein (1999)] Sherman Stein. *Archimedes: What Did He Do Besides Cry Eureka?* Washington, DC: Mathematical Association of America, 1999.

[Stewart (1990)] Ian Stewart. *Does God Play Dice?: The New Mathematics of Chaos.* Oxford: Blackwell, 1990.

[Stewart (2012)] Ian Stewart. *In Pursuit of the Unknown: Seventeen Equations That Changed the World.* New York: Basic Books, 2012.

[Stewart (2016)] Ian Stewart. *Calculating the Cosmos.* New York: Basic Books, 2016.

[Stillwell (2010)] John Stillwell. *Mathematics and Its History.* 3rd ed. New York: Springer, 2010.
[邦訳] J. スティルウェル著，田中紀子訳『数学のあゆみ』（上，下），朝倉書店，2005–2008 年.

[Strogatz (1994)] Steven Strogatz. *Nonlinear Dynamics and Chaos.* Reading, MA: Addison-Wesley, 1994.
[邦訳] Steven H. Strogatz 著，田中久陽，中尾裕也，千葉逸人訳『ストロガッツ 非線形ダイナミクスとカオス：数学的基礎から物理・生物・化学・工学への応用まで』，丸善出版，2015 年.

[Strogatz (2003)] Steven Strogatz. *Sync: The Emerging Science of Spontaneous Order.* New York: Hyperion, 2003.
[邦訳] スティーヴン・ストロガッツ著，長尾力訳『Sync（シンク）：なぜ自然はシンクロしたがるのか』（ハヤカワ文庫），早川書房，2005 年.

[Sussman and Wisdom (1992)] Gerald Jay Sussman and Jack Wisdom. "Chaotic Evolution of the Solar System." *Science* 257, no. 5066 (1992): 56–62.

[Szpiro (2011)] George G. Szpiro. *Pricing the Future: Finance, Physics, and the Three-Hundred-Year Journey to the Black–Scholes Equation.* New York: Basic Books, 2011.

[Tegmark (2014)] Max Tegmark. *Our Mathematical Universe: My Quest*

for the Ultimate Nature of Reality. New York: Knopf, 2014.
[邦訳] マックス・テグマーク著，谷本真幸訳『数学的な宇宙：究極の実在の姿を求めて』，講談社，2016 年．

[Thompson (1998)] Richard B. Thompson. "Global Positioning System: The Mathematics of GPS Receivers." *Mathematics Magazine* 71, no. 4 (1998): 260–69. https://pdfs.semanticscholar.org/60d2/c444d44932e476b80a109d90ad03472d4d5d.pdf.

[Turnbull (1960)] Herbert W. Turnbull, ed. *The Correspondence of Isaac Newton, Volume 2, 1676–1687*. Cambridge: Cambridge University Press, 1960.

[Wardhaugh (2008)] Benjamin Wardhaugh. "Musical Logarithms in the Seventeenth Century: Descartes, Mercator, Newton." *Historia Mathematica* 35 (2008): 19–36.

[Wasserman and Cozzarelli (1986)] Steven A. Wasserman and Nicholas R. Cozzarelli. "Biochemical Topology: Applications to DNA Recombination and Replication." *Science* 232, no. 4753 (1986): 951–60.

[Westfall (1981)] Richard S. Westfall. *Never at Rest: A Biography of Isaac Newton*. Cambridge: Cambridge University Press, 1981.
[邦訳] リチャード・S・ウェストフォール著，田中一郎，大谷隆昶訳『アイザック・ニュートン』（1, 2），平凡社，1993 年．

[Whiteside (1967)] Derek T. Whiteside, ed. *The Mathematical Papers of Isaac Newton, Volume 1*. Cambridge: Cambridge University Press, 1967.

[Whiteside (1968)] Derek T. Whiteside, ed. *The Mathematical Papers of Isaac Newton, Volume 2*. Cambridge: Cambridge University Press, 1968.

[Whiteside (1970)] Derek T. Whiteside. "The Mathematical Principles Underlying Newton's Principia Mathematica." *Journal for the History of Astronomy* 1, no. 2 (1970): 116–38. https://doi.org/10.1177/002182867000100203.

[Wigner (1960)] Eugene P. Wigner. "The Unreasonable Effectiveness of Mathematics in the Natural Sciences." *Communications on Pure and Applied Mathematics* 13 (1960): 1–14. https://www.dartmouth.edu/~matc/MathDrama/reading/Wigner.html.

[Wisdom et al. (1984)] Jack Wisdom, Stanton J. Peale, and François Mignard. "The Chaotic Rotation of Hyperion." *Icarus* 58, no. 2 (1984): 137–52.

[Wouk (2010)] Herman Wouk. *The Language God Talks: On Science and*

Religion. Boston: Little, Brown, 2010.

[Zachow (2015)] Stefan Zachow. "Computational Planning in Facial Surgery." *Facial Plastic Surgery* 31 (2015): 446–62.

[Zachow et al. (2006)] Stefan Zachow, Hans-Christian Hege, and Peter Deuflhard. "Computer-Assisted Planning in Cranio-Maxillofacial Surgery." *Journal of Computing and Information Technology* 14, no. 1 (2006): 53–64.

[Zorin and Schröder (2000)] Denis Zorin and Peter Schröder. "Subdivision for Modeling and Animation." *SIGGRAPH 2000 Course Notes,* Chapter 2 (2000). http://www.multires.caltech.edu/pubs/sig00notes.pdf.

注　釈

[1] [Wouk (2010)] を参照。

[2] 物理の観点については、[Barrow and Tipler (1986), Rees (2001), Davies (2006), Livio (2009), Tegmark (2014), Carroll (2016)] を参照。哲学の観点については、https://plato.stanford.edu/archives/spr2018/entries/fine-tuning/を参照。

[3] [Wouk (2010)] を参照。

[4] 歴史的な扱いについては、[Boyer (1959), Grattan-Guinness (1980), Dunham (2005), Edwards (1979)] を参照。[Simmons (2007)] は、美しい問題やその解答を通して微積分の物語を伝える。

[5] [Stewart (2012), Higham et al. (2015), Goriely (2018)] は、応用数学の精神、広がり、活力を伝えてくれる。

[6] [Kline (1953), Newman (1956)] は、数学と文化のつながりを示してくれる。高校生のとき、これら 2 冊の名作に夢中になったものだ。

[7] 数学および物理学については、[Maxwell (1861), Purcell (2011)] を参照。概念や歴史については、[Kline (1953)] の pp. 304–21、[Schaffer (2011)]、[Stewart (2012)] の第 11 章を参照。マクスウェルとファラデーの伝記については、[Forbes and Mahon (2014)] を参照。

[8] [Stewart (2012)] の第 8 章を参照。

[9] [Einstein (1936)] の p. 51 を参照。この格言は、「宇宙について最も理解しがたいことは、それが理解可能だということである」と言い換えられることが多い。現実と仮想に関するアインシュタインの言葉のさらなる引用例については、[Calaprice (2011), Robinson (2018)] を参照。

[10] [Wigner (1960), Hamming (1980), Livio (2009)] を参照。

[11] [Asimov (1972), Burkert (1972), Guthrie (1987)] および https://plato.stanford.edu/archives/sum2014/entries/pythagoras/を参照。[Martínez (2012)] は、ピタゴラスの神話を軽いタッチでユーモラスに暴いている。

[12] [Katz (1998)] の pp. 48–51 および [Burton (2011)] の 3.2 節では、ピタゴラス学派の数学と哲学について議論されている。

[13] [Ball (2017), Pais (1982)] を参照。原著論文は [Einstein (1917)]。

[14] 古代から 20 世紀までの数学の歴史について、平易でありながら由緒正しく書かれた導入書に [Burton (2011), Katz (1998)] がある。上級者向けの良書には、[Stillwell (2010)] がある。より広範囲の人文主義を扱った

[Kline (1953)] も楽しめる。

15 [Burton (2011)] の 4.5 節、[Katz (1998)] の 第 2、3 章、[Stillwell (2010)] の第 4 章を参照。

16 [Katz (1998)] の 1.5 節では、世界中のさまざまな古代文明で推定された円の面積が紹介されている。円の面積の公式は、アルキメデスが取り尽くし法を用いて最初に証明した。[Dunham (1990)] の第 4 章および [Heath (2002)] の pp. 91–93 を参照。

17 `https://plato.stanford.edu/archives/spr2017/entries/aristotle-mathematics/`

18 [Katz (1998)] の p. 56 および [Stillwell (2010)] の p. 54 では、アリストテレスの実無限と可能無限の区別について議論されている。

19 [Martínez (2018)] は、新しい証拠を引き出すことによって、ジョルダーノ・ブルーノは神学に対してではなく、宇宙論に対して処罰されたと議論している。`https://blogs.scientificamerican.com/observations/was-giordano-bruno-burned-at-the-stake-for-believing-in-exoplanets/` および `https://plato.stanford.edu/entries/bruno/` も参照。

20 ゼノンと無限に関するラッセルのエッセイは [Newman (1956)] 第 3 巻の pp. 1576–1590 を参照。

21 [Mazur (2008)] を参照。[Burton (2011)] の pp. 101–102、[Katz (1998)] の 2.2.3 節、[Stillwell (2010)] の p. 54、`https://plato.stanford.edu/archives/spr2017/entries/zeno-elea/` および `https://plato.stanford.edu/entries/paradox-zeno/` も参照。

22 [Greene (1999)] の第 4、5 章を参照。

23 [Stewart (2012)] の第 14 章を参照。

24 [Greene (1999)] の pp. 127–131 では、プランク長の超マイクロスケールにおいて、なぜ空間が消失して量子泡沫になると考えられるかが説明されている。哲学については、`https://plato.stanford.edu/entries/quantum-gravity/` を参照。

25 アルキメデスの生涯については、[Netz and Noel (2007), Rorres (2017)] および `https://www.math.nyu.edu/~crorres/Archimedes/contents.html` を参照。学術業績については、[Gillispie (2008)]（第 1 巻の M. Clagett による「Archimedes」および第 19 巻の F. Acerbi による修正）を参照。アルキメデスの数学については、[Stein (1999)] および [Edwards (1979)] の第 2 章が秀逸だが、[Katz (1998)] の 3.1–3.3 節と [Burton (2011)] の 4.5 節も参照。アルキメデスの学術業績集は、[Heath (2002)] を参照。

26 [Martínez (2012)] の第 4 章は、エウレカの愉快な話や、紀元前 212 年シラ

クサ包囲攻撃の際にローマ兵に殺害された悲劇の話など、アルキメデスの残した多くの伝説を追っている。包囲攻撃の際にアルキメデスが殺害されたのは本当らしいが、彼の最後の言葉が「私の円を壊さないでくれ！」であったと信じる根拠はない。

[27] プルタルコスの執筆した「マルケッルス」をジョン・ドライデンが翻訳した http://classics.mit.edu/Plutarch/marcellu.html から引用した。アルキメデスとシラクサの包囲についての具体的な一節は、https://www.math.nyu.edu/~crorres/Archimedes/Siege/Plutarch.html からも入手可能。

[28] http://classics.mit.edu/Plutarch/marcellu.html

[29] ウィトルウィウスが最初に伝えたエウレカの話は、https://www.math.nyu.edu/~crorres/Archimedes/Crown/Vitruvius.html を参照。このサイトには、ジェイムズ・ボールドウィンの「Thirty More Famous Stories Retold」（American Book Company 出版、1905 年）から抜粋された子供向けの物語も含まれている。ボールドウィンとウィトルウィウスは、金の王冠の問題に対するアルキメデスの解法を単純化しすぎている。より説得力のあるロレスの解説は、https://www.math.nyu.edu/~crorres/Archimedes/Crown/CrownIntro.html を参照。アルキメデスの解法に関するガリレオの推測は、https://www.math.nyu.edu/~crorres/Archimedes/Crown/bilancetta.html を参照。

[30] http://classics.mit.edu/Plutarch/marcellu.html

[31] [Stein (1999)] の第 11 章には、アルキメデスの計算の詳細が示されている。難しい算術計算を覚悟せよ。

[32] 2 の平方根が無理数であること、あるいは、正方形の辺と対角線の長さの比が整数比で表せないことを最初に証明した人物についてはよく分かっていない。このことが原因で、ピタゴラス派のヒッパソスが海底の藻くずとなったという昔話も魅力的であるが、[Martínez (2012)] の第 2 章では、この俗説の起源が突き止められ、虚偽が暴かれている。アメリカの映画監督エロール・モリスの素晴らしく奇抜なエッセイ https://opinionator.blogs.nytimes.com/2011/03/08/を参照。

[33] アルキメデスの原論文の翻訳は、[Heath (2002)] の pp. 233–252 を参照。三角形の破片の議論の詳細については、[Edwards (1979)] の pp. 35–39、[Stein (1999)] の　第 7 章、[Laubenbacher and Pengelley (1999)] の 3.2 節、[Stillwell (2010)] の 4.4 節を参照。インターネット上の明快な解説は、https://www2.bc.edu/mark-reeder/1103quadparab.pdf および http://www.math.mcgill.ca/rags/JAC/NYB/exhaustion2.pdf を参照。
[Simmons (2007)] の B.3 節には、解析幾何によるアプローチも示されている。

[34] コナン・ドイル「四つの署名」（1890）を参照。https://www.gutenberg.

org/files/2097/2097-h/2097-h.htm

[35] 原文は [Heath (2002)] の p. 326 を参照。あの方法の、放物線の求積への応用は、[Laubenbacher and Pengelley (1999)] の 3.3 節および [Netz and Noel (2007)] の pp. 150–157 を参照。面積、体積、重心に関する他の問題への、あの方法の応用については、[Stein (1999)] の第 5 章、[Edwards (1979)] の pp. 68–74 を参照。

[36] [Stein (1999)] の p. 33 に引用されている。

[37] [Netz and Noel (2007)] の pp. 66–67 に引用されている。

[38] [Heath (2002)] の p. 17 を参照。

[39] 私と同様、[Dijksterhuis (1987)] の p. 317 では、あの方法が明かされたと主張されている。実無限を用いることが「禁止されていたのは論文出版のみであった」が、だからといってアルキメデスは私的に用いることはやめなかった。ディクステルホイスによると、「数学者育成の勉強会で」実無限に基づく議論は「揺るぎなかった」

[40] [Heath (2002)] の p. 17 を参照。

[41] [Stein (1999)] の pp. 39–41 を参照。

[42] [Heath (2002)] の p. 1 を参照。

[43] [Netz and Noel (2007)] では、失われた原稿とその素晴らしい再発見の話が語られている。[Stein (1999)] の第 4 章および http://www.pbs.org/wgbh/nova/archimedes/ も参照。

[44] [Rorres (2017)] を参照。

[45] コンピュータ製作映画の背後にある数学については、[McAdams et al. (2010)] を参照。

[46] [Zorin and Schröder (2000)] の p. 18 を参照。

[47] https://mashable.com/2012/07/09/animation-history-tech/#uYHyf6h0.Zq3

[48] http://cinema.com/articles/463/shrek-production-information.phtml

[49] https://www.nvidia.com/object/wetadigital_avatar.html; http://www.studiodaily.com/2010/01/how-weta-digital-handled-avatar/

[50] https://www.nvidia.com/object/wetadigital_avatar.html

[51] https://www.wired.com/1995/12/toy-story/

[52] Ian Failes の記事 https://www.cartoonbrew.com/cgi/geris-game-turns-20-director-jan-pinkava-reflects-game-changing-pixar-short-154646.html を参照。映画は YouTube にて公開：https://www.

youtube.com/watch?v=9IYRC7g2ICg

[53] [DeRose et al. (1998)] を参照。コンピュータ・アニメーションの表面細分化は、https://www.khanacademy.org/partner-content/pixar/modeling-character; https://www.khanacademy.org/partner-content/pixar で対話的に理解できる。近年の映画作成に数学がどれだけ用いられているかがよく分かる。

[54] https://mashable.com/2012/07/09/animation-history-tech/#uYHyf6hO.Zq3

[55] [Deuflhard et al. (2006), Zachow et al. (2006), Zachow (2015)] を参照。

[56] [Rorres (2017)] の第 6 章および https://www.math.nyu.edu/~crorres/Archimedes/Screw/Applications.html を参照。

[57] 公正を期すと、アルキメデスは運動にかかわる研究を一つ行っている。物理よりも数学を動機づけにした、人工的な内容であった。彼の論文『らせんについて』([Heath (2002)] pp. 151–188) を参照せよ。ここでアルキメデスは、平面を移動する点の極座標およびパラメトリック方程式について、現代のアイデアを先駆けていた。具体的には、原点から半径方向に一様に離れると同時に、放射線状に一様回転する点を考えた。このような点の動きは、現在、アルキメデスのらせんと呼ばれている。そして、$1^2 + 2^2 + \cdots + n^2$ の和を取り、取り尽くし法を適用することにより、らせんの 1 ループと放射線で囲まれた部分の面積を求めた。[Stein (1999)] の第 9 章、[Edwards (1979)] の pp. 54–62、[Katz (1998)] の pp. 114–115 を参照。

[58] Galileo, *The Assayer* (1623) ［英訳版：Stillman Drake, *Discoveries and Opinions of Galileo* (New York: Doubleday, 1957), pp. 237–238］ https://www.princeton.edu/~hos/h291/assayer.htm

[59] Johannes Kepler, *The Harmony of the World* ［英訳版：E. J. Aiton, A. M. Duncan, and J. V. Field, *Memoirs of the American Philosophical Society* 209 (1997), p. 304］ を参照。

[60] Plato, *Republic* (Hertfordshire: Wordsworth, 1997), p. 240.

[61] [Asimov (1972)] の pp. 17–20 を参照。

[62] [Katz (1998)] の p. 406 を参照。

[63] [Asimov (1972)] の pp. 24–25 および https://www.britannica.com/biography/Aristarchus-of-Samos を参照。

[64] [Katz (1998)] の pp. 145–157 を参照。

[65] [Martínez (2018)] を参照。

[66] ガリレオの生涯と業績に関しては、http://galileo.rice.edu/galileo.html を参照。一般読者向けのガリレオの楽しい伝記は、[Fermi and Bernardini (2003)]。ガリレオの簡単な紹介は、[Asimov

(1972)] の pp. 91–96 および [Kline (1953)] の pp. 182–195 を参照。学術的な扱いは [Drake (1978)] および [Gillispie (2008)] の pp. 96–103 を参照。

[67] http://galileo.rice.edu/fam/marina.html

[68] [Sobel (1999)] を参照。マリア・チェレステの父への手紙は、http://galileo.rice.edu/fam/daughter.html#letters

[69] 『新科学対話』は、http://oll.libertyfund.org/titles/galilei-dialogues-concerning-two-new-sciences で閲覧可能。

[70] [Kline (1953)] の pp. 188–190 を参照。

[71] http://oll.libertyfund.org/titles/753#Galileo_0416_607

[72] http://oll.libertyfund.org/titles/753#Galileo_0416_516

[73] http://oll.libertyfund.org/titles/753#Galileo_0416_607

[74] http://oll.libertyfund.org/titles/753#Galileo_0416_242

[75] [Fermi and Bernardini (2003)] の pp. 17–20 および [Kline (1953)] の p. 182 を参照。

[76] http://oll.libertyfund.org/titles/753#Galileo_0416_338

[77] http://oll.libertyfund.org/titles/753#Galileo_0416_335

[78] http://oll.libertyfund.org/titles/753#Galileo_0416_329

[79] [Strogatz (2003)] の第 5 章および https://www.scientificamerican.com/article/what-are-josephson-juncti/ を参照。

[80] [Sobel (1995)] を参照。

[81] [Thompson (1998)] および https://www.gps.gov を参照。

[82] ケプラーの生涯と業績については、[Gillispie (2008)]（第 7 巻の Owen Gingerich による「Johannes Kepler」および第 22 巻の J. R. Voelkel による修正。オンライン版は、https://www.encyclopedia.com/people/science-and-technology/astronomy-biographies/johannes-kepler#kjen14）を参照。[Kline (1953)] の pp. 110–125、[Edwards (1979)] の pp. 99–103、[Asimov (1972)] の pp. 96–99、[Simmons (2007)] の pp. 69–83、[Burton (2011)] の pp. 355–360 も参照。

[83] https://www.encyclopedia.com/people/science-and-technology/astronomy-biographies/johannes-kepler#kjen14

[84] Owen Gingerich, *The Book Nobody Read: Chasing the Revolutions of Nicolaus Copernicus* (New York: Penguin, 2005), p. 48.

[85] https://www.encyclopedia.com/people/science-and-technology/astronomy-biographies/johannes-kepler#kjen14

[86] [Martínez (2011)] の p. 34 に引用。

[87] [Koestler (1990)] の p. 33 を参照。

[88] [Katz (1995)]、[Katz (1998)] の第 6、7 章および [Burton (2011)] の pp. 238–285 を参照。

[89] [Katz (1995)] および http://www-history.mcs.st-andrews.ac.uk/Biographies/Al-Haytham.html を参照。

[90] [Katz (1998)] の pp. 369–375 を参照。

[91] [Katz (1998)] の pp. 375–378 を参照。

[92] [Alexander (2014)] では、数学的にだけでなく、宗教として危険に思われた無限小について勃発した、トリチェリ、カヴァリエーリとイエズス会の争いについて議論されている。

[93] デカルトの生涯については、[Clarke (2006)]、[Simmons (2007)] の pp. 84–92、[Asimov (1972)] の pp. 106–108 を参照。一般読者向けの数学・物理学に関するデカルトの業績の要旨は、[Kline (1953)] の pp. 159–181、[Edwards (1979)]、[Katz (1998)] の 11.1 節と 12.1 節、[Burton (2011)] の 8.2 節を参照。数学・物理学におけるデカルトの学術研究の歴史的な扱いは、[Gillispie (2008)] に所蔵の Michael S. Mahoney, *Descartes: Mathematics and Physics* および https://www.encyclopedia.com/science/dictionaries-thesauruses-pictures-and-press-releases/descartes-mathematics-and-physics を参照。

[94] Renè Descartes, *Les Passions de l' Ame* (1649) を参照。[Guicciardini (2009)] の p. 31 に引用されている。

[95] Henry Woodhead, *Memoirs of Christina, Queen of Sweden* (London: Hurst and Blackett, 1863) の p. 285 を参照。

[96] [Mahoney (1994)] は決定版。[Simmons (2007)] の pp. 96–105 は闊達な文章でフェルマーに関して楽しませてくれる（彼の他のすべての著述も同様である。シモンズを読んだことがなければ一読を推奨する）。

[97] [Mahoney (1994)] の第 4 章を参照。

[98] [Mahoney (1994)] の p. 171 を参照。

[99] 解析幾何学を発明した功績の分配については、私は [Simmons (2007)] (p. 98) の判断に賛同する。「表面的にデカルトの論文は解析幾何のようにみえて、実はそうではない。一方、フェルマーの論文はそう見えないが、解析幾何である」と述べられている。より均等な視点に関しては、[Katz (1998)] の pp. 432–442 および [Edwards (1979)] の pp. 95–97 を参照。

[100] [Guicciardini (2009)] および [Katz (1998)] の pp. 368–369 を参照。

[101] Renè Descartes, *Rules for the Direction of the Mind* (1629) のルール 4 を参照。[Katz (1998)] の pp. 368–369 に引用されている。

[102] [Guicciardini (2009)] の p. 77 に引用されている。

[103] 本文で考察した最大化問題に関するフェルマーの仕事は、[Mahoney

(1994)] の pp. 199–201 で議論されている。

[104] [Mahoney (1994)] の pp. 162–165 および [Katz (1998)] の pp. 470–472 を参照。

[105] [Austin (2008)] および [Higham et al. (2015)] の pp. 813–816 を参照。

[106] Timeanddate.com で任意の地点における日長の情報が分かる。

[107] ウェーブレットの導入と多数の応用については、http://www.nasonline.org/publications/beyond-discovery/wavelets.pdf を参照。次いで、[Kaiser (1994), Cipra (1994)] あるいは [Goriely (2018)] の第 6 章を推奨する。[Daubechies (1992)] は、ウェーブレット数学に関する先駆者の象徴的な講義録。

[108] [Bradley and Brislawn (1994)] を参照。

[109] [Bradley et al. (1993), Brislawn (1995)] および https://www.nist.gov/itl/iad/image-group/wsq-bibliography を参照。

[110] [Kwan et al. (2002)] および [Sabra (1981)] の pp. 99–105 を参照。

[111] [Mahoney (1994)] の pp. 387–402 を参照。

[112] [Mahoney (1994)] の p. 398 を参照。

[113] [Mahoney (1994)] の p. 400 を参照。

[114] フェルマーの最小時間の原理は、より一般的な最小作用の原理を予見していた。量子力学への応用を含めた、最小作用の原理を楽しく解説した啓蒙書として、「ファインマン物理学 II」の第 19 章および [Feynman (1986)] を参照。

[115] [Katz (1998)] の pp. 472–473 を参照。

[116] [Grattan-Guinness (1980)] の p. 16 に引用されている。

[117] [Mahoney (1994)] の p. 177 に引用されている。

[118] [Simmons (2007)] の pp. 240–241 および [Katz (1998)] の pp. 481–484 を参照。

[119] [Katz (1998)] の p. 485 では、なぜフェルマーが微積分の発明者には当たらないとカッツが感じたかがうまく説明されている。

[120] [Stewart (2012)] の第 2 章および [Katz (1998)] の 10.4 節を参照。

[121] [Braun (1983)] の 1.3 節を参照。

[122] [Bolt (2013)] を参照。

[123] J. Snowden の記事（2016 年 8 月 19 日：https://bleacherreport.com/articles/2657464-remembering-usain-bolts-100m-gold-in-2008-the-day-he-became-a-legend）および [Eriksen et al. (2009)] を参照。ボルトの驚異のパフォーマンスのライブ・ビデオは、https://www.youtube.com/watch?v=qslbf8L9nl0

[124] J. Snowden の記事（2016 年 8 月 19 日）を参照。

[125] [Graubner and Nixdorf (2011)] を参照。

[126] http://www.gallerywalk.org/PM_Picasso.html

[127] ニュートンの伝記は、[Gleick (2003)] を参照。[Westfall (1981)] および [Gillispie (2008)] の第 10、23 巻も参照。ニュートンの数学については、[Whiteside (1967)] の 第 1、2 巻 お よ び [Edwards (1979), Grattan-Guinness (1980), Rickey (1987), Dunham (1990), Katz (1998), Guicciardini (1999), Dunham (2005), Simmons (2007), Guicciardini (2009), Stillwell (2010), Burton (2011)] を参照。

[128] Renè Descartes, *The Geometry of Renè Descartes: With a Facsimile of the First Edition*（Mineola, NY: Dover, 1954）の p. 91 参照。曲線の弧の長さを厳密に求めることの不可能性については、20 年もしない間にデカルトが間違っていたことが証明された。[Katz (1998)] の pp. 496–498 を参照。

[129] ニュートンからコリンズに宛てた 1676 年 11 月 8 日付けの手紙 193（[Turnbull (1960)], p. 179）から引用。省略された資料には、彼の主張に従う 3 次方程式のクラスに関する技術的な補足が含まれている。求積法の原稿 192（[Turnbull (1960)], p. 178）を参照。

[130] ニュートンからコリンズに宛てた 1676 年 11 月 8 日付けの手紙 193（[Turnbull (1960)], p. 180）から引用。

[131] [Katz (1998)]（pp.498–503）によると、ジェームズ・グレゴリーとアイザック・バローは面積問題を接線の問題に関係づけ、したがって基本定理を予見していたが、「1670 年、両者とも、これらの方法を計算および問題解決のツールに真に統合することはできなかった。」しかしそれよりも 5 年前に、ニュートンは統合していた。[Katz (1998)] の p.521 の補足には、（フェルマー、バロー、それ以外の人に対して）ニュートンとライプニッツが微積分の発明者としての功績に値することについて、説得力ある主張が展開されている。

[132] [Katz (1998)] の 8.4 節を参照。

[133] ニュートン手書きの大学ノートはオンラインで検索可能。本文に示されているページは、http://cudl.lib.cam.ac.uk/view/MS-ADD-04000/260

[134] ニュートンの初期の人生に関する私の描写は、[Gleick (2003)] に基づく。

[135] [Whiteside (1967)] の pp. 96–142 および [Katz (1998)] の 12.5 節を参照。[Edwards (1979)] の第 7 章では、補間および無限積に関するウォリスの仕事が魅力的に取り上げられ、この一般化の試みからニュートンの冪級数が生まれる過程が示されている。大学ノートにおける 14v ページの日付から、これらの発見がいつだったのか分かる（https://cudl.lib.cam.ac.uk/view/MS-ADD-04000/32）。ニュートンの手記によると、「これを見いだし

たのは1664年のクリスマス前だった。ウォリスの著書を借り、これらの注釈を書き込んだ……1664年と1665年の間の冬。腺ペストでケンブリッジから出された1665年夏、双曲線の面積を計算した……50桁まで同じ方法で」

[136] [Edwards (1979)] の pp. 178–187 および [Katz (1998)] の pp. 506–559 には、ニュートンが冪級数を導出した際の思考過程が示されている。

[137] ニュートンからオルデンバーグに宛てた1676年10月24日付けの手紙188（[Turnbull (1960)], p. 133）より引用。

[138] [Katz (1995)] および [Katz (1998)] の pp. 494–496 を参照。

[139] ライプニッツの最初の問い合わせに対して、オルデンバーグを介してニュートンが返答した有名な書簡の前書き。ニュートンからオルデンバーグに宛てた1676年6月13日付けの手紙165（[Turnbull (1960)], p. 39）を参照。

[140] 微積分の発明がライプニッツより先行していたことを立証しようとしていた1718年に、ニュートンからピエール・デ・メゾーに宛てた草稿より引用。`https://cudl.lib.cam.ac.uk/view/MS-ADD-03968/1349` で閲覧可能。完全な引用文には息をのむ：「1665年の始め、級数で近似する方法と任意の次数の2項式をそのような級数に落とす規則を見つけた。同じ年の5月、グレゴリーとスルシウスの接線を見つけた。11月には流率に関する直接法、翌年1月は、色の理論、続く5月には流率の逆方向の方法を始めた。そして同じ年、重力が月の軌道まで拡張することを考え始めた（球内を自転する地球が、球の表面に作用する力を推定する方法が分かった）。惑星の周期長が軌道の中心からの距離の2分の3乗に比例するケプラーの規則から、惑星を軌道に保つための力は、惑星の回転中心からの距離の2乗の逆数になっていると演繹した。ここで、月を軌道上に保つのに必要な力を、地球表面における重力と比べたところ、よい一致がみられた。これらすべては、ペスト流行の2年間のことだった。これらの日々、私は発明の絶頂期にあり、それ以来のどのようなときよりも、数学と哲学に注意を払った」

[141] [Whiteside (1970)] の文献 [2] で引用されている。

[142] [Alexander (2014)] には、数学だけでなく政治的にも熾烈だったホッブズとウォリスの争いが綴られている。第7章では、自称幾何学者としてのホッブズに焦点が当てられている。

[143] [Stillwell (2010)] の p. 164 に引用されている。

[144] [Guicciardini (2009)] の p. 343 に引用されている。

[145] アイザック・バローからジョン・コリンズに宛てた1669年8月20日付けの手紙（[Gleick (2003)] の p. 68 に引用）。

[146] ライプニッツからオルデンバーグに宛てた1676年5月2日付けの手紙（[Turnbull (1960)], p. 4）。ニュートンとライプニッツのさらなる往復書簡

については、[Mackinnon (1992)] を参照。[Guicciardini (2009)] の pp. 354–361 では、ニュートンとライプニッツの間で行われた堂々巡りの議論に関して、明確な分析が行われている。手紙の原文は、[Turnbull (1960)] に示されており、特に次を参照：手紙 158（オルデンバーグを介したライプニッツからのニュートンへの最初の問い合わせ）、手紙 165（ニュートンの簡潔で威圧的な返信）、手紙 172（ライプニッツの説明要請）、手紙 188（より丁寧で明快なニュートンの返信。自分が先に見つけたことを示す）、手紙 209（ライプニッツの反論。恐縮しながらも、自分も微積分を知っていたことを明かす）。

147 ニュートンからオルデンバーグに宛てた 1676 年 6 月 13 日付けの手紙 165（[Turnbull (1960)], p. 39）。

148 ニュートンからオルデンバーグに宛てた 1676 年 10 月 24 日付けの手紙 188（[Turnbull (1960)], p. 130）。

149 [Turnbull (1960)] の p. 134 を参照。この暗号には、基本定理と微積分の中心的問題「流動的な量を含む任意の方程式が与えられたとき、流率を求め、逆に流率から流動的な量を求める」に関するニュートンの理解が符号化されている。p. 153 のノート 25 も参照。

150 ライプニッツからロピタル侯爵に宛てた 1694 年の手紙（[Child (1920)], p. 221）。[Edwards (1979)] の p. 244 にも引用されている。

151 [Mates (1986)] の p. 32 を参照。

152 ライプニッツの生涯については、[Hofmann (1972), Asimov (1972), Mates (1986)] を参照。ライプニッツの数学については、[Child (1920), Edwards (1979), Grattan-Guinness (1980), Dunham (1990), Katz (1998), Guicciardini (1999), Dunham (2005), Simmons (2007), Guicciardini (2009), Stillwell (2010), Burton (2011)] を参照。

153 [Edwards (1979)] の第 9 章は特によい。[Katz (1998)] の 12.6 節および [Grattan-Guinness (1980)] の第 2 章も参照。

154 ライプニッツの著述の一例：「純粋数学を形而上学的論争から避けるための努力をしなければならない。このためには、量、数、線における無限大や無限小が実在するかを心配せずに、推論を簡約するための適切な表現として、無限大や無限小を用いればよい。」[Guicciardini (1999)] の p. 160 に引用されている。

155 ライプニッツからデボスに宛てた 1706 年の手紙。[Guicciardini (1999)] の p. 159 に引用されている。

156 [Guicciardini (1999)] の p. 166 に引用されている。

157 [Edwards (1979)] の p. 259 を参照。

158 [Edwards (1979)] の pp. 236–238 を参照。実際のところ、ライプニッツが興味を持った式は三角数の逆数の和で、本文で扱った和の 2 倍だった。

[Grattan-Guinness (1980)] の pp. 60–62 も参照。

[159] エーレンフリート・ヴァルター・フォン・チルンハウスに宛てた 1679 年の手紙。[Guicciardini (1999)] の p. 145 に引用されている。

[160] HIV およびエイズの統計データについては、`https://ourworldindata.org/hiv-aids/`を参照。HIV ウイルスの歴史とそれに対抗する試みについては、`https://www.avert.org/professionals/history-hiv-aids/overview` を参照。

[161] エイズに関する情報は、`https://aidsinfo.nih.gov/understanding-hiv-aids/fact-sheets/19/46/the-stages-of-hiv-infection` を参照。

[162] [Ho et al. (1995), Perelson (2002), Murray (2007)] を参照。

[163] 確率計算の結果が最初に示されたのは、[Perelson et al. (1997)]。

[164] [Gorman (1996)] を参照。

[165] アメリカ物理学会・2017 年マックス・デルブリュック賞・生物物理学受賞者：`https://www.aps.org/programs/honors/prizes/prizerecipient.cfm?first_nm=Alan&last_nm=Perelson&year=2017`

[166] C 型肝炎に対する数理モデルの導入は、[Perelson and Guedj (2015)] を参照。

[167] 1700 年から現在まで、微積分学から派生した多くの分野については、[Kline (1953), Boyer (1959), Edwards (1979), Grattan-Guinness (1980), Katz (1998), Dunham (2005), Stewart (2012), Higham et al. (2015), Goriely (2018)] を参照。

[168] [Peterson (1993), Guicciardini (1999), Stewart (2012), Stewart (2016)] を参照。

[169] [Kline (1953)] の pp. 234–286 では、ニュートンの研究が西洋の哲学、宗教、美学、文学、そして自然科学や数学に与えた大きな影響について記録されている。`https://plato.stanford.edu/entries/enlightenment/`も参照。

[170] D. Brewster, *Memoirs of the Life, Writings, and Discoveries of Sir Isaac Newton*, vol. 2 (Edinburgh: Thomas Constable, 1855) の p. 158. を参照。

[171] りんごの物語に関する驚くべき歴史については、[Gleick (2003)] の pp. 55–57 および p. 207 のノート 18 を参照。[Martínez (2011)] の第 3 章も参照。

[172] ニュートンからピエール・デ・メゾーに宛てた 1718 年の手紙。次で閲覧可能：`https://cudl.lib.cam.ac.uk/view/MS-ADD-03968/1349`

[173] この有名な話は、[Asimov (1972)] の p. 138 に紹介されている。

[174] [Katz (1998)] の pp. 516–519 には、ニュートンの幾何学的議論の概要が示されている。[Guicciardini (1999)] では、ニュートンの同世代の人々が

『プリンキピア』にどのように反応し、どう批判したか（説得力のある異議もあった）が議論されている。逆二乗の法則をケプラーの法則から導出する現代の方法については、[Simmons (2007)] の pp. 326–335 を参照。

175 [Jones (1947), Sheehan and Thurber (2007)] を参照。

176 [Shetterly (2016)] は、長きにわたり知られていなかったキャサリン・ジョンソンの功績を世界が認識する機会を与えた。彼女の生涯については、https://www.nasa.gov/content/katherine-johnson-biography を参照。彼女の数学については、[Skopinski and Johnson (1960)] を参照。次も参照：http://www-groups.dcs.st-and.ac.uk/history/Biographies/Johnson_Katherine.html; https://ima.org.uk/5580/hidden-figures-impact-mathematics/

177 https://www.space.com/32805-katherine-johnson-langley-building-dedication.html

178 [Kline (1953)] の p. 282 に引用されている。晩餐会の記述は、パーティーのホストである画家のベンジャミン・ヘイドンの日記に由来する。[Ainger (1882)] の pp. 84–86 に抜粋。

179 [Cohen (1995)] では、ニュートンのジェファーソンへの影響と独立宣言における「ニュートンの反響」が論じられている。http://math.virginia.edu/history/Jefferson/jeff_r(4).htm も参照。ジェファーソンと数学に関しては、https://math.virginia.edu/history/Jefferson/jeff_r.htm を参照。

180 トーマス・ジェファーソンからジョン・アダムズに宛てた 1812 年 1 月 21 日付けの手紙。次で閲覧可能：https://founders.archives.gov/documents/Jefferson/03-04-02-0334

181 [Cohen (1995)] の p.101 を参照。次も参照：https://www.monticello.org/site/plantation-and-slavery/moldboard-plow; https://www.monticello.org/site/jefferson/dig-deeper-agricultural-innovations

182 トーマス・ジェファーソンからジョン・シンクレア卿に宛てた 1798 年 3 月 23 日付けの手紙：https://founders.archives.gov/documents/Jefferson/01-30-02-0135

183 [A. Hall and M. Hall (1962)] の p. 281 を参照。

184 常微分方程式とその応用については、[Simmons (2016), Braun (1983), Strogatz (1994), Higham et al. (2015), Goriely (2018)] を参照。

185 偏微分方程式とその応用については、[Farlow (1993), Haberman (2003), Higham et al. (2015), Goriely (2018)] を参照。

186 [Norris and Wagner (2009)] および http://www.boeing.com/commercial/787/by-design/#/featured を参照。

[187] https://www.wired.com/2010/03/flutter-testing-aircraft/

[188] [Szpiro (2011)] および [Stewart (2012)] の第 17 章を参照。

[189] [Ermentrout and Terman (2010), Rinzel (1990)] を参照。

[190] [Stewart (2012)] の第 13 章および [Ferreira (2014)] を参照。[Greene (1999), Isaacson (2007)] も参照。

[191] [Stewart (2012)] の第 14 章を参照。

[192] [Körner (1989)] および [Kline (1953)] の第 19 章を参照。フーリエの生涯と業績については、https://www.britannica.com/biography/Joseph-Baron-Fourier を参照。[Grattan-Guinness (1980), Stewart (2012), Higham et al. (2015), Goriely (2018)] も参照。

[193] フーリエの熱伝導方程式の数学は、[Farlow (1993), Katz (1998), Haberman (2003)] を参照。

[194] 振動する弦の数学については、[Farlow (1993), Katz (1998), Haberman (2003), Stillwell (2010), Burton (2011), Stewart (2012), Higham et al. (2015)] を参照。

[195] 原画像は、https://publicdomainreview.org/collections/chladni-figures-1787/; http://www.sites.hps.cam.ac.uk/whipple/explore/acoustics/ernstchladni/chladniplates/にて作成。現代的なデモは、https://www.youtube.com/watch?v=CR_XL192wXw&feature=youtu.be; https://www.youtube.com/watch?v=wYoxOJDrZzw を参照。

[196] ジェルマンのクラドニ・パターンの理論は、[Bucciarelli and Dworsky (1980)] を参照。彼女の伝記は、https://www.agnesscott.edu/lriddle/women/germain.htm; http://www.pbs.org/wgbh/nova/physics/sophie-germain.html; http://www-groups.dcs.st-and.ac.uk/~history/Biographies/Germain.html を参照。

[197] [Newman (1956)] の 1 巻 p. 333 に引用。

[198] 電子レンジの機能および、私の示唆した実験デモの明快な解説には、https://www.youtube.com/watch?v=kp33ZprO0Ck を参照。電子レンジで光速を測るには、https://www.youtube.com/watch?v=GH5W6xEeY5U で示されるようにチョコレートを用いてもよい。電子レンジとパーシー・スペンサーがポケットでねばりを感じた粘着物に関する裏話は、https://www.popularmechanics.com/technology/gadgets/a19567/how-the-microwave-was-invented-by-accident/を参照。

[199] [Kevles (1997)] の pp. 145–172、[Goriely (2018)] の pp. 85–89、https://www.nobelprize.org/nobel_prizes/medicine/laureates/1979/を参照。微積分とフーリエ級数を用いて再構成問題を解いた原論文は、[Cormack (1963)]。

[200] 微積分、フーリエ級数、積分方程式を用いて再構成問題を解いた原論文

は、[Cormack (1963)]。コーマックのノーベル賞受賞講演は、https://www.nobelprize.org/uploads/2018/06/cormack-lecture.pdf

[201] ハウンズフィールド、ビートルズ、CTスキャナーの発明については、https://www.nobelprize.org/nobel_prizes/medicine/laureates/1979/perspectives.html を参照。

[202] この引用は、コーマックのノーベル賞受賞講演の p. 563 に現れる：https://www.nobelprize.org/uploads/2018/06/cormack-lecture.pdf

[203] [Fuller (1971), Pohl (1980)] を参照。

[204] [Bates and Maxwell (2005), Wasserman and Cozzarelli (1986)] を参照。

[205] [Ernst and Sumners (1990)] を参照。

[206] [Liu (1989)] を参照。

[207] [Kline (1953)] および https://plato.stanford.edu/entries/determinism-causal/ を参照。

[208] [Laplace (1902)] の p. 4 を参照。

[209] [Cooke (1984)] および [Goriely (2018)] の pp. 54–57 を参照。彼女はソニア・コワレフスキなどの他の名前で呼ばれることも多かった。彼女の伝記は、https://www.agnesscott.edu/lriddle/women/kova.htm; http://www-groups.dcs.st-and.ac.uk/history/Biographies/Kovalevskaya.html

[210] [Wisdom et al. (1984)] を参照。

[211] [Diacu and Holmes (1996)] を参照。

[212] [Gleick (1987), Stewart (1990), Strogatz (1994)] を参照。

[213] [Lighthill (1986)] を参照。

[214] [Sussman and Wisdom (1992)] を参照。

[215] [Gleick (1987), Stewart (1990), Strogatz (1994), Diacu and Holmes (1996)] を参照。

[216] [McMurran and Tattersall (1996)] および https://www.bbc.com/news/magazine-21713163 を参照。彼女の伝記は、http://www.ams.org/notices/199902/mem-cartwright.pdf; http://www-history.mcs.st-and.ac.uk/Biographies/Cartwright.html

[217] https://www.bbc.com/news/magazine-21713163

[218] [Dyson (1996)] を参照。

[219] [Ermentrout and Terman (2010), Rinzel (1990), Edelstein-Keshet (2005)] を参照。

220 伝染病、心臓のリズム、がん、脳腫瘍の数理モデリングの導入には、[Edelstein-Keshet (2005), Murray (2007), Murray (2011)] を参照。

221 [Mitchell (2011)] を参照。

222 アルファゼロとコンピュータ・チェスの背景については、https://www.technologyreview.com/s/609736/alpha-zeros-alien-chess-shows-the-power-and-the-peculiarity-of-ai/を参照。アルファゼロに関する原論文は、https://arxiv.org/abs/1712.01815; アルファゼロとストックフィッシュの対戦ビデオは、https://www.youtube.com/watch?v=Ud8F-cNsa-k; https://www.youtube.com/watch?v=6z1o48Sgrck

223 https://www.ams.org/notices/200511/comm-davies.pdf

224 [Hoffman (1998)] を参照。

225 [Feynman (1986), Farmelo (2009)] を参照。

226 [Peskin and Schroeder (1995)] の pp. 196–198 を参照。研究背景については、http://scienceblogs.com/principles/2011/05/05/the-most-precisely-tested-theo/を参照。

227 ディラックの生涯と業績については、[Farmelo (2009)] を参照。ディラック方程式が導出された 1928 年の論文は、[Dirac (1928)]。

228 [Dirac (1931)] を参照。

229 [Dirac (1931)] の p. 71 を参照。

230 [Kevles (1997)] の pp. 201–227 および [Higham et al. (2015)] の pp. 816–823 を参照。PET 検査における陽電子については、[Farmelo (2009), Rich (1997)] を参照。

231 [Isaacson (2007), Pais (1982)] を参照。

232 [Ferreira (2014), Greene (1999)] を参照。

233 GPS と時間管理における相対論的効果については、[Stewart (2012)] および http://www.astronomy.ohio-state.edu/~pogge/Ast162/Unit5/gps.html を参照。

234 [Levin (2016)] は、重力波の探索に関する叙情的な本。研究背景については、https://brilliant.org/wiki/gravitational-waves/; https://www.nobelprize.org/nobel_prizes/physics/laureates/2017/press.html を参照。重力波の発見に、微積分、コンピュータ、数値計算の果たした役割については、https://arxiv.org/pdf/1804.07415.pdf を参照。

著作者
S. ストロガッツ（Steven Strogatz）
Jacob Gould Schurman Professor of Applied Mathematics, Cornell University

訳者
徳田　功（とくだ いさお）
立命館大学理工学部教授

インフィニティ・パワー
宇宙の謎を解き明かす微積分

令和 2 年 1 月 25 日　発　行

訳　者　徳　田　　功

発行者　池　田　和　博

発行所　丸善出版株式会社
〒101-0051 東京都千代田区神田神保町二丁目 17 番
編集：電話 (03) 3512-3266／FAX (03) 3512-3272
営業：電話 (03) 3512-3256／FAX (03) 3512-3270
https://www.maruzen-publishing.co.jp

組版印刷・大日本法令印刷株式会社／製本・株式会社 星共社

ISBN 978-4-621-30490-7　C 3041　Printed in Japan